国家重点建设冶金技术专业高等职业教学改革成果系列教材

高 炉 炼 铁

主　编　宋永清　任淑萍
副主编　傅曙光

北京

冶金工业出版社

2021

内 容 提 要

本书系统介绍高炉炼铁生产过程的基本理论、生产工艺和主体设备结构及其维护，并根据生产实际要求，介绍了各主要岗位的操作及事故预防与处理和生产中的典型案例。原理渗透于工艺中，突出实用性。

本书可作为高职高专院校钢铁冶金技术专业的教材，也可作为钢铁企业职工的培训教材。

图书在版编目 (CIP) 数据

高炉炼铁/宋永清，任淑萍主编. —北京：冶金工业出版社，2016.2 (2021.7 重印)
国家重点建设冶金技术专业高等职业教学改革成果系列教材
ISBN 978-7-5024-7122-4

Ⅰ.①高… Ⅱ.①宋… ②任… Ⅲ.①高炉炼铁—高等职业教育—教材 Ⅳ.①TF53

中国版本图书馆 CIP 数据核字 (2016) 第 007023 号

出 版 人 苏长永
地　　址 北京市东城区嵩祝院北巷 39 号　邮编　100009　电话　(010)64027926
网　　址 www.cnmip.com.cn　电子信箱　yjcbs@cnmip.com.cn
责任编辑 杜婷婷　美术编辑　彭子赫　版式设计　孙跃红
责任校对 李　娜　责任印制　李玉山
ISBN 978-7-5024-7122-4
冶金工业出版社出版发行；各地新华书店经销；北京建宏印刷有限公司印刷
2016 年 2 月第 1 版，2021 年 7 月第 3 次印刷
787mm×1092mm　1/16；23.25 印张；560 千字；358 页
56.00 元
冶金工业出版社　投稿电话　(010)64027932　投稿信箱　tougao@cnmip.com.cn
冶金工业出版社营销中心　电话　(010)64044283　传真　(010)64027893
冶金工业出版社天猫旗舰店　yjgycbs.tmall.com
(本书如有印装质量问题，本社营销中心负责退换)

编写委员会

主　任　谢赞忠

副主任　刘辉杰　李茂旺

委　员

江西冶金职业技术学院	谢赞忠	李茂旺	宋永清	阮红萍
	潘有崇	杨建华	张　洁	邓沪东
	龚令根	李宇剑	欧阳小缨	肖晓光
	任淑萍	罗莉萍	胡秋芳	朱润华
新钢技术中心	刘辉杰	侯　兴		
新钢烧结厂	陈伍烈	彭志强		
新钢第一炼铁厂	傅曙光	古勇合		
新钢第二炼铁厂	陈建华	伍　强		
新钢第一炼钢厂	付　军	邹建华		
新钢第二炼钢厂	罗仁辉	吕瑞国	张邹华	
冶金工业出版社	刘小峰	屈文焱		

顾　问　　　　　皮　霞　熊上东

前　言

自 2011 年起江西冶金职业技术学院启动钢铁冶金专业建设以来，先后开展了"国家中等职业教育改革发展示范学校建设计划"项目钢铁冶炼重点支持专业建设；中央财政支持"高等职业学校提升专业服务产业发展能力"项目冶金技术重点专业建设；省财政支持"重点建设江西省高等教育专业技能实训中心"项目现代钢铁生产实训中心建设，并开展了现代学徒试点。与新余钢铁集团有限公司人力资源处、技术中心以及下属 5 家二级单位进行有效合作。按照基于职业岗位工作过程的"岗位能力主导型"课程体系的要求，改革传统教学内容，实现"四结合"，即"教学内容与岗位能力""教室与实训场所""专职教师与兼职老师（师傅）""顶岗实习与工作岗位"结合，突出教学过程的实践性、开放性和职业性，实现学生校内学习与实际工作相一致。

按照钢铁冶炼生产工艺流程，对应烧结与球团生产、炼铁生产、炼钢生产、炉外精炼生产、连续铸钢生产各岗位在素质、知识、技能等方面的需求，按照贴近企业生产，突出技术应用，理论上适度、够用的原则，校企合作建设"烧结矿与球团矿生产""高炉炼铁""炼钢生产""炉外精炼""连续铸钢生产" 5 门优质核心课程。

依据专业建设、课程建设成果我们编写了《烧结矿与球团矿生产》《高炉炼铁》《炼钢生产》《炉外精炼》《连续铸钢》以及相配套的实训指导书系列教材，适用于职业院校钢铁冶炼、冶金技术专业、企业员工培训使用，也可作为冶金企业钢铁冶炼各岗位技术人员、操作人员的参考书。

本系列教材以国家职业技能标准为依据，以学生的职业能力培养为核心，以职业岗位工作过程分析典型的工作任务，设计学习情境。以工作过程为导向，设计学习单元，突出岗位工作要求，每个学习情境的教学过程都是一个完整的工作过程，结束了一个学习情境即是完成了一个工作项目。通过完成所有项目（学习情境）的学习，学生即可达到钢铁冶炼各岗位对技能的要求。

本系列教材由宋永清设计课程框架。在编写过程中得到江西冶金职业技术学院领导和新余钢铁集团有限公司领导的大力支持，新余钢铁集团人力资源处组织其技术中心以及 5 家生产单位的工程技术人员、生产骨干参与编写工作并提供大量生产技术资料，在此对他们的支持表示衷心感谢！

由于编者水平所限，书中不足之处，敬请读者批评指正。

江西冶金职业技术学院教务处　宋永清

2016 年 2 月

目　　录

绪　论

0.1　钢铁工业在国民经济中的地位和作用

钢铁工业是国民经济的支柱产业，是国民经济中的主导产业。

材料是人类社会发展的物质基础和先导，金属材料又是现代文明的重要支撑材料。钢铁是用途最广泛的金属材料，人类使用的金属中，钢铁占90%以上。人们生活离不开钢铁，人们从事生产或其他活动所用的工具和设施也都要使用钢铁。钢铁产量基本上是衡量一个国家工业化水平和生产能力的重要标志，钢铁的质量和品种对国民经济的其他工业部门产品的质量，都有着极大的影响。钢铁产品作为国民经济重要的基础原材料，是当今世界各国追求工业文明和提高经济实力的重要标志之一。

钢铁工业之所以在国民经济中的作用巨大，是因为它具备以下优越性能，并且价格低廉：（1）有较高的强度及韧性；（2）有良好的加工性能；（3）资源（铁矿、煤炭等）储量丰富，可供长期大量采用，成本低廉；（4）人类自进入铁器时代以来，积累了数千年生产和加工钢铁材料的丰富经验，已具有成熟的生产技术。从古至今，与其他工业相比，钢铁工业相对生产规模大、效率高、质量好和成本低。

0.2　炼铁的发展

早期的冶铁技术大多采用"固体还原法"，即冶铁时，将铁矿石和木炭一层夹一层地放在炼炉中，点火焙烧，利用炭的不完全燃烧，产生一氧化碳，使铁矿石中的氧化铁被还原成铁。因温度不够高，被还原出的铁只能沉到炉底而不能保持熔化状态流出，炼炉冷却后，将铁取出。这种铁块表面因夹杂渣滓而显粗糙，但炼出的铁反复加热，压延锤打，再将红热的锻铁猛淬入冷水会变成坚韧的好铁。

最原始的炼铁炉是在地上或岩石上挖出一个坑，风可以从鼓风器通过风嘴直接鼓入，碎矿石和木炭混装或分层装在烧红的炭火上，最高温度至少应达1150℃。这种炉没有出渣口，炉渣向下流到底部结成渣饼或渣底，有时则结成圆球，即渣球或渣粒。坯铁留在渣上面，在冶炼过程结束后，打开黏土上部结构，取出坯铁，清理炼炉。

在中世纪的欧洲，利用水力鼓风器的熟铁吹炼炉，它的出渣口在炼炉之侧。由于采用水力鼓风器，就有可能进行连续作业，从而可用高炉炼铁，高炉的特点是铁水和炉渣从炉口底部排出。16世纪的高炉在两侧各开一个口，一个是风口，另一个为出铁口。1750年，英国的工业革命开始了。在燃烧上用焦炭代替木炭，这种转变使炼铁业突破了束缚，不再因为木炭的短缺而陷入困境。

到18世纪末，煤和蒸汽机已使英国的炼铁业彻底改革，铁的年产量从公元1720年的

2.05 万吨（大多是木炭铁）增加到 1806 年 25 万吨（几乎全是焦炭铁）。估计，每生产 1t 焦炭需煤 3.3t 左右。但是，高炉烧焦炭势必增加碳含量，以致早期的焦炭生铁含碳在 1.0% 以上，全部成为灰口铁即石墨铁。

高炉的尺寸在 18 世纪内一直在增大。高度从公元 1650 年约 7m，到 1794 年俄国的涅夫扬斯克高炉已增到 13.5m。因为焦炭的强度大，足以承担加入的炉料的重量。大多数的高炉采用炉缸、炉腹和炉身三部分按比例构成。19 世纪末，平滑的炉衬被公认为标准的炉衬，这基本上已经是现在的炉型。炉底直径约 10m，炉高约 30m。全部高炉都设有两个以上的风口。另一个巨大的进步就是采用热风。20 世纪后，现代钢铁业就蓬勃发展起来。

我国开始冶铁的时间大约在春秋时期。到战国中晚期，我国已经比较广泛使用铁器。由于那时早已有了丰富的冶炼青铜的经验，生铁和"块炼铁"几乎同时出现。"块炼铁"冶炼温度低，生铁冶炼温度高。至迟在春秋晚期，我国已用高温液态还原法得到生铁并用来铸造农具和兵器。国外虽然很早就有"块炼铁"，但直到 14 世纪才炼出了生铁，而我国的冶铁技术一经发明，就很快出现了生铁。

在战国时期，工匠在锻打块铁的过程中，由于炭火中碳的渗入而炼成了最早的渗碳钢，并掌握了淬火工艺。这种方法到西汉初年又发展成为炼钢工艺。西汉后期又发明了以生铁为原料的炒钢技艺，并从而得到熟铁。大约在晋、南北朝时发明了将生铁和熟铁按一定比例配合熔炼的方法，以调节铁中的含碳量，而创造了"团钢"（又名"灌钢"）冶炼工艺。中国的炼钢技术在中古时期一直走在世界前列。

西汉时期炼铁技术逐渐进步，已经使用石灰石做熔剂降低铁矿石的熔点，并用竖炉增大矿石的容量，对鼓风设备也进行了改革。东汉初年创造了水力鼓风的"水排"，随着鼓风量的提高而增加了风口的数目。在西汉冶铁遗址找到了煤炭。至北宋出现了简易的木风箱。到明末清初有记载开始炼制和使用焦炭炼铁。当时的炼铁技术已经相当先进了。

我国近代工业水平低下，钢铁冶炼基本处在较原始的状态。直到晚清洋务运动时于 1894 年在中国汉阳钢铁厂建成第一座近代高炉，炉容 248m³。此后我国炼铁工业发展缓慢，无论生产技术还是产量都与世界平均水平差距巨大。20 世纪 50 年代，我国先后在鞍山、本溪、武汉、包头等钢铁公司设计建成了容积为 800 ~ 1500m³ 的高炉，建成了年产 300 万吨生铁规模的炼铁厂，设计采用了自熔性烧结矿、筛分整粒、高压炉顶技术。60 年代采用了燃料喷吹技术；同期，成功地设计了冶炼钒钛磁铁矿（渣中含 TiO_2 达 25%）的大型高炉，年产含钒生铁 170 万吨规模的炼铁厂，至 80 年代末已发展为 280 万 ~ 300 万吨的生产规模。70 年代以来，我国先后采用了无料钟炉顶、高风温热风炉、计算机控制、余压回收和余热利用等技术。1985 年，宝山钢铁总厂建成第一座 4000m³ 级大型现代化高炉，至 90 年代初，又设计建成了两座更加先进的 4000m³ 级高炉，形成了年产 1000 万吨生铁规模的大型炼铁厂。2009 年 10 月 21 日凌晨 1 点 36 分，沙钢集团华盛炼铁厂 5860m³ 高炉顺利出铁，标志着这座目前世界上容积最大、技术最先进的高炉正式投产。目前我国生铁产量已经跃居世界第一。

0.3　高炉生产工艺流程

高炉炼铁生产是钢铁工业最主要的环节。高炉冶炼是把铁矿石还原成生铁的连续生产过程。从炉顶不断地装入铁矿石、焦炭、熔剂，从高炉下部的风口鼓进热风，喷入油、煤或天然气等燃料。装入高炉中的铁矿石主要是铁和氧的化合物，在高温下，焦炭和喷吹物中的碳及碳燃烧生成的一氧化碳将铁矿石中的氧夺取出来，得到铁，这个过程叫做还原。铁矿石通过还原反应炼出生铁，铁水从出铁口放出；铁矿石中的脉石、焦炭及喷吹物中的灰分与加入炉内的石灰石等熔剂结合生成炉渣，从出渣口排出；煤气从炉顶导出，经除尘后，作为工业用煤气。高炉生产工艺流程如图 0-1 所示。

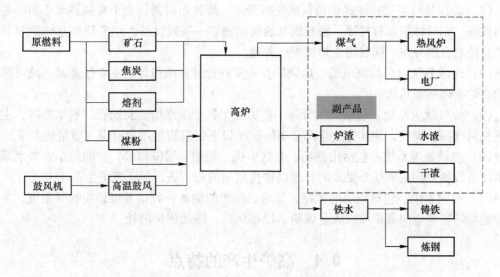

图 0-1　高炉生产工艺流程图

高炉生产是连续进行的。一代高炉（从开炉到大修停炉为一代）能连续生产几年到十几年。现代高炉生产过程是一个庞大的生产体系，除高炉本体外，还有供料系统、炉顶装料系统、送风系统、喷吹系统、煤气净化系统、渣铁处理系统，如图 0-2 所示。

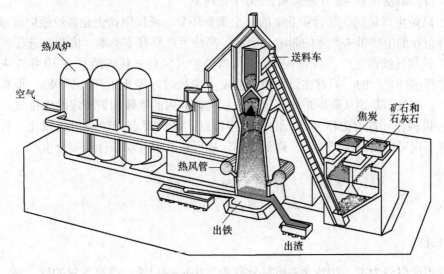

图 0-2　高炉炼铁生产示意图

高炉本体及其附属系统的主要结构和作用如下。

（1）高炉本体：冶炼生铁的主体设备，主要由钢结构（炉体支承框架、炉壳）、炉衬（耐火材料）、冷却设备（冷却壁、冷却板等）、送风装置（热风围管、支管、直吹管、风口）和检测仪器设备等组成。高炉的内部空间叫炉型，从下至上分别为炉缸、炉腹、炉腰、炉身、炉喉。整个冶炼过程是在炉内完成的。

（2）供料系统：包括矿槽、焦槽、筛分、称量与运输等一系列设备，主要任务是及时、准确、稳定地将合格原料送入高炉炉顶装料系统。

（3）炉顶装料系统：钟式炉顶包括受料漏斗、旋转布料器、大小料钟和大小料斗等一系列设备，无料钟炉顶有料罐、密封阀与旋转溜槽等一系列设备，主要任务是将炉料装入高炉并使之合理分布，同时防止炉顶煤气外逸。

（4）送风系统：包括鼓风机、热风炉及一系列管道和阀门等，主要任务是连续可靠地供给高炉冶炼所需热风。

（5）煤气除尘系统：包括煤气管道、重力除尘器、洗涤塔、文氏管、脱水器等，主要任务是回收高炉煤气，使其含尘量降至 $10mg/m^3$ 以下，以满足用户对煤气质量的要求。

（6）渣铁处理系统：包括出铁场、开铁口机、泥炮、堵渣口机、炉前行车、铁水罐车及水冲渣设备等，主要任务是及时处理高炉排放出的渣、铁，保证高炉生产正常进行。

（7）喷吹系统：包括原煤的储存、运输，煤粉的制备、收集及煤粉喷吹等系统，主要任务是均匀稳定地向高炉喷吹大量煤粉，以煤代焦，降低焦炭消耗。

0.4　高炉生产的特点

（1）大规模生产。一般称有效容积为 $1000m^3$ 以上的高炉为大型高炉。一座容积为 $1515m^3$ 高炉日产生铁可达 3000t 以上，相应产出 $1000 \sim 1500t$ 不等的炉渣和 600 万 ~ 700 万立方米的高炉煤气。日耗烧结矿和球团矿 $5000 \sim 5500t$，焦炭 $1400 \sim 1500t$ 和以成百吨计的重油或煤粉，以及 6 万 ~ 9 万吨水和 20 万千瓦时电。

（2）高炉生产是钢铁联合企业中的一个重要环节。现代钢铁企业高炉停炉或减产会给整个联合企业的生产带来严重的影响。因此，高炉生产要有节奏地、协调地进行。

（3）长期连续性生产。高炉从开炉到大修停炉（又称一代炉龄）在 10 年左右时间内是不断进行连续生产的。只有在设备检修或发生事故时才停止生产（休风）。原料不断地装入高炉，煤气不断地从高炉炉顶导出，聚积在炉缸内的生铁和炉渣定时地排放。

（4）机械化、自动化程度高。由于上述特点，高炉要求有较高的机械化、自动化程度。这样不仅可以提高生产效益，降低成本，还可以改善劳动条件和安全生产。

0.5　产　　品

0.5.1　生铁

生铁组成以铁为主，此外含碳质量分数为 $2.0\% \sim 4.3\%$，并有少量的硅、锰、磷、硫等元素。生铁质硬而脆，缺乏韧性，不能延压成型，机械加工性能及焊接性能不好，但含硅高的生铁（灰口铁）的铸造及切削性能良好。

生铁按用途可分为普通生铁和合金生铁，前者包括炼钢生铁和铸造生铁，后者主要是锰铁和硅铁。合金生铁作为炼钢的辅助材料，如脱氧剂、合金元素添加剂。普通生铁占高炉冶炼产品的98%以上，而炼钢生铁又占我国目前普通生铁的80%以上，随着工业化水平的提高，这个比例还将继续提高。

0.5.1.1　炼钢生铁

炼钢生铁是炼钢的主要原料。表0-1列出了炼钢生铁标准。一般情况下，生产炼钢生铁主要需控制其硅、硫含量。

表0-1　炼钢用生铁牌号及化学成分（GB/T 717—1998）

牌　号			炼04	炼08	炼10
化学成分/%	C		≥3.5		
	Si		≤0.45	>0.45~0.85	>0.85~1.25
	Mn	一组	≤0.4		
		二组	>0.40~1.00		
		三组	>1.00~2.00		
	P	特级	≤0.100		
		一级	>0.100~0.150		
		二级	>0.150~0.250		
		三级	>0.250~0.400		
	S	特类	<0.020		
		一类	>0.020~0.030		
		二类	>0.030~0.050		
		三类	>0.050~0.070		

0.5.1.2　铸造生铁

铸造生铁用于铸造生铁铸件，主要用于机械行业。其要求含硅高含硫低，以便降低工件硬度易于加工；又要含一定量的锰，以利于铸造，使固态有一定韧性。表0-2是铸造生铁标准。

表0-2　铸造用生铁铁号及化学成分（GB/T 718—2005）

铁　种			铸造用生铁					
铁　号	牌号		铸34	铸30	铸26	铸22	铸18	铸14
	代号		Z34	Z30	Z26	Z22	Z18	Z14
化学成分/%	C		>3.3					
	Si		≥3.2~3.6	≥2.8~3.2	≥2.4~2.8	≥2.0~2.4	≥1.6~2.0	≥1.25~1.6
	Mn	一组	≤0.50					
		二组	>0.50~0.90					
		三组	>0.90~1.30					

铁　种			铸造用生铁
化学成分/%	P	一级	≤0.060
		二级	>0.060 ~ 0.100
		三级	>0.100 ~ 0.200
		四级	>0.200 ~ 0.400
		五级	>0.400 ~ 0.900
	S	一类	≤0.030
		二类	≤0.040
		三类	≤0.050

0.5.1.3　铁合金

高炉可生产品位较低的硅铁、锰铁等铁合金。铁合金用于炼钢脱氧、合金添加剂或其他特殊用途。

0.5.2　高炉煤气

高炉煤气主要化学成分为 CO 20% ~ 26%、CO_2 16% ~ 22%、N_2 54% ~ 60%、H_2 2% ~ 3%、CH_4 0.2% ~ 0.8%。高炉煤气发热值 2900 ~ 4200kJ/m³，属低热值煤气。冶炼每吨生铁产生高炉煤气 1800 ~ 2000m³ 左右。

0.5.3　高炉渣

每吨生铁的产渣量，随入炉原料中 Fe 品位高低、焦比及焦炭含灰分量有较大差异。我国大型高炉吨铁的渣量在 270 ~ 350kg 之间。小型高炉由于原料条件差，技术水平偏低，渣量较大。

高炉渣主要成分为 SiO_2 35% ~ 38%、CaO 38% ~ 45%、Al_2O_3 8% ~ 15%、MgO 8% ~ 12%、MnO 0.3% ~ 1.0%、FeO 0.5% ~ 0.8%、S 0.7% ~ 1.1%、$R_2 = 1.05 ~ 1.25$。

随着不同的原料条件，高炉渣还含有 CaF、K_2O、Na_2O、TiO_2、V_2O_5 及 BaO 等成分。

几乎所有的高炉炉渣都可供制造水泥或以其他形式得以应用。我国高炉渣大多数以高压水急冷方式制成了水渣，供水泥厂作原料；缓冷后破碎成适当粒度的致密渣块可代替天然碎石料作铁路道渣，或铺公路路基。液态炉渣用高压蒸汽或压缩空气喷吹可制成矿渣棉，是低价的不定型绝热材料。液态炉渣用高速水流和机械滚筒冲击和破碎可制成直径 5mm 中空的渣珠，称为"膨珠"。膨珠可作为轻质混凝土的骨料，建筑上用作防热、隔音材料。

0.6　高炉生产主要技术经济指标

0.6.1　高炉容积利用系数

每立方米高炉有效容积一昼夜的产量是衡量高炉生产效率的指标，即高炉容积利用系数，它综合说明了技术操作及管理水平。

高炉有效容积（V_u）是指高炉零料线至出铁口中心线之间的炉内容积。

$$\eta_V = \frac{PA}{V_u}$$

式中　η_V——高炉容积利用系数，$t/(m^3 \cdot d)$；

P——日合格生铁产量，t/d；

A——生铁折合炼钢生铁系数见表0-3；

V_u——高炉有效容积，m^3。

表 0-3　各牌号生铁折合炼钢生铁系数（A）

生铁种类	炼钢生铁	铸 造 生 铁					
牌号		铸14	铸18	铸22	铸26	铸30	铸34
折算系数	1.0	1.14	1.18	1.22	1.26	1.30	1.34

0.6.2　焦比

焦比（K）既是消耗指标又是重要的技术经济指标，指冶炼每吨生铁消耗的干焦（或综合焦炭）的千克数。

冶炼1t生铁消耗的干焦炭量，指实际消耗的焦炭数量，不包括喷吹的各种辅助燃料。

$$K = \frac{Q_K}{P}$$

式中　K——焦比，kg/t；

Q_K——日干焦用量，kg/d；

P——日合格生铁产量，t/d。

0.6.3　煤比

煤比（M）即冶炼每吨生铁向高炉喷吹的煤粉量。

$$M = \frac{Q_M}{P}$$

式中　M——喷煤比，kg/t；

Q_M——日喷吹煤量，kg/d；

P——日合格生铁产量，t/d。

0.6.4　燃料比

焦比与煤比之和称为燃料比。

$$R = \frac{Q_K + Q_M + Q_J}{P}$$

式中　R——燃料比，kg/t；

Q_K——日干焦用量，kg/d；

Q_M——日喷吹煤量，kg/d；

Q_J——日焦丁用量，kg/d；

P——日合格生铁产量，t/d。

目前，大型和超大型高炉冶炼 1t 生铁的燃料比在 470～520kg/t 之间，喷煤量可达到 150～250kg/t。

0.6.5　综合焦比

综合焦比是生产每吨生铁所消耗的干焦数量及各种辅助燃料折算为干焦量的总和。

$$K_{综} = \frac{Q_K + Q_M B + Q_J B}{P}$$

式中　$K_{综}$——综合焦比，kg/t；

Q_K——日干焦用量，kg/d；

Q_M——日喷吹煤量，kg/d；

Q_J——日焦丁用量，kg/d；

B——喷吹燃料及焦丁折干焦系数，见表 0-4；

P——日合格生铁产量，t/d。

表 0-4　不同辅助燃料与干焦的折算系数　　　　　　　　　　（kg/kg）

燃料种类	无烟煤	焦　粉	沥　青	天然气	重　油	焦炉煤气
折算系数	0.8	0.9	1.0	0.65	1.2	0.5

0.6.6　冶炼强度

冶炼强度（I）是冶炼过程强化的程度，即每昼夜每立方米高炉有效容积燃烧的干焦消耗量。

$$I = \frac{Q_K}{V_u}$$

式中　I——冶炼强度，t/(m³·d)；

Q_K——日干焦用量，t/d；

V_u——高炉有效容积，m³。

0.6.7　综合冶炼强度

除干焦外还要考虑各种辅助燃料。

$$I_{综} = \frac{Q_K + Q_M B + Q_J B}{V_u}$$

式中　$I_{综}$——综合冶炼强度，t/(m³·d)；

Q_K——日干焦用量，t/d；

Q_M——日喷吹煤量，t/d；

Q_J——日焦丁用量，t/d；

B——喷吹燃料及焦丁折干焦系数。

0.6.8　燃烧强度

燃烧强度是每平方米炉缸截面积上每昼夜燃烧的干焦量。

$$I_A = \frac{Q_K + Q_M B + Q_J B}{\pi d^2/4}$$

式中　I_A——燃烧强度，t/(m²·d)；

　　　Q_K——日干焦用量，t/d；

　　　Q_M——日喷吹煤量，t/d；

　　　Q_J——日焦丁用量，t/d；

　　　B——喷吹燃料及焦丁折干焦系数；

　　　d——高炉炉缸直径，m。

由于炉型的特点不同，小型高炉允许较高的冶炼强度因而容易获得较高的利用系数。为了对比不同容积的高炉实际炉缸工作强化的程度，可对比其燃烧强度。用高炉燃烧强度衡量高炉的强化程度，更为科学。

0.6.9　休风率

休风率（%）是高炉休风时间占规定日历作业时间的百分比。

$$休风率 = \frac{休风时间}{规定工作时间} \times 100\%$$

休风率是指高炉休风时间占高炉规定作业时间的百分数。休风率反映高炉设备维护的水平，先进高炉休风率小于1%。实践证明，休风率降低1%，产量可提高2%。

0.6.10　生铁合格率

化学成分符合国家标准的生铁称为合格生铁，合格生铁占总产生铁量的百分数为生铁合格率。它是衡量产品质量的指标。

0.6.11　高炉一代寿命（炉龄）

高炉一代寿命（炉龄）是从点火开炉到停炉大修之间的冶炼时间，或是指高炉相邻两次大修之间的冶炼时间。大型高炉一代寿命为10~15年。

衡量炉龄及一代炉龄中高炉工作效率的另一个指标为：每立方米炉容在一代炉龄期内的累计产铁量。先进高炉不但每日平均的利用系数高，而且炉龄长，即实际工作日多，故累计产量很高，平均可达8000~9000t/m³以上。国外有的高炉寿命已经超过了20年，单位炉容的产铁量超过15000t。

0.6.12　吨铁工序能耗

能源是维持各种生产及活动得以正常进行的动力。钢铁工业是国民经济各部门中的耗能大户，占全国总能耗的10%~12%。其中钢铁冶炼工艺的能耗占70%，且主要消耗于炼铁这一工序上。

上料与装料操作

学习任务：

（1）通过外观能将原燃料进行分类，知道炼铁各种原料的特性及高炉冶炼的要求；

（2）熟悉主要设备的结构和工作原理，能够完成原燃料备料、称量、取料工作，具备上料设备操作能力；

（3）根据装料制度完成炉顶装料工作。

任务 1.1 原燃料的识别与准备

高炉生产所用的原料有铁矿石、燃料、熔剂和一些辅助原材料。

1.1.1 铁矿石

铁矿石是高炉炼铁的主要原料。铁矿石一般分为天然矿（富矿）和人造富矿（主要有烧结矿和球团矿）。

地壳中铁的储量比较丰富，按元素总量计占 4.2%，仅次于氧、硅及铝，居第四位。但在自然界中铁绝大多数形成氧化物、硫化物或碳酸盐等化合物。不同的岩石含铁品位可以差别很大。凡在当前技术条件下，可以从中经济地提取出金属铁的岩石称为铁矿石。铁矿石中除有含铁的有用矿物外，还含有其他化合物，统称为脉石。

1.1.1.1 铁矿石的分类及主要特性

根据含铁矿物的主要性质和矿物组成，铁矿石分为磁铁矿、赤铁矿、褐铁矿、菱铁矿四种类型。

A 磁铁矿

磁铁矿石俗称黑矿，含有的主要铁矿物为 Fe_3O_4，理论含铁量为 72.4%。磁铁矿石具有强磁性，晶体呈八面体，组织结构致密坚硬，它的外表颜色和条痕色均为黑色，半金属光泽，密度 4.9～5.2t/m³，硬度 5.5～6.5，无解理，如图 1-1 所示。脉石主要成分为石英、硅酸盐、碳酸盐，还原性差，含有害杂质磷、硫较高。这种矿石有时含有 TiO_2 及 V_2O_5 组成复合矿石，分别称钛磁铁矿和钒钛磁铁矿。在自然界中纯磁铁矿很少，常常由于地表氧化作用使部分磁铁矿转变为半假象赤铁矿和假象赤铁矿。所谓假象赤铁矿，就是磁铁矿（Fe_3O_4）氧化成赤铁矿（Fe_2O_3），但它仍保留原来磁铁矿外形，所以叫假象赤铁矿。

图 1-1　磁铁矿

一般开采出来的磁铁矿石含铁量为 30% ~ 60%，当含铁量大于 45%、粒度大于 10mm 时，可供炼铁厂使用，粒度小于 10mm 的作烧结原料。当含铁量低于 45%，或有害杂质含量超过规定时，必须经过选矿处理；通常采用磁选法，所得到的高品位磁选精矿是烧结矿、球团矿的主要原料。

B　赤铁矿（又称红矿）

赤铁矿俗称红矿，为无水氧化铁矿石，化学式为 Fe_2O_3，理论含铁量 70%，这种矿石在自然界中常成巨大矿床，是工业生产的主要矿石品种，如图 1-2 所示。

图 1-2　赤铁矿

赤铁矿的组织结构是多种多样的，由非常致密的结晶组织到很松散的粉状，赤铁矿根据外表形态及物理性质的不同可以分成以下几种：

晶形多为片状和板状。片状表现有金属光泽，明亮如镜的叫镜矿石。

外表呈细小片状的叫云母赤铁矿；红色粉末状，没有光泽的叫红土状赤铁矿；外表形状像色子、一粒一粒粘在一起的集合体，称为鱼子状、鲕状、肾状赤铁矿。

结晶的赤铁矿外表颜色为钢灰色和铁黑色，其他为暗红色，但条痕均为暗红色。

赤铁矿有原生的，也有再生的，再生的赤铁矿是磁铁矿经过氧化后失去磁性，但仍保存着磁铁矿结晶形状的假象赤铁矿。在假象赤铁矿中经常含有一些残余的磁铁矿，有时赤铁矿中也含有一些赤铁矿的风化产物，如褐铁矿。

赤铁矿具有半金属光泽，密度为 $4.8 ~ 5.3t/m^3$，结晶赤铁矿硬度 5.5 ~ 6.0，土状和粉末状赤铁矿硬度很低，无解理，弱磁性，较磁铁矿易还原和破碎。赤铁矿石有害杂质硫、磷、砷较磁铁矿石、褐铁矿石少。冶金性能也比它们优越。赤铁矿主要脉石分别为 SiO_2、Al_2O_3、CaO、MgO 等。

赤铁矿石在自然界中大量存在，但纯净的较少，常与磁铁矿、褐铁矿共生。实际开采出来的赤铁矿铁含量在 40% ~60% ，含铁量大于 40% ，粒度小于 10mm 的粉矿作为烧结原料。一般来说，当含铁量小于 40% 或含有杂质过多时，须经选矿处理。

C　褐铁矿

褐铁矿是含结晶水的氧化铁，呈褐色条痕，如图 1-3 所示。还原性好，化学式为 $n\mathrm{Fe_2O_3} \cdot m\mathrm{H_2O}(n=1,2,3,m=1,2,3,4)$ 。自然界中褐铁矿绝大部分含铁矿物以 $2\mathrm{Fe_2O_3} \cdot 3\mathrm{H_2O}$ 的形式存在。褐铁矿的富矿很少，一般含铁量在 37% ~54% ，含有害杂质硫、磷、砷较高，其结构松软、密度较小、吸水强，焙烧后可去掉游离水和结晶水，矿石的气孔率增加，从而大大提高了矿石的还原性。同时去掉水分，相应地提高了矿石的含铁量。

图 1-3　褐铁矿

褐铁矿石的矿物常呈葡萄状、肾状和钟乳状集合体，其外表颜色为黄褐色和黑色，密度为 $3.1 ~4.2t/m^3$ ，硬度 1~4 ，无磁性。脉石主要为黏土和石英等。

褐铁矿含铁量低于 35% 时，需进行选矿。目前主要采用重力选矿和磁化焙烧—磁选。

D　菱铁矿

菱铁矿为碳酸盐铁矿石，如图 1-4 所示。化学式为 $\mathrm{FeCO_3}$ ，理论含铁量为 48.2% ，其矿物形态有结晶及集合体两种，结晶者为菱面体，集合体常随其形成条件不同而异，由内生成作用形成的多为结晶粒状；外生成作用形成的为隐晶状、放射状的球形结核或鳞状集合体。外表颜色为灰色和褐色，风化后变为深褐色，条痕为灰色或带绿色，只有玻璃光泽，密度 $3.8t/m^3$ ，硬度 3.5~4.0 ，无磁性，含硫低，但含磷高，脉石含碱性氧化物。

图 1-4　菱铁矿

自然界中有工业开采价值的菱铁矿非常少，其含铁量在 30% ~40% 。但经焙烧后，因

分解释放出 CO_2，使其含铁量提高，矿石也变得多孔而易破碎，还原性好。

各种铁矿石的分类及其主要特性列于表 1-1。

表 1-1 铁矿石的分类及其特性

名　称	化学式	理论含铁量/%	密度/t·m⁻³	颜色	冶炼性能		
					实际含铁量/%	有害杂质	强度及还原性
磁铁矿	Fe_3O_4	72.4	5.2	黑色	45~70	S、P 高	坚硬、致密、难还原
赤铁矿	Fe_2O_3	70	4.9~5.3	红色	55~60	S、P 低	软、易破碎、还原
褐铁矿	$nFe_2O_3·mH_2O$	变化	变化	黄褐色至绒黑色	37~55	S 低、P 高低不等	疏松、易还原
菱铁矿	Fe_2CO_3	48.2	3.8	灰色带黄褐色	30~40	S 低、P 较高	易破碎、焙烧后易还原

1.1.1.2 高炉冶炼对铁矿石的要求

A 铁矿石品位高

铁矿石品位是指铁矿石的含铁量，以 TFe 表示。矿石品位基本上决定了矿石的价格，即冶炼的经济价值。

铁矿石品位高有利于降低焦比和提高产量。据生产经验，矿石品位提高 1%，焦比降低 2%，产量提高 3%。这是因为随着矿石品位的提高，脉石数量减少，熔剂用量和渣量也相应减少，既节省热量消耗，又有利于炉况顺行。

从矿山开采出来的矿石，含铁量一般在 30%~60% 之间。

品位较高，经破碎筛分后可直接入炉冶炼的称为富矿；品位较低，不能直接入炉的叫贫矿，贫矿必须经过选矿和造块后才能入炉冶炼。

B 脉石数量越低越好

铁矿石的脉石成分绝大多数为酸性的，SiO_2 含量较高。

铁矿石中的脉石包括 SiO_2、Al_2O_3、CaO 及 MgO 等金属氧化物。在高炉冶炼条件下，这些氧化物不能或很难被还原为金属，最终以炉渣的形式与金属分离。在现代高炉冶炼条件下，为了得到一定碱度的炉渣，在炉料中配加了一定数量的碱性熔剂（石灰石）与 SiO_2 作用进行造渣。铁矿石中 SiO_2 含量越高，需加入的石灰石也越多，生成的渣量也越多，将使焦比升高，产量下降。

若矿石的脉石成分中碱性物较多，甚至以碱性物为主，必然会节省燃料灰分中的酸性氧化物造渣物所需外加的熔剂量，这是极为有利的。

有些矿石中 Al_2O_3 的含量很高，也是不利的，因为 Al_2O_3 将大大地提高炉渣的熔点。矿石中 CaO、MgO 含量较高的矿石，可允许矿石中铁的含量低些，冶炼仍然是经济的。用扣除 CaO、MgO 后的折算铁含量对不同的矿石进行评价和对比是合理的。

矿石中脉石的结构和分布，特别对于贫矿，是很重要的特性。如果含铁物结晶的颗粒比较粗大，则在选矿过程中容易实现有用矿物的单体分离，从而使有用元素达到有效的富集。相反，如果含铁物呈现细粒结晶嵌布于脉石矿物的晶粒中，则要消耗更多的能量以细碎矿石才能实现有用矿物的单体分离。

此外，有用矿物及脉石矿物的结构又决定了矿石的致密程度，影响矿石的机械强度及还原性。矿石要具有一定的机械强度，但不宜过度致密，以致难以进行加工和被还原。

C　有害杂质少和有益元素的含量

矿石中的有害杂质是指那些对冶炼有妨碍或使矿石冶炼时不易获得优质产品的元素。主要有 S、P、Pb、Zn、As、K、Na 等。

（1）硫（S）。硫在矿石中主要以硫化物状态存在。硫的危害主要表现在：

1）当钢中的含硫量超过一定量时，会使钢材具有热脆性。这是由于 FeS 熔点仅为 1190℃，特别是 FeS 和 Fe 结合成低熔点（985℃）合金，冷却时最后凝固成薄膜状，并分布于晶粒界面之间，当钢材被加热到 1150～1200℃时，硫化物首先熔化，使钢材沿晶粒界面形成裂纹。

2）对铸造生铁，硫会降低铁水的流动性，阻止 Fe_3C 分解，使铸件产生气孔、难以切削并降低其韧性。

3）硫会显著地降低钢材的焊接性、抗腐蚀性和耐磨性。

国家标准对生铁的含硫量有严格规定，炼钢铁最高允许含硫量不能超过 0.07%，铸造铁不超过 0.06%。虽然高炉冶炼可以去除大部分硫，但需要高炉温、高炉渣碱度，对增铁节焦是不利的。因此矿石中的含硫量必须小于 0.3%。

（2）磷（P）。磷以 Fe_2P、Fe_3P 形态溶于铁水，也是钢材的有害成分。因为磷化物是脆性物质，冷凝时聚集于钢的晶界周围，减弱晶粒间的结合力，使钢材在冷却时产生很大的脆性，从而造成钢的冷脆现象。由于磷在选矿和烧结过程中不易除去，在高炉冶炼中又几乎全部还原进入生铁。所以控制生铁含磷的唯一途径就是控制原料的含磷量。

（3）铅（Pb）和锌（Zn）。铅和锌常以方铅矿（PbS）和闪锌矿（ZnS）的形式存在于矿石中。

在高炉内铅是易还原元素，但铅又不溶于铁水，其密度大于铁水，所以还原出来的铅沉积于炉缸铁水层以下，渗入砖缝破坏炉底砌砖，甚至使炉底砌砖浮起，造成炉底穿透事故；铅又极易挥发，在高炉上部被氧化成 PbO，黏附于炉墙上，易引起炉衬结瘤。一般要求矿石中的含铅量低于 0.1%。

高炉冶炼中锌全部被还原，其沸点低（905℃），不溶于铁水，但很容易挥发，在炉内又被氧化成 ZnO，部分 ZnO 沉积在炉身上部炉墙上，形成炉瘤，部分渗入炉衬的孔隙和砖缝中，引起炉衬膨胀而破坏炉衬。矿石中的含锌量应低于 0.1%。

（4）砷（As）。砷在矿石中含量较少，与磷相似，在高炉冶炼过程中全部被还原进入生铁。钢中含砷也会使钢材产生"冷脆"现象，并会降低钢材焊接性能，因此要求矿石中的含砷量小于 0.07%。

（5）碱金属。碱金属主要指钾（K）和钠（Na），一般以硅酸盐形式存在于矿石中。冶炼过程中，在高炉下部高温区被直接还原生成大量碱蒸气，随煤气上升到低温区又被氧化成碳酸盐沉积在炉料和炉墙上，部分随炉料下降，从而反复循环积累。其危害是与炉衬作用生成钾霞石（$K_2O \cdot Al_2O_3 \cdot 2SiO_2$），体积膨胀 40% 而损坏炉衬；与炉衬作用生成低熔点化合物，黏结在炉墙上，易导致结瘤；与焦炭中的碳作用生成化合物体积膨胀很大，破坏焦炭高温强度，从而影响高炉下部料柱透气性。因此，要限制矿石中碱金属的含量。

（6）铜（Cu）。铜在钢材中具有两重性，铜还原并进入生铁。当钢中含铜量小于 0.3% 时能改善钢材抗腐蚀性；当超过 0.3% 时会降低钢材的焊接性，并引起钢的"热脆"现象，使轧制时产生裂纹。一般铁矿石允许含铜量不超过 0.2%。各种有害杂质的危害及界限含量见表 1-2。

表 1-2 矿石中有害杂质的危害及界限含量

元素	允许的质量分数/%		危害及说明
S	≤0.3		使钢产生"热脆",易轧裂
P	≤0.3	对酸性转炉生铁	磷使钢产生"冷脆",烧结及炼铁过程都不能除磷。控制生铁含磷的唯一途径就是控制原料的含磷量
	0.03~0.18	对碱性平炉生铁	
	0.2~1.2	对碱性平炉生铁	
	0.05~0.15	对普通铸造生铁	
	0.15~0.6	对普通铸造生铁	
Zn	≤0.1~0.2		Zn 在 900℃挥发,上升后冷凝沉积于炉墙,使炉墙膨胀,破坏炉衬,烧结时可去除 50%~60%的 Zn
Pb	≤0.1		Pb 易还原,密度大,与铁分离沉于炉底,破坏炉底,Pb 蒸气在上部循环累积,形成炉瘤,破坏炉衬
Cu	≤0.3		少量 Cu 可改善钢的耐腐蚀性,但 Cu 过多使钢"热脆",不易焊接和轧制,Cu 易还原并进入生铁
As	≤0.07		砷使钢"冷脆",不易焊接,生铁含 As≤0.1%;炼优钢时,铁中不应有砷
Ti	(TiO$_2$)15~16		钛使钢"冷脆",不易焊接,生铁含 Ti≤0.1%;炼优钢时,铁中不应有钛
K、Na			易挥发,在炉内循环富集,造成炉瘤,降低焦炭及矿石的强度
F			氟在高温下汽化,腐蚀金属,危害农作物及人体。CaF$_2$ 侵蚀破坏炉衬

矿石中有益元素主要指对钢铁性能有改善作用或可提取的元素,如锰(Mn)、铬(Cr)、钴(Co)、镍(Ni)、钒(V)、钛(Ti)等。当这些元素达到一定含量时,可显著改善钢的可加工性、强度和耐磨、耐热、耐腐蚀等性能。同时这些元素的经济价值很大,当矿石中这些元素含量达到一定数量时,可视为复合矿石,加以综合利用。

D 铁矿石的还原性好

铁矿石的还原性是指铁矿石被还原性气体 CO 或 H$_2$ 还原的难易程度。影响铁矿石还原的因素主要有矿物组成、矿物结构的致密程度、粒度和气孔率等。

磁铁矿结构致密,最难还原;赤铁矿有中等的气孔率,比较容易还原;褐铁矿和菱铁矿容易还原;烧结矿和球团矿的气孔率高,其还原性一般比天然富矿的还原性还要好。

E 矿石的粒度适当

铁矿石的粒度对高炉冶炼的进程影响很大。它直接影响炉料的透气性和传热、传质条件。粒度过小时高炉内料柱的透气性差,使煤气上升阻力增大。粒度过大会减少煤气与铁矿石的接触面积,使矿石中心部分不易还原,从而使还原速度降低,焦比升高。

通常,入炉矿石粒度在 5~35mm 之间,小于 5mm 的粉末是不能直接入炉的。确定矿石粒度必须兼顾高炉的气体力学和传热、传质几方面的因素。在有良好透气性和强度的前提下,尽可能降低炉料粒度。

F 铁矿石的机械强度高

铁矿石的机械强度是指矿石耐冲击、抗摩擦、抗挤压的能力。随着高炉容积的扩大,入炉铁矿石的强度应相应提高;否则,由于铁矿石强度低,入炉后产生大量粉末,一方面增加炉尘损失，另一方面粉末多易阻塞煤气通道，降低料柱透气性，使高炉操作困难。

衡量铁矿石机械强度的指标主要有落下强度指标、抗压强度指标、转鼓强度指标及抗磨强度指标，反映了高炉条件下，矿石经受的破坏作用形态，为保证高炉稳定顺行，要求强度高一些好。

G　铁矿石的高温冶金性能好

高炉冶炼是在高温条件下将铁矿石变为铁水的过程，为了保证高炉冶炼的顺利进行，必须保证铁矿石在高温条件下的性能，主要包括热强度、软化性及熔滴性。

（1）热强度。铁矿石的热强度是指矿石在高炉条件下，受结晶水的分解、矿石结构的变化或还原反应的进行，矿石强度变弱或产生裂缝的程度。主要指标有热爆裂性、低温还原粉化率和热膨胀性，为保证高炉上部炉料的透气性，三个指标低些为好。

（2）软化性。铁矿石的软化性包括铁矿石的软化温度和软化温度区间两个方面。软化温度是指铁矿石在一定的荷重下受热开始变形的温度；软化温度区间是指矿石开始软化到软化终了的温度范围。为了在熔化造渣之前矿石更多地被煤气所还原，高炉冶炼要求铁矿石的软化温度要高，软化温度区间要窄。这样一方面可保证炉内有良好的透气性，另一方面可使矿石在软熔前达到较高的还原度，以降低高炉直接还原度和能源消耗。

H　铁矿石各项指标的稳定性

铁矿石的各项理化指标保持相对稳定，才能最大程度地提高生产效率。在前述各项指标中，矿石品位、脉石成分与数量、有害杂质含量的稳定性尤为重要。高炉冶炼要求成分波动范围：含铁原料 TFe < ±(0.5% ~ 1.0%)；(SiO$_2$) < ±(0.2% ~ 0.3%)；烧结矿的碱度为 ±(0.03 ~ 0.08)。

为了确保矿石成分的稳定，加强原料的整粒和混匀是非常必要的。

1.1.1.3　铁矿石冶炼前的准备和处理

从矿山开采出来的铁矿石，一般要经过破碎、筛分、混匀、焙烧、选矿和造块等加工处理过程。

A　破碎

根据破碎的粒度，可分为粗碎、中碎、细碎和粉碎。

粗碎：从 1300 ~ 500mm 破碎到 400 ~ 125mm；中碎：从 400 ~ 125mm 破碎到 100 ~ 25mm；细碎：从 100 ~ 25mm 破碎到 25 ~ 5mm；粉碎：从小于 5mm 破碎到小于 1mm。

对于天然铁矿石的粗、中、细碎作业，目前采用的主要破碎设备有颚式破碎机和圆锥式破碎机两大类，其工作原理如图 1-5 所示。

B　筛分

筛分是通过单层或多层筛面，将颗粒大小不同的混合料分成若干不同粒度级别的过程。

筛分多采用振动筛。其原理是利用筛网的上下垂直振动。筛网的振动可达每分钟 1500 次左右，振幅达 0.5 ~ 12mm，筛面与水平面成 10° ~ 40° 的倾角。

通常，矿石在破碎、筛分过程中通过皮带运输机将破碎机械与筛分机械联系起来，构成破碎筛分流程。

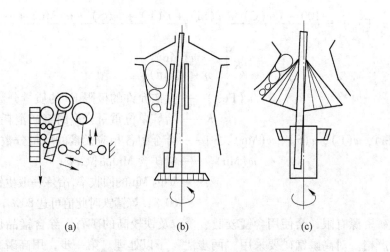

图 1-5　破碎机的工作原理示意图
（a）颚式破碎机；（b）圆锥式破碎机；（c）短锥式破碎机

C　混匀

混匀又称为中和。混匀的目的是稳定铁矿石的化学成分，从而稳定高炉操作，保持炉况顺行，改善冶炼指标。矿石的混匀方法是按"平铺直取"的原则进行。所谓平铺，是根据料场的大小将每一批来料沿水平方向依次平铺，一般每层厚度为 200~300mm，把料铺到一定高度。所谓直取，即取矿时，沿料堆垂直断面截取矿石。

D　铁矿石的焙烧

铁矿石的焙烧是将铁矿石加热到低于软化温度 200~300℃的一种处理过程。焙烧的目的是为了改变矿石的矿物组成和内部结构，去除部分有害杂质，回收有用元素，使矿石变得疏松，提高矿石的还原性。焙烧的方法有氧化焙烧、还原磁化焙烧和氯化焙烧等。

氧化焙烧是铁矿石在氧化气氛条件下焙烧，主要用于去除褐铁矿中的结晶水、菱铁矿中的 CO_2，并提高品位，改善还原性。

还原磁化焙烧是在还原气氛中进行，其作用是将弱磁性的赤铁矿及非磁性的黄铁矿转化为具有强磁性的磁铁矿，以便磁选。

1.1.2　锰矿

铸造生铁及炼钢生铁都要求含有一定数量的锰，故入炉料中应配加相应数量的锰矿，如图 1-6 所示。当高炉冶炼含 Mn 量高的锰铁合金时，锰矿为主要原料。

对锰矿的质量要求与铁矿类似。由于锰矿中往往含有相当数量的 Fe，在冶炼要求含 Mn 品位较高的合金时，可能由于矿石中含 Fe 过高而不合乎要求。锰矿允许的极限 Fe 的质量分数按以下公式计算：

图 1-6　锰矿

$$w(\mathrm{Fe}_{允}) = \frac{100 - [w(\mathrm{C}) + w(\mathrm{Si}) + w(\mathrm{P}) + w(\mathrm{S}) + w(\mathrm{Mn}) + \cdots]}{K}$$

$$K = \frac{w(\mathrm{Mn})}{\eta \cdot w(\mathrm{Mn})_{矿}}$$

式中　　　　　　　$w(\mathrm{Fe}_{允})$——锰矿允许的极限 Fe 的质量分数，%；

K——冶炼单位重量合金时锰矿消耗量；

$w(\mathrm{C})$，$w(\mathrm{Si})$，$w(\mathrm{P})$，$w(\mathrm{S})$，$w(\mathrm{Mn})$，$\cdots$——合金中各相应元素的质量分数；

$w(\mathrm{Mn})_{矿}$——锰矿含 Mn 品位，%；

η——炉内 Mn 的回收率，冶炼一般生铁时为 50% ~ 60%，炼锰铁时此值可达 80% ~85%。

由于锰矿资源有限，会使用含锰较低、含磷及铁较高的矿石。除含锰品位外，对磷含量要求较为严格。对高磷锰矿要采用"两步法"予以处理。第一步，用高磷高铁锰矿直接炼铁，得到高磷铁及富锰渣，实现锰与铁、磷的火法分离，并提高锰的品位。第二步，富锰渣即可作为冶炼高锰低磷合金的合格原料了。

1.1.3　熔剂

1.1.3.1　熔剂的作用

熔剂在冶炼过程中主要有两个作用：使还原出来的铁与脉石和灰分实现良好分离，并顺利从炉缸流出，即渣铁分离；生成一定数量和一定物理、化学性能的炉渣，去除有害杂质硫，确保生铁质量。

1.1.3.2　熔剂的种类

根据矿石中脉石成分的不同，高炉冶炼使用的熔剂按其性质可分碱性、酸性和中性三类。

（1）碱性熔剂。常用的碱性熔剂有石灰石（$CaCO_3$）和白云石（$CaCO_3 \cdot MgCO_3$），如图 1-7 所示。矿石中的脉石主要为酸性氧化物时，则使用碱性熔剂。由于燃料灰分的成分和绝大多数矿石的脉石成分都是酸性的，因此，高炉最常用的是碱性熔剂。

（a）　　　　　　　　（b）　　　　　　　　（c）　　　　　　　　（d）

图 1-7　高炉常用碱性熔剂

（a）石灰石；（b）白云石；（c）萤石；（d）菱镁石

（2）酸性熔剂。酸性熔剂有石英石（SiO_2）、均热炉渣（主要成分为 $2FeO$、SiO_2）及含酸性脉石的贫铁矿等。生产中用酸性熔剂的很少，只有在某些特殊情况下才考虑加入酸性熔剂。

（3）中性熔剂。高铝原料，如铁钒土和黏土页岩。当矿石和焦炭灰分中 Al_2O_3 很少，渣中 Al_2O_3 含量很低，炉渣流动性很差时，在炉料中加入高铝原料作熔剂。生产上极少遇到这种情况。

1.1.3.3　对碱性熔剂的质量要求

（1）碱性氧化物（$CaO + MgO$）含量要高，酸性氧化物（$SiO_2 + Al_2O_3$）愈少愈好。或熔剂的有效熔剂性愈高愈好。

熔剂的有效熔剂性是指熔剂按炉渣碱度的要求，除去本身酸性氧化物含量所消耗的碱性氧化物外，剩余部分的碱性氧化物含量。

（2）有害杂质硫、磷含量要少。石灰石中一般硫只有 0.01% ~ 0.08%，磷为 0.001% ~ 0.03%。

（3）较高的机械强度，粒度要均匀，大小适中。适宜的石灰石入炉粒度范围是：大中型高炉为 20 ~ 50mm，小型高炉为 10 ~ 30mm。

当炉渣黏稠引起炉况失常时，还可短期适量加入萤石（CaF_2），以稀释炉渣和洗掉炉衬上的堆积物。

1.1.4　高炉用焦炭

焦炭如图 1-8 所示。焦炭的应用是高炉冶炼发展史上一个重要的里程碑。古老的高炉使用木炭。17 世纪、18 世纪随着钢铁工业的发展森林资源急剧减少，木炭的供应成为冶金工业进一步发展的限制性环节。1709 年焦炭的发明，不仅找到了用地球上储量极为丰富的煤炭资源代替木炭冶炼，而且焦炭的强度比木炭高，这给高炉不断扩大炉容、扩大生产规模奠定了基础。目前世界上最大的高炉容积已达 5860m³，日产铁量 13000t 以上，是世界上最雄伟的单体工业设备。

图 1-8　焦炭

1.1.4.1　焦炭对高炉炼铁的作用

焦炭在高炉炼铁中是不可缺少的炉料，对高炉炼铁技术进步的影响率在 30% 以上，在高炉炼铁精料技术中占有重要的地位。焦炭对高炉炼铁的作用如下：

（1）主要的热量来源。焦炭在风口前燃烧放出大量热量并产生煤气，煤气在上升过程中将热量传给炉料，使高炉内的各种物理化学反应得以进行。

高炉炼铁碳素（包括焦炭和煤粉）燃烧所提供的热量，占高炉炼铁总热量来源的 71%。随着喷煤比的提高，焦炭用量在逐步减少。焦炭在风口燃烧掉 55% ~ 65%。

（2）还原剂。焦炭还原作用是以 C 和 CO 形式来对铁矿石起还原作用。炉料到风口焦炭溶解反应为 25% ~ 35%。

（3）料柱骨架。焦炭在料柱中占 1/3 ~ 1/2 的体积，尤其是在高炉下部高温区只有焦炭是以固体状态存在，它对料柱起骨架作用，高炉下部料柱的透气性完全由焦炭来维持。

（4）生铁的溶碳。在高炉炼铁过程中焦炭中的碳是逐步渗透到生铁中。一般铸造生铁含碳 3.9% 左右，炼钢生铁在 4.3% 左右。生铁渗碳消耗焦炭 7% ~10%。

（5）为炉料下降提供自由空间。传统典型高炉生产，其燃料为焦炭。高炉采用喷吹燃料技术后，焦炭已不再是高炉唯一的燃料。但是任何一种喷吹燃料只能代替焦炭的铁水渗碳、热源和还原剂的作用，代替不了焦炭在高炉内的料柱"骨架"作用，在高喷煤比条件下，焦炭的骨架作用会显得更加突出，相应对焦炭的质量要求也会越来越高。否则，是难以实现高喷煤比，高炉炼铁不能正常生产。

焦炭对高炉来说是必不可少的，而且随着冶炼技术的进步，焦比不断下降，焦炭作为骨架保证炉内透气、透液性的作用更为突出。焦炭质量对高炉冶炼过程有极大的影响，也将成为限制高炉生产发展的因素之一。

1.1.4.2　高炉冶炼对焦炭质量的要求

焦炭质量好坏直接影响高炉冶炼过程的进行及能否获得好的技术经济指标。高炉大型化以后，料柱增高后，料的压缩率提高了，透气性变差，特别是炉缸容积变大以后，炉缸的焦炭状态对高炉生产的影响更大了，因此对焦炭有一定质量要求。

A　焦炭的化学成分

焦炭的化学成分常以焦炭的工业分析结果来表示。工业分析项目包括固定碳、灰分、硫分、挥发分和水分的含量。

（1）固定碳和灰分。焦炭中的固定碳和灰分的含量是互为消长的，要求焦炭中固定碳含量尽量高，灰分尽量低。固定碳含量高，则发热量高，有利于降低焦比。

生产实践证明：固定碳含量升高 1%，可降低焦比 2%。焦炭中灰分的主要成分是 SiO_2、Al_2O_3。灰分高，则固定碳含量少，而且使焦炭的耐磨强度降低，熔剂消耗量增加，渣量也增加，使焦比升高。生产实践还证明：灰分增加 1%，焦比升高 2%，产量降低 3%。

（2）硫和磷。在一般冶炼条件下，高炉冶炼过程中的硫有 80% 是由焦炭带入的，因此降低焦炭中的含硫量对降低生铁含硫量有很大作用。在炼焦过程中，能够去除一部分硫，但仍然有 70% ~90% 的硫留在焦炭中，因此要降低焦炭的含硫量必须降低炼焦煤的含硫量。焦炭中含磷一般较少。

（3）挥发分。焦炭中的挥发分是指在炼焦过程中未分解挥发完的 H_2、CH_4、N_2 等物质。挥发分本身对高炉冶炼无影响，但其含量的高低表明焦炭的结焦程度，正常情况下，挥发分一般在 0.7% ~1.2%。含量过高，说明焦炭的结焦程度差，生焦多，强度差；含量过低，则说明结焦程度过高，易碎。因此，焦炭挥发分高低将影响焦炭的产量和质量。

（4）水分。焦炭中的水分主要是湿法熄焦时渗入的，焦炭中的水分在高炉上部即可蒸发，对高炉冶炼无影响。但要求焦炭中的水分含量要稳定，因为焦炭是按重量入炉的，水分的波动将引起入炉焦炭量波动，会导致炉缸温度的波动。

B　焦炭的物理性质

（1）机械强度。焦炭的机械强度是指焦炭的耐磨性和抗撞击能力，包括转鼓强度、落下强度、热强度。它是焦炭的重要质量指标。

焦炭在入炉前要经过多次转运，在炉内下降过程中承受越来越高的温度和越来越大的料柱重力相摩擦力。如果焦炭没有足够的强度，则要被破碎，产生大量的粉末，导致料柱透气性恶化、炉渣变稠、渣中带铁以及风渣口大量破损等。

测量焦炭强度的办法是转鼓试验。用直径及长度皆为 1m 的密闭转鼓，鼓内平行于轴线方向每隔 90° 在内壁上焊装一条 100mm × 50mm × 10mm 的角钢挡板，挡板高度为 100mm。试验开始时，鼓内装入粒度大于 60mm 的焦炭 50kg，鼓以 25r/min 的速度，旋转 4min，停转后将鼓内全部试样，以 ϕ40mm 及 ϕ10mm 的圆孔筛处理。大于 40mm 的焦炭质量分数（记为 M_{40}）为抗冲击强度的指标；而小于 10mm 的碎焦质量分数（记为 M_{10}）为抗摩擦强度的指标。

我国以国标形式颁布的冶金焦炭技术指标见表 1-3。

表 1-3 我国冶金焦炭技术指标（GB 1996）

种类	灰分/%			硫分/%			机械碎强度/%			
	牌号 I	牌号 II	牌号 III	I 类	II 类	III 类	抗破碎强度 M_{40}			
							I 组	II 组	III 组	IV 组
大块焦 >40mm										
大中块焦 >25mm	< 12	12.01 ~ 13.50	13.51 ~ 15.00	< 0.6	0.61 ~ 0.80	0.81 ~ 1.00	> 80	> 76	> 72	> 65
中块焦 25 ~ 40mm										

种类	机械碎强度/%				挥发分/%	水分/%	焦末含量/%
	耐磨强度 M_{10}						
	I 组	II 组	III 组	IV 组			
大块焦 >40mm						4.0 ± 1.0	< 4.0
大中块焦 >25mm	< 8.0	< 9.0	< 10.0	< 11	< 1.9	5.0 ± 2.0	< 5.0
中块焦 25 ~ 40mm						< 12.0	< 12.0

（2）粒度均匀、粉末少。对于焦炭粒度，既要求块度大小合适，又要求粒度均匀。大型高炉焦炭粒度范围为 20 ~ 60mm，中小高炉用焦炭，其粒度分别以 20 ~ 40mm 和大于 15mm 为宜。高炉使用大量熔剂性烧结矿以来，矿石粒度普遍降低，焦炭和矿石间的粒度差别扩大，不利于料柱透气性，因此，应适当降低焦炭粒度，使之与矿石粒度相适应。

C 焦炭的化学性质

焦炭的化学性质包括焦炭的燃烧性和反应性两方面。

燃烧性是指焦炭在一定温度下与氧反应生成 CO_2 的速度，即燃烧速度，其反应式为：

$$C + O_2 \Longrightarrow CO_2$$

反应性是指焦炭在一定温度下和 CO_2 作用生成 CO 的速度，反应式为：

$$C + CO_2 \Longrightarrow 2CO$$

若这些反应速度快，则说明燃烧性和反应性好。一般认为，为了提高炉顶煤气中的 CO_2 含量，改善煤气利用程度，在较低温度下，要求焦炭的反应性差些为好；为了扩大燃烧带，使炉缸温度及煤气流分布更为合理，使炉料顺利下降，也要求焦炭的燃烧性差一些为好。

1.1.4.3　炼焦生产

根据资源条件，将按一定配比的粉状煤混匀，置于隔绝空气的炭化室内，由两侧燃烧室供热，随温度的升高粉煤开始干燥和预热（50~200℃）、热分解（200~300℃）、软化（300~500℃），产生液态胶质层，并逐渐固化形成半焦（500~800℃）和成焦（900~1000℃），最后形成具有一定强度的焦炭。整个干馏过程中逸出的煤气导入化工产品回收系统，从中提取化工副产品。

现代焦炭生产过程分为洗煤、配煤、炼焦和产品处理等工序，其生产工艺流程如图1-9所示。

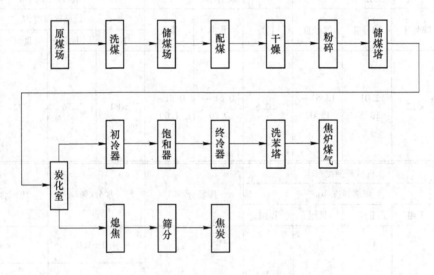

图 1-9　炼焦生产工艺流程

1.1.5　铁矿粉造块

铁矿粉造块目前主要有两种方法：烧结法和球团法。两种方法所获得的块矿分别为烧结矿和球团矿。铁矿粉造块的目的：综合利用资源，扩大炼铁用的原料种类；去除有害杂质，回收有益元素，保护环境；改善矿石的冶金性能，适应高炉冶炼对铁矿石的质量要求。

1.1.5.1　铁矿粉烧结生产

烧结就是将各种粉状含铁原料，配入适量的燃料和熔剂，加入适量的水，经混合和造球后在烧结设备上使物料发生一系列物理化学变化，将矿粉颗粒黏结成块的过程。目前生产上广泛采用带式抽风烧结机生产烧结矿。烧结生产的工艺流程如图 1-10 所示。主要包括烧结料的准备、配料与混合、烧结和产品处理等工序。

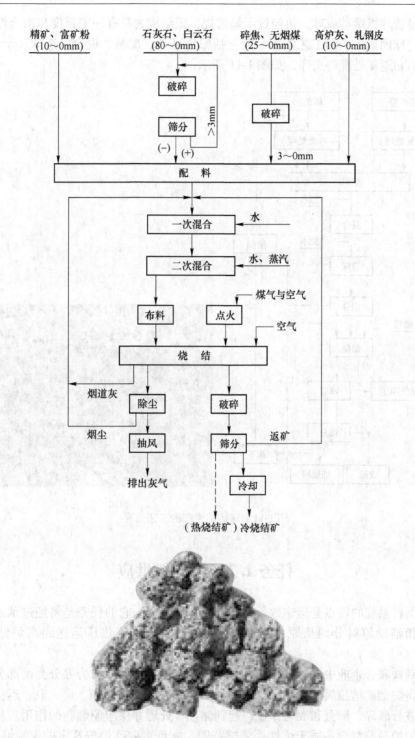

图 1-10　抽风烧结工艺流程

1.1.5.2　球团矿生产

球团矿就是把细磨铁精矿粉或其他含铁粉料添加少量添加剂混合后，在加水润湿的条件下，通过造球机滚动成球，再经过干燥焙烧，固结成为具有一定强度和冶金性能的球形含铁原料。球团矿生产的工艺流程一般包括原料准备、配料、混合、造球、干燥和焙烧、冷却、成品和返矿处理等工序，如图 1-11 所示。

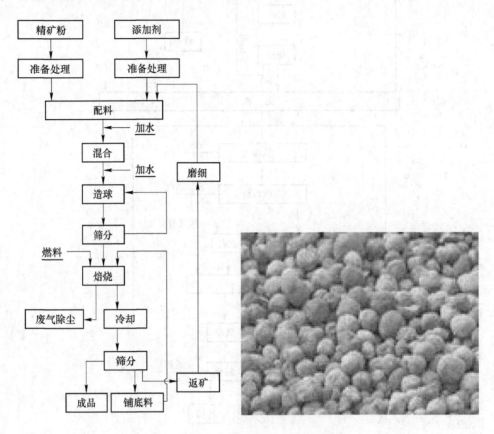

图 1-11 球团矿生产的工艺流程

任务 1.2 原燃料供应

高炉供料系统的特点是运输数量大、工作节奏性强。它的任务是将经过预处理的铁矿石、焦炭和辅助原料分别从原料场、烧结厂、球团厂、炼焦厂运送到高炉储焦槽和储矿槽。

现代钢铁联合企业中，炼铁原燃料的供应系统以高炉储矿槽为界分为两部分。从原燃料进厂到高炉储矿槽顶属于原料厂管辖范围，它完成原燃料的卸、堆、取、运作业，根据要求还需进行破碎、筛分和混匀作业，起到储存、处理并供应原燃料的作用。从高炉储矿槽下到高炉炉顶装料设备属于炼铁厂管辖范围，它负责向高炉按规定的原料品种、数量、分批地及时供应。

原燃料供应系统包括储矿槽、储焦槽、槽下运输和称量、炉料装入料车或皮带机，将炉料运送到炉顶。

现代高炉对原燃料供应系统的要求：

（1）保证连续地均衡地供应高炉冶炼所需的原燃料，并为进一步强化冶炼留有余地。

（2）在储运过程中应考虑为改善高炉冶炼所必需的处理环节，如混匀、破碎、筛分等。在运输过程中应尽量降低破碎率。

（3）由于原燃料的储运数量大，对大、中型高炉应该尽可能实现机械化和自动化，提高配料、称量的准确度。

（4）原燃料系统各转运环节和落料点都有灰尘产生，应设通风除尘设施。

1.2.1　供料设施的类型及流程

1.2.1.1　供料设施的类型

供料设施可分为集中供料设施和专用的高炉供料设施两种。一般大型钢铁联合企业，比较多的采用集中供料设施，供应炼铁、炼钢、炼焦、烧结厂等。它的主要优点是：

（1）各种原材料集中在一起，可以统一作业，场地紧凑，采用连续运输设备比较方便。

（2）各种设备的使用和备品备件可以统一维护和管理。

（3）由于集中管理，而且机械化程度高，可实现自动化操作，减少管理人员。

从厂外来的原材料大多由铁路运输，卸车速度取决于卸车方式和原材料品种，普遍采用翻车机，如图 1-12 所示。也可采用铲斗卸车机、螺旋卸车机（见图

图 1-12　翻车机

1-13)、抓斗桥式（或门式）起重机，最好的卸车方式是采用高道栈桥或地下料槽。

图 1-13　螺旋卸车机

1.2.1.2　储料场

储料场的储存量除了考虑高炉容量之外，还必须考虑厂外原料的供应情况、正常的运输周期及途中可能发生的阻滞情况等。一般，铁矿石和锰矿石的储存量按 30~45d 计算，石灰石按 20~30d 考虑。当原料产地较远，使用矿石种类又比较多，原料的储存大多取上限，反之取下限。

原料的堆存、取料和混匀都在储料场进行。储料场的结构形式、堆取料方式与卸车方式、原料的粒度以及混匀破碎筛分等与设备有关。当矿山与高炉车间相距较近，而且有专门的铁路线，矿石又不要加工混匀时，高炉车间可以不设原料场。

大型高炉的储矿场可采用堆取分开的堆料机，一般大型集中供料设施中，可采用轨道式斗轮堆取料机，如图 1-14 所示，进行堆料和取料作业。这种机械是把地面皮带运来的料，经进料车送往悬臂输送带上，最后落在储料场上，如果要取料，则悬臂输送带作反方向运转，并在末端装上带有旋转斗轮的取料装置，悬臂输送带可以俯仰一定角度达到变幅效果，而且悬臂输送带架支撑在旋转的门形架上面，能达到回转的效果。

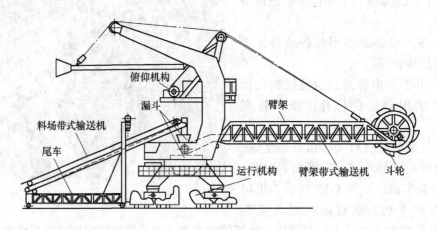

图 1-14　堆取料机

1.2.1.3　车间之间的运输

出储料场运往各车间储料仓的运输方式，一般采用带式运输机等连续运输设备。它的优点是运输量大，物料的适应性强，工作安全可靠，结构简单，动力消耗少，容易自动化，而且矿槽的结构简单。对用量较少而路程较远的车间，考虑用自卸汽车。

焦炭不在原料场堆放，直接由炼焦车间运到储焦槽，既可减少焦炭的转运次数，降低破碎率，又可避免露天堆放。通常，炼铁车间与炼焦厂是互相毗邻的，可用皮带运输机直接将焦炭运至储焦槽，只有个别厂采用专用的运焦车运输。

在大型钢铁厂都设有两条皮带，其中一条是备用或与烧结矿共用，烧结矿从冷却机出来也是用带式运输机送到高炉储矿槽，皮带运输机的缺点是不能输送热的烧结矿和焦炭，一定要冷却到 100℃ 以下，否则将会烧坏皮带。

1.2.2　槽上运输

炼铁车间运输设备现多采用皮带机。皮带机运输作业率高，原料破碎率低，而且轻便，大大简化了矿槽结构。

1.2.3　高炉槽下供料设备

高炉槽下供料设备如图 1-15、图 1-16 所示。

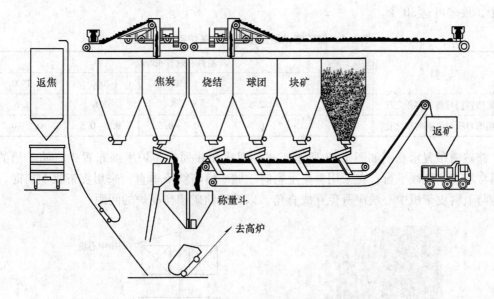

图 1-15　高炉槽下供料设备示意图

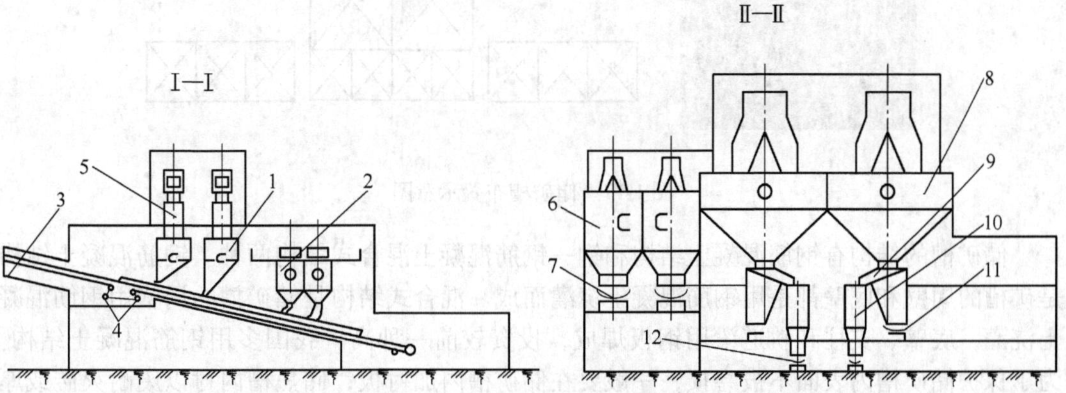

图 1-16　供料系统两个断面图

1—焦炭称量漏斗；2—矿石集料斗；3—上料皮带机；4—上料驱动装置；5—焦炭筛；6—焦仓；
7—运焦皮带；8—矿仓；9—振动筛；10—矿石称重漏斗；11—筛下粉矿运输机；12—运矿皮带机

1.2.3.1　储矿槽

储矿槽位于高炉卷扬机的一侧，与高炉列线平行，与斜桥垂直，是炼铁厂供料系统中的重要设备，是高炉上料机械化和自动化过程中十分重要的一个环节。储矿槽起着原料的储存作用，可解决高炉连续上料与车间间断供料之间的矛盾，高炉操作要求各种原料按一定的数量、顺序分批分期地加入炉内，每批料的间隔时间比较短（6~8min），因此储矿槽对高炉上料起到缓冲和调节作用。另外，容积较大的储矿槽还可起到混匀炉料的作用。

根据原料品种、高炉容积、强化冶炼强度、运输设备的可靠性及车间的平面布置可确定储矿槽的储存量和储矿槽的数目。可参照表 1-4 选用，也可根据储存量进行计算，一般要求储存量：焦炭为 6~8h 的用量，烧结矿为 12~24h 的用量。储矿槽的数目一般不少于10 个，最多可达 30 个。

表 1-4　储矿槽、储焦槽容积与高炉容积的关系

项　目	高炉有效容积/m³				
	600	1000	1500	2000	2500
储矿槽容积与高炉容积之比	2.5	2.5	1.8	1.6	1.6
储焦槽容积与高炉容积之比	0.8	0.7	0.7~0.5	0.7~0.5	0.7~0.5

储矿槽布置示意图如图 1-17 所示。在一列式和并列式高炉平面布置中，储矿槽的布置通常和高炉列线平行；在采用料车上料时，储矿槽与斜桥垂直；采用皮带机上料时，储矿槽与上料皮带机中心线应避免互成直角，以缩短储矿槽与高炉的间距。

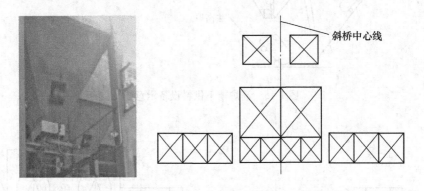

图 1-17　储矿槽布置示意图

储矿槽的结构有钢筋混凝土结构和钢—钢筋混凝土混合式结构两种。钢筋混凝土结构是矿槽的周壁和底壁都是用钢筋混凝土浇灌而成。混合式结构是储矿槽的周壁用钢筋混凝土浇灌，底壁、支柱和轨道梁用钢板焊成，投资较前一种高。我国多用钢筋混凝土结构。为了保护储矿槽内表面不被磨损，一般要在储矿槽内加衬板，储焦槽内衬以废耐火砖或厚25~40mm 的辉绿岩铸石板，在废铁槽内衬以旧铁轨，在储矿槽内衬以铁屑混凝土或铸铁衬板。为了减轻储矿槽的重量，衬板可采用耐磨橡胶板。槽底板与水平线的夹角一般为50°~55°，储焦槽不小于 45°，以保证原料能顺利下滑流出。

1.2.3.2　给料机

为控制物料从料仓排出，并调节料流量，必须在料仓排料口安装给料机。常用的有链板式给料机、往复式给料机和电磁振动给料机三种。电磁振动给料机如图 1-18 所示，在

大中型高炉上得到广泛应用，它可以把块状、粉状物料，从储料仓中定量地、均匀地、连续地给出。不振动时，原料呈自然堆角静止不动。其结构由给料槽、激振器、减速器三部分组成。当电磁振动给料机工作点选择好了，振幅稳定，就可以实现定量给料。电磁振动给料机最大生产能力可达 400～600t/h，并可根据生产工艺要求调节其生产能力。

图 1-18　电磁振动给料机

1.2.3.3　槽下运输及称量设备

槽下运输系统应完成取料、称量、运输、筛分、卸料等作业。在储矿槽下将原料按品种和数量以及称量后运到料车的方法有称量车和皮带机运输（用称量漏斗称量）两种。

A　称量设备

根据称量传感原理不同，槽下称量设备可分为机械秤（即杠杆秤）和电子秤（即用电阻应变仪），从设备形式上分为称量车、称量漏斗和皮带秤。目前常用的是电子秤，其质量小、体积小，结构简单、拆装方便，不存在刀口磨损和变钝的问题，计量精度较高，一般误差不超过5%。

称量车是一个带有称量设备的电动机车。车上有操纵储矿槽闭锁器的传动装置，还有与上料车数目相同的料斗，每个料斗供一个上料车，料斗的底是一对可开闭的门，借以向料车中放料。在称量车轨道旁边设有配料室，配料室操纵台上设有称量机构的显示和调节系统。操作人员在配料室进行配料作业，控制称量车行走，当称量车停在某一矿槽下时，启动该槽下给料设备，给料并称量，当达到给料量时停止给料。

槽下采用皮带机运输和称量漏斗称量的槽下运输称量系统，焦仓下一般设有振动筛，合格焦炭经焦炭输送机送到焦炭称量漏斗，小粒度的焦粉经粉焦输出皮带机运至粉焦仓。烧结矿仓下也设有振动筛，合格烧结矿运至矿石称量漏斗，粉状烧结矿经矿粉输出皮带机输送至粉矿仓。球团矿直接经给料机、矿石输出皮带机送到矿石集中漏斗。

B　运输设备

皮带机运输的槽下工艺流程根据筛分和称量设施的布置，可以分为以下三种：

（1）集中筛分，集中称量。料车上料的高炉槽下焦炭系统常采用这种工艺流程。其优点是设备数量少、布量集中，可节省投资，但设备备用能力低，一旦筛分设备或称量设备发生故障，则会影响高炉生产。

（2）分散筛分，分散称量。矿槽下多采用此流程。这种布置操作灵活，备用能力大，便于维护，适于大料批多品种的高炉。

（3）分散筛分、集中称量。焦槽下多采用此种流程。其优点是有利于振动筛的检修，集中称量可以减少称量设备，节省投资。

皮带机与称量车比较具有以下优点：

（1）皮带机设备简单，节省投资。而称量车设备复杂，投资高，维护麻烦，工作环境恶劣，传动系统和电器设备很容易出故障，要经常检修，要求有备用车。

（2）皮带机运输容易实现槽下操作自动化，能有效地减轻体力劳动和改善劳动条件。

（3）采用皮带机运输，可以降低矿槽漏嘴的高度，在储矿槽顶面高度不变的情况下，可以增大储矿槽容积。

现在高炉基本上都选用皮带机作为槽厂运输设备。

C　槽下筛分系统

（1）焦炭筛分：焦炭从储焦槽到料车的流程如下：

$$储焦槽\rightarrow焦筛\rightarrow称量漏斗\rightarrow料车$$
$$\rightarrow碎焦仓\rightarrow车皮$$

（2）烧结矿筛分：烧结矿在入炉前必须槽下过筛，使小于 5mm 的粉矿降低到 5% 以下，其流程如下：

$$储矿槽\rightarrow电磁振动给料机\rightarrow自定中心振动筛\rightarrow矿石称量漏斗$$
$$\rightarrow用皮带运输机送至烧结厂$$

D　料车坑

采用斜桥料车上料的高炉均在斜桥下端设有料车坑，一般布置在主焦槽的下方，在料车坑内通常安装有称焦漏斗、矿石用的称量漏斗或中间漏斗、料车、碎焦仓及其自动闭锁器、碎焦卷扬机、污水泵等，如图 1-19 所示。在布置时要特别注意各设备之间的相互关系，保证料车和碎焦料车运行时必要的净空尺寸。

1.2.4　矿槽设备点检项目、内容

1.2.4.1　振动筛

（1）筛板的磨损程度。

（2）激振器运转时有无异常，润滑是否良好，是否定期加油。

（3）传动轴连接螺栓是否脱落松动，传动轴是否损坏。

（4）电机温度是否过高，电机轴承有无异响，电机地脚螺栓是否松动。

（5）筛体是否开焊，振动筛衬板磨损程度。

1.2.4.2　胶带输送机（主皮带机）

（1）输送带是否有刮痕，皮带接口部位是否开裂，皮带运行时是否跑偏。

（2）主传动滚筒胶面磨损程度，滚筒轴承是否定期加油，轴承有无异响。

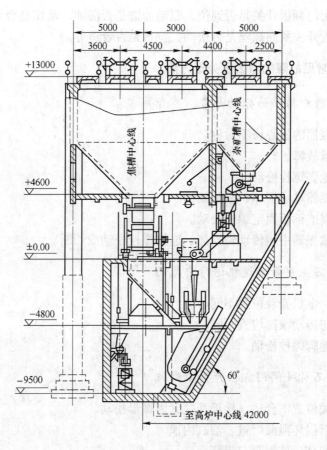

图 1-19　高炉料车坑剖面图

（3）减速机是否缺油、有无异响，地脚螺栓是否松动。

（4）联轴器尼龙柱销磨损程度。

（5）从动滚筒、输送带托辊是否磨漏，托辊轴承有无异响。

1.2.4.3　碎焦、碎矿裙边倾角胶带输送机

（1）裙边皮带是否跑偏、裙边磨损程度、皮带是否有刮痕。

（2）调节丝杠是否转动灵活。

（3）压带轮磨损程度，运转时是否刮皮带，轴承有无异响。

1.2.4.4　焦炭称量斗、矿石称量斗

（1）下料嘴闸门是否有铁器。

（2）矿石称量斗油缸是否漏油，动作是否正常，开关是否到位。

（3）焦炭、矿石称量斗衬板磨损程度，紧固螺栓是否磨坏，衬板是否磨漏、脱落。

（4）矿称量斗闸门翻板磨损程度。

1.2.4.5　焦炭、矿石称斗（料坑）

（1）下料嘴距料车入料口位置是否合适，衬板磨损程度，紧固螺栓是否松动。

（2）下料嘴闸门翻板开关是否到位，驱动油缸是否漏油，动作是否正常。

（3）翻板接近开关紧固螺丝是否松动，位置是否合适等。

1.2.5　矿槽设备常见故障的原因及处理方法

1.2.5.1　运行中振动筛振动异常、声音异常

（1）双轴激振器的偏心块不对称。

（2）电机轴承故障。

（3）电动机地脚螺栓松动。

（4）双轴激振器轴承损坏、轴承缺油。

（5）本体振裂或筛板固定螺栓松动。

（6）电机与激振器中间传动轴损坏、连接螺栓松动或切断。

1.2.5.2　矿石主皮带减速机运行中晃动

（1）减速机、电机安装位置不同心。

（2）减速机与传动滚筒位置不同心。

（3）减速机地脚螺栓松动。

1.2.5.3　矿石称斗闸门翻板开关不到位

（1）接近开关位置不合适、接近开关紧固螺母松动。

（2）油缸油封损坏泄漏严重、油缸内泄。

（3）管路中的高压球阀阀芯损坏。

1.2.5.4　运行中皮带刮伤、断裂

（1）皮带接口处开胶老化断裂。

（2）皮带机上部下料嘴有铁器。

（3）皮带使用时间过长，线层老化开胶。

（4）称量斗衬板磨损严重，衬板螺栓磨损断裂致使衬板脱落。

任务 1.3　上 料 操 作

1.3.1　高炉上料设备

高炉上料设备的作用是把高炉冶炼过程中所需的各种原料，从地面提升到炉顶。图 1-20 所示为上料流程。

高炉冶炼对上料设备有下列要求：

（1）有足够的上料能力。不仅满足目前高炉产量和工艺操作的要求，还要考虑生产率进一步增长的需要。

（2）长期、安全、可靠地连续运行。为保证高炉连续生产，要求上料机各构件具有足

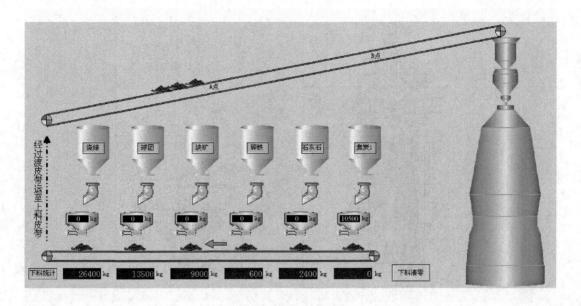

图1-20 上料流程

够的强度和耐磨性，使之具有合理的寿命。为了安全生产，上料设备应考虑在各种事故状态下的应急安全措施。

（3）炉料在运送过程中应避免再次破碎。为确保冶炼过程中炉料的合理分布，必须保证炉料按一定的粒度入炉，要求炉料在上料过程中不再出现粉矿。

（4）有可靠的自动控制和安全装置，最大程度地实现上料自动化。

（5）结构简单，维修方便。要求上料机的结构具有快速更换、快速修理的特点。

上料机主要有料罐式、料车式和皮带机上料三种方式。料罐式上料机是上行满罐下行空罐，如果速度快，则吊着的料罐就会摆动不停，所以上料能力低，高炉已不再采用。近年来随着高炉大型化的发展，料车式上料机也较难满足高炉要求，故新建的大型高炉，多采用皮带机上料方式。

1.3.1.1 料车式上料系统

一般料车上料机主要由斜桥、斜桥上铺设的两条轨道、两个料车、料车卷扬机及牵引用钢丝绳、绳轮等组成。料车式上料如图1-21所示。

A 料车

一般每座高炉两个料车，互相平衡。料车容积大小则随高炉容积的增大而增大，一般为高炉容积的0.7%~1.0%。随着高炉强化，常用增大料车容积的方法来提高供料能力。

料车由车体、车轮、辕架三部分组成，如图1-22所示。车体由10~12mm钢板焊成，底部和侧壁的内表面都镶有铸钢或锰钢衬板加以保护，以免磨损，车体的后部做成圆角以防矿粉黏结，在尾部上方有一个小窗口，供撒在料车坑内的料装回料车。料车前后两对车轮构造不同，因为前轮只能沿主轨滚动，而后轮不仅要沿主轨滚动，在炉顶曲轨段还要沿辅助轨道——分歧轨滚动，以便倾翻卸料，所以后轮做成具有不同轨距的两个轮面的形状。料车上的四个车轮是各自单独转动的。辕架是一个门形钢框，活动地连接在车体上，

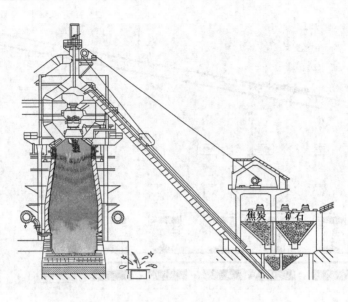

图 1-21　料车式上料

车体前部还焊有防止料车仰翻的挡板。一般用两根钢绳牵引料车，这样既安全又可以减小钢绳的刚度。

　　B　斜桥

　　斜桥有桁架式和实腹梁式两种结构，如图 1-23 所示。斜桥倾角主要取决于桥下铁路线数目和高炉的平面布置形式，一般倾角为 55°~65°；斜桥的宽度取决于内部尺寸（料车尺寸）与外部尺寸（炉顶金属框架支柱间的距离）。在斜桥的顶端料车走行轨道应做成曲轨，使料车在倾翻过程中始终保持平稳。

　　斜桥上设两个支点，下端支撑在料车坑的墙壁上，上端支撑在从地面单设的门形框架上，顶端悬臂部分和高炉没有联系，其目的是使结构部分和操作部分分开。也有把上支点放在炉顶框架上或炉体大框架上，在相接处设置滚动支座，允许斜桥在温度变化时自由位移，消除对框梁产生的斜向推力。

　　为了使料车能自动卸料，料车的走行轨道在斜桥顶端设有轨距较宽的分歧轨，常用的卸料曲轨形式如图 1-24 所示。当料车的前轮沿主轨道前进时，后轮则靠外轮面沿分歧轨上升使料车自动倾翻卸料(见图 1-24(c))，料车的倾角达到 60°时停车。卸料后料车能在自重作用下，以较大的加速度返回。图 1-24(c)的结构简单，制作方便，但工艺性能稍差，常用在小型高炉上；图 1-24(b)和图 1-24(a)用于中型高炉，图 1-24(a)的工艺性能最好。

　　为了使料车上下平稳可靠，通常在走行轨上部装护轮轨。为了使料车装得满些，常将料车坑内的料车轨道倾角加大到 60°左右。

　　C　卷扬机

　　卷扬机是牵引料车在斜桥上行走的设备，如图 1-25 所示。要求卷扬机调速性能良好、停车准确、安全可靠、能自动控制。料车卷扬机一般由电动机、减速箱、卷筒等组成，还应设置安全保护装置。

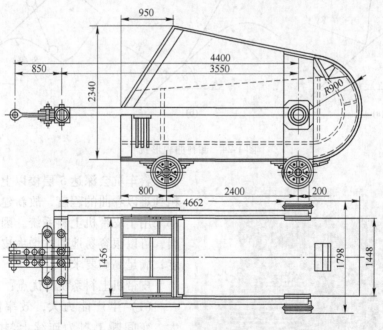

图 1-22　料车示意图

1.3.1.2　皮带式上料机系统

由于高炉的大型化，料车式上料机已不能满足高炉生产的要求。如一座 3000m³ 的高

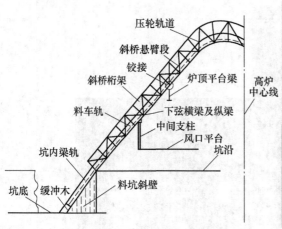

图 1-23　斜桥

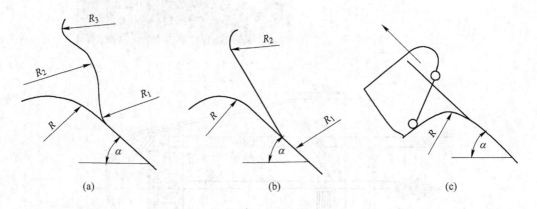

图 1-24　卸料曲轨形式

图 1-25　卷扬机

炉，料车坑会深达 5 层楼以上，钢丝绳会粗到难以卷曲的程度，故新建的高炉大多都采用了皮带机上料系统，因为它连续上料，可以很容易地通过增大皮带速度和宽度，满足高炉要求。

皮带机上料系统的优点：

（1）生产能力大，效率高，灵活性大，变间断上料为连续上料，炉料破损小，配料可实现自动控制。

（2）采用皮带运输机可代替价格昂贵的卷扬机和发电机组，既减少了设备的重量，又简化了控制系统，节约钢材和动力，维修简单；皮带式上料机是高架结构，占地面积小，使原料称量系统远离高炉，高炉周围的自由度加大；控制技术简单，易实现全部自动化，并且改善了炉顶装料设备的工作条件。

一般从地面到炉顶只架设一条皮带。除长时间高炉休风外，上料皮带是连续不停地运行的。炉料按照上料程序，由集中料斗下部的振动给料机将炉料均匀地布到皮带上，再由皮带运往高炉炉顶。皮带倾角以皮带在运料过程中炉料不滚落为原则，越大越好，以便缩短皮带长度，一般为12°左右，带速一般多取 120 ~ 130m/min。皮带宽度根据所要求的瞬时最大上料能力来决定。

在槽下用电磁振动给料器给料，振动筛筛分，称量漏斗称量，然后分别送往各自的集中料斗，按照上料程序和装料制度，开动料斗下部的电磁振动给料器，将料均匀地分布在不停运转的皮带机上，然后送往炉顶装入炉内。其上料流程如图1-26所示。

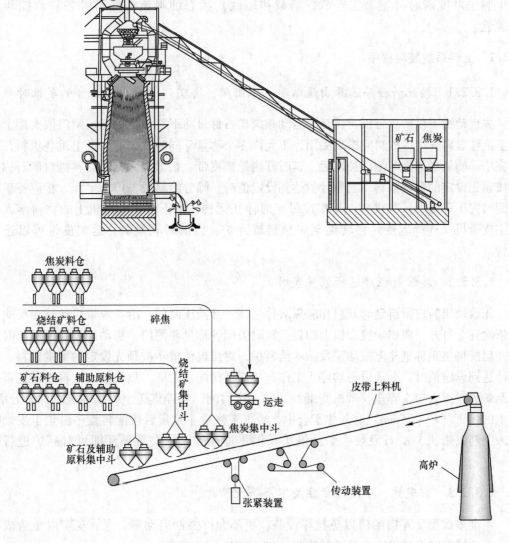

图 1-26　高炉皮带机上料流程

皮带上料机传动机构由电动机、皮带滚筒、减速机、液力耦合器和制动器组成。

为了准确检测原料位置，在胶带机长度方向上设有原料位置检测装置，共有 4 个检测点；为了确保上料胶带机在安全状态下运行，上料胶带机设有保护和检测装置。

在皮带长度方向上每隔一段距离设置一个支撑托辊组，上部皮带用槽形托辊组支撑，下部皮带用平行托辊组支撑。为防止和克服皮带跑偏，要设置各种可防止和自动调整皮带跑偏的支撑托辊组。为防止金属物划破皮带，皮带机上应设置清除金属夹杂物的装置。为保护带面和滚筒胶面，保持带面和滚筒面的正常接触，防止胶带跑偏等，一般在皮带机的头部、中部和尾部都设置清扫装置，用以清除黏附在胶带内外胶面上的物料。此外，皮带机还设有用于检测皮带跑偏量并可自动报警和停机的跑偏开关，用于皮带机现场紧急事故停机的拉绳开关，用于检测皮带是否轻度或严重打滑并可自动报警和停机的带速检测（或称打滑检测）装置，用于检测皮带纵向撕裂的保护装置，用于监测物料在皮带上被送达的位置的压磁托辊纵向料流监测装置，用于检测皮带上料层厚度瞬时（空载、轻载、满载和超载）状态的料流检测器等各种监控和保护装置。

1.3.2　上料系统装料程序

1.3.2.1　按配料程序选择由烧结矿、球团矿、块矿（或杂矿）组合的矿批时

先启动槽下供矿皮带机，再延时启动相应矿石称量斗下部液压闸门，闸门依次逐个打开至最佳放料开度，放料完毕后关闭，不允许多个称量斗同时往供矿皮带上重叠供料，落料完毕，确认各称量斗闸门关闭后，延时开启返矿皮带、振动筛，振动给料机对矿石称量斗按预先设定的重量给料，当累计值达到设定值时，筛分给料设备停止工作，相应各矿槽的配料完毕等待下一次供料，返矿皮带延时停止运转，槽下供矿胶带机上的物料落入上料主皮带机（连续运转）再转运至炉顶料罐入炉，当供料频繁时，返矿皮带可以连续运转。

1.3.2.2　按配料程序选择装焦炭时

先启动供料皮带再延时开启相应焦炭称量斗下部液压闸门，沿与胶带机运行相反的方向依次逐个打开，向焦炭胶带机上卸料，延时关闭各称量斗闸门。启动碎焦胶带机同时延时开启配料焦炭称量斗上振动筛及振动给料机，对焦炭称量斗按预先设定的重量给料，当累计达到设定值时，上述设备均停止工作，相应焦槽配料完毕。焦炭落入上料胶带机再转运至炉顶料罐入炉，碎焦胶带机则继续运转一定时间，将碎焦送至碎焦筛进行筛分分级，筛上的焦丁（10~25mm）存入焦丁仓中，经焦丁称量斗称量后按配料程序由焦丁皮带机卸入上料胶带机与矿石混装入炉。供矿及供焦过程的无限交替循环即可对高炉进行供配料。

1.3.2.3　出现焦、矿闸门卡住关不严等故障时

不准多次反复开闭闸门以免拉坏设备，更不允许强制启动筛、泵、皮带以免造成跑料，上部堵料时严禁进入内部进行检查。

1.3.2.4 要求

各系统检修应全面停电，或送电应有专人负责，负责人在检修期间不得换作其他人进行负责，检修期间岗位不得离人。

1.3.3 上料设备的点检项目、内容

1.3.3.1 电动机

（1）电机温升是否过高；
（2）地脚螺栓是否松动；
（3）轴承是否有异响；
（4）电机轴承是否缺油。

1.3.3.2 液压制动器

（1）地脚螺栓是否松动；
（2）制动器本体是否损坏，制动器支架、拉杆是否有裂纹，弹簧是否老化；
（3）闸瓦固定销轴是否断裂，闸皮磨损程度、闸皮与抱闸轮接触面积是否小于规定值；
（4）停车后制动器是否抱紧，有无松动。

1.3.3.3 卷扬机钢丝绳卷筒

（1）轴承座地脚螺栓是否松动；
（2）轴承是否缺油，轴承是否有异响，温升是否过高；
（3）本体是否开焊，钢丝绳槽磨损程度；
（4）钢绳卷筒螺旋槽磨损程度，钢丝绳固定端钢丝绳卡子是否松动。

1.3.3.4 主卷钢丝绳

（1）钢丝绳磨损程度；
（2）钢丝绳是否缺油；
（3）钢丝绳变形程度。

1.3.3.5 料车

（1）料车车轮连接螺栓是否松动（定期紧固）；
（2）车轮踏面磨损程度；
（3）衬板是否磨漏，衬板螺栓是否磨坏；
（4）料车轴承是否有异响、是否缺油；
（5）车轮是否啃轨道；
（6）料车轮缘轴承、各销轴转动是否灵活，是否缺油。

1.3.3.6 料车钢轨

（1）钢轨踏面磨损程度，压板螺栓是否松动；

（2）钢轨有无变形；

（3）料车运行时有无异响、晃动、振动。

1.3.4　上料设备常见的故障原因及处理方法

1.3.4.1　主卷减速机高速联轴器尼龙销断裂

常见故障：尼龙柱销断裂、破碎。

故障原因：

（1）电机轴与减速机轴联轴器不同心，安装位置不正；

（2）尼龙柱销材质不符合要求。

处理方法：

（1）找正安装位置；

（2）定期检查更换尼龙销，选用优质尼龙销。

1.3.4.2　主卷减速机齿板轴承损坏

故障原因：轴承老化、轴承零部件不符合要求。

处理方法：按使用周期定期更换主卷减速机。

1.3.4.3　主卷减速机齿板定位销折断

故障原因：

（1）减速机环板与齿圈定位销材质不符合要求；

（2）定位销公差不符合要求，使用过程中出现间隙；

（3）减速机受外力影响使齿板定位销折断。

处理方法：更换减速机。

1.3.4.4　料车墩车、落轨

故障原因：料车钢丝绳变形大，左右两根钢丝绳松紧程度不一致。

处理方法：定期紧固料车钢丝绳。

任务 1.4　炉顶装料操作

1.4.1　炉顶装料设备

装料设备用来接受上料机提升到炉顶的炉料，将其按工艺要求装入炉喉，使炉料在炉内合理分布，同时起密封炉顶的作用。

高炉炉顶是炉料的入口也是煤气的出口。为了便于人工加料，最早的炉顶是敞开的，后来为了利用煤气，在炉顶安装了简单的料钟与料斗，即单钟式炉顶装料设备，把敞开的炉顶封闭起来，煤气用管导出加以利用，但在开钟装料时仍有大量煤气逸出，这样不仅散失了大量煤气，污染了环境，而且给煤气用户造成很大不便，之后改用双钟式炉顶装料设

备，交错启闭。为了布料均匀防止偏析，出现了布料器，最初是马基式旋转布料器，它组成一个完整的密封系统和较为灵活的布料工艺，获得了广泛应用，随后又出现了快速旋转布料器和空转螺旋布料器。随着高压操作的广泛应用，炉顶的密封出现了新的困难，大料钟和大料斗的寿命也成为关键问题。1972 年，由卢森堡设计的 PW 型无钟炉顶，采用旋转溜槽布料，引起炉顶结构的重大变化，其结构如图 1-27 所示。

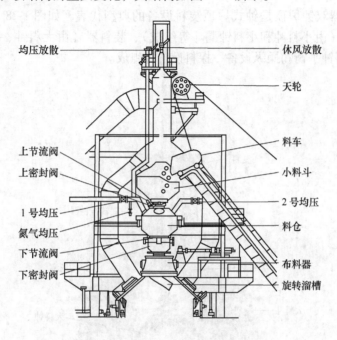

图 1-27　炉顶设备结构

现代大型高炉每天要把上万吨炉料从炉顶加入炉内，炉顶装料设备在工作中启动制动频繁，设备不断受到原料的冲击和磨损，并受高温带尘煤气的冲刷和腐蚀。随着高压操作和炉顶压力的提高，炉顶装料设备应满足下列要求：

（1）能够满足炉喉合理布料的要求，在炉况失常时能够灵活地将炉料分布到指定的部位。

（2）保证炉顶密封可靠，满足高压操作要求，防止高压带尘煤气泄漏冲刷设备。

（3）设备结构力求简单合理，便于制造、运输、安装。

（4）设备寿命长，保证长期可靠的工作，日常检查维护方便，损坏时更换方便。

（5）能实现操作自动化。

从炉顶加入炉料不只是一个简单的补充炉料的工作，因为炉料加入后的分布情况影响着煤气与炉料间相对运动或煤气流分布。如果上升煤气和下降炉料接触好，煤气的化学能和热能得到充分利用，炉料得到充分预热和还原，此时高炉能获得很好的生产技术经济指标。煤气流的分布情况取决于料柱的透气性，如果炉料分布不均，则煤气流自动地向孔隙较大的大块炉料集中处通过，煤气的热能和化学能就不能得到充分利用，这样不但影响高炉的冶炼技术经济指标，而且会造成高炉不顺行，产生悬料、塌料、管道和结瘤等事故。

根据高炉炉型和冶炼特点，炉顶布料应有下列几方面要求：

（1）周向布料应力求均匀。

（2）径向布料应根据炉料和煤气流分布情况进行径向调节。

（3）要求能不对称布料，当高炉发生管道或料面偏斜时，能进行定点布料或扇形布料。

1.4.1.1　钟式炉顶

马基式布料器双钟炉顶是钟式炉顶装料设备的典型代表，如图 1-28 所示。主要由受料漏斗、布料器（由小料钟和小料钟漏斗等组成）、装料器（由大料钟、大钟漏斗和煤气封罩等组成）、料钟平衡和操纵设备、探料设备等组成。

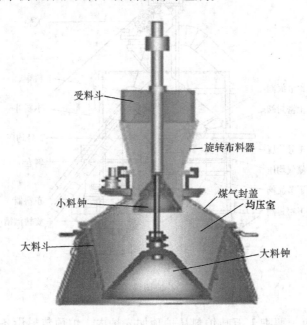

受料斗

旋转布料器

煤气封盖
均压室

小料钟

大料斗

大料钟

图 1-28　双钟式炉顶结构

A　装料器的基本组成

装料器用来接受从小料斗卸下的炉料，并把炉料合理地装入炉喉。装料器主要由大钟、大料斗、大钟拉杆和煤气封罩等组成。要求密封性能好，耐腐蚀、耐冲击、耐磨，还要能耐温。它的工作温度一般为 200~300℃，最高达 500℃。

大钟用来分布炉料，其直径与炉喉直径相配合，以保证合适的炉喉间隙。

一般用 35 号钢整体铸造。对大型高炉来说，其壁厚不能小于 50mm，一般为 60~80mm。钟壁与水平面成 45°~55°，一般为 53°。为了保证大钟和大料斗密切接触，减少磨损，大钟与大料斗的接触带都必须堆焊硬质合金并且进行精密加工，要求接触带的缝隙小于 0.08mm。为了减小大钟的扭曲和变形，常做成刚性大钟，即在大钟的内壁增加水平环形刚性环和垂直加强筋。

大钟与大钟杆的连接方式有绞式连接和刚性连接两种。绞式连接的大钟可以自由活动。当大钟与大料斗中心不吻合时，大钟仍能和大料斗很好地关闭；缺点是当大料斗内装料不均匀时，大钟下降时会偏斜和摆动，使炉料分布更不均匀。刚性连接时大钟杆与大钟之间用楔子固定在一起，其优缺点与活动的绞式连接恰好相反，在大钟与大料斗中心不吻合时，有可能扭曲大钟杆，但从布料角度分析，大钟下降后不会产生摇摆，所以偏斜率比绞式连接小。

大料斗通常由 35 号钢铸成。对大高炉而言，由于尺寸很大，加工和运输都很困难，所以常将大料斗做成两节。当大料斗下部磨损时，可以只更换下部，上部继续使用。为了密封良好，与大钟接触的下节要整体铸成，料斗壁倾角应大于 70°，壁应做得薄些，厚度不超过 55mm，而且不需要加强筋，这样，高压操作时，在大钟向上的巨大压力下，可以发挥大料斗的弹性作用，使两者紧密接触。

常压高炉大钟可以工作 3~5 年，大料斗 8~10 年，高压操作的高炉，当炉顶压力大于 0.2MPa 时，一般只能工作 1.5 年左右，有的甚至只有几个月。主要原因是大钟与大料斗接触带密封不好，产生缝隙，由于压差的作用，带灰尘的煤气流高速通过，磨损设备。炉顶压力越高，磨损越严重。

为了减小大钟、大料斗间的磨损，延长其寿命，常采取以下措施：

（1）采用刚性大钟与柔性大料斗结构。在炉喉温度条件下，大钟在煤气托力和平衡锤的作用下，给大料斗一定的作用力，大料斗的柔性使它能够在接触面压紧力的作用下，发生局部变形，从而使大钟与大料斗密切闭合。

（2）采用双倾斜角的大钟，即大钟下部的倾角为 53°，下部与大料斗接触部位的倾角为 60°~65°，其优点如下：

1）减小炉料滑下时对接触面的磨损作用。因为大部分炉料滑下时，跳过了接触面直接落入炉内，双倾斜角起了"跳料台"的作用。

2）可增加大钟关闭时对大料斗的压紧力，从而使大钟与大料斗闭合得更好。

3）可减小煤气流对接触面以上的大钟表面的冲刷作用。这是由于漏过缝隙的煤气仍沿原方向前进，就进入了大钟与大料斗间的空间。

（3）在接触带堆焊硬质合金，提高接触带的抗磨性。

（4）在大料斗内充压，减小大钟上下压差。这一方法是向大料斗内充入净煤气或氮气，使得大钟上下压差变得很小，甚至没有压差。由于压差的减小和消除，从而使通过大钟与大料斗间缝隙的煤气流速减小或没有流通，也就减小或消除了磨损。

煤气封罩与大料斗连接，是封闭大小钟之间的外壳，一般由钢板焊成。

煤气封罩的作用是使大小钟之间形成足够的容积，达到能贮存一批料（4~5 车），同时要起密封室的作用。上端有法兰盘与布料器支托架相连接，下端也有法兰盘与炉顶钢圈相连接。

上部为圆锥形，下部为圆柱形。在锥体部分开有检修孔，平时要保证检修孔密封严密。安装时下法兰与炉顶钢圈用螺栓固定，为保证其接触处不漏煤气，除在煤气封罩下法兰与炉顶钢圈法兰之间加伸缩密封环外，还在大钟漏斗法兰上下面加石棉绳。

B 布料器

料车式高炉炉顶装料设备的最大缺点是炉料分布不均。料车只能从斜桥方向将炉料通过受料漏斗装入小料斗中，因此在小料斗中产生偏析现象，大粒度炉料集中在料车对面，粉末料集中在料车一侧，堆尖也在这一侧，炉料粒度越不均匀、料车卸料速度越慢，这种偏析现象越严重。这种不均匀现象在大料斗内和炉喉部位仍然重复着。为了消除这种不均匀现象，通常采用的措施是将小料斗改成旋转布料器，或者在小料斗之上加旋转漏斗。

a 马基式旋转布料器

马基式旋转布料器是过去普遍采用的一种布料器，由小钟、小料斗和小钟杆组成，位于受料漏斗之下，煤气封罩之上，如图 1-29 所示。马基式旋转布料器的作用是接受从受料漏斗卸下的炉料，并由小钟的上下运动与小钟、小料斗共同旋转运动这两个动作过程，完成向装料器装料和布料的任务。整个布料器由电机通过传动装置驱动旋转，由于旋转布料器的旋转，所以在小料斗和下部大料斗封盖之间需要密封。

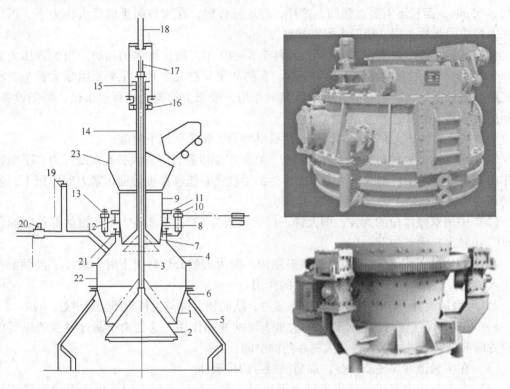

图 1-29　马基式布料器炉顶

1—大料斗；2—大钟；3—大钟杆；4—煤气封罩；5—炉顶封板；6—炉顶法兰；7—小料斗下部内层；

8—小料斗下部外层；9—小料斗上部；10—小齿轮；11—大齿轮；12—支撑轮；13—定位轮；

14—小钟杆；15—钟杆密封；16—轴承；17—大钟杆吊挂件；18—小钟杆吊挂件；

19—放散阀；20—均压阀；21—小钟密封；22—大料斗上节；23—受料漏斗

小钟采用焊接性能较好的 ZG35Mn2 铸成，为了增强抗磨也有用 ZG50Mn2。为便于更换，小钟都铸成两半，两个的垂直结合面用螺栓从内侧连接起来。小钟壁厚约 60mm，倾角 50°~55°。在小钟与小料斗接触面堆焊硬质合金，或者在整个小钟表面堆焊硬质合金。小钟关闭时与小料斗相互压紧。小钟与小钟杆刚性连接，小钟杆由厚壁钢管制成，为防止炉料的磨损，设有锰钢保护套，保护套由两个半环组成。大钟杆从小钟杆内穿过，两者之间又有相对运动，大、小钟杆一搬吊挂在固定轴承上。小料斗由内外两层组成，外层为铸钢件，起密封作用和固定传动用大齿轮。内料斗由上下两部分组成，上部由钢板焊成，内衬以锰钢衬板；下部是铸钢的，承受炉料的冲击与磨损。为防止炉料撒到炉顶平台上，要求小料斗的容积为料车容积的 1.1~1.2 倍。

马基式布料器的工作原理是当料车每次卸料后，旋转漏斗（连同小料钟）及其内原料依次转过一个角度，并且每次转动的角度比上次转动的角度增加 60°，例如第一车料卸入后，小钟漏斗不转，在0°处就地卸料；接着为60°、120°、180°、-120°、-60°处卸料。这样虽然原料在小钟内是不均匀的，但在大钟上（或炉顶）沿圆周方向堆尖接近均匀分布。这种布料方法即所谓六点布料。

由于布料器是旋转的，所以存在密封的问题。在布料器的旋转漏斗与固定支座之间，一般常采用两层油压干式填料密封。填料为中心夹有铜丝的石棉绳，加入润滑油润滑。

马基式布料器应用广泛，但存在不足，一是布料仍然不均，这是由于双料车上料时，料车位置与斜桥中心线有一定夹角，因此堆尖位置受到影响；二是旋转漏斗与密封装置极易磨损，更换、检修困难。

b　快速旋转布料器

为了达到均匀布料和解决小料斗的密封问题，出现了快速旋转布料器。快速旋转布料器的结构原则：旋转部分不密封、密封部分不旋转。其结构示意图如图1-30(a)所示。

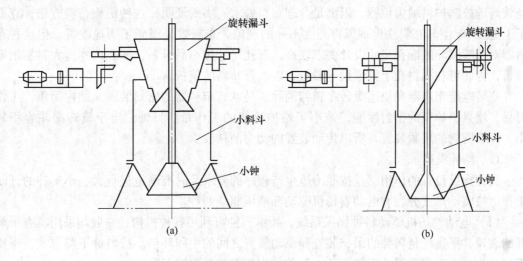

图1-30　布料器结构示意图
(a) 快速旋转布料器；(b) 空转螺旋布料器

在小钟和小钟料斗的上方装有一个中间旋转漏斗，该中间漏斗做成双坡底形，漏斗下部开有两个漏料孔，漏斗本身支承在三个驱动辊上，它们利用摩擦力直接带动漏斗旋转，三个驱动辊由三台电机分别直接驱动。在漏斗上缘圆周上，还装有三个定心辊，以免中间漏斗发生径向偏移。当料车将到卸料轨道时，中间漏斗开始旋转，料车卸料，原料经受料漏斗及快速旋转漏斗向小料斗均匀布料。为使设备磨损均匀，电动机可以正反交替进行工作。

快速旋转漏斗的容积为料车有效容积的0.3~0.4倍，转速与炉料粒度及漏料开口尺寸有关，过慢布料不均匀；过快则受离心力的作用，炉料漏不下去。而当料斗停止转动后，炉料又集中落下造成尖峰。快速旋转漏斗的开口直径与形式对布料有直接影响，开口小，布料均匀，但容易卡料；开口大则情况相反。

快速旋转布料器由于边旋转边布料，故布料均匀。另外，中间旋转漏斗与小钟和小钟料斗分开，并处于等压气体（大气）的环境中工作，因此不存在布料器密封问题，布料器的维护和检修比马基式布料简单。但是由于这种布料器的旋转速度过快，因此加速了传动机构的磨损；另外，由于采用双坡底的结构，故不便于定点布料。改用单漏孔的结构，能有效地下偏料。

c　空转螺旋布料器

空转螺旋布料器的结构形式与单漏斗孔的快速布料器相同，布料器的主体为一歪嘴中间漏斗。它的动作由大钟指挥（通过电器连锁），每向炉内装完一批料，大钟关闭后，此歪嘴中间漏斗不以 30° 的倍数单向、低速、空转，而每次空转 63°，每批料间歪嘴相差63°。这样，在炉喉圆周上的料批堆尖不重叠，堆尖位置由歪嘴位置控制。当料批采用六点布料时，则前六批料和后六批料的堆尖要向前错过 18°，于是从整个料柱来看，料批的堆尖形成一个螺旋，故称螺旋布料法。由于这种布料器是空载转动的，所以又称为空转螺旋布料器。其结构示意图如图 1-30(b) 所示。

这种布料器的传动系统与马基式布料器基本相同。其优点是，除能作定点布料外，还能较好地控制炉料堆尖位置，以满足合理布料要求。实践证明，这种螺旋布料方法，克服了上述按 60° 空转布料法出现风口亮度不一的现象，布料效果得到了明显改善。但这种布料器对歪嘴漏斗的漏孔尺寸设计要求较高，漏孔尺寸过小易卡料，漏孔尺寸过大料易出现偏析，为此可在漏料孔上方增设导料板，以改善布料的偏析。

空转螺旋布料器和快速旋转布料器消除了马基式布料器的密封装置，结构简单，工作可靠，增强了炉顶的密封性能，减小了维护检修的工作量。另外，出于旋转漏斗容积较小，没有密封的压紧装置，所以传动装置的动力消耗较少。

C　料钟操纵

料钟操纵设备的作用就是按照冶炼生产程序的要求及时准确地进行大、小料钟的开闭工作。按驱动形式分，有电动卷扬机驱动和液压驱动两种。

（1）电动卷扬机驱动料钟操纵系统。操纵料钟可利用各种机构，一般均采用具有平衡杆的装置，平衡杆是料钟的吊挂装置和驱动装置之间的中间环节。按料钟下降方式，平衡杆可分为自由下降和强迫下降两种。目前使用较多的是强迫下降。

（2）液压驱动料钟操纵系统。由于液压传动机构具有简单轻巧，可省去大小钟卷扬机，炉顶高度和炉顶质量大大减小；运转平稳，易于实现无级调速，元件易于标准系列化等优点，因此得到了迅速的发展。料钟液压传动的结构形式有：扁担梁—平衡杆式、扁担梁式、扁担梁—拉杆式。

系统的回路组成有同步回路、换向阀锁紧回路、补油回路、防止因煤气爆炸引起过载的溢流阀安全回路、小钟液压缸的工作稳定性、液压缸的缓冲装置、蓄能器储能和调速回路、分级调压及压力控制回路。液压站设在炉顶平台或布料器房内，因离液压缸的距离很近，液压缸中的油液能回到油箱中冷却、过滤。故油管未采取任何降温措施。

1.4.1.2　钟阀式炉顶

钟阀式炉顶装料设备的特点是用较小的盘式密封阀来密封炉顶，以满足高炉高压操作。

这种炉顶由大钟、小钟、两个密封阀和设置在小钟与密封阀之间的旋转布料器组成，如图 1-31 所示。其结构特点是靠具有双漏料孔的旋转布料器来布料，靠小钟和密封阀来密封炉顶，大钟处在上下表面等气压状态下工作，不起密封作用。驱动齿轮通过空心连杆和旋转布料器连成一体带动布料器旋转。布料器也处在等压气体下工作，不需要密封，仅驱动轴伸出外面，需要密封。

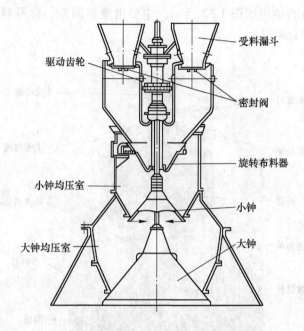

图1-31 双钟双阀式炉顶结构

用密封阀代替钟斗来密封，这对炉顶装料设备是一个重大革新。密封阀靠盘式阀盖与阀座上耐热硅橡胶的接触来密封，为软封，其密封性能比钟斗间钢与钢接触的硬封好；且密封阀尺寸小，重量轻，易于更换和维修，使炉顶结构简化，密封面不受炉料冲击和磨损，使用寿命长。

这种炉顶的装料过程是：料车接近炉顶时打开放散阀，使小钟均压室的压力降为大气压，然后打开其中一个密封阀，同时启动布料器。接着料车倒料，炉料通过受料漏斗和布料器倒入小钟斗内。料车倒料结束，关闭密封阀，打开均压阀，使小钟均压室达到高压，打开小钟将炉料倒到大钟上。关闭钟，再重复上述过程，装下一车料。当需要定点布料时，可将布料器先旋转到需要布料的位置后，再从上面的受料漏斗往下放料，使炉料在小钟上的相应位置形成堆尖，然后再打开小钟放料，打开大钟装料。

这种炉顶的主要缺点是：布料器旋转漏斗的支撑辊和定心辊处在均压室内，工作环境恶劣，磨损较快，且不便于维修和更换。同时，大钟拉杆、小钟拉杆和旋转布料器的空心套杆三杆穿心，结构复杂。另外，炉顶高度高，建设投资大。

1.4.1.3 无料钟炉顶

随着高炉炉容的增大，大钟体积越来越庞大，重量也相应增大，难以制造、运输、安装和维修，寿命短。从大钟锥形面的布料结果看，大钟直径越大，径向布料越不均匀，虽然配用了变径炉喉，但仍不能从根本上解决问题。20世纪70年代初，兴起了无钟炉顶，用一个旋转溜槽和两个密封料斗代替了原来庞大的大小钟等一整套装置。

　　无钟炉顶装料设备根据受料漏斗和称量料罐的布置情况可划分为两种结构——并罐式结构和串罐式结构。

　　A　并罐式无钟炉顶

　　并罐式无钟炉顶的结构如图 1-32 所示。主要由受料漏斗、称量料罐、中心喉管、气密箱、旋转溜槽五部分组成。

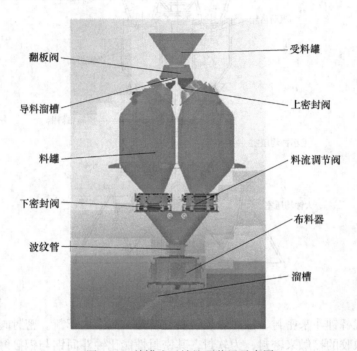

图 1-32　并罐式无钟炉顶装置示意图

　　受料漏斗有带翻板的固定式和带轮子可左右移动的活动式受料漏斗两种。带翻板的固定式受料漏斗通过翻板来控制向哪个称量料罐卸料。带有轮子的受料漏斗可沿轨左右移动，将炉料卸到任意一个称量料罐。

　　称量料罐有两个，其作用是接受和储存炉料，内壁有耐磨衬板加以保护。在称量料罐上口设有上密封阀，可以在称量料罐内炉料装入高炉时，密封住高炉内煤气。在称量料罐下口设有料流调节阀和下密封阀，料流调节阀在关闭状态时锁住炉料，避免下密封阀被炉料磨损，在开启状态时，通过调节其开度，可以控制下料速度；下密封阀的作用是当受料漏斗内炉料装入称量料罐时，密封住高炉内煤气。

　　中心喉管上面设有一叉形管和两个称量料罐相连，为了防止炉料磨损内壁，在叉形管和中心喉管连接处，焊上一定高度的挡板，用死料层保护衬板，并避免中心喉管磨偏，但是挡板不宜过高，否则会引起卡料。中心喉管的高度应尽量长一些，一般是其直径的 2 倍以上，以免炉料偏行，中心喉管内径应尽可能小，但要能满足下料速度，并且又不会引起卡料。

　　旋转溜槽为半圆形的长度为 3～3.5m 的槽子，旋转溜槽本体由耐热钢铸成，上衬有鱼鳞状衬板。鱼鳞状衬板上堆焊 8mm 厚的耐热耐磨合金材料。旋转溜槽可以完成两个动作：一是绕高炉中心线的旋转运动，二是在垂直平面内可以改变溜槽的倾角，其传动机构在气密箱内。

无钟炉顶装料过程的操作程序是：当称量料罐需要装料时，打开称量料罐的放散阀放散，然后再打开上密封阀，炉料装入称量料罐后，关闭上密封阀和放散阀。为了减小下密封阀的压力差，打开均压阀，使称量料罐内充入均压净煤气。当探尺发出装料入炉的信号时，打开下密封阀，同时给旋转溜槽信号，当旋转溜槽转到预定布料的位置时，打开截流阀，炉料按预定的布料方式向炉内布料。截流阀开度的大小不同可获得不同的料流速度，一般是卸球团矿时开度小，卸烧结矿时开度大些，卸焦炭时开度最大。当称量料罐发出"料空"信号时，先完全打开截流阀，然后再关闭，以防止卡料，而后再关闭下密封阀，同时当旋转溜槽转到停机位置时停止旋转，如此反复。

并罐式无钟炉顶装料设备与钟斗式炉顶装料设备相比具有以下主要优点：

（1）布料理想，调剂灵活。旋转溜槽既可作圆周方向上的旋转，又能改变倾角，从理论上讲，炉喉截面上的任何一点都可以布有炉料，两种运动形式既可独立进行，又可复合在一起，故装料形式是极为灵活的，从根本上改变了大、小钟炉顶装料设备布料的局限性。

（2）设备总高度较低，大约为钟式炉顶高度的2/3。它取消了庞大笨重而又要求精密加工的部件，代之以积木式的部件，解决了制造、运输、安装、维修和更换方面的困难。

（3）无钟炉顶用上下密封阀密封，密封面积大为减小，并且密封阀不与炉料接触，因而密封性好，能承受高压操作。

（4）两个称量料罐交替工作，当一个称量料罐向炉内装料时，另一个称量料罐接受上料系统装料，具有足够的装料能力和赶料线能力。

但是并罐式无钟炉顶也有其不利的一面：

（1）炉料在中心喉管内呈蛇形运动，因而造成中心喉管磨损较快。

（2）由于称量料罐中心线和高炉中心线有较大的间距，会在布料时产生料流偏析现象，称为并罐效应。高炉容积越大，并罐效应就越加明显。在双料罐交替工作的情况下，由于料流偏析的方位是相对应的，尚能起到一定的补偿作用，一般只要在装料程序上稍做调整，即可保证高炉稳定顺行。但是从另一个角度讲，两个料罐所装入的炉料在品种上、质量上不可能完全对等，因而并罐效应始终是高炉顺行的一个不稳定因素。

（3）并列的两个称量料罐在理论上讲可以互为备用，即在一侧出现故障、检修时用另一侧料罐来维持正常装料，但是实际生产经验表明，由于并罐效应的影响，单侧装料一般不能超过6h，否则炉内就会出现偏行，引起炉况不顺。另外，在不休风并且一侧料罐维持运行的情况下，对另一侧料罐进行检修，实际上也是相当困难的。

B　串罐式无钟炉顶

串罐式无钟炉顶也称中心排料式无钟炉顶，如图1-33所示。与并罐式无钟炉顶相比，串罐式无钟炉顶有一些重大的改进：

（1）密封阀由原先单独的旋转动作改为倾动和旋转两个动作，最大限度地降低了整个串罐式炉顶设备的高度，并使得密封动作更加合理。

（2）采用密封阀阀座加热技术，延长了密封圈的寿命。

（3）在称量料罐内设置中心导料器，使得料罐在排料时形成质量料流，改善了料罐排

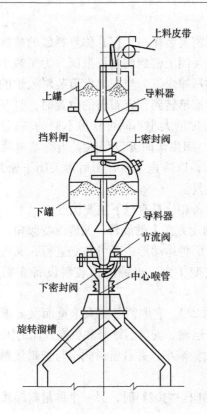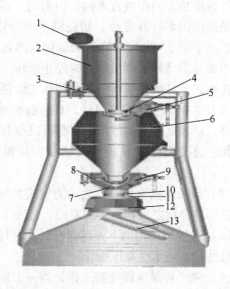

图 1-33　串罐式无钟炉顶

1—带式上料机；2—旋转料罐；3—驱动电动机；4—托盘式料门；5—上密封阀（放散）；
6—密封料罐；7—卸料漏斗；8—料流调节阀；9—下密封阀（均压）；10—波纹管；
11—眼镜阀；12—气密箱；13—溜槽

料时的料流偏析现象。

（4）1988 年 PW 公司又进一步提出了受料漏斗旋转的方案，以避免皮带上料系统向受料漏斗加料时由于落料点固定所造成的炉料偏析。

串罐式无钟炉顶与并罐式无钟炉顶相比具有以下特点：

（1）投资较低，和并罐式无钟炉顶相比可减少投资 10%。

（2）在上部结构中所需空间小，从而使得维修操作具有较大的空间。

（3）设备高度与并罐式炉顶基本一致。

（4）极大地保证了炉料在炉内分布的对称性，减小了炉料偏析，这一点对于保证高炉的稳定顺行是极为重要的。

（5）中心排料，从而减小了料罐以及中心喉管的磨损，但是，旋转溜槽所受炉料的冲击有所增大，从而对溜槽的使用寿命有一定的影响。

1.4.1.4　均压控制装置

为了防止煤气泄漏磨损设备和使料钟顺利开关，在高压操作的高炉上设置了均压控制装置。双钟式装料装置有一个均压室，钟阀式装料装置有两个均压室，无料钟炉顶料罐即为均压室（两次均压）。均压控制设备主要有调压阀组、炉顶均排压设备、二次均压用氮

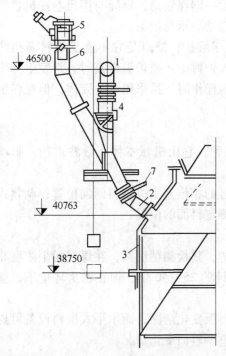

图1-34　均压阀的配置图

1—送半净煤气到大钟均压阀的煤气管；2—管道接头；
3—装料器；4—大钟均压阀；5—小钟均压阀；
6—把煤气放到大气去的垂直管；7—闸板阀

气储存设备等。

所谓煤气均压装置，就是对均压室（钟间或钟阀间）进行充压或泄压的设备。钟式炉顶均压装置的布置如图1-34所示。在煤气封盖上开两个均压孔，每个孔的引出管又分成一个均压用的煤气引入管，它来自于半净煤气管，在它的上面有均压阀，另外一个是排压用的煤气导出管，它一直引到炉顶上端，出口处由放散闭排压。

1.4.1.5　探料装置

炉内料线位置是达到准确布料和高炉正常工作的重要条件之一。料线过高，当大钟强迫下降时有可能使拉杆顶弯和有关零件损坏；而料线过低，又会使炉顶煤气温度显著升高，以致降低炉顶设备使用寿命。根据标准，料线应低于大钟下降位置 1.5~2m；对于无料钟炉顶，料线过高也会造成溜槽不能下摆或使溜槽旋转受阻，损坏有关传动零件。一般料线不能高出旋转溜槽前端倾斜最低位置以下的 0.5~1m。

探料装置的作用是正确探测料面下降情况，以便及时上料。探料装置既可防止料满时开大钟顶弯钟杆，又可防止低料线操作时炉顶温度过高烧坏炉顶设备。目前常用的探料装置有以下五种。

A　机械探料器

直接接触的机械探料器，分垂直式和水平式两种。探料尺的零点是大钟开启位置的下缘。当提升到料线零点以上时，大钟才可以打开装料。机械探尺只能测两点，容易由于滑尺和陷尺而产生误差。

图1-35是机械垂直探料器的构造图。每座高炉一般在直径方向设有两个探料器，设置在大钟边缘和炉喉内壁之间，并且能够提升到大钟关闭位置以上，以免被炉料打坏。重锤探头由链条悬挂着。链条上端绕在卷筒上，卷筒的壳体和套管相连，把卷筒和链条都封闭在高炉炉顶相通的空间内。只有卷筒轴的两端伸出壳体支承在轴承上。卷筒轴的一端装有钢绳卷筒，通过钢绳与操纵卷扬机的卷筒相连。当重锤探头烧坏需要更换时，可以把它升到最高位置，然后把旋塞阀关上，使其与炉内煤气隔绝，然后打开孔盖进行更换修理工作。

探料尺的零点是大钟开启位置的下缘，探尺从大料斗外侧炉头内侧伸入炉内，重锤中心距炉墙应大于 300mm，重锤的升降

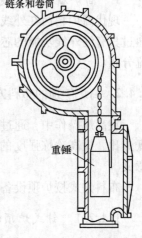

链条和卷筒

重锤

图1-35　链条探料尺

借助于密封箱内的卷筒传动。在箱外的链轴上安设一钢绳卷筒，钢绳与探尺卷扬机卷筒相连。探尺卷扬机放在料车卷扬机室内，料线高低自动显示与记录。

两点式探料设备结构简单，生产较可靠，易于维护；缺点是它不能反映料面凸凹情况，只能在两点测量料线高度，当探头陷入或滑入炉料中，或炉温升高时，常发生探头断裂事故，不能反映料线真实情况，当炉顶采用高压操作时，虽采用密封壳体，但在转轴处仍有煤气泄漏现象。

B　微波料面计

微波料面计也称微波雷达，分调幅和调频两种，它由机械本体、微波雷达、驱动装置、电控单元和数据处理系统等组成。

调幅式微波料面计是根据发射信号与接收信号的相位差来决定料面的位置；调频式微波料面计是根据发射信号与接收信号的频率差来测定料面的位置。

C　激光料面计

激光料面计是利用光学三角法测量原理设计的，其检测精度高，在煤气粉尘浓度相同和检测距离相等的条件下，其分辨率是微波料面计的 25～40 倍，但在恶劣环境下，就仪表的可靠性来说，微波料面计较方便。

机械垂直探测器和同位素探料器可探测几点料面变化情况；而水平式探料设备可探测直径上的料面变化情况；红外线探料器可以测量整个料面变化情况。

D　用放射性同位素测量高炉料线位置

用放射性同位素 Co^{60} 来测量料面形状和炉喉直径上各点下料速度。放射性同位素的射线能穿透炉喉而被炉料吸收，使到达接收器的射线强度减弱，从而指示出该点是否有炉料存在。将射源固定在炉喉不同高度水平，每一高度水平沿圆圈每隔 90° 安置一个放射源。当料位下降到某一层接收器以下时，该层接收到的射线突然增加，控制台上相应的信号灯就亮了。这种测试需要配有自动记录仪器。

放射性探料与机械料尺相比，前者结构简单、体积小，可以远距离控制，无需在炉顶开孔，结构轻巧紧凑，所占空间小，检测的准确性和灵敏度比较高，可以记录出任何部位的偏料及平面料面，但射线对人体有害，需要加以防护。

E　高炉料面红外线摄像技术

现代高炉料面红外线摄像技术是用安装在炉顶的金属外壳微型摄像机获取炉内影像，通过具有红外线功能的芯片将影像传到高炉值班室监视器上，在线显示整个炉内料面的气流分布。

1.4.2　高炉炉顶的布料方式

在高炉操作中，通过布料方式的调整来改变煤气流在炉内的分布已成为高炉顺行和降低焦比、提高冶炼强度的有效手段之一。因此，炉料在炉喉的合理分布具有十分重要的意义。

布料方式按炉顶设备结构不同布料手段也不尽相同。

1.4.2.1　钟式炉顶的布料方式

大钟倾角一般为 50°～53°，不能调节，仅有一种布料方式，炉料堆尖只能在大钟外缘至炉墙之间，可以通过改变料线高度、装料顺序、批重大小来改变炉料堆尖位置沿径向的变化，借助旋转布料器改变圆周方向布料（可作定点布料或装偏料）。

1.4.2.2 无料钟炉顶的布料方式

旋转溜槽布料的基本控制原理是高炉炉料（烧结矿、球团矿或焦炭等）经过槽下配料工艺后先进入到炉顶的上料罐和下料罐，在高炉接到布料指令后，其下料斗的料流调节阀首先按工艺要求开到给定的开度（即 γ 角），这时炉料按一定的流量经中心喉管流到布料溜槽上，此时布料溜槽已经按工艺要求升到一定的倾动角度（即 α 角），同时布料溜槽还在水平面方向上进行着匀速旋转（即 β 角）。控制好 α、β、γ 三个角度，就可以把炉料按任意的形式布到高炉的料面上了。

A　无料钟炉顶布料方式

无料钟炉顶的旋转溜槽可以实现多种布料方式，根据生产对炉喉布料的要求，常用的有以下几种布料方式，如图 1-36 所示。

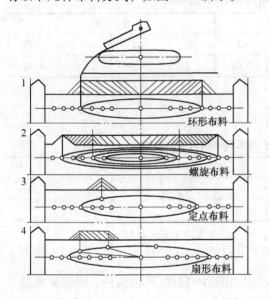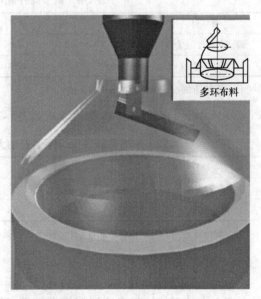

图 1-36　无料钟炉顶布料形式

（1）环形布料，倾角固定的旋转布料称为环形布料。这种布料方式与料钟布料相似，改变旋转溜槽的倾角相当于改变料钟直径。由于旋转溜槽的倾角可任意调节，所以可在炉喉的任一半径做单环、双环和多环布料，将焦炭和矿石布在不同半径上以调整煤气分布。

（2）螺旋形布料，倾角变化的旋转布料称为螺旋形布料。布料时溜槽做等速的旋转运动，每转一圈跳变一个倾角。这种布料方法能把炉料布到炉喉截面任一部位，并且可以根据生产要求调整料层厚度，也能获得较平坦的料面。

（3）定点布料，方位角固定的布料形式称为定点布料。当炉内某部位发生"管道"或"过吹"时，需用定点布料。

（4）扇形布料，方位角在规定范围内反复变化的布料形式称为扇形布料。当炉内产生偏析或局部崩料时，采用该布料方式。布料时旋转溜槽在指定的弧段内慢速来回摆动。

　　B　无钟式炉顶布料的特点

　　a　炉料偏析

无钟式炉顶布料的偏析原因有以下几个。

（1）旋转溜槽倾角（α 角）影响见表 1-5。

表 1-5　溜槽倾角对布料不均度的影响

项　目	烧　结　矿			焦　炭		
溜槽倾角 $\alpha/(°)$	20	30	40	20	30	40
不均匀度 σ	3.96	2.16	1.23	3.79	1.10	0.91

注：溜槽转速 $\omega = 10r/min$；调节阀开度 γ：烧结矿为 22°、焦炭为 32°。

　　（2）料流调节阀开度 γ。中心喉管直径一定时，调节阀开度大小对不均匀度 σ 的影响见表 1-6。

表 1-6　调节阀开度对布料不均匀度的影响

项　目	烧　结　矿				焦　炭			
调节阀开度 $\gamma/(°)$	22	32	40	62	22	32	40	62
不均匀度 σ	4.62	4.37	4.04	2.04	3.33	3.79	1.79	1.16

注：溜槽倾角 $\alpha = 20°$；溜槽转速 $\omega = 10r/min$。

　　（3）中心喉管直径对布料的影响见表 1-7。

表 1-7　中心喉管直径的大小对布料不均匀度的影响

项　目	烧　结　矿				焦　炭			
中心喉管直径/mm	90	84	70	50	90	84	70	50
不均匀度 σ	3.96	4.76	3.38	1.63	3.79	3.02	2.85	

注：溜槽倾角 $\alpha = 20°$；溜槽转速 $\omega = 10r/min$；调节阀开度 γ：烧结矿为 22°、焦炭为 32°。

　　b　旋转溜槽的转速、倾角与长度

　　（1）旋转溜槽的转速。流槽转速高，离心力作用使炉料粒度产生偏析。流槽转速过大时，离心力甚至使炉料未达到溜槽末端即已飞出，造成布料混乱，溜槽转速应予以限制。生产中转速可调，但大多稳定在 0.12～0.15r/s（7～9r/min）范围内，多由调节溜槽倾角 α 来控制炉料分布。

　　（2）溜槽倾角 α。溜槽倾角 α，炉料的摩擦角一般为 30° 左右，欲使炉料能到快速流到溜槽而下落，最大溜槽倾角 α 不宜大于 50°。溜槽倾角 α 越大，炉料越能布向边缘。令装入焦炭或矿石时采用的倾角分别为 $\alpha_{焦}$ 及 $\alpha_{矿}$，当 $\alpha_{焦} > \alpha_{矿}$ 时，边缘焦炭增多，利于发展边缘；当 $\alpha_{焦} < \alpha_{矿}$ 时，边缘矿石增多，利于加重边缘。

　　利用改变溜槽角对布料的影响有：

　　1）矿、焦工作角保持一定差别，即 $\alpha_{矿} = \alpha_{焦} + (2° \sim 5°)$，对煤气分布调节有利。布料时 $\alpha_{焦}$ 和 $\alpha_{矿}$，同时同值增大，则矿石和焦炭都向边缘移动，边缘和中心同时加重；反之，$\alpha_{焦}$ 和 $\alpha_{矿}$ 同时减少，将使边缘和中心都减轻。

　　2）单独增大 $\alpha_{矿}$ 时加重边缘减轻中心，单独减少时 $\alpha_{矿}$ 减轻边缘加重中心。

3）单独增大对 $\alpha_{焦}$ 加重中心的作用更大，控制中心气流十分敏感。减小 $\alpha_{焦}$ 则使中心发展。

4）炉况失常需要发展边缘和中心，保持两条煤气通路时，可将焦炭一半布到边缘，另一半布到中心。

5）当炉况运行条件较好时，为了进一步降低炉料偏析现象大多采用多环布料。

6）当炉况出现长期偏析或管道等情况，布料方式以定点和扇形为主。

（3）溜槽长度。一定的炉喉直径有一适宜的溜槽长度，其关系见表1-8。

表1-8　炉喉直径与溜槽长度的关系　　　　　　　　　　　　（m）

炉喉直径	4.25	5.22	6.22	7.25	8.30	9.38	10.47	11.59	12.72
溜槽长度	1	1.5	2	2.5	3	3.5	4	4.5	5

（4）应注意的问题：

1）料线调整。料线调整在钟式炉顶上是调整径向上堆尖位置的唯一手段，调节范围仅限于炉喉间隙的范围内，在无料钟炉顶上调节堆尖位置靠溜槽角度，不再使用料线，所以现代高炉上料线已失去调节功能。

2）批重选择。批重的选择同钟式炉顶布料相同。

1.4.2.3　钟式炉顶布料与无料钟布料比较

钟式炉顶布料与无料钟布料的比较，见表1-9。

表1-9　钟式炉顶布料与无料钟布料比较

项　目	无钟炉顶布料	钟式炉顶布料
料线零位的位置	一般将旋转溜槽处于垂直位置时，其下端0.5～1.0m处或炉喉钢砖上缘水平面	大钟开启时钟底的水平面
布料范围与布料方式	旋转溜槽的倾角可在0°～50°范围内调节，炉料能布置在高炉炉喉边缘至中心任意半径圆面上，布料手段灵活，可以按环型、螺旋型、扇型、定点、中心加焦五种方式将炉料布到炉喉截面的任何区域，起到稳定炉况、延长炉龄、提高产量的作用	大钟倾角一般为50°～53°，不能调节，仅有一种布料方式，炉料堆尖只能在大钟外缘至炉墙之间，可借助旋转布料器作定点布料或装偏料
炉料偏析	（1）炉料离开旋转溜槽时有离心力使炉料落点外移，炉料间堆尖外侧滚动多于内侧，形成料面布对称分布，外侧料面较平坦，此种现象称为溜槽布料旋转效应，转速越大效应越强； （2）环式布料有自然偏析（即小粒度在堆尖，大粒度在堆脚，每圈重复这种偏析），采用多环布料或螺旋布料可适当弥补偏析； （3）多环布料，矿石对焦炭层的冲击推挤作用较均匀； （4）因节流阀控制不准，可能出现非整圈布料	（1）大钟开启时炉料下落初始速度为零，无旋转效应； （2）一次放料，无法弥补自然偏析； （3）一次放料矿石对焦炭层的冲击推挤作用较集中； （4）没有非整圈布料现象
密封性	能保证炉顶可靠密封，提高炉顶压力达0.23MPa	密封性能差，最高压力0.08MPa

1.4.3　高炉装料操作

1.4.3.1　原燃料仓位选择（略）

1.4.3.2　原燃料筛分检测（略）

1.4.3.3　装料参数的输入

（1）配料设定：根据变料通知单的数值输入称量斗配料的重量。
（2）料批设定。
（3）布料设定：
1）选择布料方式（只能选择其中一种）；
2）根据变料通知单的数值输入布料倾角、圈数、流量阀开度、料线等参数。

1.4.3.4　装料设备的操作与监控

A　斜桥料车的手动操作程序
（1）上料前各设备的电源开关已闭合上，调整好电子秤设定值或计算机控制的有关数据；料序已设定完毕，称量漏斗已称好料待用，料坑翻板与空料斗接通，料坑门关闭严密。
（2）将槽下开关选择为手动。
（3）打皮带启动铃一声，启动仓下皮带。
（4）按料单编排程序，打开待上原料的称量漏斗闸门，将料放入皮带，运至料坑。
（5）料放净后，关称量漏斗闸门，启动振动筛，当称量斗原料重量达到设定数值时，电子秤发出料满信号，停止振动筛工作。
（6）向卷扬发坑有料信号。
（7）料车对入料坑后，开料坑门装料入车，同时通过机械连锁装置，使翻板与另一料斗接通。
（8）关料坑门，通知卷扬料车上料。
（9）按料单程序进行下一车料操作。
（10）暂停上料时，停仓下皮带。

B　装料设备的自动操作程序与监控
（1）全面检查皮带、机械、液压、冷却监测设备、开关信号等有无问题，一切正常时，将槽下皮带选择为投入及自动，槽下系统选择为自动，将炉顶设备各动作阀门和设备的选择开关选择为自动，整个系统将按照设定的程序进行装料。
（2）装料系统自动运行后，要经常检查计算机显示屏上的操作内容是否有误；操作内容与实际行动是否一致；各种声光信号与实际行动是否相等。

C　无料钟炉顶装料、布料程序
高炉所需炉料由原料电子秤所使用的计算机按上料矩阵的要求将炉料集中于焦炭称量斗和矿石称量斗，然后根据炉顶计算机发来的"料批请求"信号，开闸门将炉料漏于供料皮带再倒入主皮带运送到炉顶上料罐。当称量罐空，下密阀、料流阀关闭到位，打开均压放散阀对称量罐卸压，随后开启上密封阀、上料闸，将受料罐（上料罐）中炉料装入下料罐（称量罐）。装料完毕，关闭上料闸、上密封阀和均压放散阀，并向下料罐均压，若一次均压不到位，应开启二次均压，直至料罐内压力大于炉内压力，探尺探料降至规定料线深度，提升到位后，开下密封阀及料流调节阀，用料流阀的开度大小来控制料流速度，炉料由布料溜槽布入炉内，布料溜槽每布一批料，其起始角均较前批料的起始角度步进 60°，整个过程的循环即完成高炉的装、布料动作。

D　无钟炉顶手动操作程序

（1）将各种动作阀门和设备的选择开关打到手动状态。

（2）启动液压油泵，使液压系统进入运行状态。

（3）启动上行料车（或皮带）将料倒入受料漏斗。

（4）打开料罐均压放散阀，打开上密封阀，开上料闸，待受料斗的物料进入料罐后，关上料闸，关上密封阀及均压放散阀。

（5）开一次均压阀，下灌满压后，关一次均压阀，开二次均压阀。

（6）打开下密封阀，延迟数秒后，开料流调节阀，待料罐内物料全部流出，由射线仪发出空料信号后延时数秒，关闭料流调节阀，关闭下密封阀，关二次均压，将探尺放至料面。

（7）循环上料。

1.4.4　炉顶设备的点检项目及内容

1.4.4.1　气密箱

（1）气密箱运转是否灵活，有无卡阻现象，有无异响；

（2）冷却水压力、流量是否正常；

（3）轴承有无异响；

（4）是否定期润滑加油；

（5）溜槽布料角度是否正常，气密箱倾动机构蜗轮蜗杆有无磨损，溜槽衬板磨损程度；

（6）气密箱冷却水回水流量是否正常，U 型管是否堵塞。

1.4.4.2　减速机

（1）转动是否正常，电机电流值是否在允许的范围内，转动时有无异响；

（2）加油管有无漏油现象；

（3）齿轮箱轴承有无异响，油位是否在规定的范围内，传动轴是否断裂；

（4）箱体上端盖密封是否损坏，是否漏油；

（5）下传动轴填料是否松动，有无漏气、漏油现象；

（6）电机连接螺栓是否紧固；

（7）下传动轴齿轮是否松动，轴端压盖螺钉是否松动、切断。

1.4.4.3　上密封阀

（1）运行时开关是否到位，有无卡阻现象；

（2）密封是否严密，轴向填料密封是否跑煤气，填料密封处是否缺油，填料润滑油道是否堵塞；

（3）油缸与阀连接件有无松动；

（4）驱动油缸是否漏油，是否内泄，油管、接头是否漏油等；

（5）阀体衬板是否磨漏，壳体是否磨漏、跑气；

（6）上密封阀关到位时是否漏气，密封口处是否积灰，硅胶圈是否损坏；

（7）传动轴承是否缺油，转动时是否灵活，轴承有无异响。

1.4.4.4　均压放散阀

（1）均压放散阀是否开关到位，是否跑气，密封圈是否损坏，接近开关位置是否与阀开关位置一致；

（2）活塞杆填料是否漏气，活塞杆磨损程度，填料压盖是否损坏、是否缺油；

（3）连接螺栓是否松动；

（4）油缸是否内泄，油封是否漏油，油管接头是否泄漏；

（5）均压放散阀法兰密封是否损坏、跑气。

1.4.4.5　翻板阀

（1）动作是否灵活，翻板是否到位，有无卡料现象；

（2）油缸是否内泄，油封是否漏油；

（3）衬板是否磨损。

1.4.4.6　炉顶液压站

（1）换向阀、节流、液压锁动作是否灵活，是否内泄；

（2）各阀管路有无漏油，管路高压球阀是否损坏漏油；

（3）液压泵运转是否正常，有无异响，是否漏油；

（4）油箱油位、油温、压力是否在规定的范围内；

（5）电磁溢流阀动作是否正常，蓄能器压力是否在规定的范围内。

1.4.4.7　炉顶放散阀

（1）生产中是否有跑煤气现象，密封圈是否损坏，压紧圈是否损坏；

（2）油缸是否内泄，油封是否漏油，油管是否漏油损坏；

（3）销轴、连接件是否松动损坏；

（4）连接螺栓是否松动，法兰垫有无损坏漏煤气。

1.4.4.8　氮气系统

（1）氮气罐是否漏气，安全阀是否损坏，减压阀是否减压正常；

（2）氮气管路止回阀阀板是否损坏，管路有无堵塞现象。

1.4.4.9　受料斗（上料罐）

（1）衬板是否磨漏；

（2）紧固螺栓是否松动，是否磨损。

1.4.4.10　称量罐（下料罐）

（1）衬板是否磨漏，是否脱落；

（2）紧固螺栓是否松动，是否损坏。

1.4.4.11　下密封阀

（1）运行时开关是否到位，有无卡阻现象；

（2）密封是否严密，轴向填料密封是否跑煤气，填料密封处是否缺油；

（3）其油缸与阀连接件有无松动；

（4）驱动油缸是否漏油，是否内泄，油管、接头是否漏油等；

（5）下密封阀关到位时密封是否漏气，硅橡胶圈是否损坏，内外封环是否磨损、密封不严漏气；

（6）传动轴承是否缺油，转动时是否灵活，轴承有无异响。

1.4.4.12　料流调节阀

（1）运行时开关是否到位，有无卡阻、卡料现象；

（2）轴向填料密封是否跑煤气、填料密封处是否缺油；

（3）其油缸与阀连接件有无松动；

（4）驱动油缸是否漏油、是否内泄，油管、接头是否漏油等；

（5）传动轴承是否缺油，转动时是否灵活，轴承有无异响。

1.4.5　无料钟操作事故的诊断及处理

1.4.5.1　溜槽不转

溜槽不转是无料钟操作的典型故障之一。溜槽不转的原因很多，最经常出现的是密封室（箱体）温度过高引起的齿轮传动系统不转。密封室（箱体）正常温度为 35 ~ 50℃，最高不超过 70℃。超过 70℃，常出现溜槽不转故障。溜槽不转要分析原因，不要轻易人工盘车，更不要强制启动，防止烧坏电动机或损坏传动系统。

密封室（箱体）温度高，应按以下顺序分析，找出原因：

（1）顶温过高引起密封室（箱体）温度高。

（2）密封室（箱体）冷却系统故障。用氮气、煤气或水冷却的密封室（箱体），应检查冷却介质的温度和流量是否符合技术条件。冷却介质的温度不应超过 35℃。

（3）如果以上两项均正常，密封室（箱体）温度经常偏高，应检查密封室（箱体）隔热层是否损坏。

虽然溜槽传动系统也可能会因机械原因，如润滑不好、灰尘沉积等造成故障，但这种情况发生率比较低。溜槽不转经常是炉顶温度高引起的，但有时短时间减风或定点加一批料，顶温也能下降，转动溜槽即恢复正常。

1.4.5.2　放料时间过长或料空无信号

料罐放料，有时很长时间放不完料，料空又无信号，不能正常装料。造成这种情况原因：

（1）料罐或导料管有异物，通路局部受阻或全部堵死；

（2）密封阀不严或料罐漏气。

不论哪种原因，都需要作出正确的判断，否则会损失很多时间。料罐漏气，一般不是磨损原因，多半是固定衬板的螺孔处或人孔垫漏气造成的。料罐不密封，放料过程中炉内煤气沿导料管向上流动，阻碍炉料下降，特别是阻碍焦炭下降。在并罐式高炉上一个罐漏气会影响另一个罐放料。

区别是异物阻料还是密封阀关不严比较简单。导料管或料罐卡料，可用放风处理做检查；料罐漏风或密封阀不严，只要停 1～3min，罐内的炉料很快放空。如果是卡料，停风处理，依然无效，采取休风后检查处理。

"料空"信号不来时，应立即检查称量系统（注意：严禁原因不明发"料空"信号，以防发生"重料"事故）。

1.4.5.3　导料管或料罐卡料

如果料罐卡料，会经常出现放料过慢或放不下料，甚至下密封阀关不到位，造成被迫停风的故障。为作出准确判断，停风时关好上密封阀，向罐内充氮气，同时反复开关料流调节阀，利用料流调节阀开关，振动炉料，使料溜到炉内。如果这样处理 3～4min 还不起作用，即可判断为卡料。

卡料处理较复杂，处理顺序如下：

（1）停风；

（2）停充压氮气，关充压阀，开放散阀；

（3）打开人孔，从人孔将罐内炉料掏出；

（4）观察异物卡料位置，从人孔处将异物取出；

（5）有时在料罐外难以将异物取出，要求进入罐内。

为防止煤气中毒，应采取以下措施：

（1）炉顶点火或关闭炉顶切断阀；

（2）检查罐内气体，CO 的质量浓度不大于 $30mg/m^3$；

（3）开上密封阀和放散阀，关充压阀；

（4）用细胶管引入压缩空气。

为防止卡料，要求烧结、焦化、炼铁等工序内，凡炉料经过的设施以及相应除尘罩等，其结构应牢固可靠，特别是闸门和振动筛，最易局部损坏造成部件脱落。对上料设施的焊缝要有检查制度。严格清扫制度，不允许将异物扔到皮带上，在运料皮带上设拾铁器。

1.4.5.4　料过满或重料

造成料过满的原因有两种：

（1）程序错误，一个罐连续装入两批料；

（2）料空信号误发，实际料罐中尚有余料，第二批料（或者第二种料）又装入罐内，造成料满，上密封阀关不上或溢出料罐。

在上密封阀关不到位或根本不能关的情况下，要检查罐重显示，如罐重超过正常限额，可能料过满，旋转炉顶摄像镜头，观察是否有炉料溢出罐外，必要时到炉顶检查。

确认料过满后，应进行放风处理，一般放风 3～5min，放净一罐料。有时放风料仍不下，需要做停气休风处理。个别情况下，如停气休风料也不下，可在停风的同时向料罐充压，强迫炉料下降。

对于并列式料罐，下密封阀不严造成剩料是屡见不鲜的，要保持下密封阀不漏气，应及时更换硅胶圈。硅胶圈漏气，易将阀座磨坏，而补焊阀座的劳动条件又很差，焊后还要研磨，费工费时；更换阀座时间更长。

1.4.5.5 溜槽磨漏

溜槽在炉内，无法直接观察。溜槽从磨损到磨漏有一段过程。磨漏初期因通过磨漏处的炉料较少，一时很难发现。特别是第一次碰到磨漏，一般征兆不明，判断困难，有时甚至误以为是炉料强度或粒度变化引起的，而调整装料制度和送风制度，实际上不起作用。

磨漏前后的表现：高炉煤气分布开始变化，初期炉况还能维持，很快高炉失常，中心逐渐加重，边缘减轻；另一个特点是煤气分布不均，几个方向的煤气分布差别很大，而且这种差别是固定的。

发现溜槽磨漏应及时更换。最好利用检修时间定期更换，防止因磨穿溜槽造成巨大损失。

思 考 题

（1）熔剂在高炉冶炼中的作用是什么？
（2）烧结矿与球团矿有哪些区别？
（3）焦炭在高炉冶炼中的作用是什么？高炉冶炼过程中焦炭破碎的主要原因是什么？
（4）高炉冶炼受碱金属危害的表现有哪些？
（5）如何对铁矿石进行评价？
（6）什么叫矿石的还原性？
（7）矿石品位对高炉冶炼效果有何重大影响？
（8）高炉原料中的游离水对高炉冶炼有何影响？
（9）炉顶装料设备应满足哪些要求？
（10）简述双钟炉顶结构组成及马基式布料器存在的问题。
（11）并罐式无钟炉顶相对串罐式有哪些缺点？
（12）简述无钟式炉顶布料方式。
（13）简述料罐不均压或均压缓慢原因及处理方法。
（14）日常工作中气密箱温度高怎么办？
（15）简述料线高低对布料的影响。

（16）叙述溜槽不转原因及处理方式。

（17）料罐满料的原因有哪些？如何处理？

（18）料流调节阀的结构和作用各有哪些？

（19）称量罐信号失常时的操作注意事项有哪些？

（20）叙述料罐膨料的原因。怎样处理？如何预防？

热风炉操作

学习任务:

（1）知道热风炉的结构组成，熟悉各阀门和管道的作用及分布，能够选择热风炉烧炉与送风制度；

（2）完成送风操作；

（3）具有热风炉常见事故的处理能力。

热风炉操作的基本任务是在现有设备和燃料供应条件下，通过精心调节燃烧器的煤气量和空气量的比例，以及正确掌握换炉时间，最大限度地发挥热风炉的供热能力，尽量提高风温，为高炉降低燃料比、强化冶炼和保证产品质量创造有利条件。此外，还要与高炉操作配合做好休风、复风操作。

任务 2.1 高炉送风系统

高炉送风系统包括鼓风机、冷风管路、热风炉、热风管路以及管路上的各种阀门等，如图 2-1 所示。热风带入高炉的热量约占总热量的 1/4，目前鼓风温度一般为 1000 ~ 1250℃，最高可达 1350℃以上，提高风温是降低焦比的重要手段，也有利于增大喷煤量。

准确选择送风系统鼓风机，合理布置管路系统，阀门工作可靠，热风炉工作效率高，是保证高炉优质、高产、低耗的重要因素之一。

2.1.1 高炉鼓风机

高炉鼓风机是用来提供燃料燃烧所必需的氧气的设备，热空气和焦炭在风口燃烧所生成的煤气，是在鼓风机提供的风压下才能克服料柱阻力从炉顶排出。因此，没有鼓风机的正常运行，就不可能有高炉的正常生产。

2.1.1.1 高炉冶炼对鼓风机的要求

（1）要有足够的鼓风量。高炉鼓风机要保证向高炉提供足够的空气，以保证焦炭的燃烧。

（2）要有足够的鼓风压力。高炉鼓风机出口风压应能克服送风系统的阻力损失，克服料柱的阻力损失，保证高炉炉顶压力符合要求。

常压高炉炉顶压力应能满足煤气除尘系统阻力损失和煤气输送的需要。高压操作可使

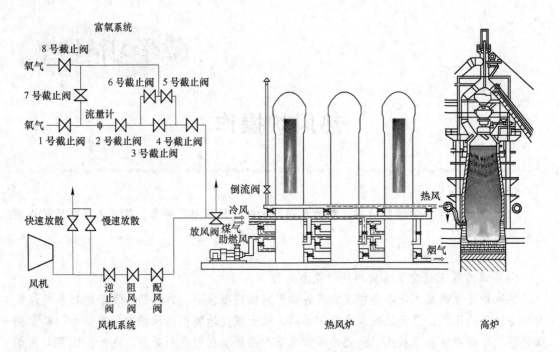

图 2-1　送风系统组成

高炉获得良好的冶炼效果，目前广为采用，大型高炉炉顶压力已达到 0.25~0.4MPa。料柱阻力损失与高炉有效高度及炉料结构有关。送风系统阻力损失取决于管路布置、结构形式和热风炉类型。

（3）既能均匀、稳定地送风，又要有良好的调节性能和一定的调节范围。高炉冶炼要求固定风量操作，以保证炉况稳定顺行，此时风量不应受风压波动的影响。但有时需要定风压操作，如在解决高炉炉况不顺或热风炉换炉时，需要变动风量但又必须保证风压的稳定。此外高炉操作中常需加减风量，如在不同气象条件下采用不同炉顶压力，或料柱阻力损失变化时，都要求鼓风机出口风量和风压能在较大范围内变化。因此，鼓风机要有良好的调节性能和一定的调节范围。

2.1.1.2　高炉鼓风机工作原理及特性

常用的高炉鼓风机有离心式和轴流式两种。

A　离心式鼓风机

离心式鼓风机的工作原理，是靠装有许多叶片的工作叶轮旋转所产生的离心力，使空气达到一定的风量和风压。高炉用的离心式鼓风机一般都是多级的，级数越多，鼓风机的出口风压也越高。

离心式鼓风机特性如下：

（1）在某一转速下，管网阻力增加（或减小）出口风压上升（或下降），风量将下降（或上升）。当管网阻力一定时，改变转速，风压和风量都将随之改变。为了稳定风量，风机上装有风量自动调节机构，管网阻力变化时可自动调节转速和风压，保证风量稳定在某一要求的数值。

（2）风量和风压随转速而变化，转速可作为调节手段。

（3）风机转速越高，风量增大时，压力降很大。在中等风量时，风量风压变化较小。

（4）风压过高时，风量迅速减小，如果再提高压力，则产生倒风现象，此时的风机压力称为临界压力。将不同转速的临界压力点连接起来形成的曲线称为风机的飞动曲线。风机不能在飞动曲线的左侧工作，一般在飞动曲线右侧风量增加 20% 以上处工作。

（5）风机的特性曲线是在某一特定吸气条件下测定的，当风机使用地点及季节不同时，由于大气温度、湿度和压力的变化，鼓风压力和风量都会变化。同一转速夏季出口风压比冬季低 20% ~25% ，风量也低 30% 左右，应用风机特性曲线时应给予折算。

B 轴流式鼓风机

轴流式鼓风机是由装有工作叶片的转子和装有导流叶片的定子以及吸气口、排气口组成。

工作原理是依靠在转子上装有扭转一定角度的工作叶片随转子一起高速旋转，由于工作叶片对气体做功，使获得能量的气体沿轴向流动，达到一定的风量和风压。转子上的一列工作叶片与机壳上的一列导流叶片构成轴流式鼓风机的一个级。级数越多，空气的压缩比越大，出口风压也越高。

轴流式鼓风机特性如下：

（1）气体在风机中沿轴向流动，转折少，风机效率高，可达到 90% 左右。

（2）工作叶轮直径较小，结构紧凑、质量小、运行稳定、功率大，更能适应大型高炉冶炼的要求。

（3）汽轮机驱动的轴流式鼓风机，可通过调整转速调节排风参数，采用电动机驱动的轴流风机，可调节导流叶片角度来调节排风参数，两者都有较宽的工作范围。

（4）特性曲线斜度很大，近似等流量工作，适应高炉冶炼要求。

（5）飞动曲线斜率小，容易产生飞动现象，使用时一般采用自动放风。

2.1.2 热风炉

热风炉是高炉鼓风的预热器。现代高炉普遍采用蓄热式热风炉。热风炉的种类虽然很多，但它们的基本工作原理是相同的。即利用高炉煤气（或混合煤气）燃烧产生的高温废气加热热风炉内的蓄热室格子砖（或耐火球），使格子砖（或球）吸收废气的热量，达到 1200 ~1400℃ 的高温，经过一段保温时间，使格子砖内外温度基本一致后，通过换炉操作，送往高炉的鼓风穿过处于高温状态的蓄热室格孔（或球层），吸收格子砖（或球）的热量，达到接近燃烧过程中格子砖（或球）所达到的温度。蓄热式热风炉呈周期性工作，一个工作周期有燃烧期、送风期和切换炉期三个过程。一般一座高炉有 3~4 座热风炉。

1829 年第一座热风炉开始在美国使用。当时采用的是管式热交换器，它的结构很简单。空气从铁管中通过，有煤作燃料，热风温度只能达到 315℃ 。但高炉炉况有显著改善，产量提高，焦比降低了 35% 。这种热风炉供给的风温很低，已被淘汰。1857 年考贝（Cowper）开始建造用固体燃料加热的蓄热式热风炉；1865 年开始出现用气体燃料加热的蓄热式热风炉（内燃式热风炉）；1928 年美国人建造了世界上第一座外燃式热风炉；1978年世界上第一座大型顶燃式热风炉诞生在首钢（2 号高炉炉容 1327m³）。由于高风温是强化高炉冶炼增产节焦的重要措施之一，同时随着喷吹技术的发展，要求提供更高的热风温度，因而在 20 世纪初出现了很多新型热风炉：改造型内燃式（又称霍戈文式）、外燃式、顶燃式以及小高炉用的石球式热风炉，如图 2-2 所示。

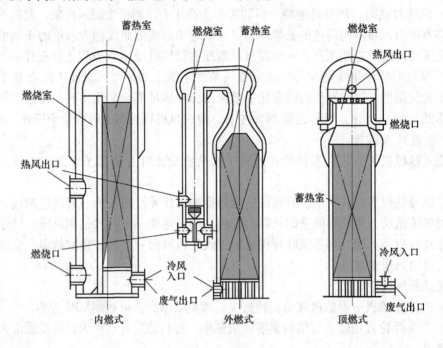

图 2-2　热风炉形式

2.1.2.1　内燃式热风炉

内燃式热风炉基本结构如图 2-3 所示。它由炉衬、燃烧室、蓄热室、炉壳、炉箅子、支柱、管道及阀门等组成。燃烧室和蓄热室砌在同一炉壳内，之间用隔墙隔开。其基本工作原理是煤气和助燃空气出管道经阀门送入燃烧器并在燃烧室燃烧，燃烧的热烟气向上运动经过拱顶时改变方向，再向下穿过蓄热室，然后进入烟道，经烟囱排入大气。热烟气穿过蓄热室时，将蓄热室内的格子砖加热。格子砖被加热并蓄存一定热量后，热风炉停止燃烧，转入送风。送风时冷风从下部冷风管道经冷风阀进入蓄热室，通过格子砖时被加热，经拱顶进入燃烧室，再经热风出口、热风阀、热风总管送至高炉。

热风炉主要尺寸是外径和全高，而高径比（H/D）对热风炉的工作效率有直接影响，一般新建热风炉的高径比在 5.0 左右。高径比过低会造成气流分布不均，格子砖不能很好利用；高径比过高热风炉不稳定，并且可能导致下部格子砖不起蓄热作用。

A　内燃式热风炉结构

a　炉基

热风炉主要由钢结构和大量的耐火砌体及附属设备组成，具有较大的荷重，对热风炉基础要求严格，地基的压力大于（$2.96 \sim 3.45$）$\times 10^5 Pa$，地基耐压力不足时，应打桩加固。为防止热风炉产生不均匀下沉，使管道变形或撕裂，将同一座高炉的热风炉组基础的钢筋混凝土结构做成一个整体，高出地面 $200 \sim 400mm$，以防水浸。基础的外侧为烟道，两座相邻高炉的热风炉可共用一个烟囱。

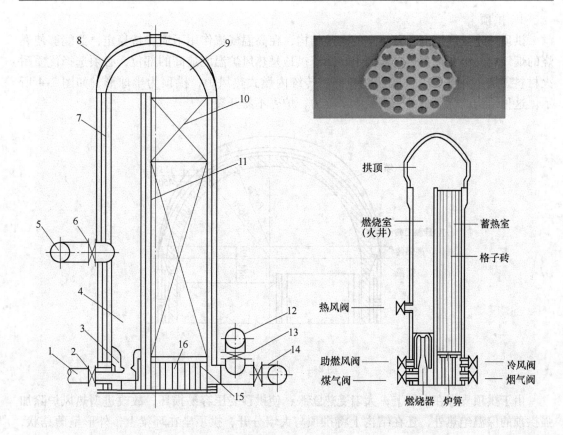

图 2-3　内燃式热风炉结构

1—煤气管道；2—煤气阀；3—燃烧器；4—燃烧室；5—热风管道；6—热风阀；7—大墙；8—炉壳；9—拱顶；
10—蓄热室；11—隔墙；12—冷风管道；13—冷风阀；14—烟道阀；15—支柱；16—炉算子

b　炉壳

炉壳的作用，一是承受砖衬的热膨胀力；二是承受炉内气体的压力；三是确保密封。热风炉的炉壳由厚度不等的钢板连同底封板焊成一个不漏气的整体。

c　大墙

大墙即热风炉外围炉墙。其作用是保护炉壳，维护炉内高温、减少热损失。炉墙一般由砌砖、填料层、隔热层组成。砌砖一般采用高铝砖，隔热砖一般为硅藻土砖，紧靠炉壳砌筑。在隔热砖和砌砖之间有水渣石棉填料层，以吸收膨胀和隔热，填装时，应分段捣实，沿高度方向每隔 2～2.5m 砌两层压缝砖，避免填料下沉。现有的厂将水渣石棉填料层去掉，用两层硅铝纤维贴于炉壳上，同时将轻质砖置于硅铝纤维与大墙之间，取得较好效果。在炉壳内喷涂不定形耐火材料，可起到隔热、保护炉壳的作用。为减少热损失，在上部高温区砌砖外增加一层轻质高铝砖，在两种隔热砖之间填充隔热填料层，其材料为水渣石棉粉、干水渣、硅藻上粉、硅石粉等。现代大型热风炉炉墙为独立结构，可以自由膨胀，在稳定状态下，炉墙仅成为保护炉壳和降低热损失的保护性砌体。

炉墙的温度是由下而上逐渐升高的。在不同的温度范围应选用不同材质和厚度不同的耐火砖或隔热砖，分段砌筑。

d 拱顶

拱顶是连接燃烧室和蓄热室的砌筑结构,在高温气流作用下应保持稳定,并能够使燃烧的烟气均匀分布在蓄热室断面上。由于拱顶是热风炉温度最高的部位,必须选择优质耐火材料砌筑,并且要求保温性能良好。传统内燃式热风炉,拱顶为半球形,如图 2-4 所示。这种结构的优点是炉壳不受水平推力,炉壳不易开裂。

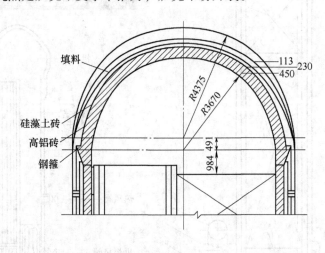

图 2-4　半球形拱顶

由于拱顶支撑在大墙上,大墙受热膨胀,使拱顶受压容易损坏,故改进型热风炉除加强拱顶的保温绝热外,还在结构上将拱顶与大墙分开,拱顶坐在环梁上,外形呈蘑菇状,即锥球形拱顶。这样使拱顶消除因大墙热胀冷缩而产生的不稳定因素,同时也减轻了大墙的荷载。锥球形拱顶如图 2-5 所示。

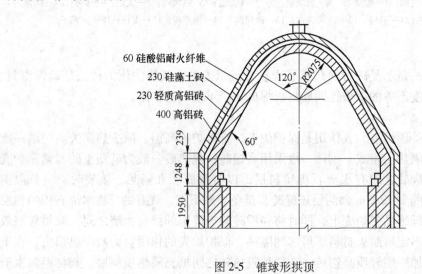

图 2-5　锥球形拱顶

e 隔墙

隔墙即为燃烧室与蓄热室之间的砌体,两层砌砖之间不咬缝,以免受热不均造成破坏,同时便于检修时更换。隔墙与拱顶之间不能完全砌死相互抵触,要留有膨胀缝,为了使气流分布均匀，隔墙要比蓄热室的格子砖高 400 ~ 700mm。

f 燃烧室

燃烧室是燃烧煤气的空间，内燃式热风炉位于炉内一侧紧靠大墙。燃烧室断面形状有三种——圆形、眼睛形和复合形，如图 2-6 所示。

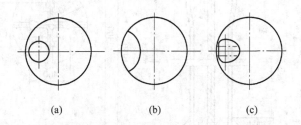

图 2-6 燃烧室断面形状
(a) 圆形；(b) 眼睛形；(c) 复合形

圆形形状简单，稳定性好，热应力小，但占地面积大，蓄热室死角大，相对减少了蓄热面积。眼睛形燃烧室蓄热室死角小，烟气流在蓄热室分布均匀，但结构稳定性差，不利于煤气燃烧。复合形兼备上述两种形状的优点，但砌筑复杂。

燃烧室隔墙一般由两层互不错缝的高铝砖砌成，互不错缝是为受热膨胀时彼此没有约束。燃烧室比蓄热室要高出 300 ~ 500mm，以保证烟气流在蓄热室内均匀分布。

g 蓄热室

蓄热室是热风炉进行热交换的主体，它由格子砖砌筑而成。格子砖的特性对热风炉的蓄热能力、换热能力以及热效率有直接影响。常用的格子砖类型有板状格子砖和块状穿孔格子砖，目前高炉普遍采用块状穿孔格子砖。

蓄热室的结构可以分为两类，即在整个高度上格孔截面不变的单段式和格孔截面变化的多段式。从传热和蓄热角度考虑，采用多段式较为合理。热风炉工作中，希望蓄热室上部高温段多储存一些热量，所以上部格子砖应体积较大而受热面积较小，这样送风期间不致冷却太快，以免风温急剧下降。在蓄热室下部内于温度低，气流速度也较低，对流传热效果减弱，所以应设法提高下部格子砖热交换能力，较好的办法是采用波浪形格子砖或截面互变的格孔，以增加紊流程度，改善下部对流传热作用。

h 支柱及炉箅子

蓄热室全部格子砖都通过炉箅子支持在支柱上。当废气温度不超过 350℃，短期不超过 400℃时，用普通铸铁就能稳定地工作；当废气温度较高时，可用耐热铸铁或高硅耐热铸铁。为避免堵住格孔，支柱和炉箅子的结构应和格孔相适应，如图 2-7 所示。支柱高度要满足安装烟道和冷风管道的净空需要，同时保证气流畅通。炉箅子的块数与支柱数相同，而炉箅子的最大外形尺寸，要能从烟道口进出。

B 传统内燃式热风炉的通病

由于传统内燃式热风炉结构上的特点，在使用过程中发现有以下缺点：

(1) 燃烧室与蓄热室之间的隔墙的温差太大。测定传统内燃式热风炉火井底部隔墙两侧的温差，在送风末期可达 700℃，再加上使用金属燃烧器产生的严重脉动现象，可引起燃烧室产生裂缝、掉砖、短路烧穿。

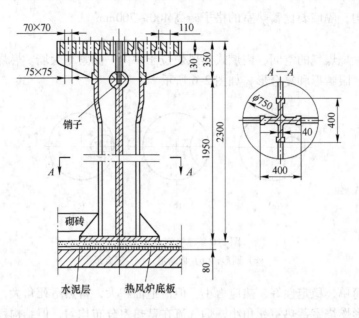

图2-7　支柱和炉算子的结构

（2）拱顶坐落在热风炉大墙上的结构不合理。受到大墙不均匀涨落与自身热膨胀的影响，而产生拱顶裂缝、损坏。

（3）当高温烟气由半球形拱顶进入蓄热室时，其气流分布很不均匀，局部过热和高温区所用砖的抗高温蠕变性能差，造成火井向蓄热室倾斜，引起格子砖错位、紊乱、扭曲。

（4）由于高炉的大型化和高压操作，风压越来越高，热风炉已成为一个受压容器，加之热风炉壳体随着耐火砌砖的膨胀而上涨，将炉底板拉成"碟子状"，以致焊缝拉开，炉底板拉裂造成漏风。

（5）由于热风炉存在周期性振动和上下涨落运动，经常出现热风支管损坏，即生产中称为"短路烂脖子"现象。

C　改进型内燃式热风炉

20世纪60年代以前，高炉热风炉普遍采用传统型内燃式热风炉。由于燃烧器中心线与燃烧室纵向轴线垂直，即与隔墙垂直，煤气在燃烧室的底部燃烧，高温烟气流对隔墙产生强烈冲击，使隔墙产生振动，引起隔墙机械破损。同时，隔墙下部的燃烧室侧为最高温度区，蓄热室侧为最低温度区，两侧温度差很大，产生很大的热应力，再加上荷重等多种因素的影响，隔墙下部很容易发生开裂，进而形成隔墙两侧短路，严重时甚至会发生隔墙倒塌等事故。这种热风炉风温较低，当风温达到1000℃以上时，会引起拱顶裂缝掉砖，寿命缩短。

为提高风温，延长寿命，1972年，荷兰霍戈文艾莫伊登厂在新建的7号高炉（3667m³）上对内燃式热风炉做了较彻底的改进，年平均风温达1245℃，热风炉寿命超过两代高炉炉龄，成为内燃式热风炉改造最成功的代表。改进后的内燃式热风炉，在国外称霍戈文内燃式热风炉，我国称改进型内燃式热风炉。其结构如图2-8所示。其主要特征为：（1）悬链线拱顶，且拱顶与大墙脱开；（2）燃烧室下部增设隔热砖层和耐热钢板层，以减少隔墙温度差和提高其密封性；（3）眼睛形火井和与之相配的陶瓷燃烧

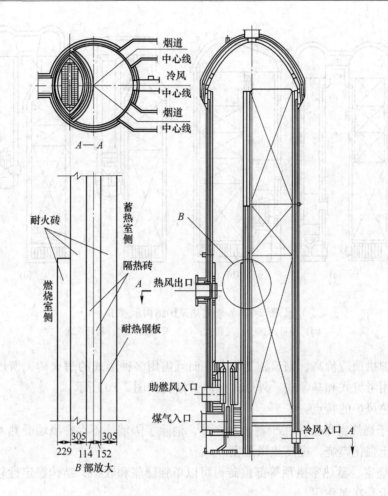

图2-8 改进型内燃式热风炉

器，以消除金属套筒燃烧器火焰对隔墙的冲击现象。经改进后热风炉送风温度可达到
1200℃，热风炉寿命较长。内燃式热风炉主要特点是：结构较为简单，钢材及耐火材料
消耗量较少，建设费用较低，占地面积较小。不足之处是蓄热室烟气分布不均匀，限制
了热风炉直径进一步扩大；燃烧室隔墙结构复杂，易损坏；送风温度超过1000℃有
困难。

2.1.2.2 外燃式热风炉

外燃式热风炉由内燃式热风炉演变而来，其工作原理与内燃式热风炉完全相同，只是
燃烧室和蓄热室分别在两个圆柱形壳体内，两个室的顶部以一定方式连接起来。不同形式
外燃式热风炉的主要差别在于拱顶形式，就两个室的顶部连接方式的不同可以分为四种基
本结构形式，如图2-9所示。

地得式外燃热风炉拱顶由两个直径不等的球形拱构成，并用锥形结构相互连通。考贝
式外燃热风炉的拱顶由圆柱形通道连成一体。马琴式外燃热风炉蓄热室的上端有一段倒锥
形，锥体上部接一段直筒部分，直径与燃烧室直径相同，两室用水平通道连接起来。地得

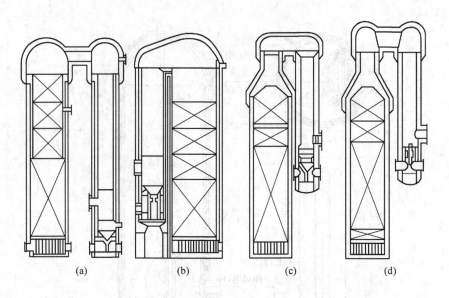

图 2-9　外燃式热风炉结构示意图

（a）考贝式；（b）地得式；（c）马琴式；（d）新日铁式

式外燃热风炉拱顶造价高，砌筑施工复杂，而且需用多种形式的耐火砖，所以新建的外燃热风炉多采用考贝式和马琴式。外燃式热风炉结构如图 2-10 所示。

外燃式热风炉的特点：

（1）由于燃烧室单独存在于蓄热室之外，消除了隔墙，不存在隔墙受热不均而破坏的现象，有利于强化燃烧，提高热风温度。

（2）燃烧室、蓄热室拱顶等部位砖衬可以单独膨胀和收缩，结构稳定性较内燃式热风炉好，可以承受高温作用。

（3）燃烧室断面为圆形，当量直径大，有利于煤气燃烧。由于拱顶的特殊连接形式，有利于烟气在蓄热室内均匀分布，尤其是马琴式和新日铁式更为突出。

（4）送风温度较高，可长时间保持 1300℃ 风温。

（5）结构复杂，占地面积大，钢材和耐火材料消耗多，基建费用高，一般用于新建的大型高炉。

在建造外燃式热风炉的同时，还采用了一些新的技术，例如：

（1）在外燃式热风炉的高温区，使用高温性能好的硅砖。

（2）使用陶瓷燃烧器。

（3）为了使热风炉耐火砌体相邻的两块能咬住，广泛采用带有凹凸子母扣，能上下左右相互间咬合的异型砖，起到自锁互锁作用，提高了砌体的整体强度和稳固性。

（4）普遍在热风炉炉壳内侧喷一层约 50mm 陶瓷质喷涂料。热风炉投产后在高温的作用下，喷涂料可和钢壳结成一体，对保护钢壳起良好的作用。

（5）热风炉的拱顶和缩口坐落在箱梁上（或焊在炉壳上的砖托上），在连接部位都设有滑动缝，这样拱顶、缩口、大墙的耐火砌体都可以自由涨落。

外燃式热风炉的不足之处：

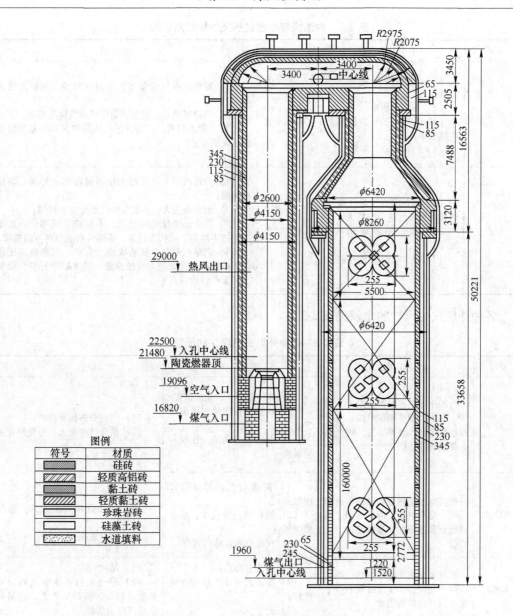

图 2-10　外燃式热风炉结构图

（1）比内燃式热风炉的投资多，钢材和耐火材料消耗大。

（2）砌砖结构复杂，需要大量复杂的异形砖，对砖的加工制作要求很高。

（3）拱顶钢结构复杂，施工困难，而且由于结构不对称，受力不均匀，不适应高温和高压的要求。很难处理燃烧室和蓄热室之间的不均匀膨胀，在高温高压的条件下炉顶连接管容易偏移或者开裂窜风。

（4）由于钢结构复杂，在高温高压的条件下容易造成高应力部位产生晶间应力腐蚀，钢壳开裂，从而限制了风温的继续提高。

（5）外燃式热风炉不宜在中小高炉上使用。

内燃式与外燃式热风炉的比较见表 2-1。

表 2-1　内燃式与外燃式热风炉优缺点比较

型式	内　燃　式	外　燃　式
优点	（1）节约钢材及耐火材料，建设费用低； （2）占地面积小； （3）散热面积小，热损失小，有利于提高热效率； （4）结构简单、可靠	（1）蓄热室内气流分布较均匀（马琴式和新日铁式最好）； （2）燃烧室独立，避免隔墙烧穿或倒塌等事故； （3）（除地得式）其他外燃式热风炉在 1300℃ 风温下经过长期考验
缺点	（1）蓄热室内气流分布不均匀，限制了热风炉直径的进一步扩大； （2）燃烧室隔墙结构较复杂，容易损坏； （3）缺少 1300℃ 使用经验	（1）占地面积大、耗用大量钢材和耐火材料、基建费用高； （2）散热损失大，不宜在中、小型高炉使用； （3）拱顶连接处结构复杂，不仅施工困难，而且受力受热不均匀、结构不稳定，不适应高温和高压的要求； （4）钢结构复杂，易造成应力集中，在高温高压条件下极易产生晶间应力腐蚀现象，造成钢壳开裂，限制了风温的继续提高

各种外燃式热风炉的比较见表 2-2。

表 2-2　各种外燃式热风炉的比较

型号	拱顶连接方式	优　点	缺　点
地得式	由两个不同半径的接近 1/4 球体，和半个截头圆锥组成。整个拱顶呈半卵形整体结构。燃烧室上部设有膨胀圈	（1）高度较低，占地面积省； （2）拱顶结构简单，砖型较少； （3）晶间应力腐蚀，比较容易解决	（1）气流分布相对较差； （2）拱顶结构庞大，稳定性较差
考贝式	燃烧室和蓄热室均保持各自半径的半球形拱顶，两个球顶之间由配有膨胀圈的连接管连接	（1）高度较低，与地得式相似； （2）钢材消耗量较少，基建费用较省； （3）气流分布较地得式好	（1）砖型多； （2）连接管端部应力大，容易产生裂缝； （3）占地面积大
马琴式	蓄热室顶部有锥形缩口，拱顶由两个相同的 1/4 球顶和一个平底半圆柱连接管组成	（1）气流分布好； （2）拱顶尺寸小，结构稳定性好； （3）砖型少	（1）结构较高； （2）燃烧室和蓄热室之间设有膨胀补偿器，拱顶压力大，容易产生晶间应力腐蚀
新日铁式	蓄热室顶部有锥形缩口，拱顶由两个相同的 1/2 球顶和一个圆柱形连接管组成，连接管上设有膨胀补偿器	（1）气流分布好； （2）拱顶对称、尺寸小，结构稳定性好	（1）外形较高，占地面积大； （2）砖型较多（介于考贝式与马琴式之间）

2.1.2.3　顶燃式热风炉

顶燃式热风炉又称为无燃烧室热风炉，其结构如图 2-11 所示。顶燃式热风炉的热风阀、燃烧阀、燃烧器均放置在热风炉的顶部，热风炉高温区各孔口，如热风出口、燃烧口、人孔均采用组合砖砌筑，利用炉顶空间进行燃烧，取消了侧燃室或外燃室，其结构对称、温度区分明、占地小、效率高、投资少。

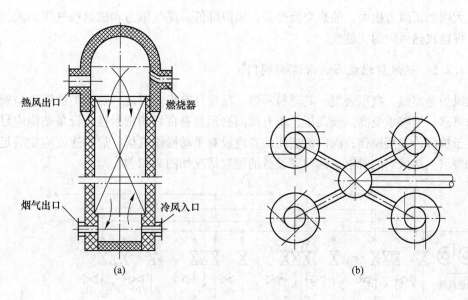

图 2-11　顶燃式热风炉
（a）结构示意图；（b）平面布置图

　　顶燃式热风炉在 19 世纪就有人提出设想，但直到 20 世纪 60 年代才引起重视和开始研究，迄今为止，已建成并运行了多种顶燃式热风炉。在众多形式的顶燃式热风炉中，中国首钢型和俄罗斯卡鲁金型表现良好。

　　顶燃式热风炉的特征：

　　（1）顶燃式热风炉取消了侧面的燃烧室，从根本上消除了内燃式热风炉的致命缺点。顶燃式热风炉炉顶是对称结构，受力均匀，结构强度和稳定性较好；而且炉型简单，施工方便，节省钢材和耐火材料。

　　（2）顶燃式热风炉采用短焰燃烧器，直接在拱顶处燃烧，由于热气流动距离缩短，减少了热损失。

　　（3）顶燃式热风炉温度区域分明，改善了耐火材料的工作条件，下部工作温度低，荷重大，上部工作温度高，荷重小；可以适当提高耐火材料的工作温度，并能延长其使用寿命。

　　但是，顶燃式热风炉的燃烧器、燃烧阀、热风阀等设备均在炉顶，位置较高，要求配备提升设备进行安装和检修。

2.1.2.4　球式热风炉

　　球式热风炉的结构与顶燃式热风炉相同，所不同的是蓄热室用自然堆积的耐火球代替格子砖。由于球式热风炉需要定期卸球，故目前仅用于小型高炉。

　　耐火球重量大，因此蓄热量多，从传热角度分析，气流在球床中的通道不规则，多呈紊流状态，有较大的热交换能力，热效率较高，易于获得高风温。

　　球式热风炉要求耐火球质量好，煤气要干净，煤气压力要高，助燃风机的风压、风量要大，否则煤气含尘多时，会造成耐火球间隙堵塞，甚至耐火球表面渣化黏结，变形破损，大大增加了阻力损失，使热交换变差，风温降低。煤气压力和助燃空气压力大，才能充分发挥球式热风炉的优越性。

2.1.2.5　热风炉燃烧器、管道与阀门

热风炉是高温、高压装置，其燃料易燃、易爆且有毒。因此，热风炉的管道与阀门必须工作可靠，能够承受高温及高压，所有阀门必须具有良好的密封性；设备结构应尽量简单，便于检修，方便操作；阀门的启闭装置应设有手动操作机构，启闭速度应能满足工艺操作的要求。热风炉的管道、阀门等设备的配置情况如图 2-12 所示。

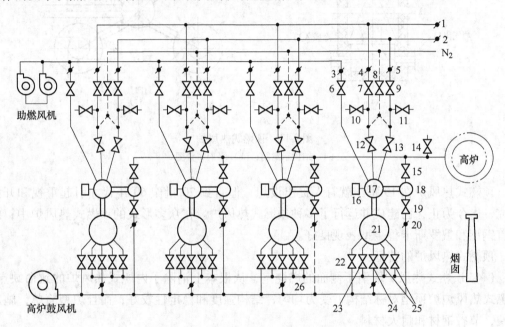

图 2-12　外燃式热风炉阀门布置图

1—焦炉煤气压力调节阀；2—高炉煤气压力调节阀；3—空气流量调节阀；4—焦炉煤气流量调节阀；
5—高炉煤气流量调节阀；6—空气燃烧阀；7—焦炉煤气阀；8—吹扫阀；9—高炉煤气阀；
10—焦炉煤气放散阀；11—高炉煤气放散阀；12—焦炉煤气燃烧阀；13—高炉煤气燃烧阀；
14—热风放散阀；15—热风阀；16—点火装置；17—燃烧室；18—混合室；19—混风阀；
20—混风流量调节阀；21—蓄热室；22—充风阀；23—废风阀；24—冷风阀；
25—烟道阀；26—冷风流量调节阀

A　燃烧器

燃烧器是用来将煤气和空气混合，并送进燃烧室内燃烧的设备。燃烧器种类很多，我国常见的有套筒式和栅格式，按材质不同又分金属燃烧器和陶瓷燃烧器。

a　金属燃烧器

金属燃烧器由钢板焊成，如图 2-13 所示。煤气道与空气道为一套筒结构，进入燃烧室后相混合并燃烧。其优点是结构简单、阻损小、调节范围大、不易发生回火现象。

金属燃烧器的缺点：

（1）由于空气与煤气平行喷出，流股没有交角，故混合不好，燃烧时需较大体积的燃

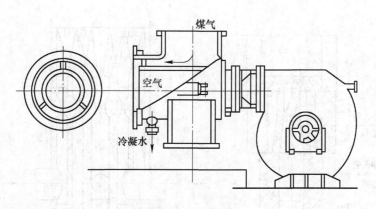

图 2-13　金属燃烧器

烧室才能完成充分燃烧。

（2）由于混合不均，需较大的空气过剩系数来保证完全燃烧，因此降低了燃烧温度，增大了废气量，热损失大。

（3）由于燃烧器方向与热风炉中心线垂直，造成气流直接冲击燃烧室隔墙，折回后又产生"之"字形运动，前者给隔墙造成较大温差，加速隔墙的破损，甚至"短路"；后者"之"字运动与隔墙的碰点，可造成隔墙内层掉砖，还会造成燃烧室内气流分布不均。

（4）燃烧能力小。

由上述分析可见，金属燃烧器已不适应热风炉强化和大型化的要求，故被陶瓷燃烧器所取代。

b　陶瓷燃烧器

陶瓷燃烧器是用耐火材料砌成的，安装在热风炉燃烧室内部。图 2-14 所示为几种常用的陶瓷燃烧器。

（1）套筒式陶瓷燃烧器。套筒式陶瓷燃烧器是目前国内热风炉用得最普遍的一种燃烧器。这种燃烧器由两个套筒和空气分配帽组成，如图 2-14（a）所示。燃烧时，空气从一侧进入到外面的环形套筒内，从顶部的环状圈空气分配帽上的狭窄喷口中喷射出来，煤气从另一侧进入到中心管道内，并从其顶部出口喷出，由于空气喷出口中心线与煤气管中心线成一定交角，所以空气与煤气在进入燃烧室时能充分混合，完全燃烧。

套筒式陶瓷燃烧器的主要优点是结构简单，构件较少，加工制造方便；但燃烧能力较小，一般适合于中、小型高炉的热风炉。

（2）栅格式陶瓷燃烧器。栅格式陶瓷燃烧器的空气通道与煤气通道呈间隔布置，如图 2-14（b）所示。燃烧时，煤气和空气都从被分隔成的若干个狭窄通道小喷出，在燃烧器上部的栅格处得到混合后进行燃烧。这种燃烧器与套筒式燃烧器比较，其优点是空气与煤气混合更均匀，燃烧火焰短，燃烧能力大，耐火砖脱落现象少，但其结构复杂，构件形式种类多，并要求加工质量高。大型高炉的外燃式热风炉多采用栅格式陶瓷燃烧器。

（3）三孔式陶瓷燃烧器。图 2-14（c）所示为三孔式陶瓷燃烧器示意图，这种燃烧器的结构特点是有三个通道，即中心部分为焦炉煤气通道，外侧圆环为高炉煤气通道，二者之

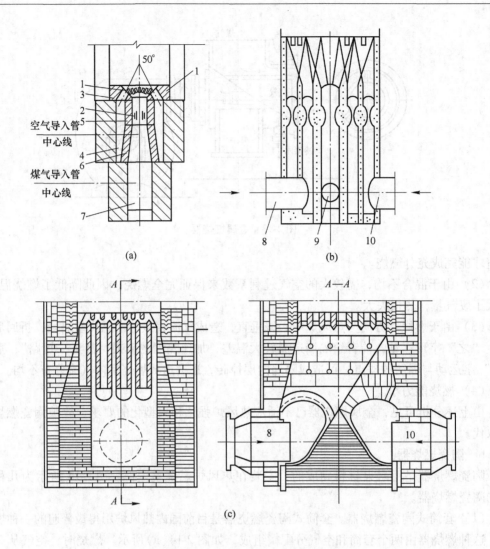

图 2-14　几种常用的陶瓷燃烧器

（a）套筒式陶瓷燃烧器；（b）栅格式陶瓷燃烧器；（c）三孔式陶瓷燃烧器

1—二次空气引入孔；2——次空气引入孔；3—空气帽；4—空气环道；5—煤气直管；6—煤气收缩管；

7—煤气通道；8—助燃空气入口；9—焦炉煤气入口；10—高炉煤气入口

间的圆环形空间为助燃空气通道。在燃烧器的上部设有气流分配板，各种气流从各自的分配板孔中喷射出来，被分割成小的流股，使气体充分地混合，同时进行燃烧。

三孔式陶瓷燃烧器的优点是不仅使气流混合均匀，燃烧充分，燃烧火焰短，而且采取了低发热值的高炉煤气将高发热值的焦炉煤气包围在中间燃烧的形式，防止高温气流烧坏隔墙，特别是避免了热风出口处的砖被烧坏的弊病。另外，采取高炉煤气和焦炉煤气在燃烧器内混合，要比它们在管道中混合效果好得多。燃烧时，由于焦炉煤气是从燃烧器的中心部位喷出的，所以燃烧气流的中心温度比边缘温度高约 200℃。这种燃烧器的主要缺点是结构复杂，使用砖型种类多，施工复杂。

陶瓷燃烧器有如下优点：

（1）助燃空气与煤气流有一定交角，并将空气或煤气分割成许多细小流股，因此混合好，能完全燃烧。

（2）气体混合均匀，空气过剩系数小，可提高燃烧温度。

（3）燃烧气体向上喷出，消除了"之"字形运动，不再冲刷隔墙，延长了隔墙的寿命，同时改善了气流分布。

（4）燃烧能力大，为进一步强化热风炉和热风炉大型化提供了条件。

B　管道

热风系统设有冷风总管和支管、热风总管和支管、热风围管、混风管、倒流休风管、净煤气主管和支管、助燃空气主管和支管。

（1）冷风管道。冷风管道常用厚 4～12mm 的钢板焊接而成。由于冷风温度在冬季和夏季差别较大，为了消除热应力，故在冷风管道上设置伸缩圈，以便冷风管能自由伸缩。冷风管支柱要远离伸缩圈，支柱上的托管与风管间制成活连，以便冷风管自由伸缩。

（2）热风管道。热风管道由约 10mm 厚的普通钢板焊成，要求密封性好且热损失小，故管内衬耐火砖，砖衬外砌绝热砖（轻质黏土砖或硅藻土砖）。最外层垫石棉板以加强绝热。大、中型高炉还在热风管道内表面喷涂不定形耐火材料。耐火砖应错缝砌筑，一般每隔 3～4m 长留 20～30mm 的膨胀缝，不得留设在叉口与人孔的砌体上。热风管及其支柱之间采用活动连接，管子托在辊子上，允许自由伸缩。

（3）混风管。混风管是为了稳定热风温度而设的，它根据热风炉的出口温度高低而掺入一定量的冷风。

（4）倒流休风管。倒流休风管实际上是安设在热风总管后端上的烟囱，用约 10mm 厚的钢板焊接而成，因为倒流时气体温度很高，所以下部要砌一段耐火砖，并安装有水冷阀门（与热风阀同），平时关闭，倒流时才打开。

（5）净煤气管。净煤气管道应有 0.5% 的排水坡度，并在进入支管前设置排水装置。

C　阀门

热风炉用的阀门应该是设备坚固，能承受一定的温度，保证高压下密封性好，使漏气减到最少，开关灵活使用方便，设备简单易于检修和操作。

（1）阀门类型。热风炉系统的阀门按工作原理可分为三种基本形式。

1）闸式阀：闸式阀的闸板开闭方向和气体流动方向垂直，构造较复杂，但密封性好。适用于洁净气体的切断。

2）盘式阀：盘式阀阀盘开闭的运动方向与气流方向平行，构造比较简单，多用于切断含尘气体，密封性差。气流经过阀门时方向转 90°，故阻力较大。

3）蝶式阀：蝶式阀是中间有轴可以自内旋转的翻板，其开度大小可以调节气体流量，调节灵活准确，但密封性差，故不能用于切断。

（2）阀门种类。阀门按用途可分为燃烧系统的阀门和送风系统的阀门。

属于燃烧系统的有煤气调节阀、煤气切断阀、烟道阀；属于送风系统的有放风阀、热风阀、冷风阀、混风阀、废气（风）阀。

1）煤气调节阀：为蝶式阀，用来调节煤气流量。自动控制燃烧时，煤气调节阀由电动执行机构来带动。

2）煤气切断阀：为闸式阀，是用来在送风期时切断煤气的。

3）烟道阀：为盘式阀，用于热风炉在燃烧期时打开，将废气排入烟道；在送风期时，则关闭以隔断热风炉与烟道的联系。

4）燃烧阀：为带水冷的闸式阀，这种阀仅在使用套筒式燃烧器的高炉上采用。用在燃烧期时将煤气等送入燃烧器，在送风期时切断煤气管道和热风炉的联系。

5）冷风阀：为闸式阀，它是冷风进入热风炉的闸门，安装在冷风支管上，在燃烧期时关闭，在送风期打开。冷风阀结构如图 2-15 所示。在大闸板上带有均压用小阀，这是由于烧好的热风炉关闭烟道阀前后，炉内处于烟道负压相同的水平，冷风支管上的压力是鼓风压力，闸板上下压差很大，直接打开闸板是不行的，故主体阀上有一个小均压阀孔，易于打开，使冷风先从小孔中灌入，待闸板两侧压力均等后，主阀就很容易打开了。

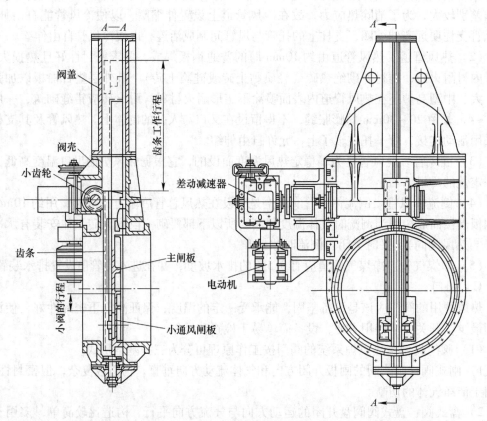

图 2-15　冷风阀结构

6）热风阀：为闸式阀，热风阀安装在热风出口和热风主管道之间，送风期打开，燃烧期关闭，用于燃烧期隔断热风炉与热风管道之间的联系。

随着高炉的强化冶炼，热风阀工作条件越来越恶劣，已成为高炉设备的薄弱环节之一，因此必须采用循环水冷却。常用的是闸板阀如图 2-16 所示，由阀板（闸板）、阀座圈、阀外壳、冷却进出水管构成。阀板（闸板）、阀座圈和阀壳体上都有水冷。另外为了减少阀板与阀座圈接触表面受高温气流的冲击，故用冷压缩空气组成辅助的空气冷却圈，实际上相当于一圈冷空气密封环，当阀门打开时，此冷空气还可以吹热风阀阀板的下部。

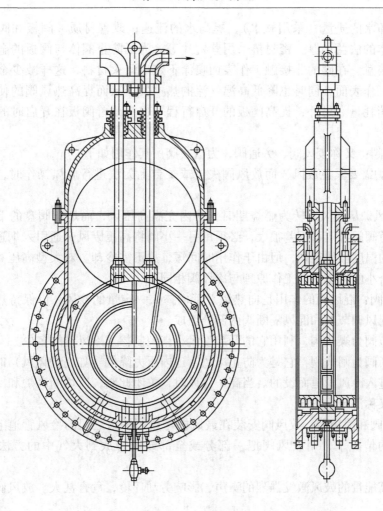

图 2-16　热风阀

安装时阀座圈与阀壳之间需用石棉填料密封，阀板（闸板）与阀座圈间要留有间隙。为了减少热风对阀板的直接冲刷，阀板停在提升位置时，其下端要比管道孔高出 100～150mm。

阀板一般用钢板焊成，焊接后退火，再加工，最后在表面喷涂一层薄铝。阀板最容易损坏的部位是阀板的下缘，因为此处受到高风温作用的时间长，冷却水容易在该处产生水垢，水中的杂质容易在此沉积。为此阀体内可采用螺旋形隔板，以及加大冷却水的速度来减少沉积，或在回水管中定期插入压缩空气细管来清除。另一个影响热风阀寿命的因素是阀板内隔板的布置形式，它决定了冷却水的流通状况。合理的布置形式应能保证冷却水各处水量分布均匀，水速大，温度最低的水通过阀板的底边和外缘，流股通道没有死角，没有剧烈的转折，防止产生旋涡气泡等。

两个阀座圈置于闸板的两侧，材质与阀板相同；每个阀座圈从下部引入冷却水，流过一圈后仍从下部引出。为了避免在阀座圈内形成气泡，冷却水应具有足够的压力，最好将阀座圈改成双进双出的形式。

尽管如此，热风阀仍然常被烧坏，热风阀结构的改进方向是加强阀板和阀座的冷却，改善冷却水的质量（采用软水），提高水的流速；改善材质，阀板和阀座圈采用薄壁结构；阀体的法兰加厚，密封垫采用紫铜片等。为了防止阀体与阀板的金属表面直接与高温气流接触，在阀的非接触工作表面喷涂不定形耐火材料，这样减少金属材料直接在高温下的工作表面，同时也降低高温气流的热损失，从而提高热风阀的使用寿命，降低冷却水的消耗量。另外，提高阀板的开启行程，也是改善阀板在开启时的工作条件的有效措施。

7）废气阀：又称废风阀、旁通阀，为盘式阀。其作用如下：

① 当高炉需要紧急放风，而放风阀失灵或炉台上无法进行放风操作时，可通过废气阀将风放掉。

② 当热风炉从送风期转为燃烧期时，炉内充满高压风，而烟道阀盘的下面却是烟道负压，故烟道阀阀盘上下压差很大，必须用另一小阀将高压废风旁通引入烟道，降低炉内压力。废气的温度虽然很高，但由于作用时间短，故不需冷却。对大型高压高炉，废气阀盘中央有一个小的均压阀，工作原理与冷风阀相同。

8）混风阀：混风阀的作用是向热风总管内掺入一定量的冷风，以保持热风温度稳定不变。它由混风调节阀和混风隔断阀两部分组成。

混风调节阀为蝶式阀，利用它的开启度大小来控制掺入冷风量的多少。

混风隔断阀为闸式阀，它是为防止冷风管道内压力降低（如高炉休风）时，热风或高炉炉缸煤气进入冷风管道而设的。当高炉休风时，关闭此阀，以切断高炉和冷风管道的联系，故此阀又称混风保护阀。

9）放风阀和消声器：放风阀安装在鼓风机与热风炉组之间的冷风管道上。在鼓风机不停止工作的情况下，用放风阀把一部分或全部鼓风排放到大气中的方法来调节高炉风量。

放风时高能量的鼓风激发强烈的噪声，影响劳动环境，危害甚大。放风阀上必须设置消声器。

任务 2.2　热风炉的操作制度

2.2.1　概述

高风温是高炉降低能耗、生铁优质、提高产量及降低成本的有效措施，热风炉消耗的能量巨大，进一步提高热风炉的热效率，势在必行。

在现代高炉生产中，采用喷吹技术之后，使用高风温更为迫切，高风温能为提高喷吹量和喷吹效率创造条件。当前我国大型高炉热风平均温度高于 1000℃以上，先进高炉可达 1200℃以上。国外先进高炉风温水平达 1300～1350℃，我国高炉风温距世界高炉风温还有差距。

2.2.1.1　提高风温对高炉冶炼的作用

A　从高炉内热量利用方面分析

高炉内热量来源于两方面，一是风口前碳素燃烧放出的化学热，二是热风带入的物理热。后者增加，前者减少，焦比即可降低。但是碳素燃烧放出的化学热不能在炉内全部利用（随着碳素的燃烧必然产生大量的煤气，这些煤气将携带部分热量从炉顶排出炉外，即热损失）；高炉内的热量有效利用率随冶炼操作水平不同而变化，一般是 80% 左右。

提高热风温度带入的物理热将使焦比降低，产量提高，单位生铁的煤气量减少，炉顶温度有所降低，热能利用率提高，故可认为这部分在高炉内是 100% 被有效利用。可以说，热风带入的热量比碳素燃烧放出的热量要有用得多。

  B 从高炉对热量的需求方面分析

从高炉对热量的需求看，高炉下部由于熔融及各种化学反应的吸热，可以说是热量供不应求。如果在炉凉时采用增加焦比的办法来满足热量的需求，此时必然增加煤气的体积，使炉顶温度提高，上部的热量供应进一步过剩，而且煤气带走的热损失更多；同时由于焦比提高，产量降低，热损失也会增加，所以热量有效利用率又会降低。如果采用提高风温的办法满足热量需求则是有利的。特别是高炉使用难熔矿冶炼高硅铸造铁时更需提高风温满足炉缸温度的需要。

另一方面，采用喷吹燃料（或加湿鼓风）之后，为了补偿炉缸由于喷吹物（或水分）分解造成的温度降低，必须要提高风温，这样有利于增加喷吹量和提高喷吹效果。

  C 从对高炉还原影响方面的分析

提高风温对高炉还原有有利的一面和不利的一面。有利的一面是，加快风口前焦炭的燃烧速度，热量更集中于炉缸，使高温区域下移，中温区域扩大；不利的一面是，提高风温使单位生铁还原剂数量因焦比降低而减少，中温区虽扩大，但温度降低，使还原速度变慢等，总的结果是不利的一面超过有利的一面。所以风温提高，间接还原略有降低，直接还原度 r_d 略有升高。

另外，风温的改变也是调剂炉况的重要手段之一。

2.2.1.2 热风炉燃料

（1）燃料品种。热风炉的燃料为煤气。
（2）煤气及助燃空气的质量。
含尘量：煤气含尘量低于 $10mg/m^3$，助燃空气含尘量尽量减少。
煤气含水量：在热风炉附近的净煤气管道上设置脱水器或使用干法除尘。
净煤气压力：净煤气支管处的煤气应有一定的压力。

2.2.2 提高风温的途径

近代高炉冶炼，由于原燃料条件的改善和喷煤技术的发展，具备了接受高风温的可能性，获得高风温的主要途径是改进热风炉的结构和操作。

2.2.2.1 提高热风炉炉顶温度

据国内外高炉生产实践统计，大、中型高炉操作先进的热风炉炉顶温度比平均风温高 50~100℃，一般的在 50℃ 左右，小型高炉热风炉炉顶温度比平均风温高 100~250℃，球式热风炉在中小型高炉上炉顶温度比平均风温高 100℃ 左右。炉顶温度与理论燃烧温度相差 70 ~ 90℃。通过提高理论燃烧温度，炉顶温度相应提高。

根据理论燃烧温度表达式分析，影响理论燃烧温度的因素如下：

$$t_{理} = \frac{Q_{燃} + Q_{空} + Q_{煤} - Q_{水} - Q_{喷}}{V_{产} \cdot C_{产}}$$

式中　$Q_{燃}$——煤气燃烧放出的热量，kJ/m^3；

$Q_{空}$——助燃空气带入的物理热，kJ/m^3；

$Q_{煤}$——燃烧用煤气带入的物理热，kJ/m^3；

$Q_{水}$——煤气中水分的分解热，kJ/m^3；

$Q_{喷}$——喷吹物的分解热，kJ/m^3；

$V_{产}$——燃烧产物量，m^3；

$C_{产}$——燃烧产物的平均比热容，kJ/(m^3 · ℃)。

A　提高理论燃烧温度的措施

(1) 提高煤气发热值 $Q_{燃}$，理论燃烧温度相应提高，目前高炉焦比大幅度降低，高炉煤气发热值相应降低，在高炉煤气中配一定量的焦炉煤气或天然气，提高 $Q_{燃}$ 值，以提高理论燃烧温度。

(2) 预热助燃空气 $Q_{空}$ 和燃烧煤气 $Q_{煤}$，能有效地提高热风炉的理论燃烧温度 $t_{理}$，进而提高热风温度。特别是高炉降低燃料比以后，预热助燃空气和燃烧煤气显得更为重要。

助燃空气预热对理论燃烧温度的影响见表 2-3。

表 2-3　几种热值的煤气在不同助燃空气温度时对理论燃烧温度的影响

煤气低发热值	助燃空气预热温度/℃						
Q_{DW}/kJ · m^{-3}	20	100	200	300	400	500	600
2931	1185	1208	1237	1266	1296	1326	1357
3349	1294	1319	1351	1385	1416	1450	1483
3768	1394	1421	1456	1491	1526	1563	1599

煤气预热对理论燃烧温度的影响见表 2-4。

表 2-4　几种热值的煤气在不同预热温度时的理论燃烧温度

煤气低发热值	煤气预热温度/℃				
Q_{DW}/kJ · m^{-3}	35	100	200	300	400
2931	1185	1219	1270	1322	1375
3349	1294	1325	1373	1422	1472
3768	1394	1424	1469	1515	1562

从表 2-3 中可以看出，助燃空气温度由 20℃升高至 100℃时，理论燃烧温度约提高 25℃；助燃空气温度在 100 ~ 600℃ 范围内，每升高 100℃，相应提高理论燃烧温度 30 ~ 35℃。

从表 2-4 中可以看出，每升高煤气预热温度 100℃，可提高理论燃烧温度约 50℃，其效果是很显著的；但是，在预热过程中，必须考虑煤气的安全性。煤气预热温度过高，势必存在一定的安全隐患。一般预热温度不超过 250℃，同时，要考虑换热器的阻力损失，由于煤气压力往往受到管网等因素的影响，煤气压力偏低，所以在预热煤气时，应尽可能降低换热器的阻损，并尽可能提高煤气压力。

预热助燃空气、煤气对提高理论燃烧温度效果是显著的，进而能提高热风温度。

对空气、煤气预热后要考虑以下因素：

1）烟气温度、压力、流量条件：有条件的热风炉，应尽可能地提高烟气温度，在热风炉炉算能承受的温度范围内，提高烟气温度，有利于提高空气、煤的预热温度。

2）现场条件，选择合适的换热器结构。

3）考虑空气、煤气预热后对燃烧器的影响。预热后，由于空气、煤气温度提高，对燃烧器燃烧能力的调节范围产生一定的影响。此外，还要考虑燃烧器对热气体温度的承受能力。

目前采用预热器的形式主要有：

1）旋转再生式热交换器。旋转再生式热交换器是以固体作为储热体，在一定的周期内，储热体接触高温流体，从高温流体获得热量，然后又与低温流体接触，将热量传给低温流体。如图 2-17 所示。

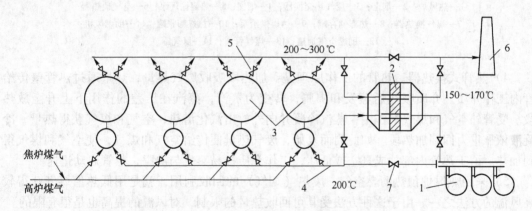

图 2-17　旋转再生式热交换器预热助燃空气系统示意图

1—助燃空气风机；2—热交换器；3—热风炉；4—空气通道；5—烟道；6—烟囱；7—旁通阀

2）管式、板式换热器。这两种换热器原理是相同的，都是利用管壁或板壁进行传导传热，进行热交换，一般由钢板或钢管分割成不同的通道，空气和烟气通过器壁热交换，一般管式、板式换热器的热效率比较低，体积也比较大。

3）热媒式热交换器。热媒式热交换器按热媒的状态和循环方式可以分为三种形式：液相强制循环式、气相循环式和利用蒸发热的自然循环式。热风炉一般利用液相强制循环式。

热媒式热交换器废气热量回收设备流程如图 2-18 所示。

热媒被加压循环泵强制压入废气热交换器，被加热以后，分别流入空气和煤气换热器，然后把热量交换给空气或煤气，再循环回循环泵。整个系统设有热媒贮存罐、热媒供给泵、热媒膨胀罐等设备。

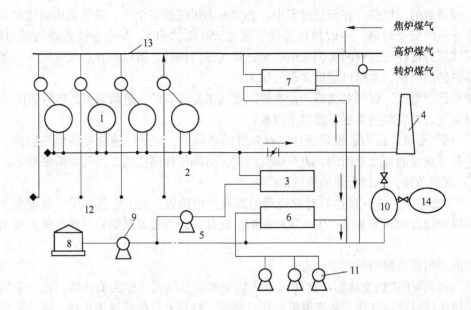

图 2-18　热媒式热交换器废气热量回收设备流程

1—热风炉；2—烟道；3—废气热交换器；4—烟囱；5—热媒循环泵；6—空气预热器；
7—煤气换热器；8—热媒储存罐；9—热媒供给泵；10—热媒膨胀罐；11—助燃风机；
12—助燃空气通道；13—煤气管道；14—氮气罐

4）热管式换热器。热管的工作原理是：加热段吸收废气热量，热量通过热管壁传给管内工作介质。介质吸热后蒸发和沸腾，转变为蒸汽，蒸汽在压差的作用下上升至放热段。受管外空气和煤气的作用，蒸汽冷凝并向外放出汽化潜热，空气和煤气获得热量，冷凝液依靠重力回到加热段。如此周而复始，废气热量便传给空气和煤气，使空气和煤气得到加热。由于热管内部抽成真空或低压，工作介质极易蒸发与沸腾，热管启动迅速。

5）采用热风炉预热助燃空气。废热（烟气）的回收利用，就是用低热值煤气获得较高风温的方法之一。由于这种方法受其可回收热量的限制，对风温的提高也是很有限的。

一座热风炉送风到不能保证风温供应之后，而热风炉又处在必须开始燃烧的温度控制线之上，利用这一时段内热风炉已经现实存在的热量，这部分热量温度高、储量大，可以高水平地提高燃烧温度和高炉风温，是一种独创的和非常有价值的开发。

（3）减少燃烧产物量。理论燃烧温度相应提高。在有条件的地方采用富氧燃烧或缩小空气过剩系数，均可使燃烧产物量降低，从而获得较高的理论燃烧温度，在相同条件下，理论燃烧温度随空气过剩系数降低而升高，但这一措施使废气量减少，对热风炉中下部热交换不利。

（4）降低煤气含水量，理论燃烧温度相应提高，焦炭中水分蒸发以及湿法除尘后的煤气中，含有不少机械水和饱和水，其含量随温度升高而增加。

B　限制拱顶温度的因素

（1）耐火材料理化性能。实际拱顶温度控制在比拱顶耐火砖平均荷重软化点低 100℃左右（也有按拱顶耐火材料最低荷重软化温度低 40~50℃控制）。

（2）煤气含尘量。不同含尘量允许的拱顶温度不同（见表 2-5）。

表 2-5 不同含尘量允许的拱顶温度

煤气含尘量/mg·m^{-3}	80~100	<50	<30	<20	<10	<5
拱顶温度/℃	≤1100	≤1200	≤1250	≤1350	≤1450	≤1550

（3）燃烧产物中腐蚀性介质。为避免发生拱顶钢板的晶间应力腐蚀，必须将拱顶温度控制在不超过1400℃，或采取防止晶间应力腐蚀的措施。

2.2.2.2 提高烟道废气温度

提高烟道废气温度可以增加热风炉（尤其是蓄热室中下部）的蓄热量，因此，通过增加单位时间燃烧煤气量来适当提高烟气温度，可减小周期风温降落，是提高风温的一种措施。废气温度在200~400℃范围内，每提高废气温度100℃约可以提高风温40℃。但提高废气温度，将导致热效率降低，同时，存在烧坏下部金属结构炉墙的危险。根据测量表明，燃烧末期炉箅子温度比废气平均温度高130℃左右，因此，一般热风炉废气温度都控制在350℃以下，大型高炉控制在350℃左右。

提高烟道废气温度的影响因素主要有：

（1）单位时间燃烧的煤气量。单位时间燃烧的煤气量越多，烟道废气温度越高。煤气消耗量与烟道废气温度成直线关系。

（2）燃烧时间。延长燃烧时间，废气温度随之近直线地上升。

（3）蓄热面积。在换炉次数相同和单位时间消耗煤气量相等的条件下，热风炉蓄热面积越小。废气温度升高越快。

2.2.3 热风炉操作制度的确定

2.2.3.1 炉顶温度与烟道废气温度的确定

目前国内外大多数高风温热风炉炉顶都采用高铝砖或硅砖砌筑，热风炉炉顶用耐火砖的主要理化指标见表2-6。

表 2-6 热风炉炉顶用耐火砖的主要理化指标

种 类	Al$_2$O$_3$	SiO$_2$	荷重软化温度/℃ （0.2MPa 开始软化温度）	耐火度/℃ （开始软化温度）
硅 砖		≥95%	>1650	>1710
高铝砖	≥65%		>1500	>1790

最高炉顶温度不应超过该耐火材料的最低荷重软化温度。为防止监测仪表误差造成炉顶温度过高，一般都限制稍低于荷重软化温度。

为避免烧坏蓄热室下部的支撑结构，废气温度不得超过表2-7所列数值。

表 2-7 各废气温度范围　　　　　　　　　　　（℃）

支撑结构	大型高炉	中小型高炉
金属	<350~400	<400~450
砖柱	无	<500~600

2.2.3.2　热风炉的燃烧制度

热风炉燃烧制度的种类：固定煤气量，调节空气量；固定空气量，调节煤气量；空气量、煤气量都不固定。较优的燃烧制度：固定煤气量调节空气量的快速烧炉法。

A　燃烧制度分类和比较

各种燃烧制度的特性如表 2-8 和图 2-19 所示；各种燃烧制度的比较见表 2-9。

表 2-8　各种燃烧制度的特性

分　类	固定煤气量，调节空气量		固定空气量，调节煤气量		煤气量、空气量都不固定	
期　别	升温期	蓄热期	升温期	蓄热期	升温期	蓄热期
空气量	适量	增大	不变	不变	适量	减少
煤气量	不变	不变	适量	减少	适量	减少
空气过剩系数	最小	增大	最小	增大	较小	较少
拱顶温度	最高	不变	最高	不变	最高	不变或降低
废气量	增加		稍减小		减少	
热风炉蓄热量	加大、利于强化		减小、不利于强化		减小、不利于强化	
操作难易	较难		易		难	
通用范围	空气量可调		空气量不可调，或助燃风机容量不足		空气量、煤气量均可调，并可用于控制废气温度	

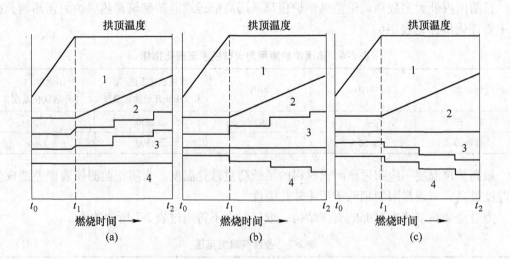

图 2-19　各种燃烧制度示意图
(a) 固定煤气量调节空气量；(b) 固定空气量调节煤气量；(c) 空气量、煤气量都不固定
1—烟道废气温度；2—过剩空气系数；3—空气量；4—煤气量

表 2-9　各种燃烧制度比较

固定煤气量，调节空气量	固定空气量，调节煤气量	煤气量、空气量都不固定
（1）在整个燃烧期使用最大煤气量，当拱顶温度达到规定值后，增大空气量来控制拱顶温度断续上升； （2）因废气量增大，流速加快，利于对流传热，强化了热风炉中下部的热交换，利于维持较高风温； （3）因煤气空气合适配比难以找准，若无燃烧自动调节，可能造成拱顶温度下降	（1）当拱顶温度达到规定值后，以减少煤气量来控制拱顶温度； （2）因废气量减少，不利于传热和热交换的强化，不利于维持较高风温； （3）用煤气量来调节比较方便，容易找准适宜配比	（1）当拱顶温度达到规定值后，以同时调节空气量和煤气量的方法来控制拱顶温度； （2）由于废气大量减少，流速降低，传热减慢，蓄热量减少，不利于提高风温

B　合理燃烧周期的确定

热风炉一个周期是燃烧、送风、换炉三个过程的总和。

（1）随送风时间的增加送风热风炉出口的温度逐渐降低。送风时间与热风出口温度的关系见表 2-10。

一般送风时间由 2h 缩短为 1h，热风炉出口温度提高 90℃。

表 2-10　送风时间与热风出口温度的关系

送风时间/h	热风出口温度/℃
0.5	1100
0.75	1100
1	1090
1.5	1030
2	1000

（2）热风炉送风时间与燃烧时间的关系：

$$\tau_{燃} = (n-1)\tau_{送} - \tau_{换}$$

式中　$\tau_{燃}$，$\tau_{送}$，$\tau_{换}$——分别为燃烧、送风、换炉时间，min；

n——组热风炉座数。

$$\Delta\tau = \sqrt{2T}\,\tau_{换}$$

式中　$\Delta\tau$——热风炉烧炉时间（包括换炉时间），h；

T——废气温度从开始升到炉顶末期温相同水平所需要的时间，h。

增加热风炉座数和送风时间及减少换炉时间，则燃烧时间增加，反之则缩短。

C　合理燃烧的判断

（1）废气分析。

1）使用废气分析成分判断热风炉燃烧时的空气与煤气配比是否恰当，燃烧是否合理。

2）理想的烟道废气成分是 O_2 和 CO 含量为零。一般认为废气成分中 O_2 保持在 0.2%～0.8%、CO 保持在 0.2%～0.4% 的范围比较合理。

（2）火焰观察（见表 2-11）。

表 2-11　火焰颜色与热风炉燃烧操作的关系

项　目	火焰颜色	拱顶温度	废气温度	废气成分	
				O_2	CO
空气煤气配比合适	中心黄色，四周微蓝，透明，清晰可见燃烧室对面砖墙	升温期：迅速上升 蓄热期：稳定	均匀，稳定上升	微量	0
空气量过多	天蓝色，明亮耀目，燃烧室砖墙清晰可见，但发暗	上升缓慢，达不到规定值	上升快	多	0
煤气量过多	暗红，浑浊不清，难见燃烧室砖墙	上升缓慢，达不到规定值	上升慢	0	多

（3）综合判断。根据观察燃烧火焰颜色和废气温度、拱顶温度上升速度等情况来综合判断，避免因废气分析不及时，火焰观察不准确所产生的错误。

D　快速烧炉法

（1）燃烧控制。燃烧制度是为送风周期储备热量进行的。其控制原理是用调节煤气热值的方法控制热风炉拱顶温度；用调节煤气总流量的方法控制废气温度；助燃空气流量则根据煤气成分和流量设定的比例来控制。

（2）调火原则。在烧炉期应使炉顶尽快升到规定的温度，延长恒温时间，使热风炉长时间在高温下蓄热，如果升温时间较长，相对缩短了恒温时间，即热风炉在高温下的蓄热时间减少。快速烧炉的要点就是缩短烧炉的时间，以尽可能大的煤气量和适当的空气过剩系数，在短期内将炉顶温度烧到规定值，然后再用燃烧期约 90% 的时间以稍高的空气过剩系数继续燃烧，此期间在保持炉顶温度不变的情况下，逐渐提高烟道废气温度，增加蓄热室的热量。但整个烧炉过程中烟道废气温度不得超过规定值。

（3）操作方法。一般情况下应采用固定煤气量、调节空气量的快速烧炉法，这种方法和固定空气量调节煤气量以及空气煤气都不固定的烧炉法相比，固定煤气量调节空气量的烧炉法在整个燃烧期内使用的煤气量最大，因而废气量较大，流速加快，利于对流传热，强化热风炉中下部的热交换，利于维持较高的风温。

具体操作方法：

1）开始燃烧时，根据高炉所需要的风温水平来决定燃烧操作，一般应以最大的煤气量和最小的空气过剩系数来强化燃烧。空气过剩系数选择要在保持完全燃烧的情况下尽量减小，以利于尽快将炉顶温度烧到规定值。

2）炉顶温度达到规定温度时，适当加大空气过剩系数，保持炉顶温度不上升，提高烟道废气温度，增加热风炉中下部的蓄热量。

3）若炉顶温度、烟道温度同时达到规定温度时，应该采取换炉通风的办法，而不应该减烧。

4）若烟道温度达到规定温度时，仍不能换炉，应减少煤气量来保持烟道温度不上升。

5）如果高炉不正常，风温水平要求较低延续时间在 4h 以上时，应采取减烧与并联送风措施。

（4）影响因素。

1）燃烧器的形式和能力：强化燃烧可缩短燃烧时间，有利于提高风温。但须有充足煤气量和相应能力的燃烧器，此外，热风炉一代炉役后期设备衰老，阻力增加，要求燃烧器留有一定的余力。

2）煤气量（煤气压力）波动：煤气量不足或煤气压力波动，使空气和煤气的配合不能适当，也就不能迅速、稳定地升高拱顶温度，造成热风炉蓄热量减少；即使延长烧炉时间，风温水平仍可能降低。

2.2.3.3 送风制度

A 送风制度的形式

单炉送风（两烧一送制）。单炉送风是在热风炉组中只有一座热风炉处于送风状态的操作制度。

两烧一送制适用于有三座热风炉的高炉，它是一种老的基本送风制度，必须和混入冷风装置相配合，用调节混入的冷风量使高炉得到稳定的风温。两烧一送制作业图如图2-20所示。

双炉送风（两烧一送制）。交叉并联送风操作是热风炉组中经常有两座热风炉同时送风的操作制度。

a 单、双炉半交叉并联送风

在三座热风炉组中，根据风温来决定采取半交叉并联的方式，即两烧一送与一烧两送相结合的方法。通过调节后投入送风的副送炉的冷风量来使高炉获得稳定的风温。在一座热风炉的整个送风期，前期它作为主送风炉，后期它作为副送风炉，即在第一阶段它的蓄热能力很大时，鼓入高炉的一部分风通过该热风炉作为主送风炉，另一部分风通过第二座热风炉（副送风炉），此阶段实际上是由两个热风炉并联向高炉送风；在第二阶段，鼓入高炉的风全部通过前一座热风炉，而第二座热风炉（副送风炉）改为燃烧炉，此时呈单炉送风状态；第三阶段，当这座热风炉的蓄热能力减少时，逐渐减少通过这座热风炉的风量，将其变为副送风炉，而将第三座炉也就是刚烧好的热风炉变为主送炉。此时又是两座热风炉并联向高炉送风，如图2-20所示。

b 双炉交叉并联送风

双炉交叉并联送风如图2-20所示。

在四座热风炉组中，两座炉错开时间同时送风，从两座炉出来的不同温度的热风进行混合，使高炉获得稳定的风温。但两座炉子的通风量不同，一个主送风炉，另一个是副送风炉。对一个热风炉而言，它前期作为主送炉，后期蓄热量减少后变为副送炉。这样四座热风炉交替工作。

交叉并联送风最大的特点是增加了单位高炉体积的蓄热面积和格子砖数量。这种操作方法最大的优点是使热风炉的热效率得到改善。因为热风炉的综合加热能力，不仅取决于整个蓄热室的结构，同时还和热风炉的座数以及热工制度有关。

c 对交叉并联送风的要求

（1）热风炉容量大，但高炉送风量小或送风温度较低时，蓄热室的热量不能及时带走，废气温度升高而超过规定的极限，此时为了充分利用热风炉的热量，提高热效率，以保护设备不受损坏、宜采用交叉并联送风。

（2）煤气发热值较低，用以燃烧的煤气量增加，此时也容易引起烟道废气温度升高，热效率降低。这时必须采用交叉并联送风，以扭转这一不利局面。

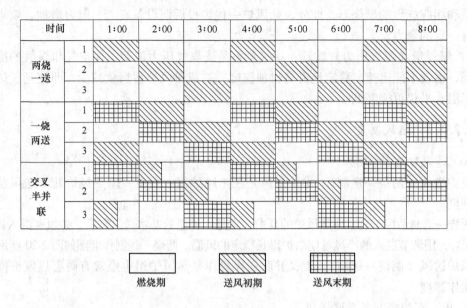

图 2-20　送风制度

B　送风制度的比较

各种送风制度的比较见表 2-12。

表 2-12　各种送风制度的比较

送风制度	适用范围	热风温度	热效率	周期煤气量
两烧一送制	三座热风炉常用，四座热风炉检修一座时用	波动稍大，风温低	低	多
半交叉并联	三座热风炉燃烧能力较大时用，控制废气温度时用	波动较小	高	少
双炉交叉并联	四座热风炉常用	波动小，风温高	最高	少

C　送风制度的选择

送风制度的选择依据：

(1) 热风炉组座数和蓄热面积。

(2) 助燃风机和煤气管网的能力。

(3) 有利于提高风温，提高热效率和降低能耗。

例如：交叉并联送风，比单炉送风可提高风温 20~40℃，热效率也相应提高，但它需要四座热风炉，建设费用高。

又如：三座热风炉在热风炉燃烧能力较大的情况下，采用半交叉送风制度，也能提高风温和热效率，并减少风温波动。

任务2.3　热风炉操作及热风炉常见事故的处理

2.3.1　热风炉的操作特点

(1) 热风炉操作是在高温、高压、煤气的环境中进行。

(2) 热风炉的工艺流程：

1）送风通路：热风炉除冷风阀、热风阀保持开启状态外，其他阀门一律关闭；

2）燃烧通路：热风炉冷风阀和热风阀关闭外，其他阀门全部打开；

3）休风：所有热风炉的全部阀门都关闭。

（3）蓄热式热风炉要储备足够的热量。

（4）热风炉各阀门的开启和关闭必须在均压下进行。

（5）高炉热风炉燃烧可以使用低热值煤气提供较高的风温。

（6）高炉生产不允许有断风现象发生，换炉操作必须"先送后撤"。

2.3.2 热风炉的换炉操作程序

热风炉生产工艺是通过切换各阀门的工作状态来实现的，通常称为换炉。当一种状态向另一种状态转换的过程中，应严格按照操作规程规定的程序进行，否则将会发生严重的生产事故，危及人身和设备的安全。

换炉必须做到准确、快速、安全。就是做到：不间断地向高炉送风，并且风压、风量波动较小；注意安全，防止煤气中毒或爆炸。

2.3.2.1 基本换炉操作程序

基本换炉操作程序见表2-13。

表 2-13　热风炉的基本换炉操作程序表

由燃烧转为送风		由送风转为燃烧	
停止燃烧	送　风	停止送风	燃　烧
（1）关焦炉煤气阀或适当减少用量； （2）关小助燃风机拔燃板； （3）关煤气调节阀； （4）关煤气闸阀； （5）关空气调节阀； （6）关煤气燃烧闸板； （7）开煤气安全放散阀； （8）关空气燃烧闸板； （9）关烟道阀	（1）逐渐开冷风小门； （2）炉内灌满风后开热风阀； （3）全开冷风阀	（1）关冷风阀； （2）关热风阀； （3）开废风阀放净废气	（1）开烟道阀，关废风阀； （2）开空气燃烧闸板； （3）关煤气安全放散阀； （4）开煤气燃烧闸板； （5）小开煤气调节阀和空气调节阀； （6）开煤气闸板； （7）开空气调节阀； （8）大开煤气调节阀； （9）开大助燃风机拔风板； （10）开焦炉煤气阀

2.3.2.2 助燃风机运转

（1）启动助燃风机：启动备用风机前确认冷却水润滑油位；打开助燃空气主管放散阀100%；打开风机出口阀100%；启动风机，电流下降至35A以下；开风机进口调节阀10%～15%；投入烧炉操作，进行压力和比例设定。

（2）停止助燃风机：热风炉全部停烧；打开主管放散阀；关助燃风机进口调节阀至0～15%；停止助燃风机；全关风机进口调节阀和出口阀。

2.3.2.3 热风炉双预热口操作

（1）操作前的确认：烟气换热器进出口阀处于关闭状态，旁通阀处于开启状态；空气预热器进出口阀处于关闭状态，旁通阀处于开启状态；煤气预热器进出阀处于关闭状态，旁通阀处于开启状态；烟气换热器进出处烟气温度一般不超过280℃（最大不超过310℃）。

（2）操作程序：投入操作包括开启空气预热器进出口阀至全开位置，使空气通过预热器；开启煤气预热器进出口阀至全开位置，使煤气通过预热器；关闭空气、煤气预热器旁通阀；开启烟气换热器进出口阀至全开位置，使烟气通过换热器；调整关闭烟气换热器旁通阀开度至30%，待运行后1h无异常，根据温度调节可将旁通阀逐渐关闭至零位。停止运行操作，包括开启烟气、换热器旁通阀至全开位置；关闭烟气换热器进出口阀；开启空气、煤气预热器旁通阀至全开位置；关闭空气、煤气预热器进出口阀。

2.3.2.4　换炉操作的注意事项

（1）换炉应先送后撤，即先将燃烧炉转为送风炉后再将送风炉转为燃烧炉，绝不能出现高炉断风现象。

（2）尽量减少换炉时高炉风温、风压的波动。

（3）使用混合煤气的热风炉，应严格按照规定混入高发热量煤气量，控制好拱顶和废气温度。

（4）热风炉停止燃烧时先关高发热量煤气后关高炉煤气；热风炉点炉时先给高炉煤气，后给高发热量煤气。

（5）使用引射器混入高发热量煤气，全热风炉组停止燃烧时，应事先切断高发热量煤气。

2.3.2.5　混烧炉转炉煤气的安全注意事项

转炉停止烧炉前必须关闭转炉煤气切断阀或密封蝶阀，确保切断转炉煤气来源。休风后烧炉，高炉煤气点燃后再开转炉煤气切断阀或密封蝶阀进行混烧。

2.3.2.6　烧炉注意事项

（1）注意各信号的变化，确保信号正常。

（2）注意观察煤气压力、助燃风压力、热风压力和冷风压力的变化。

（3）注意拱顶温度、废气温度的升温情况。

（4）如果发生计算机自动烧炉失灵，及时改为手动烧炉。

2.3.3　热风炉休风与送风操作

倒流休风常在更换冷却设备时进行，倒流休风的形式有两种：一种是利用热风炉烟囱抽力把高炉内剩余的煤气经过热风总管、热风炉、烟道，由烟囱排出；另一种是利用热风总管尾部的倒流阀倒流休风。

2.3.3.1　倒流休风的操作程序

（1）接到倒流休风的信号时，关送风炉的混风阀。

（2）关热风阀。

（3）关冷风阀。

（4）开废气阀，放净废风。

（5）开倒流阀进行煤气倒流。

（6）将倒流完毕的信号通知高炉。

2.3.3.2 倒流休风后的送风程序

（1）得到高炉停止倒流通知后，关倒流阀。

（2）开送风炉的冷风阀。

（3）开热风阀，同时关废气阀。

（4）给信号通知高炉送风后，开冷风大闸和混风调节阀。

2.3.3.3 倒流休风注意事项

（1）倒流休风炉炉顶温度必须在1100℃以上。

（2）倒流时间不超过60min，否则应换炉倒流。

（3）一般情况下，不应同时用两个炉倒流。

（4）正在倒流的炉子不得处于燃烧状态。

（5）倒流的炉子一般不能立即用作送风炉，如果必须使用时，应待残余煤气抽尽后，方可作送风炉。

2.3.3.4 高炉热风阀、倒流休风阀的破损泄漏和处理

（1）热风阀、倒流休风阀进行常规"闭水量检查"，予以确认。

（2）热风阀、倒流休风阀破损后，适当关小该阀进出水量，以减少泄漏量和补充水量。

（3）热风阀更换后，应尽快恢复软水闭路循环，正常供水。

2.3.3.5 高炉鼓风机停风

高炉应立即采取紧急休风措施，防止煤气倒流于鼓风机。

（1）热风炉迅速将"自动"、"半自动"改换为"手动"，撤下燃烧炉。

（2）作好应急休风准备，关混风调节阀、混风切断阀，按休风程序进行。

2.3.4 预热器运行中注意事项和紧急处理

预热器运行中注意事项：

（1）禁止在空气、煤气预热器进出口阀关闭的情况下，先行开启烟气换热器的进出口阀。

（2）空气、煤气预热器必须同时处于运行状态，不得单独处于运行状态。

（3）禁止煤气预热器壳体有煤气泄漏的情况下，仍处于运行状态。

（4）禁止吹灰器连续不停地处于运行状态，高炉长时间休风应开烟气换热器人孔进行除灰清扫。

预热器运行中异常情况的紧急处理：

（1）烟气换热器温度超过280℃，或外连蒸汽上升管管壁温度超过230℃，应适当开启烟气换热器旁通阀，进行调整。

（2）进口烟气温度超过 300℃ 或外连蒸汽上升管管壁温度超过 250℃，应迅速全开烟气换热器旁通阀，待温度恢复正常后，按程序再启动投入。

（3）当煤气预热器壳体出现煤气泄漏情况时，应立即打开煤气预热器旁通阀，关闭煤气预热器进出口阀，同时迅速打开烟气换热器旁通阀，关闭烟气换热器进出口阀，而后处理煤气预热器。

（4）吹灰器或吹灰控制系统出现故障，应停止正常吹灰操作，修复后再投入。

（5）出现换热器管束或外连管爆炸事故时，应立即开启各换热器的旁通阀，迅速关闭各换热器的进出口阀，待确认煤气换热器及外连管无煤气泄漏的情况后，检查人员方可进入现场。

2.3.5　热风设备的点检项目及内容

2.3.5.1　热风炉炉壳

（1）炉壳是否有开焊、烧红、变形、龟裂跑风现象。
（2）热风口、燃烧口管道是否有开焊、烧红、变形、龟裂跑风现象。

2.3.5.2　燃烧阀、热风阀、倒流休风阀

（1）阀体、阀芯是否有漏水现象。
（2）冷却水管路是否漏水，金属软管有无龟裂损伤。
（3）阀杆填料处是否跑风。
（4）连接法兰螺栓是否松动，金属密封圈是否损坏，有无跑风现象。
（5）油缸油封是否损坏漏油，油管、接头是否损坏，油缸法兰盘连接螺栓是否松动。
（6）热风阀、燃烧阀运行时有无卡阻现象，是否开关到位，有无串风现象。
（7）阀柄支架传动链条是否断裂，卡子是否松动。

2.3.5.3　烟道阀、冷风阀、混风切断阀

（1）阀轴填料处是否跑风。
（2）连接法兰螺栓是否松动，金属密封圈是否损坏，有无跑风现象。
（3）油缸油封是否损坏漏油，油管、接头是否损坏，油缸销轴是否损坏。
（4）烟道阀、混风阀、冷风阀运行时有无卡阻现象，是否开关到位，转动是否灵活。

2.3.5.4　煤气（空气）切断阀、煤气（空气）调节阀

（1）阀轴填料处是否跑煤气、跑风。
（2）连接法兰螺栓是否松动，密封圈是否损坏，有无跑煤气、跑风现象。
（3）油缸油封是否损坏漏油，油管、接头是否损坏，油缸销轴是否损坏。
（4）切断阀、调节阀运行时有无卡阻现象，是否开关到位，转动是否灵活。

2.3.5.5　冷风均压阀、废气阀

（1）连接法兰螺栓是否松动，密封圈是否损坏，有无跑煤气、跑风现象。
（2）油缸油封是否损坏，油管接头是否损坏，油缸接头是否损坏。

（3）冷风均压阀、废气阀运行时有无卡阻现象，是否开关到位，转动是否灵活。

2.3.5.6　热风管道

（1）管皮是否存在烧红、变形、开裂现象。

（2）砌体有无脱落现象。

2.3.5.7　助燃风机

（1）风机轴承箱地脚螺栓是否松动，油位是否正常，油脂裂化程度，轴承有无异响。

（2）传动轴是否变形，风机壳体有无变形。

（3）叶轮有无异响，叶片是否变形。

（4）风量、风压是否异常。

（5）进出口蝶阀开关是否到位，手动转动是否灵活，电动转动是否灵活。

2.3.5.8　液压系统

（1）油箱油位是否过低，油质劣化程度。

（2）油泵运行时有无异响。

（3）液压各阀工作是否正常，有无泄漏。

（4）蓄能器压力是否正常值。

（5）液压管路有无泄漏。

2.3.5.9　煤气管道

（1）有无煤气泄漏。

（2）管道有无腐蚀。

（3）煤气水封是否正常。

2.3.6　热风炉常见的操作事故及其处理

2.3.6.1　烟道阀或废气阀未关就开冷风小门送风

后果：风从烟道阀或废气阀跑了，造成高炉热风压力波动，甚至引起崩料。

征兆：风压达不到规定值，从冷风管跑风，声音增大。

处理的方法：应立即关冷风小门，停止送风，待烟道阀或废气阀关严后，再开冷风小门送风。

2.3.6.2　燃烧阀未关就开冷风小门送风

燃烧阀未关就开冷风小门送风，将造成高温热风大量从燃烧阀泄出，把燃烧器烧坏。如果遇上煤气阀不严漏煤气时，将会造成煤气爆炸，甚至将整个燃烧器鼓风机炸坏，此时应立即开废气阀，并将冷风小门关闭，停止灌风，然后将燃烧阀关严后重新灌风。

2.3.6.3　换炉时送风炉废气未放净就强开烟道阀

换炉时送风炉废气未放净就强开烟道阀，由于炉内压力较大，强开的结果会使烟道阀钢绳或月牙轮损坏，还会由于负荷较大烧坏电动机。只要严格监视冷风压力表，证实废气放净后就可避免。

2.3.6.4　换炉时先停助燃风机后关煤气

换炉时先停助燃风机后关煤气，会造成一部分未燃烧的煤气进入热风炉形成爆炸气体，损坏炉体。另一部分煤气从燃烧器鼓风机喷出，引起操作人员煤气中毒。因此，一定要严格按规程操作，先关煤气阀，再停助燃风机。

2.3.6.5　倒流休风时忘了关冷风大闸

倒流休风时忘了关冷风大闸，如果冷风放不净，可能影响倒流；如果冷风放净了，将会使高炉煤气进入冷风总管，可能发生煤气爆炸。

2.3.6.6　倒流休风后的送风，忘记关倒流炉的热风阀就用送风炉送风

倒流休风后的送风，如果忘记关倒流炉的热风阀就用送风炉送风，高温热风会从倒流炉热风阀进入，将倒流炉燃烧器烧坏或引起爆炸。当发现倒流炉燃烧器大量冒烟或喷火时，应立即将送风炉冷热风阀关闭，停止送风，关严倒流炉的热风阀，确认倒流炉热风阀关严后再送风。

2.3.6.7　热风阀、燃烧阀漏水

征兆：出水量减少或断水，出水中带有气泡；如果阀柄断水，出水管振动，排污阀能放积水。

故障原因：

（1）水质差、水压低造成局部结垢，设备使用周期长。

（2）阀体制造缺陷，有砂眼。

处理方法：热风阀、燃烧阀漏水后，适当关小该阀进出水量，以减少泄漏量和补充水量；及时组织更换阀门。

2.3.6.8　热风阀、燃烧阀阀柄关不到位，串风

故障原因：

（1）阀体内废料多，阀柄落不到位。

（2）阀柄阀杆变形。

（3）油缸故障。

处理方法：清理阀体内废料，更换阀柄，更换油缸。

2.3.6.9　热风口、燃烧口管道烧红、变形、开裂、跑风

故障原因：

（1）砌砖不好。

（2）耐火砖质量不好，砌体脱落。

（3）使用时间过长耐火砖损坏，管道开裂。

处理方法：

（1）补焊压浆、通冷却水，防止扩大。

（2）检修时焊背包，内部灌浇筑料、下部焊接水槽，通冷却水。

（3）管道重新砌筑耐火材料。

2.3.6.10　热风炉送风时热风阀阀板打不开

故障原因：

（1）阀柄使用时间过长，变形犯卡。

（2）液压系统故障。

（3）电器故障。

处理方法：先用手拉葫芦将阀柄提到位，锁紧吊链，再检查液压系统是否有故障。

2.3.6.11　热风阀、燃烧阀运行时法兰跑风

故障原因：

（1）金属密封垫损坏。

（2）连接法兰变形，两个法兰紧固后之间有缝隙。

处理方法：

（1）跑风不严重时用布袋、玻璃水塞严。

（2）跑风严重时需更换密封圈或法兰。

2.3.6.12　燃烧阀燃烧器放散管道烧红、变形

故障原因有：

（1）煤气切断阀关不严，跑煤气。

（2）煤气调节阀关不严跑煤气。

（3）燃烧阀阀芯密封不严串风。

 **思 考 题**

（1）高炉生产对鼓风机有哪些要求，为什么？

（2）蓄热式热风炉的工作原理是什么？

（3）热风炉本体由哪几部分组成？

（4）顶燃式热风炉的优点有哪些？

（5）热风炉炉壳的作用有哪些？热风炉是受热设备，炉壳、耐火砌体的膨胀会使热风炉底封板受到很大的拉力，因此对热风炉底封板有哪些要求？

（6）热风炉炉顶温度为什么不能过高，其规定的界限根据是什么？

（7）传统内燃式热风炉的通病是什么？

（8）为什么要将废气温度控制在350℃以下？

（9）什么叫热风炉快速烧炉法？

（10）什么叫换炉？换炉操作包括哪些内容？

（11）提高热风温度有哪些措施？提高热风炉炉顶温度为什么能提高风温水平？

（12）热风炉的燃烧制度有哪几种？

（13）热风炉系统设有哪些管道？

（14）控制烧炉过程的燃烧系统的阀门有哪些？

（15）控制送风过程的送风系统的阀门有哪些？

（16）热风炉温度难烧上的原因有哪些？

（17）简述热风炉倒流休风的操作程序。

（18）为什么规程规定，在点炉时必须先给火，后给煤气？

（19）休风时，热风炉不放废风行吗？

（20）如何根据火焰来判断燃烧是否正常？

（21）试述热风阀漏水的原因、征兆及处理方法。

（22）煤气倒流窜入冷风管中如何处理？

（23）高炉突然停风混风阀未关闭，炉缸煤气倒入冷风管道内怎么处理？

（24）煤气防火防爆有哪些措施？

高炉炉内操作

学习任务：

（1）知道铁氧化物直接还原与间接还原对碳素的消耗，及影响矿石还原速度的因素和生铁形成过程；

（2）知道炉内的造渣过程对高炉冶炼的影响及影响炉渣脱硫的因素；

（3）熟悉高炉操作基本制度，能够直接或间接判断炉况；

（4）熟悉正常炉况与失常炉况，能够对失常炉况进行处理，具有高炉严重失常炉况的预防和处理能力；

（5）具有高炉开、停、封炉和复风的操作能力。

任务 3.1　高炉冶炼基本原理

高炉冶炼是个连续生产过程。整个过程是从风口前燃料燃烧开始的。燃烧产生向上流动的高温煤气与下降的炉料相对运动，高炉内的一切反应均发生于煤气和炉料的相向运动和相互作用之中；包括炉料的加热、蒸发、挥发和分解，氧化物的还原，炉料的软熔、造渣，生铁的脱硫、渗碳等，气、固、液多相的流动，发生传热和传质等复杂现象。

高炉是一个密闭的连续的逆流反应器，冶炼过程不能直接观察，难以测试，主要是靠仪表反映和实践经验进行分析判断，为了能直观地了解炉内情况，故采用对高炉进行解剖的方法。高炉解剖是把正在进行冶炼中的高炉，突然停止鼓风，并且急速降温以保持炉内原状，然后将高炉剖开，进行全过程的观察、录像、分析化验等各个项目的研究考察，人们将此项工作称为高炉解剖研究。

3.1.1　炉料在炉内的物理化学变化

3.1.1.1　炉料在高炉内的物理状态

从解剖研究的结果可知，高炉内炉料基本上是按装料顺序层状下降的，依炉料的状态不同从上到下可分为五个区域。如图 3-1 所示。

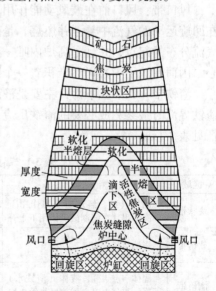

图 3-1　高炉内固体炉料形态变化示意图

块状带：在该区域炉料明显地保持装料时的分层状态（矿石层和焦炭层），没有液态渣铁。

软熔带：炉料从开始软化到熔化所占的区域；由许多固态焦炭层和黏结在一起的半熔融的矿石层组成，焦炭矿石相间，层次分明，由于矿石呈软熔状，透气性级差，煤气主要从焦炭层通过，像窗口一样，因此称为"焦窗"。软熔带的上沿是软化线，下沿是熔化线，它们之间是软熔带，软熔带随着原料条件与操作条件的变化，其形状与位置也随之改变。

软熔带的形状主要有倒 V 形、V 形、W 形，目前倒 V 形软熔带被公认为是最佳软熔带，如图 3-2 所示。由于其中心温度高，边缘温度低，煤气利用较好，而且对高炉冶炼过程一系列反应有着很好的影响。

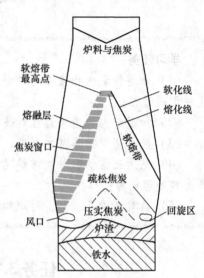

图 3-2　软熔带示意图

根据高炉解剖研究及矿石的软熔特性，软熔带形状与炉内等温线相适应，而等温线又与煤气中 CO_2 分布相适应的特点，在高炉操作中炉喉煤气 CO_2 曲线形状主要靠改变装料制度调节，其次受送风制度影响。因此，软熔带的形状主要受装料制度与送风制度影响。前者属上部调剂，后者为下部调剂。例如，对先装矿石后装焦炭的正装比例为主的高炉，一般都是接近倒 V 形的软熔带；对以倒装为主或全倒装的高炉，基本上是 V 形软熔带，对正、倒装部占一定比例的高炉，一般属于接近 W 形的软熔带。

滴落带：熔化后的渣铁像雨滴一样穿过焦炭向下滴落。在滴落带内焦炭长时间处于基本稳定状态的区域称为"中心呆滞区"（死料柱）。焦炭松动下降的区域称为活动性焦炭区。因煤气大量通过焦炭的缝隙，渣铁滴落时继续进行还原、渗碳等反应，所以滴落带是高温物理化学反应的主要区域。

风口区：风口前在鼓风动能作用下焦炭作回旋运动的区域又称"焦炭回旋区"。焦炭在回旋运动的气流中悬浮并燃烧，是高炉内热量和气体还原剂的主要产生地，也是初始煤气流分布的起点，并且是高炉内唯一存在的氧化性区域。回旋区的径向深度达不到高炉中心，因而在炉子中心仍然堆积着一个圆丘状的焦炭死料柱，构成了滴落带的一部分。

渣铁带：在炉缸下部，主要是液态渣铁以及浸入其中的焦炭，在铁滴穿过渣层以及在渣铁界面时最终完成必要的渣铁反应，得到合格的生铁，并排出炉外。各带主要反应及特征见表 3-1。

表 3-1　高炉内各区域的主要反应及特征

区域	相向运动	热交换	反应
块状带	固体（矿、焦）在重力作用下下降，煤气在强制鼓风作用下上升	上升煤气对固体炉料进行预热和干燥	矿石间接还原，炉料中水分蒸发、分解
软熔带	影响煤气分布	上升煤气对软化半熔层传热熔化	矿石进行直接还原和渗碳，焦炭发生气化反应
滴落带	固体（焦炭）、液体（渣铁水）下降，煤气上升向回旋区供给焦炭	上升煤气使铁水、熔渣、焦炭升温，滴下的铁水、熔渣和焦炭进行热交换	非铁元素的还原，脱硫、渗碳、焦炭发生气化反应

区域	相向运动	热交换	反应
风口带	鼓风使焦炭作回旋运动	反应放热，使煤气温度上升	鼓风中的氧和蒸汽使焦炭燃烧
渣铁带	铁水、炉渣存放。出铁时，铁水和炉渣作环流运动，浸入渣铁中的焦炭随出渣铁作缓慢的沉浮运动，部分被挤入风口燃烧带气化	铁水、炉渣和缓慢运动的焦炭进行热交换	最终的渣铁反应

3.1.1.2　水分的蒸发与结晶水的分解

炉料从炉顶装入高炉后，在下降过程中被上升的煤气流加热，首先水分蒸发。装入高炉的炉料，除烧结矿等熟料之外，在焦炭及矿石中均含有水分。炉料中的水分分为吸附水和结晶水。

（1）吸附水的蒸发。存在于焦炭和矿石表面及孔隙中的吸附水加热到105℃时就迅速干燥和蒸发。高炉炉顶温度用冷料时为150~250℃，用热的熟料时能达到400~500℃，炉内煤气流速度快，因此，吸附水在高炉上部很快蒸发。蒸发时消耗的热量是高炉上部不能再利用的余热。所以对焦比和炉况均无影响，相反，给高炉生产带来一定好处。如吸附水蒸发时吸收热量，使煤气温度降低，体积缩小，煤气流速减小，使炉尘吹出量减少，炉顶设备的磨损相应减弱。有时为了降低炉顶温度，还有意向焦炭加水。但吸附水的波动会影响配料称量的准确度，对焦炭的水分含量应予重视。

（2）结晶水的分解。在炉料中以化合物存在的水称为结晶水，也称为化合水。这种含有结晶水的化合物也称为水化物。高炉料中的结晶水一般存在于褐铁矿和高岭土中。

褐铁矿中的结晶水在200℃左右开始分解，400~500℃时分解速度激增。高岭土中的结晶水在400℃时开始分解，但分解速度很慢，到500~600℃时才迅速进行，结晶水分解除与温度有关外，还与其粒度和气孔度等有关。

结晶水分解，使矿石破碎而产生粉末，炉料透气性变坏，对高炉稳定顺行不利。部分在较高温度分解出的水汽还可与焦炭中的碳素反应，消耗高炉下部的热量。

这些反应大量耗热并且消耗焦炭，同时减小风口前燃烧的碳量，使炉温降低，焦比增加。

3.1.1.3　挥发物的挥发

挥发物的挥发，包括燃料挥发物的挥发和高炉内其他物质的挥发。

A　燃料挥发物的挥发

燃料挥发分存在于焦炭及煤粉中。焦炭中挥发分质量分数为0.7%~1.3%，其主要成分是N_2、CO、CO_2等气体。焦炭在高炉内到达风口前已被加热到1400~1600℃，挥发分已全部挥发。由于挥发分数量少，对煤气成分和冶炼过程影响不大。煤粉中挥发分含量高，引起炉缸煤气成分的变化，对还原反应有一定的影响。

B　高炉内其他物质的挥发

高炉内还有许多化合物（如SiO、PbO、K_2O、Na_2O等）及元素（如S、P、As、K、

Na、Zn、Pb、Mn 等）进行少量挥发（也称气化）。这些物质在高炉下部还原后气化，随煤气上升到高炉上部又冷凝，然后再随炉料下降到高温区又气化而形成循环。这些元素和化合物的"循环富集"对高炉炉况和炉衬都有影响。

（1）Zn 的挥发。加在炉料中以 ZnO 的状态存在，在高炉中能还原成 Zn。Zn 很易挥发，但上升到高炉上部又被 CO_2 或 H_2O 氧化成 ZnO，其中有一部分 ZnO 被煤气带出炉外，另一部分吸附在炉料上，又随炉料下降，再被还原，再被挥发，造成循环。一部分 Zn 蒸气渗入炉衬中，冷凝下来被氧化成 ZnO，体积增大，胀裂炉衬；另一部分 ZnO 附在炉墙的内衬上，严重时形成炉瘤，破坏炉料的顺行。

（2）Mn 的挥发。在冶炼锰铁时，有 8% ~ 12% 的 Mn 挥发。挥发的 Mn 随煤气上升至低温区又氧化成极细的 MnO，随煤气逸出，增加了煤气清洗的困难。

（3）氧化硅的挥发。SiO 也易挥发，这种挥发的 SiO 在高炉上部重新被氧化，凝成白色的 SiO_2 微粒，一部分随煤气逸出炉外，增加了煤气清洗的困难；另一部分沉积在炉料的孔隙中，堵塞煤气上升的通道，使料柱的透气性变坏，导致炉料难行。

冶炼炼钢生铁和铸造生铁时，在温度不是特别高的情况下 Mn 和 SiO 的挥发不多，影响不大。

C　碱金属的挥发与危害

碱金属对高炉生产危害很大，如碱金属能使焦炭强度大大降低甚至粉化；使炉墙结厚甚至结瘤；使风口大量烧坏，等等，导致各项技术经济指标恶化。

（1）高炉内碱金属的循环。钾、钠等碱金属大都以各种硅酸盐的形态存在于炉料而进入高炉，比如 $K_2O \cdot SiO_2$、$Na_2O \cdot SiO_2$ 等，也有少量 K_2O、Na_2O、K_2CO_3、Na_2CO_3 等形态存在于矿石脉石中。

以硅酸盐形式存在的碱金属，在低于 1500℃ 时是很稳定的，而当温度高于 1500℃ 时，且有碳存在条件下，它能被 C 还原。以氧化物或碳酸盐存在的碱金属，能在较低温度下被 CO 还原。还原出来的 K 在 766℃ 气化，Na 在 890℃ 气化进入煤气流，部分气化的 K 与 Na 在高温下和 C 反应成氰化物。

KCN 和 NaCN 的熔点分别为 662℃ 和 562℃，沸点分别为 1625℃ 和 1530℃，由此可知，碱金属将以气态形式随煤气上升；而碱金属的氰化物多以物状液体的形态随煤气向上运动，而这些气态或物状液体上升至低于 800℃ 的温度区域，就会被 CO_2 氧化而以碳酸盐形态凝结在炉料表面。被冷凝下来的碱金属碳酸盐，一部分（约 10%）随炉料的粉末一起被带出炉外，大部分则随炉料下降，降至高温区后又被还原生成碱蒸气。

由于动力学条件的限制，炉料中碱金属硅酸盐有一部分不能被还原而直接进入炉渣，并随炉渣排出炉外。

由此可见，炉料中带入的碱金属在炉内的分配是：少量被煤气和炉渣带走，而多数在炉内往复，循环富集，严重时炉内碱金属量高于入炉量的 10 倍以上，以致祸及高炉生产。

（2）碱金属危害：

1）碱金属是碳气化反应的催化剂。实验表明，当焦炭中碱金属量增大时，碳的气化反应速度增加，而且对反应性愈低的焦炭，碱金属对加速气化反应的影响愈大。

碱金属的催化作用，必然使碳的气化反应开始温度降低，即气化反应在高炉内开始反应的位置上移，从而使高炉内直接还原区扩大，间接还原区相应缩小，进而引起焦比升高，降低料柱特别是软熔带的气体透气性，引起风口大量破损等。

2）降低焦炭强度。因碱金属促进碳的气化反应发展，以及氰化物的形成，其结果必然使焦炭的基质变弱，在料柱压力作用和风口回旋区高速气流的冲击下，焦炭将碎裂，碎焦增多，平均粒度减小。碱金属蒸气渗入焦炭孔隙内，促进焦炭的不均匀膨胀而产生局部应力，造成焦炭的宏观龟裂和粉化。

3）恶化原料冶金性能。球团矿含碱金属在还原过程中将产生异常膨胀，烧结矿含碱金属将加剧还原粉化，结果造成块状带透气性变差，严重时将产生上部悬料。

4）促使炉墙结厚甚至结瘤。碱金属蒸气在低温区冷凝，除吸附于炉料外，一部分凝结在炉墙表面，若炉料粉末多，就可能一齐黏结在炉墙表面逐步结厚，严重时形成炉瘤。因钾挥发量大于钠，故钾的危害更大。

5）碱蒸气对高炉炉衬高铝砖、黏土砖的侵蚀作用。

（3）防止碱金属危害的措施：

1）减少和控制入炉碱金属量。

2）借助炉渣排碱是最有效和具有实际意义的途径。其方法是降低炉渣碱度，采用酸性渣操作。据钾钠化合物的稳定性可知：在高炉低温区，以 K_2CO_3、Na_2CO_3 最稳定，K_2SiO_2、Na_2SiO_3 次之；在中温区，以 K_2SiO_2、Na_2SiO_3 最稳定，KCN、$NaCN$ 次之，K_2O、Na_2O 最不稳定；在高温区，只有钾钠硅酸盐和钠氰化物能够存在，但不稳定。所以降低炉渣碱度，增加渣中 SiO_2 活度，以增加碱金属硅酸盐稳定存在的条件，从而提高炉渣排碱量。使用含碱金属高的炉料时，采用酸性渣冶炼以促进炉渣排碱，降焦顺行；而脱硫则靠炉外进行。

大渣量增加炉渣的排碱能力，但在实际生产中除矿石品位低渣量大外，一般不可能人为地增加渣量，顾此失彼，不一定有利。

3）根据碱金属的反应可知，增加压力有利于反应向左进行，减少碱金属的气化量。

4）适当降低燃烧带温度，可以减少 K、Na 的还原数量。

5）提高冶炼强度，缩短炉料在炉内的停留时间，可以减少炉内碱金属的富集量。

6）对冶炼碱金属含量高的高炉，可定期采用酸性渣洗炉，以减少炉内碱金属的积累量。

3.1.1.4 碳酸盐的分解

炉料中的碳酸盐主要来自石灰石（$CaCO_3$）、白云石（$CaCO_3 \cdot MgCO_3$）、碳酸铁（$FeCO_3$）和碳酸锰（$MnCO_3$）。$MnCO_3$、$FeCO_3$ 和 $MgCO_3$ 的分解温度较低，一般在高炉上部分解完毕，对高炉冶炼影响不大。$CaCO_3$ 的分解温度较高，约910℃，且是吸热反应，对高炉冶炼影响较大。

A 石灰石分解对高炉冶炼的影响

$CaCO_3$ 的分解反应式为：

$$CaCO_3 = CaO + CO_2 - 178000kJ$$

部分石灰石来不及分解而进入高温区则分解生成的 CO_2 在高温区与焦炭作用：

$$CO_2 + C = 2CO - 165800kJ$$

（1）$CaCO_3$ 分解反应是吸热反应。

（2）在高温区产生贝波反应的结果，不但吸收热量，而且还消耗碳并使这部分碳不能到达风口前燃烧放热。

（3）$CaCO_3$ 分解放出的 CO_2，冲淡了高炉内煤气的还原气氛，降低了还原效果。

由于以上影响，增加石灰石（熔剂）的用量，将使高炉焦比升高，据统计每吨铁少加 100kg 石灰石，可降低焦比 30~40kg。

B　消除石灰石不良影响的措施

（1）采用熔剂性烧结矿（或球团矿），高炉内不加或少加石灰石，对使用熟料率低的高炉可配加高碱度或超高碱度的烧结矿。

（2）缩小石灰石的粒度，使其在高炉的上部尽可能分解完毕，减少在高炉下部高温区产生贝波反应。

3.1.2　还原过程和生铁的形成

3.1.2.1　还原反应基本理论

金属与氧的亲和力很强，除个别的金属能从其氧化物中分解出来外，绝大多数金属不能靠简单加热的方法从氧化物中分离出来，必须靠某种还原剂夺取氧化物中的氧使之变成金属元素。高炉冶炼过程基本上就是铁氧化物的还原过程。除铁的还原外高炉内还有少量的硅、锰、磷等元素的还原。炉料从高炉顶部装入后就开始还原，直到下部炉缸（除风口区域），还原反应几乎贯穿整个高炉冶炼的始终。

对金属氧化物的还原反应可表示为：

$$MeO + B =\!=\!= Me + BO$$

式中　MeO——被还原的金属氧化物；

　　　Me——还原得到的金属；

　　　B——还原剂；

　　　BO——还原剂夺取金属氧化物中的氧后被氧化得到的产物。

从上式可以看出，MeO 失去 O 被还原成 Me，B 得到 O 而氧化成 BO。从电子论的实质看，氧化物中金属离子是获得电子的过程；还原剂是失去电子的过程。

还原反应进行的条件是 $\Delta G^0 < 0$，即：

$$\Delta G^0_{BO} < \Delta G^0_{MeO}$$

式中，ΔG^0_{BO}、ΔG^0_{MeO} 分别为 BO 和 MeO 的标准生成自由能。还原剂氧化物 BO 的标准生成自由能必须小于（负值大于）被还原氧化物的标准生成自由能。

生成自由能的大小说明被氧化物的稳定程度，生成自由能越小（负值越大）则它的化学稳定性越好。因此，只有其氧化物生成自由能小于（负值大于）被还原元素氧化物的生成自由能，才能起到还原剂的作用。

高炉炼铁常用的还原剂主要有 CO、H_2 和固体碳。在高炉冶炼条件下 Cu、Pb、Ni、Co、Fe 为易全部被还原的元素；Cr、Mn、V、Si、Ti 只能部分被还原；Al、Mg、Ca 不能被还原。

3.1.2.2　高炉内铁氧化物的还原

高炉料中铁的氧化物主要以三种形态存在，即 Fe_2O_3、Fe_3O_4、FeO。

铁的低级氧化物比高级氧化物稳定。因此，铁氧化物的分解顺序是从高价氧化物向低价氧化物转化。还原的顺序与分解的顺序是一致的，即从高价铁氧化物逐级还原成低价铁氧化物，最后获得金属铁。由此，其还原的顺序为 $Fe_2O_3 \rightarrow Fe_3O_4 \rightarrow FeO \rightarrow Fe$。

FeO 在低于 570℃时是不稳定的，将分解成 Fe_3O_4 和 Fe。

当温度小于 570℃时，按 $Fe_2O_3 \rightarrow Fe_3O_4 \rightarrow Fe$ 的顺序还原。

当温度大于 570℃时，按 $Fe_2O_3 \rightarrow Fe_3O_4 \rightarrow FeO \rightarrow Fe$ 的顺序还原。

A　用 CO 还原铁氧化物

实际生产中，矿石入炉后，在加热温度未超过 900～1000℃的高炉中上部，只能用 CO 还原铁的各级氧化物，这种铁氧化物中的氧被煤气中 CO 夺取而产生 Fe，还原过程不是直接用焦炭中的碳素作还原剂的反应。用 CO 作还原剂的还原反应主要在高炉内小于 800℃ 的区域进行。

当温度高于 570℃还原反应为：

$$3Fe_2O_3 + CO = 2Fe_3O_4 + CO_2 + 27130kJ$$

$$Fe_3O_4 + CO = 3FeO + CO_2 - 20890kJ$$

$$FeO + CO = Fe + CO_2 + 13600kJ$$

当温度低于 570℃还原反应为：

$$3Fe_2O_3 + CO = 2Fe_3O_4 + CO_2 + Q$$

$$Fe_3O_4 + CO \longrightarrow Fe + CO_2 + Q$$

上述反应的特点：

(1) 大多数反应均为放热反应；

(2) 生成的气相产物均是 CO_2；

(3) 反应大都是可逆的，反应进行的方向取决于气相反应物和生成物的浓度。

B　用固体碳还原铁氧化物

用固体碳还原铁的氧化物生成的气相产物是 CO，这种还原称为直接还原。如：FeO + C = Fe + CO。由于矿石在下降过程中，在高炉上部的低温区已先经受了高炉煤气的间接还原，即矿石在到达高温区之前，都已受到一定程度的还原，残存下来的铁氧化物主要以 FeO 形式存在（在崩料、坐料时会有少量未经还原的高价铁氧化物落入高温区）。

矿石在软化和熔化之前与焦炭的接触面积很小，反应的速度很慢，所以直接还原反应受到限制，在高温区进行的直接还原实际上是通过下述两个步骤进行的：

$$FeO + CO = Fe + CO_2 + 13180kJ$$

$$+)\quad \underline{CO_2 + C = 2CO - 165686kJ}$$

$$FeO + C = Fe + CO - 152506kJ$$

在以上两步反应中，起还原作用的仍然是气体 CO，但最终消耗的是固定碳，故称为直接还原。

二步式的直接还原不是在任何条件下都能进行的。这是因为贝波反应是可逆反应，只有该反应在高温下向右进行，直接还原才存在。而 $CO_2 + C = 2CO$ 反应前后气相体积发生变化（由 $1molCO_2$ 变为 $2molCO$），因此反应的进行不仅与气相成分有关，也与压力有关。

提高压力有利于反应向左进行，一般高炉正常时压力变化不大。

一般冶金焦炭在800℃时开始气化反应，到1100℃时激烈进行。此时气相中CO含量几乎达100%，而CO_2含量几乎为零。这样可认为高炉内低于800℃的低温区不存在碳的气化反应也就不存在直接还原，故称间接还原区域。大于1100℃时气相中不存在有CO_2，也可认为不存在间接还原，所以把这个区域称为直接还原区。而800~1100℃的中温区为两种还原反应都存在的区域。

高炉内的直接还原除了以上提到的两步反应方式外高温区还可通过以下方式进行：

$$(FeO)_{液} + C_{焦} =\!=\!= [Fe]_{液} + CO \uparrow$$

$$(FeO)_{液} + [Fe_3C]_{液} =\!=\!= 4[Fe]_{液} + CO \uparrow$$

一般只有0.2%~0.5%的Fe进入炉渣中。如遇炉况失常渣中FeO较多，造成直接还原反应增加，并且由于大量吸热反应会引起炉温剧烈波动。

C　用H_2还原铁氧化物

在不喷吹燃料的高炉上，煤气中的H_2含量只是18%~25%。它主要是由鼓风中的水分在风口前高温分解产生的。在喷吹燃料（特别是喷吹重油、天然气）的高炉，煤气中H_2含量显著增加，可达5%~8%。氢和氧的亲和力很强，所以氢也是高炉冶炼中的还原剂。氢的还原也称间接还原。

用氢还原铁氧化物的顺序与CO还原时一样，在温度高于570℃还原反应分三步进行：

$$3Fe_2O_3 + H_2 =\!=\!= 2Fe_3O_4 + H_2O + 21800kJ$$

$$Fe_3O_4 + H_2 =\!=\!= 3FeO + H_2O - 63570kJ$$

$$FeO + H_2 =\!=\!= Fe + H_2O - 27700kJ$$

H_2的还原能力随温度升高不断提高，在810℃时H_2与CO的还原能力相同。在810℃以上H_2的还原能力高于CO的还原能力。而在810℃以下CO的还原能力高于H_2的还原能力。

H_2的还原有以下特点：

（1）与CO还原一样，均属间接还原，反应前后气相（H_2与H_2O）体积没有变化，即反应不受压力影响。

（2）均为可逆反应。在一定温度下有固定的平衡气相成分，为了铁的氧化物还原彻底，都需要过量的还原剂。

（3）反应为吸热过程，随着温度升高，还原能力提高。

（4）扩散能力强。

（5）在高炉冶炼条件下，H_2还原铁氧化物时，还可促进CO和C还原反应的加速。因为H_2还原时的产物H_2O，会同CO和C作用放出氧，而H_2又重新被还原出来，继续参加还原反应。如此，H_2在CO和C的还原过程中，把从铁氧化物中夺取的氧又传给了CO或C，起着中间媒介传递作用。

用H_2作还原剂的还原反应主要在高炉内800~1100℃的区域进行。

3.1.2.3　直接还原与间接还原的比较

A　铁的直接还原度

高炉内进行的还原方式共有三种，即直接还原、间接还原和氢的还原（也可列为间接还原）。各种还原在高炉内的发展程度分别用直接还原度、间接还原度和氢的还原度来衡量。直接还原度又可分为铁的直接还原度和高炉的综合直接还原度两个不同的概念。

铁的直接还原度（r_d）：假定铁的高级氧化物（Fe_2O_3，Fe_3O_4）还原到低级氧化物（FeO）全部为间接还原，则 FeO 中以直接还原的方式还原出来的铁量与铁氧化物中还原出来的总铁量之比，称为铁的直接还原度，以 r_d 表示。

B　间接还原与直接还原的比较

在高炉内如何控制各种还原反应来改善燃料的热能和化学能的利用，是降低焦比的关键问题。间接还原是以气体为还原剂，是一个可逆反应，还原剂不能全部利用，需要有一定过量的还原剂。直接还原与间接还原相反，由于反应生成物 CO 随煤气离开反应面，而高炉内存在大量焦炭，所以可以认为直接还原反应是不可逆反应，1mol 碳就可以夺取铁氧化物中 1mol 的氧原子，不需过量的还原剂。因此，从还原剂需要量角度看，直接还原比间接还原更能有利于降低焦比。

间接还原大部分是放热反应，而直接还原是大量吸热的反应。由于高炉内热量收入主要来源于碳素燃烧，所以从热量的需要角度看，间接还原比直接还原更能有利于降低焦比。

通过上述两方面的比较可以看到：高炉内全部直接还原（$r_d = 1$）行程和全部间接还原（$r_d = 0$）行程都不是高炉的理想行程。只有直接还原与间接还原在适宜的比例范围内，维持适宜的 r_d，才能降低焦比，取得最佳效果。这一适宜的 r_d 为 0.2～0.3，而高炉实际操作中的 r_d 常在 0.4～0.5 之间，有的甚至更高，均大于适宜的 r_d。所以，高炉炼铁工作者的奋斗目标，仍然是降低 r_d，这是降低焦比的重要内容。

C　降低焦比的基本途径

降低高炉热量消耗和直接还原度能降低焦比。此外，增加非焦炭的热量和碳量收入以代替焦炭提供的热量和碳量也能降低焦比，因此，降低焦比的基本途径有四条：

（1）降低热量消耗。

（2）降低直接还原度。

（3）增加非焦炭的热量收入。

（4）增加非焦炭的碳量收入。

高炉内消耗热量主要有下列几项：

（1）直接还原（Fe、Mn、Si、P、CO_2 等）吸热。

（2）碳酸盐分解吸热。

（3）水分蒸发、化合水分解，H_2O 在高温区与 C 反应吸热。

（4）脱 S 吸热。

（5）炉渣、生铁、煤气带出炉外的热量。

（6）冷却水和高炉炉体散热。

降低热量消耗从上述各项看出，第（1）项是降低直接还原度的问题。第（2）项中主要是化合水分解吸热，可通过炉外焙烧消除。第（5）项的铁水带出炉外的热量是必需的，不能降低；而煤气带出炉外的热量多少和煤气量的多少及高炉内的热交换好坏有关，煤气量少和热交换好时，炉顶温度低，煤气带出炉外的热量就少；反之，炉顶温度高，煤气带出炉外的热量就多。所以，要降低煤气带出炉外的热量，就要降低煤气量和改善炉内热交换。第（6）项冷却水带走和炉体散热是一项损失，一般来说，它的数值是一定的。因此，当产量提高时，单位生铁的热损失就降低，反之则升高，所以它只与产量有关。其他各项消耗热量多少的关键是原料性能。例如：降低焦炭的灰分和含硫量，提高矿石品位，采用高碱度烧结矿，可以少加或不加熔剂，降低渣量，从而能降低碳酸盐分解吸热和炉渣带出炉外的热量。

降低直接还原度包括改善 CO 的间接还原和氢的还原，主要措施有：改善矿石的还原性；控制炉内煤气流的合理分布，合理利用煤气能量；高炉综合喷吹（喷吹燃料配合富氧鼓风等）。增加非焦炭的热量收入和碳量收入的办法主要有提高风温和喷吹燃料等。

3.1.2.4　高炉内非铁元素的还原

A　锰的还原

锰是高炉冶炼经常遇到的金属，是贵重金属元素。高炉内的锰由锰矿带入，有的铁矿石中也含有少量的锰。

高炉内锰氧化物的还原与铁氧化物的还原相似，也是由高级向低级逐级还原直到金属锰，顺序为：$MnO_2 \rightarrow Mn_2O_3 \rightarrow Mn_3O_4 \rightarrow MnO \rightarrow Mn$。

$$2MnO_2 + CO =\!=\!= Mn_2O_3 + CO_2 + 226690kJ$$

$$3Mn_2O_3 + CO =\!=\!= 2Mn_3O_4 + CO_2 + 170120kJ$$

Mn_3O_4 的还原则为可逆反应：

$$Mn_3O_4 + nCO =\!=\!= 3MnO + CO_2 + (n-1)CO + 51880kJ$$

在 1400K（1127℃）以下 Mn_3O_4 没有 Fe_3O_4 稳定，即，Mn_3O_4 比 Fe_3O_4 易还原。

但 MnO 是相当稳定的化合物，其分解压比 FeO 分解压小得多。在 1400℃ 的纯 CO 的气流中，只能有极少量的 MnO 被还原，平衡气相中的 CO_2 只有 0.03%，由此可见，高炉内 MnO 不能进行间接还原。MnO 的直接还原也是通过气相反应进行的，反应式如下：

$$MnO + CO =\!=\!= Mn + CO_2 - 121500kJ$$

$$+)\quad CO_2 + C =\!=\!= 2CO - 165690kJ$$

$$\overline{\quad MnO + C =\!=\!= Mn + CO - 287190kJ\quad}$$

还原 1kg Mn 耗热为 287190/55 = 5222kJ/kg，它比直接还原 1kg Fe 的耗热（2720kJ/kg）约高 1 倍，即比铁难还原，所以高温是锰还原的首要条件。

由于 Mn 在还原之前已进入液态炉渣，在 1100 ~ 1200℃ 时，能迅速与炉渣中 SiO_2 结合成 $MnSiO_3$，此时要比自由的 MnO 更难还原。

$MnSiO_3$ 与 Fe_2SiO_4 的还原相类似，当渣中 CaO 高时，可将 MnO 置换出来，还原变得容易些。

$$MnSiO_3 + CaO \Longrightarrow CaSiO_3 + MnO + 58990kJ$$

$$+) \qquad MnO + C \Longrightarrow Mn + CO - 287190kJ$$

$$MnSiO_3 + CaO + C \Longrightarrow Mn + CaSiO_3 + CO - 228200kJ$$

如碱性更高时，形成 Ca_2SiO_4，此时锰还原耗热更少些。此外，高炉内有先已还原的铁存在，有利于锰的还原，因为锰能溶于铁水，降低 [Mn] 的活度，故有利还原。

锰在高炉内有部分随煤气挥发，它到高炉上部又被氧化成 Mn_3O_4。在冶炼普通生铁时，约有 40% ~60% 的锰进入生铁，有 5% ~10% 的锰挥发入煤气，其余进入炉渣。

B　硅的还原

SiO_2 是比较稳定的化合物，其分解压很低（1500℃时为 $3.6 \times 10^{-19}MPa$），生成热很大。所以 Si 比 Fe 和 Mn 都难还原。SiO_2 还原只能在高炉下部高温区（1300℃以上）以直接还原的形式进行：

$$SiO_2 + 2C \Longrightarrow Si + 2CO - 627980kJ$$

还原 1kg Si 的耗热为 627980/28 = 22430kJ/kg。相当于还原 1kg Fe（直接还原）所需量的 8 倍，是还原 1kg Mn 耗热的 4.3 倍。Si 还原的顺序是逐级进行。在 1500℃ 以下为 $SiO_2 \rightarrow Si$，1500℃ 以上为 $SiO_2 \rightarrow SiO \rightarrow Si$。还原的中间产物 SiO 的蒸气压比 Si 和 SiO_2 的蒸气压都大。在 1890℃ 时可达 1atm（98066.5Pa）。所以 SiO 在还原过程中可挥发成气体，高炉风口附近温度高于 1900℃，故炉内 SiO 的挥发条件是存在的。另外由于气态 SiO 的存在改善了与焦炭接触条件，有利于 Si 的还原。其反应为：

$$SiO_2 + C \Longrightarrow SiO + CO$$

$$SiO + C \Longrightarrow Si + CO$$

SiO_2 的还原也可借助于被还原出来的 Si 进行，即 $SiO_2 + Si \Longrightarrow 2SiO$。未被还原的 SiO 在高炉上部重新被氧化，凝成白色的 SiO_2 微粒，部分随煤气逸出，部分随炉料下降。在炼硅铁时，挥发量高达 10% ~25%，冶炼高硅铸造铁时在 5% 左右。

SiO_2 在还原时要吸收大量热量，硅在高炉内只有少量被还原。还原出来的硅可溶于生铁或生成 FeSi 再溶于生铁。较高的炉温和较低的炉渣碱度有利于硅的还原。

铁水中的含硅量可作为衡量炉温水平的标志，炉温高，生铁含硅也高。

C　磷的还原

磷酸铁[$(FeO)_3 \cdot P_2O_5 \cdot 8H_2O$]又称蓝铁矿，蓝铁矿的结晶水分解后，形成多微孔的结构，比较容易还原，反应式为：

$$2Fe_3(PO_4)_2 + 16CO \Longrightarrow 3Fe_2P + P + 16CO_2$$

磷酸钙在高炉内先进入炉渣，在 1100 ~1300℃ 时用碳作还原剂还原磷，其还原率能达 60%；当有 SiO_2 存在时，可以加速磷的还原：

$$2Ca_3(PO_4)_2 + 3SiO_2 \Longrightarrow 3Ca_2SiO_4 + 2P_2O_5 - 917468kJ$$

$$+) \qquad 2P_2O_5 + 10C \Longrightarrow 4P + 10CO - 192193kJ$$

$$2Ca_3(PO_4)_2 + 3SiO_2 + 10C \Longrightarrow 3Ca_2SiO_4 + 4P + 10CO - 2838761kJ$$

P 属难还原元素。但在高炉条件下，一般能全部还原，这是由于炉内有大量的碳，炉渣中又有过量的 SiO_2，而还原出的 P 又溶于生铁生成 Fe_2P，并放出热量。置换出的自由

P_2O_5 易挥发，改善了与碳素的接触条件，这些都促进 P 的还原。P 本身也很易挥发，而挥发的 P 随煤气上升，在高炉上部又全部被海绵铁吸收。在这些十分有利的条件下，可认为在冶炼普通生铁时，P 能全部还原进入生铁。因此要控制生铁中的含［P］量，只有控制原料的含 P 量，使用低磷的原料。

3.1.2.5　还原反应动力学

A　反应过程模型

铁氧化物从高价到低价逐级还原，当一个铁矿石颗粒还原到一定程度后，外部形成了多孔的还原产物——铁壳层，而内部是尚未反应的核心。随着反应推进，这个未反应核心逐渐缩小，直到完全消失，如图 3-3 所示。

还原反应速度取决于最慢环节的速度，此最慢环节称为限制步骤或限制性环节。

B　影响矿石还原反应速度的因素

高炉生产的主要任务是尽可能利用高炉煤气中的 CO（与 H_2）的还原能力，使矿石在熔化前还原得好，减少氧化铁在高炉下部的直接还原。因此一般所指的还原速度都是在温度不高于 900～1000℃，矿石被气体 CO（或 H_2）还原的

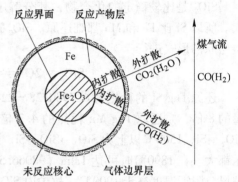

图 3-3　矿球反应过程模型

速度。加速铁矿石在固态下的还原对降低直接还原度与焦比，改善高炉技术经济指标具有重大意义。根据动力学分析，矿石还原速度主要取决于矿石的特性以及煤气流的条件两个方面，矿石特性主要是指提高矿石的还原性，包括粒度、气孔度和矿物组成等；煤气流条件是指煤气温度、压力、流速和成分，以及掌握煤气流性质和分布规律等。

a　矿石特性

矿石粒度对还原速度有很大影响。相同质量的矿石，粒度越小与煤气的接触面积则越大，煤气的利用程度越好，而对每一个矿粒来说，表面已还原的金属铁层厚度相同的情况下，粒度越小，相对还原度越大，因此，缩小粒度能提高单位时间内的相对还原度，从而加快矿石的还原速度。另一方面，缩小矿石粒度也会缩短扩散行程和减少扩散阻力，从而加快还原反应，但是粒度缩小到一定程度以后，固体内部的扩散阻力越来越小，会恶化料柱的透气性，不利于煤气分布和还原反应；同时高炉不顺行且增加炉尘吹出量。比较合适的粒度，对大中型高炉为 10～25mm；对难还原的磁铁矿或小高炉来说则应更小些。

气孔度大而分布均匀的矿石还原性好。但在高炉中矿石的孔隙度与孔隙的大小形式会随着一系列原因（如矿物组成、晶型转变、胀裂、软熔等）而变化。矿石在局部熔化时，初生的液相便可能堵塞孔隙使孔隙度降低，还原性变差。因此冷态孔隙度并不能完全决定矿石的还原性，还应考虑冶炼过程中孔隙度变化的影响。常用矿石的还原性由好到差的顺序是：

球团矿→褐铁矿→烧结矿→菱铁矿→赤铁矿→磁铁矿

磁铁矿组织致密，还原性最差；赤铁矿的氧化度较高，组织比较疏松，还原成 Fe_3O_4 时有明显的微气孔出现，因此与磁铁矿相比有较好的还原性；褐铁矿和菱铁矿还原性较好，是因为它们在加热时放出 H_2O 或 CO_2，可使矿石出现许多气孔，有利于还原剂与还原

产物气相的扩散；由于烧结矿烧结的条件不同，其还原性也不一样。它的还原性取决于氧化度和硅酸铁的多少；对熔剂性烧结矿其还原性一般比赤铁矿好，但有时也有比磁铁矿还差的。在组成矿石的矿物中，硅酸铁是影响还原性的主要因素。铁以硅酸铁形态存在时就难还原。烧结矿 FeO 高，则硅酸铁高，难还原。球团矿一般都是在氧化气氛中焙烧，FeO 比较少，还原性也好；熔剂性烧结矿之所以还原性好，是因为 CaO 对 SiO_2 的亲和力比 Fe 大，它能分离硅酸铁，减少了烧结矿中的硅酸铁含量。

脉石的数量对铁矿石的还原性不会有很大影响，但在某些时候，脉石会增加还原的困难，因为它可能使气体还原剂难于通向氧化铁的细小晶粒。脉石在矿中成细粒分布时是不利于还原的。如果脉石以较大的块状或片状分布于矿中，由于氧化铁与脉石受热时膨胀系数差别较大，在加热过程中有利于增加矿石的裂纹和孔隙。当已还原的铁壳层成为一个坚实的外壳包围住中间未被还原的氧化铁时，夹杂的脉石反而有利，它可能增加中间部分的疏松作用。如果脉石是易熔的，由于在高温下软化时矿石中气孔度会减少（尤其对微气孔或闭气孔），可能严重影响矿石的还原性。

随着温度升高不论是界面化学反应还是扩散速度均是加快的，但温度对界面化学反应速度常数的影响，比对气体扩散系数的影响要大。因而随温度升高，反应将从化学反应速度范围转向扩散速度范围。从分子运动论观点来看，这是因为高温下分子运动激烈，增加了还原剂分子的碰撞机会，同时在高温下活化分子数目增加，促进还原反应进行。

提高煤气中 CO、H_2 的浓度，能提高化学反应速度和气体扩散速度，从而可以加快铁矿石的还原速度。实验结果表明，铁矿石的还原速度随着煤气中 CO、H_2 浓度的增加而加快，随着煤气中 CO_2、H_2O 的浓度增加而减慢。这是因为煤气中 CO、H_2 浓度增加，必然增加了它们与固体氧化物接触的机会，从而加快了内外扩散速度和界面反应速度，即加快铁矿石的还原速度；相反，CO_2、H_2O 浓度增加，不仅冲淡煤气中还原剂的浓度，而且必然要促进逆反应进行，阻碍还原过程，从而减慢还原速度。

b　煤气流条件

当反应处于外扩散范围时，提高煤气流速对加快还原速度是非常有利的。这是因为提高煤气流速有利于冲散固体氧化物周围阻碍还原剂扩散的气体薄膜层，使还原剂直接到达氧化物表面，但是当煤气流速提高到一定程度后，气体薄膜层完全被冲走，随即反应速度受内扩散速度或界面反应速度的控制，此时再进一步提高煤气流速就不再起加快反应速度的作用，相反，由于气流速度过快煤气利用率将变坏，对高炉冶炼是不利的。

由此煤气流速必须控制在适当的水平上，特别是希望煤气能在固体炉料之间分布均匀。

气体压力通过吸附起作用，当反应速度受界面化学反应速度所限制时，增加气相还原剂压力，吸附量增加，反应速度能加快，但产物压力也增大，脱附困难，所以冲淡了对还原速度改善的程度。高煤气压力阻碍碳的气化反应，使其平衡逆向移动，提高了气相中 CO_2 消失时的温度，这相当于扩大间接还原区，对加快还原过程是有利的；当过程处于外扩散和内扩散时，气相压力与反应速度无关。因此，提高压力对加快还原的作用是不明显的。提高压力（高压操作）的主要意义在于降低料柱的压差，改善高炉的顺行，为强化高炉冶炼提供可能性。

3.1.2.6　生铁的生成与渗碳过程

A　生铁的生成

生铁的形成过程是铁氧化物的逐级还原过程、铁的渗碳过程和非铁元素的逐渐渗入过程。在渗碳和已还原的元素进入生铁中后，得到含 Fe、C、Si、Mn、P、S 等元素的生铁。

B　渗碳过程

高炉内渗碳过程大致可分为三个阶段：

第一阶段是固体海绵铁发生渗碳反应：

$$2CO \Longrightarrow CO_2 + C_{黑}$$

$$+)\quad 3Fe_{固} + C_{黑} \Longrightarrow Fe_3C_{固}$$

$$3Fe_{固} + 2CO \Longrightarrow Fe_3C_{黑} + CO_2$$

该渗碳反应发生在 800℃ 以下的区域，即在高炉炉身的中上部位，有少量金属铁出现的固相区域。这阶段的渗碳量占全部渗碳量的 1.5% 左右。

第二阶段是在铁滴形成后，铁滴与焦炭直接接触发生的渗碳反应：

$$3Fe_{液} + C_{焦} \Longrightarrow Fe_3C_{液}$$

这阶段的渗碳与最终生铁的含碳量差不多。

第三阶段是炉缸内的渗碳。这阶段的渗碳量为 0.1% ~0.5%。

生铁的渗碳是沿着整个高炉高度进行的，在滴落带更为迅速。这三个阶段中任何阶段的渗碳量增加都会导致生铁含碳量的增高。生铁的最终含碳量与生铁中其他元素的含量有着密切关系。凡能与碳生成碳化物的元素，如 Mn、Cr、V、Ti 等，都会有利于生铁的渗碳；能与铁生成化合物的元素，如 Si、S、P 等，能促使碳化物分解，这些元素阻止溶碳，能促使生铁含碳量降低。故铸造铁由于含 S 较高，含碳量只有 3.5% ~4.0%，硅铁含碳量更低（只有 2% 左右），一般炼钢生铁的含碳量在 3.8% ~4.2%。

3.1.3　高炉炉渣与脱硫

3.1.3.1　高炉炉渣的成分、作用与要求

高炉生产不仅要从铁矿石中还原出金属铁，而且还原出的铁与未还原的氧化物和其他杂质都能熔化成液态，并能分开，最后以铁水和渣液的形态顺利流出炉外。炉渣数量及其性能直接影响高炉的顺行，生铁的产量、质量及焦比。因此，选择好合适的造渣制度是炼铁生产优质、高产、低耗的重要环节。炼铁工作者常说："要炼好铁，必须造好渣。"这是多年实践的总结。

（1）高炉炉渣的成分。炉渣成分的来源主要是铁矿石中的脉石以及燃料中的灰分。高炉炉渣主要由 SiO_2、CaO、Al_2O_3、MgO、FeO、MnO、CaS 七种氧化物组成。

炉渣中的各种成分可分为碱性氧化物和酸性氧化物两大类。表示炉渣酸碱性指数的叫炉渣碱度（R），通常是以炉渣中的碱性氧化物与酸性氧化物的质量分数之比来表示碱度。

（2）高炉炉渣的基本作用。造渣就是加入熔剂同脉石和灰分作用，并将不进入生铁的物质溶解，汇集成渣的过程。高炉炉渣应具有熔点低、密度小和不溶于铁水的特点，使渣

和铁能有效分离，获得纯净的生铁。

（3）对高炉炉渣的要求：

1）炉渣应具有合适的化学成分及良好的物理性能，在高炉内能熔融成液体，实现渣铁分离。

2）应具有较强的脱硫能力，保证生铁质量。

3）有利于高炉炉况顺行。

4）炉渣成分具有调整生铁成分的作用。

5）有利于保护炉衬，延长高炉寿命。

3.1.3.2　高炉炉渣的性质及其影响因素

A　炉渣的熔化性

炉渣熔化性是指炉渣熔化的难易程度，它可用熔化温度和熔化性温度两个指标来表示。

熔化温度：是指固体炉渣加热时，炉渣固相完全消失，完全熔化为液相的温度。熔化温度高，则炉渣难熔。在高炉渣中增加任何其他氧化物都能使熔化温度降低，尤其是 CaF_2（萤石）能显著降低炉渣熔点，渣中 MnO 含量增加也能降低其熔点。

熔化性温度：是指炉渣从不能流动转变为能自由流动的温度。熔化性温度高，则炉渣难熔。

炉渣熔化性对高炉冶炼的影响

在选择炉渣时究竟是难熔的炉渣有利还是易熔炉渣有利，这需要根据不同情况具体分析，具体对待。

（1）对软熔带位置高低的影响。难熔炉渣开始软熔温度较高，从软熔到熔化的范围较小，则在高炉内软熔带的位置低，软熔层薄，有利于高炉顺行。难熔炉渣在炉内温度不足的情况下可能黏度升高，影响料柱透气性，不利于顺行。易熔炉渣在高炉内软熔带位置较高，软熔层厚，料柱透气性差；但易熔炉渣流动性能好，有利于高炉顺行。

（2）对高炉炉缸温度的影响。难熔炉渣在熔化前吸收的热量多，进入炉缸时携带的热量多，有利于提高炉缸的温度；相反，易熔渣对提高炉缸温度不利。冶炼不同的铁种时应控制不同的炉缸温度。

（3）影响高炉内的热消耗和热量损失。难熔渣要消耗更多的热量，流出炉外时炉渣带出热量较多，热损失增加，使焦比增高；反之，易熔炉渣有利于焦比降低。

（4）对炉衬寿命的影响。当炉渣的熔化性温度高于高炉某处的炉墙温度时，在此炉墙处炉渣容易凝结而形成渣皮，对炉衬起到保护作用。易熔炉渣的熔化性温度低，则在此处炉墙不能形成保护炉衬的渣皮，相反，由于其流动性过大会冲刷炉衬。

B　炉渣的黏度

黏度是反映流体的流动速度不同时，两相邻液层之间产生的内摩擦系数。炉渣黏度是炉渣流动性的倒数，黏度低流动性好。

（1）影响炉渣黏度的因素。

1）温度：温度升高，黏度降低。

2）炉渣的化学成分：增加 SiO_2 含量则黏度提高；增加 CaO 含量则黏度降低；Al_2O_3、

MgO 均对黏度有一定的影响。

（2）炉渣黏度对高炉冶炼的影响：

1）黏度大小影响成渣带以下料柱透气性。黏度过大的初渣会堵塞炉料之间的空隙，使料柱透气性变坏，从而增加煤气上升的阻力。

2）黏度影响炉渣的脱硫能力。炉渣黏度小，流动性好，有利于脱硫。

3）炉渣黏度影响放渣操作。过于黏稠的炉渣，不易从炉缸中自由流出，使炉缸壁增厚，缩小炉缸容积，造成操作上的困难。

4）炉渣黏度影响高炉寿命。黏度高的炉渣在炉内容易形成渣皮起保护炉衬作用，而黏度低、流动性好的炉渣会冲刷炉衬，缩短高炉寿命。

C　炉渣的稳定性

炉渣的稳定性是指炉渣的熔化性和黏度随其成分和温度变化而波动的幅度大小。它有热稳定性和化学稳定性之分。炉渣在温度波动时保持稳定的能力称为热稳定性；炉渣在成分波动时保持稳定的能力称为化学稳定性。

D　炉渣的表面张力

炉渣表面张力是指生成单位液面与气相的新的交界面所消耗的能量。在冶炼过程中，当有大量的气体进入炉渣并以气泡的形式分散于熔渣时，则形成具有相界面很大的分散体系，称之为泡沫渣。泡沫渣对高炉冶炼不利，还会使高炉出不尽渣，给高炉正常生产造成很大困难。

3.1.3.3　高炉炉内的造渣过程

煤气与炉料在相对运动中，炉料在受热后温度不断提高。不同的炉料在下降过程中其变化不同，矿石中的氧化物逐渐被还原，脉石部分首先是软化，而后逐渐熔融、熔化、滴落穿过焦炭层汇集到炉缸。石灰石在下降过程中受热后逐渐分解，到 1000℃ 以上区域才能分解完毕。分解后的 CaO 参与造渣。焦炭在下降过程中起料柱的骨架作用，一直保持固体状态下到风口，与鼓风相遇燃烧，剩下的灰分进入炉渣。

现代高炉多用熔剂性熟料冶炼，一般不直接向高炉加入熔剂。由于在烧结（或球团）生产过程中熔剂已先矿化成渣，大大改善了高炉内的造渣过程，高炉渣从开始形成到最后排出，经历了一段相当长的过程。开始形成的渣称为"初成渣"或"初渣"，最后排出炉外的渣称"末渣"，或称"终渣"。在初成渣到末渣之间，其化学成分和物理性质处于不断变化过程的渣称为"中间渣"。

A　初渣

初渣是指炉身下部或炉腰处刚开始出现的液相炉渣。初渣的生成包括固相反应、软化、熔融、滴落几个阶段。

（1）固相反应。在高炉上部的块状带发生游离水的蒸发、结晶水或菱铁矿的分解，矿石产生间接还原（还原度可达 30%~40%）。同时，在这个区域发生各物质的固相反应，形成部分低熔点化合物。固相反应主要是在脉石与熔剂之间或脉石与铁氧化物之间进行。

（2）矿石的软化（在软熔带）。由于固相反应形成低熔点化合物，在进一步加热时开始软化。同时由于液相的出现改善了矿石与熔剂间的接触条件，继续下降和升温，液相不断增加，最终软化熔融，进而呈流动状态。矿石的软化到熔融流动是造渣过程中对高炉行程影响较大的一个环节。

各种不同的矿石具有不同的软化性能。矿石的软化性能表现在两个方面：一是开始软化的温度；二是软化的温度区间。很明显，矿石开始软化的温度越低，则高炉内液相初渣出现得越早；软化温度区间越大，则增大阻力的塑性料层越厚。矿石的软化温度与软化区间要通过实验确定。

（3）初渣生成。从矿石软化到熔融滴落就形成了初渣。初成渣中 FeO 含量较高。矿石越难还原，则初渣中的 FeO 就越高，一般在 10% 以下，少数情况高达 30%，流动性也欠佳，初渣形成的早与晚，在高炉内位置的高低，都对高炉顺行影响较大。高炉内生成初成渣的区域称为软熔带（过去又叫成渣带）。

B 中间渣

初渣在滴落和下降过程中，FeO 不断还原而减少，SiO_2 和 MnO 的含量也由于 Si 和 Mn 的还原进入生铁而有所降低。另外由于 CaO 不断溶入渣中使炉渣碱度不断升高。同时，炉渣的流动性随着温度升高而变好。当炉渣经过风口带时，焦炭灰分中大量的 Al_2O_3 与一定数量的 SiO_2 进入渣中，则炉渣碱度又降低。所以中间渣的化学成分和物理性质都处在变化中，它的熔点、成分和流动性之间互相影响。中间渣的这种变化反映出高炉内造渣过程的复杂性和它对高炉冶炼过程的明显影响。特别是使用天然矿和石灰石的高炉，熔剂在炉料中的分布不可能很均匀，加上铁矿石品种和成分方面的差别，在不同高炉部位生成的初渣，从一开始它们的成分和流动性就不均匀；在以后下降过程中总的趋势是化学成分渐趋均匀，但在局部区域内成分变化可能是较大的，从而影响高炉内煤气流的正常分布，高炉不顺，甚至悬料和结瘤。使用成分较稳定的自熔性或熔剂性熟料冶炼时，因为在入炉前已完成了矿化成渣，故在高炉内的成渣过程较为稳定，只要注意操作制度和炉温的稳定就可基本排除以上弊病。当然使用高温强度好的焦炭可保证炉内煤气流的正常分布，这是中间渣顺利滴落的基本条件。

C 终渣

终渣是指已经下降到炉缸，并最终从炉内排出的炉渣。在风口区，焦炭和喷吹燃料后的灰分参与造渣，使渣中 Al_2O_3 和 SiO_2 含量明显升高，而 CaO、FeO 和 MgO 都比初渣、中间渣相对降低，铁水穿过渣层和渣铁界面发生的脱硫反应使渣中 CaS 有所增加，最后形成终渣。

3.1.3.4 高炉内的脱硫

A 硫在高炉内的变化

（1）高炉中硫的来源。高炉的硫来自焦炭、喷吹燃料、矿石和熔剂。其中焦炭带入的硫占总入炉量的 60% ~ 80%。

（2）硫的存在形式。硫在炉料中以硫化物（FeS_2、CaS）、硫酸盐（$CaSO_4$）和有机硫的形态存在。

（3）硫在高炉内的循环。焦炭中有机硫在到达风口前约有 50% ~ 70% 以 S、SO_2、H_2S 等形态挥发到煤气中，余下的部分在风口前燃烧生成 SO_2，在高温还原气氛条件下，SO_2 很快被 C 还原，生成硫蒸气；也可能和 C 及其他物质作用，生成 CS、CS_2、HS、H_2S 等硫化物。

矿石中的 FeS_2 在下降过程中，温度达到565℃以下开始分解：

$$FeS_2 \Longrightarrow FeS + S\uparrow$$

分解生成的 FeS 在高炉上部有少量被 Fe_2O_3 和 H_2O 所氧化：

$$10Fe_2O_3 + FeS \Longrightarrow 7Fe_3O_4 + SO_2\uparrow$$

$$4H_2O + 3FeS \Longrightarrow Fe_3O_4 + 3H_2S\uparrow + H_2\uparrow$$

炉料中的硫酸盐在与 SiO_2、Al_2O_3、Fe_2O_3 等接触时，也会分解或生成硅酸盐：

$$CaSO_4 \Longrightarrow CaO + SO_3$$

$$CaSO_4 + SiO_2 \Longrightarrow CaSiO_4 + SO_2$$

硫在上述反应中生成的气态硫化物或硫的蒸气，在随煤气上升过程中，除一小部分被煤气带走外，其余部分被炉料中的 CaO、铁氧化物或已还原的 Fe 所吸收而转入炉料中，随同炉料一起下降。反应生成的 CaS 在高炉下部进入渣中，FeS 有部分分配在渣铁中，其余的硫或硫化物又随同煤气上升。这样周而复始，在炉内循环，如图3-4所示。

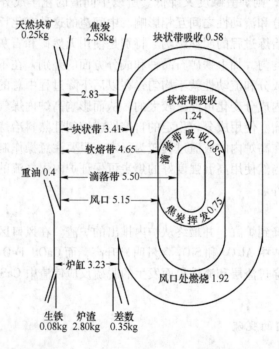

图3-4　硫在炉内循环（以1t铁为单位）

（4）影响生铁中含硫的因素。进入铁水的硫量可根据硫的平衡计算：

$$m(S)_料 = m(S)_铁 + m(S)_渣 + m(S)_挥发$$

若以1kg生铁为计算单位，上式可写成

$$m[S] = m(S)_料 - m(S)_挥发 - n \cdot m(S)_渣$$

式中　　$m(S)_料$——炉料带入的总硫料（以1t铁计），kg；

　　　　$m(S)_挥发$——随煤气挥发的硫量（以1t铁计），kg；

   n——渣比，1kg 生铁的渣量，kg/kg；

  $m(S), m[S]$——分别为炉渣中和铁水中的含硫量，kg。

  硫在渣铁之间的分配是以分配系数 $L_S = m(S)/m[S]$ 表示。

$$m[S] = \frac{m(S)_{料} - m(S)_{挥发}}{1 - n \cdot L_S}$$

从上式看出，铁水含硫高低取决于以下四方面因素：

  1）冶炼单位生铁炉料带入的总硫量即硫负荷。硫负荷对生铁质量有直接关系，炉料中带入的硫量越少生铁含硫越低，生铁质量越有保证。同时由于硫负荷减少，可减轻炉渣的脱硫负担，从而减少熔剂用量并降低渣量，这对降低燃料消耗和改善炉况顺行都是有利的。

  降低矿石含硫，主要是通过选矿、焙烧和烧结。目前高炉原料在采用烧结和球团矿的条件下，由矿石和熔剂带入的硫量不多，主要应重视燃料（焦炭和喷吹煤粉）含硫量的降低。降低燃料含硫的措施：一是选用低硫的燃料；二是洗煤过程中加强去除无机硫。

  高炉生产中操作人员应根据炉料的变化情况掌握和校核硫负荷的大小和变动，做到心中有数。这对经常变料的中小高炉尤为重要。

  2）随煤气挥发的硫。挥发逸出炉外的硫实际只占气体硫中的一部分。影响挥发硫量的主要因素有两方面：

  ① 焦比和炉温。焦比和炉温升高时，生成的煤气量增加，煤气流速加快，煤气在炉内的停留时间缩短，则被炉料吸收的硫量减少，且增加了随煤气挥发的硫量。当然，由于焦比提高而造成硫负荷的提高也不可忽视。

  ② 碱度和渣量。石灰和石灰石的吸硫能力很强，当炉渣碱度高时，增加炉料的吸硫能力；当碱度不变而增加渣量，也会增加吸硫能力而减少硫的挥发。

  3）相对渣量。前两个因素不变时，相对渣量越大，生铁中的硫量越低。但通常不采用这一措施去硫。因为增加渣量必然升高焦比反而使硫负荷增加，同时焦比和熔剂用量的增加也增加了生铁的成本；而且增加渣量会恶化料柱透气性，使炉况难行和减产。

  4）硫的分配系数 L_S。硫的分配系数 L_S 代表炉渣的脱硫能力，L_S 愈高，生铁中的硫量愈低。硫负荷和渣量主要与原料条件（即外部条件）有关。硫的分配系数则与炉温、造渣制度及作业的好坏有密切关系。

  B 炉渣的脱硫能力

在一定冶炼条件下，生铁的脱硫主要是通过提高炉渣的脱硫能力，即提高 L_S 来实现。

  a 炉渣的脱硫反应

高炉解剖研究证实，铁水进入炉缸前的含硫量比出炉铁水含硫量高得多，由此认为，正常操作中主要的脱硫反应是在铁水滴穿过炉缸时的渣层和炉缸中渣铁相互接触时发生的。

  炉渣中起脱硫反应的主要是碱性氧化物 CaO、MgO、MnO 等（或其离子）。从热力学看，CaO 是最强的脱硫剂，其次是 MnO，最弱的是 MgO。脱硫反应式：

$$[FeS] + (CaO) = (CaS) + (FeO)$$

或　　　　　　　　　　$[FeS] + (CaO) + C \Longrightarrow (CaS) + [Fe] + CO$

b　影响炉渣脱硫的因素

（1）炉渣化学成分。炉渣中的 CaO 是主要的脱硫剂，含量高有利于脱硫；FeO 最不利于炉渣脱硫，MnO、MgO、Al_2O_3 等对脱硫均有不同程度的影响。

（2）生铁成分。生铁中各种成分对硫在铁水中的活度系数的影响不同，对炉渣脱硫能力也有一定的影响。硅、碳、磷等元素使活度系数增大，对脱硫有利；铜、锰等元素使活度系数减小，因而对脱硫不利。

（3）温度。高温会提供脱硫反应所需的热量，加快脱硫反应速度；高温还能加速 FeO 的还原，减少渣中 FeO 的含量；同时高温使铁中 [Si] 含量提高，增加铁水中硫的活度系数；另外，高温能降低炉渣黏度，有利于扩散进行，这些都有利于 L_S 的提高。所以炉温的波动即是生铁含硫波动的主要因素，控制稳定的炉温是保证生铁合格的主要措施。对高碱度炉渣，提高炉温更有意义。

（4）炉渣黏度。炉渣黏度越低，炉渣的流动性越好，对脱硫越有利。

（5）高炉炉况。炉况顺行，炉缸周围工作均匀且活跃，炉料与煤气分布合理，则脱硫良好；而煤气分布失常，如管道行程、边沿气流发展、炉缸堆积等，都会导致脱硫效率降低，生铁含硫量增加。

3.1.4　燃料燃烧和高炉的下部调剂

焦炭是高炉炼铁的主要燃料，入炉焦炭中的碳除了少部分消耗于直接还原和溶解于生铁（渗碳）外，大部分在风口前与鼓入的热风相遇燃烧。还有从风口喷入的燃料，也要在风口前燃烧。

风口前碳的燃烧反应是高炉内最重要的反应之一，它对高炉冶炼的作用是：

（1）燃料燃烧后产生还原性气体 CO 和少量的 H_2，并放出大量热，满足高炉冶炼的需要，即燃烧反应既提供还原剂，又提供热能。

（2）燃烧反应使固定碳不断气化，在炉缸内形成自由空间，为上部炉料不断下降创造先决条件。风口前燃料燃烧是否均匀有效，对炉内煤气流的初始分布、温度分布、热量分布以及炉料的顺行情况都有很大影响。所以说，没有燃料燃烧，高炉冶炼就没有动力和能源，就没有炉料和煤气的运动。一旦停止向高炉内鼓风（休风），高炉内的一切过程将停止。

（3）炉缸内除了燃料的燃烧外，还包括直接还原、渗碳、脱硫等尚未完成的反应，都要集中在炉缸内最后完成，最终形成流动性较好的铁水和熔渣，由炉缸内排出。因此说，炉缸反应既是高炉冶炼过程的开始，又是高炉冶炼过程的归宿。炉缸工作的好坏对高炉冶炼过程起决定作用。

3.1.4.1　炉缸内燃料的燃烧

（1）燃烧反应。风口前由于氧气比较充足，碳的完全燃烧和不完全燃烧反应同时存在，形成 CO 和 CO_2。反应式为：

完全燃烧　　　　　　　　$C + O_2 \Longrightarrow CO_2 + 4006600 kJ$

不完全燃烧　　　　　　　$C + 1/2 O_2 \Longrightarrow CO + 117499 kJ$

在离风口较远处，由于自由氧的消失及大量焦炭的存在，而且炉缸温度很高，反应生成的 CO_2 将与 C 发生反应：

$$C + CO_2 \Longrightarrow 2CO - 165800kJ$$

由于鼓风中总含有一定的水蒸气，灼热的 C 与 H_2O 发生下列反应：

$$C + H_2O \Longrightarrow CO + H_2 - 124390kJ$$

（2）炉缸煤气成分。实际生产中的条件下，炉缸反应的最终产物由 CO、H_2、N_2 组成。

3.1.4.2　炉缸煤气成分沿半径方向的变化

在燃烧过程中，沿炉缸不同半径处的煤气成分与焦炭在风口前的燃烧状况有关。

风口前的燃烧反应是在固定的料层中进行的，炉料只有垂直下降，没有水平方向的移动。高炉在小风量操作时确是如此。

风口前燃料燃烧反应的区域称为燃烧带，它包括氧气区和还原区。如图3-5（a）所示沿风口径向煤气成分的变化，又称"经典曲线"。

有自由氧存在的区域称氧气区，反应为：$C + O_2 = CO_2$。

从自由氧消失直到 CO_2 消失处称 CO_2 还原区，此区域内应为 $CO_2 + C = 2CO$。

由于燃烧带是高炉内唯一属于氧化气氛的区域，因此也称为氧化带。

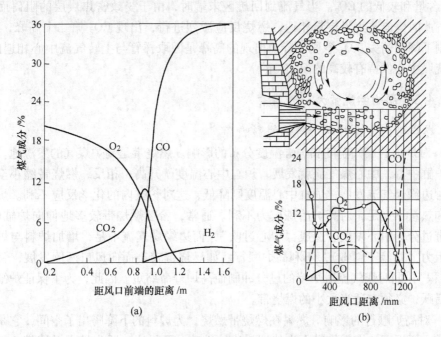

图3-5　煤气分布及风口前焦炭循环运动示意图

在燃烧带中，当氧过剩时，碳首先与氧反应生成 CO_2，只有当氧开始下降时，CO_2 才与 C 反应，使 CO 急剧增加，CO_2 逐渐消失。燃烧带的范围可按 CO_2 消失的位置确定，常以 CO_2 降到 1% ~ 2% 的位置定为燃烧带的界限。喷吹燃料后，还必须考虑到 H_2O 的含量。H_2O 作为喷吹燃料中碳氢化合物的燃烧产物，和 CO_2 一样起着把氧搬到炉缸深处的作用。

喷吹时有部分碳被 H_2O 中的氧燃烧，这种燃烧只在煤气中自由氧浓度很低或消失之后，才能大量开始。因此，喷吹燃料后，燃烧带应理解为碳将鼓风和 CO_2 及 H_2O 中氧消耗而进行燃烧反应的空间，可按 H_2O 1% ~2% 为燃烧带边缘来确定。

现代高炉由于冶炼强度高和风口风速大（100~200m/s），在强大气流冲击下，风口前焦炭已不是处于静止状态下燃烧，即非层状燃烧，而是随气流一起运动，在风口前形成一个疏散而近似球形的自由空间，通常称为风口回旋区，如图 3-5(b) 所示。

风口回旋区与燃烧带范围基本一致，但回旋区是指在鼓风动能的作用下焦炭作机械运动的区域，而燃烧带是指燃烧反应的区域，它是根据煤气成分来确定的。回旋区的前端即是燃烧带氧气区的边缘，而还原区是在回旋区的外围焦炭层内，故燃烧带比回旋区略大些。

与以上燃烧特点相对应的煤气成分的分布情况也发生了变化，如图 3-5(b) 下部所示。自由氧不是逐渐地而是跳跃式减少。在离风口 200~300mm 处有增加，在 500~600mm 的长度内保持相当高的含量，直到燃烧的末端急剧下降并消失。CO_2 含量的变化与 O_2 的变化相对应，分别在风口附近和燃烧带末端，在 O_2 急剧下降处出现两个高峰。

当一个 CO_2 高峰，O_2 急剧下降，并有少量 CO 的出现，这是由于煤气成分受到从上面回旋运动而来的煤气流的混合，加之 C 与 CO 被氧化因而使 CO_2 含量迅速升高，O_2 含量急剧下降。在两个 CO_2 最高点和 O_2 最低点之间，气流相遇到的焦炭较少，故气相中保持较高的 O_2 含量和较低的 CO_2。当气流到回旋区末端时，由于受致密焦炭层的阻碍而转向上方运动，此时气流与大量焦炭相遇，燃烧反应激烈进行，出现 CO_2 第二个高峰，同时 O_2 含量急剧下降到消失。O_2 急剧下降前出现的高峰是因取样管与上转气流中心相遇的结果，因为在流股中心保持有较高的 O_2 含量。

3.1.4.3　影响燃烧带大小的因素

A　燃烧带的大小对高炉冶炼的影响

（1）对炉内的煤气温度和炉缸温度分布的影响。燃烧带是高炉煤气的发源地。燃烧带若伸向炉缸中心，中心煤气流就发展，炉缸中心温度就升高；相反，燃烧带缩小至炉缸边缘，此时边缘煤气流发展，炉缸中心温度则降低，这对炉缸内的化学反应不利。炉缸中心不活跃和热量不充足，对高炉冶炼极为不利。通常，希望燃烧带较多地伸向炉缸的中心。但燃烧带过分向中心发展会造成"中心过吹"，而边缘煤气流不足，增加炉料与炉墙之间的摩擦阻力（边缘下料慢），不利高炉顺行。如燃烧带较小而向风口两侧发展，又会造成"中心堆积"，同时煤气流对炉墙的过分冲刷使高炉寿命缩短。因此，为了保证炉缸工作的均匀和活跃，必须有适当大小的燃烧带。

（2）对高炉顺行的影响。燃料在燃烧带燃烧，为炉料的下降腾出了空间，它是促进炉料下降的主要因素。在燃烧带上方的炉料比较松动，下料快，适当扩大燃烧带，可以缩小炉料的呆滞区域，扩大炉缸活跃区域面积，整个高炉料柱就比较松动，有利于高炉的顺行。从炉料顺行看，希望燃烧带的水平投影面积越大越好。

B　影响燃烧带大小的因素

（1）鼓风动能。鼓风动能是指从风口前鼓入炉内的风所具有的机械能，鼓风用以克服风口前料层的阻力层向炉缸中心扩大和穿透。鼓风的各种参数，如风温、风量、风压、鼓风密度、风口数目、风口直径等均影响鼓风动能。通过日常鼓风参数的调剂实现合适的鼓风动能，可达到控制燃烧带大小的目的。

（2）燃烧反应速度。一般情况下，燃烧反应速度快，燃烧反应可在较小的区域进行，使燃烧带缩小；反之，则燃烧带大。

（3）炉料在炉缸内分布。炉缸内料柱疏松，透气性好，燃烧带则延长；反之，燃烧带则缩小。

（4）焦炭的性质。焦炭的粒度、气孔度、反应性等对燃烧大小也有一定的影响。

3.1.4.4　理论燃烧温度

理论燃烧温度（$t_{理}$）是指风口前焦炭燃烧所能达到的最高的平均温度。适宜的理论燃烧温度，应能满足高炉正常冶炼所需的炉缸温度和热量，保证液态渣铁充分加热和还原反应的顺利进行。随理论燃烧温度提高，渣铁温度相应提高，但理论燃烧温度过高，压差升高，炉况不顺；过低渣铁温度不足，严重时会导致风口涌渣。我国喷吹的高炉一般控制在2000～2300℃。理论燃烧温度（$t_{理}$）是高炉操作中重要的参考指标。

生产中所指的炉缸温度，常以渣铁水的温度为标志。理论燃烧温度（$t_{理}$）的高低与以下因素有关：

（1）鼓风温度。当鼓风温度升高，鼓风带入的物理热增加，理论燃烧温度（$t_{理}$）升高。一般每改变100℃风温，理论燃烧温度（$t_{理}$）改变80℃。

（2）鼓风富氧率。当鼓风含O_2增加，鼓风中N_2含量减少，此时虽因风量的减少而减少了鼓风带入的物理热，但由于炉缸煤气中的氮气降低的幅度较大，煤气总体积减少，理论燃烧温度（$t_{理}$）会显著升高。鼓风含O_2量每增（减）1%，影响理论燃烧温度（$t_{理}$）增（减）35～45℃。

（3）鼓风湿度。鼓风湿度增加，分解热增加，则理论燃烧温度（$t_{理}$）降低。鼓风中每增加$1g/m^3$湿分相当于降低9℃风温。

（4）喷吹燃料。由于喷吹物的加热、分解和裂化，理论燃烧温度（$t_{理}$）降低。各种燃料由于分解热不同，对理论燃烧温度（$t_{理}$）影响也不同，每喷吹10kg煤粉，理论燃烧温度（$t_{理}$）降低20～30℃，无烟煤为下限，烟煤为上限。

（5）炉缸煤气体积不同时，会直接影响理论燃烧温度（$t_{理}$），炉缸煤气体积增加，理论燃烧温度（$t_{理}$）降低，反之则升高。

3.1.4.5　煤气上升过程中的变化

A　煤气上升过程中的体积与成分的变化

煤气量取决于冶炼强度、鼓风成分、焦比等因素。炉缸煤气在高炉内上升过程中体积与成分如图3-6所示。由图3-6可以看出，煤气的体积总量在上升过程中是增加的。

（1）CO。在风口前的高温区CO体积逐渐增大，这是因为：

1）Fe、Si、Mn、P等元素直接还原生成的CO。

2）部分碳酸盐在高温区分解生成的CO_2与C作用生成CO。

3）中温区由于参加间接还原又消耗了CO。所以CO量是先增加而后又降低。

（2）CO_2。CO_2在高温区不稳定，与C发生气化反应，炉缸、炉腹处煤气中CO_2几乎为零，从中温区开始增加，这是因为间接还原生成 CO_2 和碳酸盐分解生成 CO_2。

（3）H_2。高温区的 H_2 来源于鼓风中水分分解和焦炭中的有机 H_2、挥发分中的 H_2 和喷吹燃料中的 H_2，在上升过程中由于参加间接还原和生成 CH_4，含量逐渐减少，但由于炉料中结晶水和碳作用生成部分 H_2，又可适量增加煤气中 H_2 的含量。

（4）N_2。鼓风带入的 N_2、焦炭中的有机 N_2 和喷吹燃料中的挥发 N_2，在上升过程中不参加任何反应，绝对量不变。

（5）CH_4。高温时少量焦炭与 H_2 作用生成 CH_4，上升过程中又加入焦炭挥发分中的 CH_4，但数量很少，变化不大。

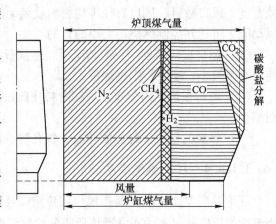

图 3-6　高炉煤气上升过程中体积、成分的变化

B　煤气上升过程中压力的变化

煤气从炉缸上升，穿过滴落带、软熔带、块状带到达炉顶，本身的压力能降低，产生的压头损失（ΔP）可表示为 $\Delta P = P_{炉缸} - P_{炉喉}$。炉喉压力（$P_{炉喉}$）主要取决于高炉炉顶结构、煤气系统的阻力及操作制度等。它在条件一定时变化不大。炉缸压力主要取决于风机提供的风压，而 ΔP 则由料柱透气性、风温、风量和炉顶压力等决定。

一般高炉料柱阻力可近似表示为：$\Delta P = P_{热风} - P_{炉顶}$。

当操作制度一定时，料柱阻力变化主要反映在热风压力（$P_{热风}$），所以热风压力增大，说明料柱透气性变坏，阻力变大。

正常操作的高炉，炉缸边缘到中心的压力是逐渐降低的。若炉缸料柱透气性好，则中心的压力较高（压差小）；反之，中心压力低（压差大）。

压力变化在高炉下部比较大，即压力梯度大，而在高炉上部则比较小。随着风量加大，高炉下部压力变化更大，说明此时高炉下部料柱阻力增长值提高。因此，改善高炉下部料柱的透气性是进一步提高冶炼强度的重要措施。

C　煤气温度在炉内的变化

煤气在高炉内高度方向和横截面都有变化。

（1）煤气沿高度方向的温度变化。炉缸煤气在上升过程中把热量传递给炉料，温度逐渐降低；而炉料在下降过程中吸收煤气的热量，温度逐渐上升。在高炉上部和下部，由于煤气与炉料存在较大的温差，所以温度迅速降低，而在中部温度变化不大。炉顶煤气温度越低，说明煤气热能利用越好，可以说，炉顶温度是反映高炉热能利用率的主要指标。

（2）沿高炉横截面上的温度分布。煤气温度沿高炉横截面上的分布是不均匀的。这主要取决于煤气流的分布。煤气多的地方温度高，煤气少的地方温度低，按煤气流分布可分以下三种情况：

1）边缘煤气流过分发展，中心煤气流分布较少。因此边缘温度高，中心温度低，其等温线形状与软熔带形状一致，呈"V"形曲线。

2）中心煤气流过分发展，高炉中心煤气分布较多，温度高；而靠近炉墙处煤气流分布少，温度低，等温线呈倒"V"形曲线。

3）边缘和中心煤气流都发展时，炉内等温线呈"W"形状分布。

3.1.4.6 鼓风动能与下部调剂

影响鼓风动能的因素有风温、风量、鼓风湿度、喷吹量、风口数目、风口直径等。而高炉的下部调剂是通过改变进风状态控制煤气流的初始分布，使整个炉缸温度分布均匀稳定，热量充沛，工作活跃。也就是，控制适宜的燃烧带与煤气流的合理分布。为达到适宜燃烧带，除了与之相适宜的料柱透气性外，要通过日常鼓风参数的调剂（即下部调剂）实现合适的鼓风动能，以保证炉况的顺行。

（1）风温。由鼓风动能的计算公式可以看出，提高鼓风温度，则鼓风动能增加。热风是高炉热源之一，它带入的物理热全部被利用，热量集中于炉缸，若相应降低焦比，则炉顶煤气温度降低，即提高了向炉热能的利用率。

提高风温能降低焦比的数值是变化的，焦比高时（原料差、风温低、煤气分布不合理等），由于单位生铁的风量较大，故提高相同的风温值，实际带入的热量也多，降低焦比就多。

（2）风量。风量对产量、煤气分布影响较大，一般要稳定大风量操作而不轻易调剂，只有其他调剂方法无果时才采用。

增加风量，煤气量增加，煤气流速加快，对炉料上浮力加大，不利顺行；相反，减风能使煤气适应炉料的透气性。当出现崩料、管道行程、煤气流不稳时，减风量是很有效的。

增加风量使鼓风动能增加，有利于发展中心气流，但过大时会出现中心管道；减风会发展边缘气流，但长时间慢风作业会使炉墙侵蚀。

增加风量能提高冶炼强度，下料加快，通常能增加产量。要掌握好风量与下料批数之间的关系，用风量控制下料批数是下部调剂的重要手段之一。

炉子急剧向凉时，减风是有效措施，可以增加煤气和炉料在炉内的停留时间，改善还原而使炉温回升。但注意有些小高炉由于减风过多或不当，使焦炭燃烧量降低，热量不足，同时由于煤气量的减少而造成分布不合理，反而导致进一步炉凉。

（3）喷次燃料。用喷吹量能调剂入炉碳量，在焦炭负荷不变的情况下增加喷吹量能使炉热；相反，减少喷吹量会使炉凉。在增加喷吹量时，由于喷吹物要在风口前分解，并且是冷态进入燃烧带，因此对炉缸有暂时的降温作用，当喷吹物生成的 CO、H_2 在上升中增加间接还原后，这部分炉料下达炉缸时，效果才会显现出来。所以有一段热滞后时间，一般为 3~5h。

（4）鼓风含氧量。富气鼓风时，随着鼓风中含氧量的增加，燃烧单位碳量生成的煤气量减少，燃烧温度升高，于是燃烧反应速度加快，燃烧带缩小。

（5）鼓风湿度。鼓风中的水蒸气在燃烧带分解吸热，产生氧和氢，提高了鼓风中含氧量，对鼓风动能和煤气流分布无大影响。调剂炉温，效果明显。喷吹高炉一般不再加湿鼓风。

3.1.5　高炉内的热交换

3.1.5.1　热交换基本规律

高炉的热交换比较复杂。由于煤气与炉料的温度沿高炉高度不断变化。大体上说，炉身上部主要进行的是对流热交换，炉身下部温度很高，对流热交换和辐射热交换同时进行，料块本身与炉缸渣铁之间主要进行传导传热。

在风量、煤气量、炉料性质一定的情况下，热交换主要取决于温差。

3.1.5.2　高炉内热交换区域

高炉内热交换时，将高炉分为三个区域，如图 3-7 所示。

沿高炉高度上煤气与炉料之间热交换分为三段：Ⅰ——上部热交换区，Ⅱ——中部热交换平衡区，Ⅲ——下部热交换区。在上下两部热交换区（Ⅰ和Ⅲ），煤气和炉料之间存在着较大的温差（$\Delta t = t_{煤气} - t_{料}$），而且下段比上段还大。$\Delta t$ 随高度而变化，在上段是越向上越大，在下段是越向下越大。因此，在这两个区域存在着激烈的热交换。在中段Ⅱ，Δt 较小，而且变化不大（小于20℃），热交换不激烈，被认为是热交换的动态平衡区，也称热交换空区。

3.1.5.3　水当量概念

高炉是竖炉的一种，竖炉热交换过程有一个共同的规律，即温度沿高度的分布呈 S 形变化。

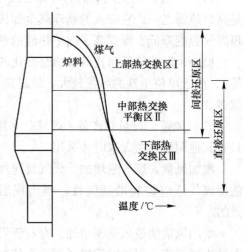

图 3-7　理想高炉的竖向温度分布图

为研究和阐明这个问题，常引用"水当量"概念。所谓水当量就是单位时间内通过高炉某一截面的炉料（或煤气），其温度升高（或降低）1℃所吸收（或放出）的热量，即单位时间内使煤气或炉料改变 1℃所产生的热量变化。

炉料水当量　　　　　　　$W_{料} = G_{料} \times C_{料}$

煤气水当量　　　　　　　$W_{气} = V_{气} \times C_{气}$

式中　$G_{料}$，$V_{气}$——分别为通过高炉某一截面上的炉料量和煤气量；

　　　$C_{料}$，$C_{气}$——分别为炉料热容和煤气热容。

高炉不是一个简单的热交换器，因为在煤气和炉料进行热交换的同时，还进行着传质等一系列的物理化学反应。

在高炉下部热交换区（Ⅲ），由于炉料中碳酸盐激烈分解、直接还原反应激烈进行和熔化造渣等，都需要消耗大量的热，越到下部需热量越大，因此，$W_{料} > W_{气}$，不断增大。即单位时间内通过高炉下部某一截面使炉料温度升高 1℃所需之热量远大于煤气温度降低1℃所放出的热量，热量供应相当紧张，煤气温度迅速下降，而炉料温度升高并不快，即煤气的降温速度远大于炉料的升温速度。这样两者之间就存在着较大的温差 Δt，而且越向

下 Δt 越大，热交换激烈进行。

煤气上升到中部某一高度后，由于直接还原等耗热反应减少，间接还原放热反应增加，$W_料$ 逐渐减小，以至某一时刻与 $W_气$ 相等（$W_料 = W_气$），此时煤气和炉料间的温度差很小（$\Delta t \leqslant 20℃$），并维持相当时间，煤气放出的热量和炉料吸收的热量基本保持平衡，炉料的升温速率大致等于煤气的降温速率，热交换进行缓慢，成为"平衡区"（Ⅱ）。煤气何时、何温度下进入空区？当用天然矿冶炼而使用大量石灰石时，空区的开始温度取决于石灰石激烈分解的温度，即 900℃ 左右；在使用熔剂性烧结矿（高炉不加石灰石）时，取决于直接还原开始大量发展的温度，即 1000℃ 左右。

煤气从空区往上进入上部热交换区（Ⅰ），此处进行炉料的加热、蒸发和分解以及间接还原反应等。由于所需热量较少，因而 $W_料 < W_气$，即单位时间内炉料温度升高 1℃ 所吸收的热量小于煤气降温 1℃ 所放出的热量，热量供应充足，炉料迅速被加热，其升温速率大于煤气降温速率。

3.1.5.4 高炉上部热交换及影响高炉炉顶温度的因素

根据区域热平衡和热交换原理，在上部热交换区（Ⅰ）的任一截面上，煤气所含的热量应等于固体炉料吸收的热量与炉顶煤气带走的热量之和（不考虑入炉料的物理热）。

$$W_气 \times t_气 = W_料 \times t_料 + W_气 \times t_顶$$

$$t_气 = W_料 / W_气 \times t_料 + t_顶$$

当上段热交换终了，进入空区时，$t_气 \approx t_料 \approx t_空$，于是

$$t_空 = W_料 / W_气 \times t_空 + t_顶$$

$$t_顶 = (1 - W_料 / W_气) \times t_空$$

式中 $t_空$，$t_顶$——分别为热交换空区和炉顶煤气温度。

可见，炉顶煤气温度取决于空区温度和 $W_料 / W_气$ 的比值。在原料、操作稳定的情况下，$t_空$ 一般变化不大，故 $t_顶$ 主要取决于 $W_料 / W_气$。

由此可知影响 $t_顶$ 的因素是：

（1）煤气在炉内分布合理，煤气与炉料充分接触，煤气的热能利用充分，$t_顶$ 则低；相反，煤气分布失常，过分发展边缘或中心气流，甚至产生管道，$t_顶$ 会升高（公式中未包含这点）。

（2）如果焦比降低，则作用于单位炉料的煤气量减少，即煤气的水当量 $W_气$ 减小，$W_料 / W_气$ 比值增大，$t_顶$ 降低；反之，焦比提高时，煤气量增大，煤气水当量增大，$W_料 / W_气$ 比值减小，$t_顶$ 提高。

（3）炉料的性质。炉料中如水分高，在上部蒸发时要吸收更多热量，即 $W_料$ 增大，$W_料 / W_气$ 比值增大，$t_顶$ 则降低。如果使用焙烧过的干燥矿石，炉顶温度 $t_顶$ 相应较高，如使用热烧结矿，$t_顶$ 更高。

（4）提高风温后若焦比降低，则煤气量减少，$t_顶$ 会降低。如果焦比不变，则煤气量变化不大，对 $t_顶$ 的影响也不大。

（5）采用富氧鼓风时，由于含 N_2 量减少，煤气量减少，使 $W_气$ 降低，$W_料 / W_气$ 升高，从而使 $t_顶$ 降低。

炉顶温度是评价高炉热交换的重要指标。高炉采用高压操作后，为保证炉顶设备的严密性，更要防止炉顶温度过高。正常操作时的 $t_{顶}$ 常在 200℃ 左右。降低炉顶温度的措施有：煤气在炉内分布合理，煤气与炉料充分接触；提高风温、降低焦比；富氧鼓风等方面。

3.1.5.5　高炉下部热交换及对炉缸温度的影响因素

在高炉下部，$W_{料}/W_{气} > 1$，根据热平衡和热交换原理，可推出在下部热交换区炉缸温度和 $W_{气}/W_{料}$ 比值的关系：

$$W_{料} \times t_{缸} + W'_{料} \times t_{空} = W_{气} \times t_{气} - W'_{气} \times t_{空}$$

当下部热交换终了，煤气上升到达空区时，

$$W'_{料} \approx W'_{气} \quad 即 \quad W'_{料} \times t_{空} = W'_{气} \times t_{空}$$

于是

$$W_{料} \times t_{缸} = W_{气} \times t_{气}$$

$$t_{缸} = (W_{气}/W_{料}) \times t_{气}$$

式中　$t_{缸}$——炉渣温度；

　　　$t_{气}$——炉缸煤气温度。

可见，凡能提高 $t_{气}$ 和降低 $W_{料}$、提高 $W_{气}/W_{料}$ 比值的措施，都有利于 $t_{缸}$ 的升高。

影响 $t_{缸}$ 的因素是：

（1）风温提高，$t_{气}$ 升高，$t_{缸}$ 增加。

（2）风温提高后，焦比降低，煤气量减少，$W_{气}$ 减少，又使 $t_{缸}$ 降低，其结果 $t_{缸}$ 可能变化不大。如果焦比不变，则 $t_{缸}$ 增加。

（3）富氧鼓风时，N_2 减少，煤气量减少 $W_{气}/W_{料}$ 降低，然而富氧可大大提高 $t_{气}$，结果使 $t_{缸}$ 升高。

在高炉下部区域，炉缸所具有的温度水平是反映炉缸热制度的重要参数。提高炉缸温度的措施有提高风温、富氧鼓风等方面。

3.1.6　炉料与煤气的运动及其分布

3.1.6.1　炉料的下降与力学分析

A　炉料在炉内下降的必要条件

炉料下降的必要条件是在高炉内不断存在着的促使炉料下降的自由空间。形成这一空间的条件是：

（1）焦炭在风口前的燃烧。焦炭占料柱总体积的 50%～70%，且有 70% 左右的碳在风口前燃烧掉，所以形成较大的自由空间，占缩小的总体积的 35%～40%。

（2）焦炭中的碳参加直接还原的消耗，占缩小的总体积的 11%～16%。

（3）固体炉料在下降过程中，小块料不断充填于大块料的间隙以及受压使其体积收缩，还有矿石熔化形成液态的渣、铁，引起炉料体积缩小，可提供 30% 的空间。

（4）定期从炉内放出渣、铁，空出的空间约为 15%～20%。

炉内不断形成自由空间并不能保证炉料就可以顺利下降，例如高炉在难行、悬料之时，风口前的燃烧虽还在缓慢进行，但炉料的下降却停止了，料柱在实际下降过程中还需要克服一系列阻力。所以炉料的下降除具备以上必要条件外，还应具备充分条件。

B　炉料下降的充分条件

炉料是靠自身重力下降的，炉料下降的力必须要大于散料与散料间的摩擦力、散料与炉墙间的摩擦力和煤气上升对料柱的阻力，才能顺利下降。

即：
$$P = (Q_{炉料} - P_{墙摩} - P_{料摩}) - \Delta P = Q_{有效} - \Delta P$$

式中　ΔP——上升煤气对炉料的阻力或支撑力或浮力，也是指煤气的压头损失。

炉料下降的力学条件是 $P > 0$，即 $Q_{有效} > \Delta P$，料柱本身重力克服各阻力作用后仍为正值。P 值越大，越有利于炉料顺行。当 $Q_{有效}$ 接近 ΔP 时，炉料难行或悬料；当 $Q_{有效} < \Delta P$，炉料不能下降，处于悬料或形成管道。

3.1.6.2　影响 $Q_{有效}$ 和 ΔP 的因素

A　影响有效重量（$Q_{有效}$）的因素

高炉内充满着的炉料整体称为料柱。料柱本身的质量由于受到摩擦力的作用，并没有完全作用在风口水平面或炉底上，真正起作用的是料柱有效重量（$Q_{有效}$）。

影响炉料有效重量的因素有：

（1）炉腹角 α 减小，炉身角 β 增大，此时炉料与炉墙摩擦阻力会增大，有效重量则减小，不利于炉料顺行。反之，α 增大，β 缩小，有利于提高 $Q_{有效}$，有利于炉料顺行。

（2）一般认为，随着料柱高度增加，有效重量会增加，但是料柱高度增加到一定程度后，有效重量就不再增加，有的炉型不合理的高炉，由于炉身形成拱料，增加摩擦阻力，此时当高炉高度超过一定值后，有效重量反而会降低。因此，高炉炉型趋于矮胖型是有利于顺行的，尤其适合于高度较高的大型高炉。

（3）炉料的运动状态。凡是运动状态的炉料下降过程中的摩擦阻力均小于静止状态的炉料。所以说运动状态的炉料其有效重量都比静止态炉料的有效重量大。

（4）风口数目。增加风口，有利于提高 $Q_{有效}$。这是因为随着风口数目增加，扩大了燃烧带炉料的活动区域，减小了 $P_{墙摩}$ 和 $P_{料摩}$，所以有利于 $Q_{有效}$ 提高。

（5）炉料的堆积密度越大，$Q_{炉料}$ 增大，有利于 $Q_{有效}$ 增大。因此，焦比降低后，随着焦炭负荷提高，炉料堆积密度提高，对顺行是有利的。

（6）在生产的高炉上，影响 $Q_{有效}$ 因素更为复杂，如渣量的多少，成渣位置的高低，初渣的流动性，炉料下降时的均匀程度以及炉墙表面的光滑程度等，都会造成 $P_{墙摩}$ 和 $P_{料摩}$ 的改变，从而影响炉料有效重量的变化而影响炉料顺行。

（7）造渣制度。高炉内成渣带位置、炉渣的物理性质和炉渣的数量，对炉料下降的摩擦阻力影响很大。因为炉渣，尤其是初渣和中间渣，是一种黏稠的液体，它会增加炉墙与炉料之间及炉料相互之间的摩擦力。因此，成渣带位置越高、成渣带越厚、炉渣的物理性质越差和渣量越大时，$P_{墙摩}$ 和 $P_{料摩}$ 越大，而 $Q_{有效}$ 越小。

B　ΔP 及其影响因素

$$\Delta P = P_{热风} - P_{炉顶}$$

影响 ΔP 的因素有两方面，一是属煤气流方面，包括流量、流速、密度、黏度、压力、温度等；其二属原料方面，它包括孔隙度、透气性、通道的形状和面积以及形状系数等。

（1）煤气流的影响。

1）煤气流速。

$$\Delta P \propto w^{1.8 \sim 2.0}$$

随着煤气流速的增加，ΔP 迅速增加。降低煤气流速能明显降低 ΔP。

2）风量对 ΔP 的影响。对一定容积和截面的高炉，煤气流速同煤气量或同鼓风量成正比。提高风量，煤气量增加，ΔP 增加，不利于高炉顺行。

3）煤气温度。炉内温度升高，煤气体积膨胀，煤气流速增加，ΔP 增大。

4）煤气压力。炉内煤气压力升高，煤气体积缩小，煤气流速降低，ΔP 减少，有利于炉况顺行。

5）煤气的密度和黏度。降低煤气的密度和黏度能降低 ΔP。

（2）原料的影响。

1）粒度。从降低 ΔP 以有利于高炉顺行的角度看，增加原料的粒度是有利的，但是对矿石的还原反应不利。

2）孔隙度。入炉原料的孔隙度大，透气性好，ΔP 将降低，有利于炉况的顺行。

（3）其他方面。

1）装料制度：一切疏松边缘的装料制度，均能促进 ΔP 的下降，有利于顺行。

2）造渣制度：渣量少，成渣带薄，初渣黏度小都会使 ΔP 下降，有利于顺行。

3.1.6.3　炉料运动与冶炼周期

A　高炉下料情况的探测与观察

高炉的下料情况直接反映冶炼进程的好坏。通过探料尺的变化及观察风口情况，了解炉内的下料情况；图 3-8 所示是探料尺工作曲线，高炉内料面降到规定的料线时，探料尺提到零位，大料钟开启将炉料装入炉内，料尺又重新下降至料面，并随料面一起逐步向下运动，图中 B 点表示已达料线，紧接着料尺自动提到 A 点（零位）。AB 线代表料线高低，此线越延伸至圆盘中心，表示料线越低。AE 线所示方向表示时间。加完料后，料尺重新下降至 C 点，由于这段时间很短，故是一条直线。以后随时间的延长，料面下降，画出 CD 斜线，至 D 点则又到了规定料线。BC 表示一批料在炉喉所占的高度，AC 是加完料后料面离开零位的距离（后尺），CD 线的斜率就是炉料下降速度。当 CD 变水平时，斜率等于零，下料速度为零，此即悬料。如 CD 变成与半径平行的直线时，说明瞬间下料速度很快，即崩料。分析料尺曲线，能看出下料是否平稳或均匀。探料尺若停停走走说明炉料下行不理想（设备机械故障除外），再发展下去就可能难行。如果两料尺指示不

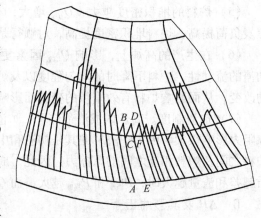

图 3-8　探料尺工作曲线

相同，说明是偏料。后尺 AC 很短，说明有假尺存在，料尺可能陷入料面或陷入管道，造成料线提前到达的假象。多次重复此情况，可考虑适当降低料线。

零位：大钟全开位置的下沿（钟式炉顶）或炉喉钢砖上沿（无料钟炉顶）。

料线：零位到规定最低料面的距离。

悬料：悬料是炉料透气性与煤气流运动极不适应、炉料停止下降的失常现象。

崩料：炉料突然塌落的现象。

偏料：高炉截面上两料线下降不均匀，呈现一高一低的固定性炉况现象，小高炉两料线相差大于 300mm，大高炉两料线相差大于 500mm。

观察各风口的焦炭燃烧的活跃情况，可判断炉缸周围的下料情况，焦块明亮活跃，表明炉况正常，如不活跃，可能出现难行或悬料。

生产中控制料速的主要方法是：加风量则提高料速，减风量则降低料速。其次还可通过控制喷吹量来控制料速或用控制炉温来微调料速。

B 高炉炉料的下降

高炉上部炉料的下降。高炉每装入一批料，在炉内就形成一个料层，高炉料柱的下降可以看成是保持层状状态整体下降的活塞流。随着炉料的下降，料层变薄和堆角变平，每批料中矿石和熔剂经过还原、分解、成渣，在炉身下部或炉腰以下熔化成液体，流入炉缸，层次现象消失，而焦炭除了直接还原，一部分碳素气化和渗碳外，在软熔带以下是唯一的固体料柱，层次也消失。

高炉下部炉料的运动。处于高炉边沿回旋区上方的焦炭呈漏斗状下降，其运动特征如图 3-9 所示。其中 A 区焦炭由于风口前燃烧空间需填充而下降最快；C 区焦炭基本上不能参与燃烧，主要是渗碳溶解、直接还原及少部分被渣铁浮起挤入燃烧带气化消耗，更新很慢，大约需 7 ~ 10天。该区域被称为死料堆或炉芯。而 B 区焦炭则沿着死料堆形成的斜坡滑入风口区，其速度比 A 区慢得多。一般 A、B 区圆锥界面的水平夹角 θ_1 为 $60° \sim 65°$；而 C 区圆锥表面的 θ_2 角约为 $45°$。引起高炉下部炉料运动，主要是焦炭向回旋区流动、直接还原、出渣出铁等原因。

死料堆受渣铁的积蓄和排放呈周期性的"浮起"和"沉降"运动，在蓄存渣铁期间，随着液面上升，此料堆受浮力作用越来越大，在渐渐浮起的过程中使滴落带焦炭疏松区的孔隙度被压缩而减小，再加上风口区煤气在死料堆中可流动区

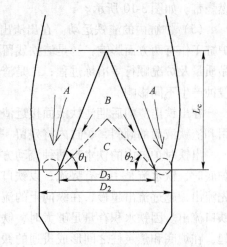

图 3-9 高炉下部炉料运动模式及流动特征区
A—焦炭向风口区下降的主流区；
B—滑落区；C—死料堆

域的缩小，导致出铁前出现风压升高、回旋区缩短和风口区焦炭回旋运动不活跃等常见现象。相反在出铁后，死料堆的沉降，减少了浮力的挤压作用，滴落带焦炭孔隙度增大而使炉缸异常活跃。

C 高炉不同部位处的下料速度

高炉内不同部位，炉料的下料速度是不一样的。

（1）沿高炉半径。炉料运动速度不相等，紧靠炉墙的地方下料最慢，燃烧带的上方炉料最松动，下料速度最快。

（2）沿高炉圆周方向。炉料运动速度不一致，由于热风总管离各风口距离不同，阻力损失不相同，致使各风口的进风量相差较大，造成各风口前的下料速度不均匀。另外，在渣、铁口方位经常排放渣、铁，因此在渣、铁口的上方炉料下降速度相对较快。

（3）不同高度处炉料的下降速度也不相同。炉身部分由于炉子断面往下逐渐扩大，下料速度变化。到炉身下部下料速度最小；到炉腹处，由于断面开始收缩，炉料的下降速度又有所增加。从高炉解剖研究的资料可见，随着炉料下降，料层厚度逐渐变薄，显然是因为炉身部分断面向下逐渐增大所造成，证明了炉身部分下料速度是逐渐减小的。另外还看到，炉料刚进炉喉时分布都有一定的倾斜角，即离炉墙一定距离处料面高，炉子中心和紧靠炉墙处的料面较低。随着炉料下降，倾斜角变小，料面变平坦。说明距墙一定距离处，炉料下降比半径的其他地方要快。

（4）高温区内焦炭运动情况。从滴落带到炉缸均是被焦炭构成的料柱所充满，在每个风口处都因焦炭回旋运动形成一个疏松带。当炉缸排放渣铁后，焦炭仅从疏松区进入燃烧带燃烧。由于疏松区和燃烧带距炉子中心略远，形成中心部分炉料的运动比燃烧带上方的炉料运动慢得多。当渣铁在炉缸内集聚到一定数量后，焦炭柱开始漂浮，这时炉缸中心部的焦炭一方面受到料柱的压力，一方面又受渣、铁的浮力，使中心的焦炭经过熔池，从燃烧带下方迂回进入燃烧带。如图 3-10 所示。

（5）炉缸内的渣铁运动。在出渣出铁过程中，渣铁流动状态对炉缸工作有两方面影响：一是渣铁残留量，影响炉缸工作状态、产品质量及炉况顺行等冶炼过程；二是渣铁流动方式，对炉缸炉衬的侵蚀产生不同影响。

在出铁出渣的后期渣铁液面接近渣铁口时，由于煤气压力的作用和渣铁液面的倾斜，炉缸内将残留一部分渣铁。

出铁时炉缸内的铁水有两种流动方式：当焦炭死料柱直接落于炉底时，铁水流是一个有势流，以铁口为中心点，半径距离越小越先流出，越远流出越慢，在纵向上的流向也是从垂直下降逐渐转向铁口流出。因铁水积存量足够大时，铁水浮力可以将焦炭死料柱浮起，在炉底和焦炭柱之间形成贯通的铁液池，此时上面的铁液首先垂直下落进入铁液池后再流向铁口。

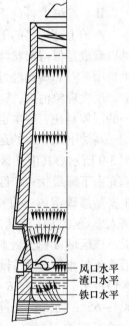

图 3-10　炉缸充满渣、铁时炉料的运动

（图中标注：风口水平　渣口水平　铁口水平）

在焦炭柱浮起的情况下铁水流速很快，比前一种情况快 20 ~ 30 倍，加速了炉底耐火材料的侵蚀；同时由于焦炭柱的底面呈球状突起，致使铁水沿炉缸壁做环形流动，形成了炉缸与炉底的角部的严重侵蚀（即蒜头状侵蚀）。因而近年来的炉底炉缸设计中都加大了死铁层深度，降低焦炭柱下的铁水流速，并且在出铁作业中要控制出铁速度，减少对炉底炉缸的冲刷侵蚀。

D　冶炼周期

冶炼周期是指炉料在炉内的停留时间。它表明了高炉下料速度的快慢，是高炉冶炼的一个重要指标。习惯的计算方法是：

（1）用时间表示：

$$t = \frac{24V_{有}}{PV'(1-C)}$$

令 $\eta_{有} = \frac{P}{V_{有}}$，有：

$$t = \frac{24}{\eta_{有} V'(1-C)}$$

式中 t——冶炼周期，h；

$\quad V_{有}$——高炉有效容积，m^3；

$\quad P$——高炉日产量，t/d；

$\quad V'$——1t 铁的炉料体积，m^3/t；

$\quad C$——炉料在炉内的压缩系数，大中型高炉 $C \approx 12\%$，小型高炉 $C \approx 10\%$。

此为近似公式，因为炉料在炉内除体积收缩外，还有变成液相或变成气相的体积收缩等。故它可看作是固体炉料在不熔化状态下在炉内的停留时间。

（2）用料批表示：生产中常采用由料线平面到达风口平面时的下料批数，作为冶炼周期的表达方法。如果知道这一料批数，又知每小时下料的批数，即可求下料所需的时间。

$$N_{批} = \frac{V}{(V_{矿} + V_{焦})(1-C)}$$

式中 $N_{批}$——由料线平面到风口平面的炉料批数；

$\quad V$——风口以上的工作容积，m^3；

$\quad V_{矿}$——每批料中矿石料的体积（包括熔剂的），m^3；

$\quad V_{焦}$——每批料中焦炭的体积，m^3。

通常矿石的堆积密度取 $2.0 \sim 2.2t/m^3$，烧结矿为 $1.6t/m^3$，焦炭为 $0.45t/m^3$。

冶炼周期是评价冶炼强化程度的指标之一。冶炼周期越短，利用系数越高，意味着生产强化程度越高。冶炼周期还与高炉容积有关，小高炉料柱短，冶炼周期也短。如容积相同，矮胖型高炉易接受大风，料柱相对较短，故冶炼周期也较短。我国大中型高炉的冶炼周期一般为 $6 \sim 8h$，小型高炉为 $3 \sim 4h$。

E 非正常情况下的炉料运动

（1）炉料的流态化。由于原料的粒度和密度等性质的差异，若风量大，煤气量过多，则一部分密度小、颗粒也小的料首先变成悬浮状态，不断运动，进而整个料层均变成流体状态，故称为"流态化"。

常遇到的流态化现象如炉尘的吹出。流态化往往造成煤气管道行程，使正常作业受到破坏。随着风量加大，炉尘量增加是正常现象，但为了减少炉尘和消除管道行程，应加强原料的管理和寻求合理的操作制度，采用高压操作和降低炉顶温度，均可降低煤气流动速度，有助于减少炉尘损失，增加产量。

（2）"超越现象"。炉料在下降中，由于沿半径方向各点的运动速度不同，初始料面形状发生很大变化。同时由于炉料的物理性质，如粒度、密度不均时的流态化密度等存在较大差别，造成下料快慢有差别，对同时装进高炉的炉料，下降速度快的超过下降速度慢的现象，即超越现象。

正常生产时，连续作业前后各批料中焦炭负荷一致，即使存在超越现象，前后超越结果仍维持原有矿焦结构，影响不明显。但当变料时，对超越问题应加以注意。如改变铁种时，由于组成新料批的物料不是同时下到炉缸，往往会得到一些中间产品。为改进操作在生产中摸索出了一些经验，如改变铁种，由炼钢铁改炼铸造铁时，可先提炉温后降碱度；与此相反，由铸造铁改炼炼钢铁时，则先提碱度后降炉温。这样做的目的就是考虑矿石、熔剂的超越现象所产生的影响，争取铁种改变时做到一次性过渡到要求的生铁品种。

3.1.6.4　煤气运动

煤气在炉内的分布状态直接影响矿石的加热和还原，以及炉料的顺行状况。研究煤气运动，目的是了解煤气的运动性质和控制条件，以改善高炉的冶炼过程。

A　通过软熔带时的煤气流动

在软熔带内，矿石、熔剂逐渐软化、熔融、造渣而成液态渣、铁，只有焦炭此时仍保持固体状态，形成的熔融而黏稠的初成渣与中间渣充填于焦块之间，并向下滴落，使煤气通过的阻力大大增加。

在软熔带是靠焦炭的夹层即焦窗透气，在滴落带和炉缸内是靠焦块之间的空隙透液和透气。因此提高焦炭的高温强度，对改善这个区域的料柱透气（液）性具有重要意义。同时改善粒度组成（减少焦末），可充分发挥其骨架作用。焦炭的粒度相对矿石可略大些，根据不同高炉，可将焦炭分级，分别分炉使用。

焦炭的高温强度与本身的反应性有关，反应性好的焦炭，其部分碳及早气化，产生溶解损失，使焦炭结构疏松、易碎，从而降低其高温强度。所以，抑制焦炭的反应性以推迟气化反应进行，不但可以改善其高温强度，而且对发展间接还原，抑制直接还原，都是有利的。

软熔带的形状和位置对煤气通过时的压差也有重大影响。上升的高炉煤气从滴落带到软熔带后，只能通过焦炭夹层（气窗）流向块状带，软熔带在这里起着相当于煤气分配器的作用。通过软熔带后，煤气被迫改变原来的流动方向，向块状带流去。所以在软熔带中的焦炭夹层数及其总截断面积对煤气流的阻力有很大影响。

在当前条件下，料柱透气性对高炉强化和顺行起主导作用。只要料柱透气性能与风量、煤气量相适应，高炉就可以进一步强化。改善料柱透气性，必须改善原燃料质量，改善造渣，改善操作，获得适宜的软熔带形状和最佳的煤气分布。

B　煤气运动失常

整个料层均变成流体状态，这种现象称为流态化或流化。

在高炉内局部粒子流态化后再继续增大流速，该局部粒子被吹出，就形成所谓的"管道"。但焦炭、矿石各自流态化的气流速度不同，焦炭首先开始流态化，这时同料批的矿石相分离单独下降，分离下降的结果将导致炉凉。

在高炉下部的滴落带，焦炭是唯一的固体炉料，在这里穿过焦炭向下滴落的液体渣铁与向上运动的煤气相向运动，在一定条件下，液体被气体吹起不能下降，这一现象称为液泛。

形成液泛的主要原因是渣量，渣量大时，更容易产生液泛现象。在相对渣量一定时，煤气流速对液泛现象影响较大；其次是比表面积，增加表面积则容易形成液泛。高炉生产中出现液泛现象，通常发生在风口回旋区的上方和滴落带。当气流速度高于液泛界限流速时，液态渣铁被煤气带入软熔带或块状带，随着温度的降低，渣铁黏度增大甚至凝结，阻损增大，造成难行、悬料。所以减少煤气体积，提高焦炭高温强度，改善料柱透气性，提高矿石入炉品位，改善炉渣性能等，均有利于减少或防止液泛的产生。

应当指出，现代高炉冶炼一般情况下不会发生液泛现象，但在渣量很大，炉渣表面张力小，而渣中（FeO）含量又高时，很可能产生液泛现象。

3.1.6.5 煤气流分布

煤气流在炉料中的分布和变化直接影响炉内反应过程的进行，从而影响高炉的生产指标。在煤气分布合理的高炉上，煤气的热能和化学能得到充分利用，炉况顺行，生产指标得到改善，反之则相反。

A 高炉内煤气分布检测

一般炉料中矿石的透气性比焦炭要差，所以炉内矿石集中区域阻力较大，煤气量的分布必然少于焦炭集中区域。但并非煤气流全部从透气性好的地方通过。因为随着流量增加，流速加大，煤气量将会反向调节。只有在风量很小的情况下，煤气产生较少，煤气不能渗进每一个通道，只能从阻力最小的几个通道中通过。在此情况下，即使延长炉料在炉内的停留时间，高炉内的还原过程也得不到改善。只有增加风量，多产生煤气量，提高风口前的煤气压力和煤气流速，煤气才能穿透进入炉料中阻力较大的地方，促使料柱中煤气分布得到改善。所以说，高炉风量过小或长期慢风操作时，生产指标不会改善。但是，增加风量也不是无限的，因为风量超过一定范围后，与炉料透气性不相适应，会产生煤气管道，煤气利用效果会严重变差。

测定炉内煤气分布的方法很多，常用的有三种：一是根据炉喉截面的煤气取样，分析各点的 CO_2 含量，间接测定煤气分布；二是根据炉顶红外成像观察煤气流的分布状况；三是根据炉身和炉顶煤气温度，间接判断炉内煤气分布。

（1）利用煤气曲线检测煤气分布。煤气上升时与矿石相遇产生还原反应，煤气中 CO 含量逐渐减少而 CO_2 含量不断增加。在炉喉截面的不同方位取煤气样分析 CO_2 含量，凡是 CO_2 含量低而 CO 含量高的方位，则煤气量分布必然多，反之则少。

通常，在炉喉与炉身交界部位的四个方向设有四个煤气取样孔，如图 3-11 所示，按规定时间沿炉喉半径不同位置取煤气样，沿半径取五个样，1 点靠近炉墙边缘，5 点在炉喉中心，3 点在大料钟边缘对应的位置，2 点在 1、3 点之间的中心，4 点在 3、5 点之间的中心。四个方向共 20 点取煤气样，化验各点煤气样中 CO_2 含量，绘出曲线，

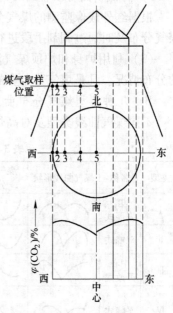

图 3-11 煤气取样点位置分布

如图3-12所示。操作人员即可根据曲线判断各方位煤气的分布情况。

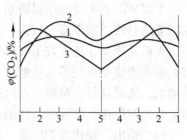

图3-12　炉后煤气曲线

从下列几方面对煤气曲线进行分析：

1）曲线边缘点与中心点的差值。如边缘点 CO_2 含量低，是边缘煤气流发展，中心 CO_2 含量低，属中心气流发展。

2）分析曲线的平均水平高低。如 CO_2 含量曲线的平均水平较高，说明煤气能量利用好，反之，整个 CO_2 含量曲线平均水平低，说明煤气能量利用差。

3）分析曲线的对应性，看炉内煤气分布是否均匀，有无管道或是否有某侧长期透气性不好，甚至出现炉瘤征兆。

4）分析各点的 CO_2 含量。由于各点间的距离不相等，各点所代表的圆环面积不一样，所以各点 CO_2 含量值的高低，对煤气总的利用的影响是不一样的。其中2点影响最大，1、3点次之，以5点为最小。煤气曲线的最高点若从3点移至2点，此时即使最高值相等，也说明煤气利用有了改善，因为2点代表的圆环面积大于3点的。

（2）利用炉顶红外成像检测煤气分布。随着高炉技术的发展，高炉内部监控系统也得到应用。它是通过一系列高新技术和成像手段，实时地观看高炉内部料面实物图像，使高炉操作者可以从监视器屏幕上清楚地看到：

1）高炉内布料实况。

2）煤气流分布情况（中心煤气流、边缘煤气流分布）。

3）布料溜槽或料钟的运行及磨损等情况。

4）十字测温、探尺工作情况。

5）降低料面可以看到炉衬侵蚀情况。

根据红外成像监测的煤气分布情况，能直观地了解高炉煤气流运行情况，对不理想的煤气分布及时通过调剂手段进行调整，保证高炉稳定顺行、高产、低耗。

（3）利用炉身和炉顶煤气温度。根据高炉的炉身温度和炉喉温度判断煤气在不同方位的分布情况。凡是煤气分布多的地方，温度要高；反之，煤气分布较少之处温度较低。

B　几种典型煤气分布曲线

不同煤气曲线类型及对高炉冶炼的影响见表3-2。

表3-2　煤气曲线类型及对高炉冶炼的影响

类型	名称	煤气曲线形状	煤气温度分布	软熔带形状	煤气阻力	对炉墙侵蚀	炉喉温度	散热损失	煤气利用	对炉料要求
Ⅰ	边沿发展式				最小	最大	最高	最大	最差	最差
Ⅱ	双峰式				较小	较大	较高	较大	较差	较差
Ⅲ	中心开放式				较大	最小	较低	较小	较好	较好
Ⅳ	平峰式				最大	较小	最低	最小	最好	最好

以下是几种煤气分布情况：

（1）中心充足、边缘略有型煤气分布。煤气分布的特点是中心气流有一定程度的发展而边缘也有适当气流。这种分布的煤气利用好，焦比低，又有利于保护炉墙；虽然边缘负荷较重，阻力较大，但由于它的软熔带有足够的"气窗"面积，中心又有通路，所以煤气总阻力比较小，炉子能够稳定顺行。另外，此种煤气分布有利于充分利用煤气的热能和化学能，同时有利于炉料的下降，是较理想的煤气分布。

（2）中心过吹型煤气分布。煤气分布的特点是中心气流过分发展，中心下料过快，高炉中心料面过低，破坏了正常的布料规律而造成煤气利用差、焦比高。如果此种气流长期得不到改善，容易出现中心管道，从而造成炉况难行。

（3）边缘发展型煤气分布。煤气分布的特点是边缘气流过分发展而中心堵塞。煤气利用差、焦比高，对炉墙破坏较大。如果时间过长，往往导致炉缸堆积，风口破损增多等，此种煤气分布多用于短期洗炉。

（4）中心、边缘发展型煤气分布。煤气分布的特点是边缘和中心气流都很发展：煤气利用差、焦比高，炉身砖容易损坏。但它软熔带"气窗"面积大，料柱阻力小，洗炉或炉子失常后恢复炉况时往往采用这种煤气分布。

（5）中心、边缘气流略有型煤气分布。此种煤气分布特点是边缘和中心气流都不发展，气流分布较均匀，在炉况正常时煤气利用好、焦比低。但它的软熔带"气窗"面积小、阻力大，容易造成高炉崩料或悬料。

C　合理的煤气流分布

所谓合理的煤气流分布是指在保证高炉顺行的前提下，使高炉中心料柱活跃，中心温度提高，煤气的热能、化学能利用充分，焦比最低的煤气流分布。从能量利用分析，最理想的煤气分布应该是高炉整个断面上经过单位质量矿石所通过的煤气量相等。要达到这种最均匀的煤气分布就需要最均匀的炉料分布（包括数量、粒度），但这样的炉料分布对煤气上升的阻力也大，按现有高炉的装料设备条件，要达到如此理想的均匀布料是困难的。生产实践表明，高炉内煤气若完全均匀分布，即煤气曲线成"水平线时"，冶炼指标并不理想，因为此时炉料与炉墙摩擦阻力很大，下料不会顺利，只有在较多的边缘气流情况下才有利于顺行。因此合理的煤气流分布应该是在保证顺行的前提下，力求充分利用煤气能量。

获得最佳煤气分布的条件和方法包括：

（1）精料。对矿石整粒，缩小平均粒度，粉末要少，要有良好的常温和高温性能，还原性要好，成分要稳定。

（2）高压。提高炉顶压力能有效地降低煤气流速，减少料柱压力损失，有利于炉况顺行。

（3）灵活的调节布料手段。要想达到最佳煤气分布，应采用无钟炉顶布料。

（4）采用喷吹技术。从风口喷吹燃料能改善煤气流及其温度的初始分布，对于活跃炉缸，发展中心气流以及对炉况的顺行十分有利。

（5）搞好上下部调剂。

3.1.6.6　高炉的上部调剂

高炉上部调剂是根据高炉装料设备特点，按原燃料的物理性质及在高炉内分布特征，正确选择装料制度（即装入顺序、装入方法、旋转溜槽倾角、料线和批重等），保证高炉顺行，获得合理的煤气分布，最大限度地利用煤气的热能和化学能。

在炉型和原料物理性质一定的情况下，可通过下部控制燃烧带，中部控制软熔带以获得合理的煤气流分布。在高炉炉喉，煤气的分布主要取决于炉料的分布。因此，可以通过布料来控制煤气分布，使其按一定规律分布。

炉料在炉喉的分布，包括炉料在炉喉截面上各点（径向和圆周）负荷和粒度的变化。减轻某处负荷或增加大粒度的比例，都将使该处煤气通过的数量增大；加重负荷或增大小块比例，则将使煤气通过的数量减少。

（1）炉料在炉喉的合理分布。从炉喉径向看，边沿和中心尤其是中心的炉料的负荷应较轻，大块料应较多；而边缘和中心之间的环形区炉料的负荷应较重，小块料应较多。从炉喉圆周方向看，炉料的分布应均匀。有时可进行"定点布料"。

（2）装料制度对炉喉布料的影响。装料制度是炉料装入炉内方式及顺序的总称，即通过调整炉料装入顺序、装入方法、旋转溜槽倾角、料线和批重等手段，调整炉料在炉喉的分布状态，从而使气流分布更合理，以充分利用煤气能量，达到高炉稳定顺行、高效生产的目的。

装料顺序是指矿石和焦炭装入炉内的不同方法。一批炉料是按一定数量的矿石、焦炭和熔剂组成。其中矿石的质量称为矿批，焦炭的质量称为焦批，使用熔剂性或自熔性的人造富矿如烧结矿时，熔剂用量很少。变动装料顺序正装 KJ，倒装 JK，同装 K、J 一同入炉，分装 K、J 分两次入炉。不同的装料顺序，气流分布也不同，所以有：

正同装　　　KKJJ↓　　加重边缘发展中心的作用
倒同装　　　JJKK↓　　发展边缘加重中心的作用
正分装　　　KK↓JJ↓　　减轻中心加重边缘的作用
倒装分装　　JJ↓KK↓　　减轻边缘加重中心的作用

改变料线高低：提高料线可压制中心气流，发展边缘气流。

变换批重大小：增大批重，加重了中心，疏松了边缘气流；小料批有利于发展中心气流。

旋转布料器的工作制度：高炉的上部调剂主要是改变炉料沿炉喉半径方向上的分布，而沿炉喉圆周的分布是通过旋转布料器实现的。

总之，上下部调剂都可以影响煤气流分布，但其作用程度不同。炉顶布料的变化主要影响上部块状带的煤气分布，下部送风制度的变化主要影响下部煤气分布。而上部煤气分布在很大程度上又是取决于下部的煤气分布，因此必须坚持以下部调剂为基础，上下部调剂紧密结合的原则。

3.1.7　高炉强化冶炼

高炉冶炼强化的主要途径是提高冶炼强度和降低燃料比。而强化生产的主要措施是精料、高风温、高压、富氧鼓风、加湿或脱湿鼓风、喷吹燃料以及高炉过程的自动化等。

3.1.7.1　高炉强化的基本内容

高炉年生铁产量可表示为：

$$Q = Pt$$

式中　Q——年生铁产量，t/a；

　　　P——高炉日产生铁量，t/d；

　　　t——高炉年平均工作日（按设计要求，一代炉龄内，扣除休风时间后的年平均天数）。

$$P = \eta_V V_{有} = \frac{I}{K} V_{有}$$

式中　η_V——高炉有效容积利用系数，$t/(m^3 \cdot d)$；

　　　$V_{有}$——高炉有效容积，m^3；

　　　K——焦比（或燃料比），t/t(或 kg/t)；

　　　I——冶炼强度，$t/(m^3 \cdot d)$。

所以

$$Q = \frac{I}{K} V_{有} t$$

扩大炉容是高炉发展的趋势。高炉容积大产量相应增多，提高了劳动生产率，便于生产组织和管理；吨铁热量损失减少，有利于燃料消耗的降低；提高铁水质量，铁水温度高，容易得到低硅低硫铁水；减少污染点，污染易于集中治理，有利于环保以及降低单位容积的基建投资。

降低休风率对高炉产量有影响，休风率每增加 1%，通常降低产量 2%；此外休风时间长，尤其是无计划休风，常常导致焦比升高，并危及生铁质量。

冶炼强度和焦比互相关联、互相影响。降低焦比，有利于提高冶炼强度；而冶炼强度的提高，可能导致焦比降低、不变或者升高。因此，高炉强化的确切概念，应是以最小的消耗（或投入），获得最大的产量（或产出）。

在高炉冶炼的诸多矛盾中，炉料和煤气的相向运动是主要的矛盾，炉料和煤气的相向运动的存在和发展，影响着其他矛盾的存在和发展，因此，处理好料和煤气的矛盾，也就是要调整好料和风的关系。实践证明，通过改善料柱透气性，改善煤气流分布，从而降低料柱压差，保证炉况顺行，是使此矛盾相统一的关键。由此，普遍采用的高炉强化冶炼的主要措施有：精料、高压操作、高风温、喷吹燃料、富氧鼓风、低硅生铁冶炼以及高寿命炉衬等。

3.1.7.2　精料

精料就是全面改进原燃料的质量，为降低焦比和提高冶炼强度打下物质基础。保证高炉能在大风、高压、高风温、高负荷的生产条件下仍能稳定、顺行。

精料的具体内容可概括为"高、熟、净、匀、小、稳、少、好"八个字，此外，应重视炉料高温冶金性能及合理的炉料结构。

（1）提高矿石的品位。"高"不仅指矿石含铁量高，还包括矿石还原性好，焦炭的固定碳含量要高，熔剂中氧化钙含量要高，各种原料冷、热态机械强度要高。

提高矿石品位是高炉节焦增铁的首要内容，矿石品位提高后，熔剂用量和渣量减少、矿石消耗降低，不仅减少高炉冶炼的单位热耗，也改善料柱的透气性，对顺行和提高冶炼强度、降低焦比都极为有利。生产统计资料说明，矿石品位增加 1%，焦比降低约 2%，产量增加约3%，降低焦比和增加产量的幅度，大大超过矿石品位的提高。因此，提高矿石品位是改善技术经济指标最有效的措施。

（2）提高熟料使用率。高炉使用烧结矿和球团矿以后，由于还原性和造渣过程改善，高炉热制度稳定，炉况顺行，减少或取消熔剂直接入炉，生产指标明显改善，尤其是高碱度烧结矿的使用，效果更为明显。据统计，每提高1%的熟料率可降低焦比1.2kg/t，增产0.3%左右。

（3）稳定原、燃料的化学成分。原料成分稳定，是稳定炉况、稳定操作和实现自动控制的先决条件，特别是矿石成分的相对稳定，因为它的波动会给高炉操作带来很多麻烦。例如炉温波动，热制度不稳和生铁质量不合格，在高炉冶炼低硅生铁时，矿石含铁波动造成的影响更为明显。要想保持炉料化学成分和物理性质的稳定，关键在于搞好炉料的混匀和中和工作。

（4）加强原料的整粒工作。净、小、匀都是精料的程度，统称为"整粒"。平均粒度要小而且均匀，缩小上下限之间的粒度差，筛除5mm以下粉料，需要多次筛分，尤其应重视入炉之前的槽下筛分。

（5）改善炉料的高温冶金性能。高温冶金性能主要包括高温还原强度、还原性、软熔性等。人造富矿的高温还原强度对块状带料柱透气性有决定性影响，而高温软熔特性影响软熔带结构和气流分布。例如球团矿高温强度变差，在高温还原条件下球团矿会产生膨胀、碎裂、粉化，使料柱透气性变坏，影响高炉顺行。

（6）高炉的合理炉料结构。合理炉料结构应从实际情况出发，充分满足高炉强化冶炼的要求，能获得较高的生产率、比较低的燃料消耗和好的经济效益。符合这些条件的炉料组成就是合理的炉料结构。

（7）改进焦炭质量。焦炭从炉顶加入高炉后，经过料柱间的摩擦与挤压，以及其他各种反应的影响，粒度组成变化很大。在炉内产生一定数量粉末。粉末多，使料柱透气性恶化，炉缸中心易堆积，高炉不易接受风量和风温，燃料喷吹量也受到限制。此外大量焦粉渗入炉渣，使炉渣变稠，造成高炉难行和悬料，或渣中带铁，甚至导致大量风口和渣口损坏。日本大型高炉对焦炭强度要求 $M_{40} \geq 80\%$ ，$M_{10} \leq 10\%$ 。我国对焦炭强度的要求为 M_{40} 77%~80% ，$M_{10} \leq 10\%$ 。

在高温下，焦炭与 CO_2 的反应能力称为反应性，这种反应性越好，碳的熔损越大，焦炭粒度迅速变小并粉化，恶化料柱透气性，破坏顺行。

焦炭灰分增加，则熔剂用量要增加，渣量增多，热量消耗增大，结果焦比升高，产量下降，据统计，灰分降低1%（相当固定碳增高1%），焦比降低2%，生铁产量提高3%。

我国焦炭灰分一般为11%~15%，国外大型高炉使用的焦炭一般要求灰分应小于10%，我国的差距还很大，降低焦炭灰分的措施主要在洗煤和合理的配煤。

焦炭中的硫是高炉炉料硫负荷的主要来源。据统计，焦炭含硫每升高0.1%，焦比要升高1.2%~2.0%，高炉产量将降低2.0%以上。

（8）"少"是指炉料中有害杂质要少。S、P、F、Pb、Zn、K、Na等要少。

（9）"好"是指炉料的冶金性能要好。矿石冶金性能好：软熔温度高（高于1350℃），熔化区间窄（低于250℃），低温还原粉化率低，还原率高（大于60%）等。

3.1.7.3　高压操作

高压操作的程度常以高炉炉顶压力的数值为标志，一般认为使高炉处于0.03MPa以上的高压下工作叫高压操作。提高炉顶压力的方法是通过调节设在净煤气管道上的高压调节阀组。

实践证明，高压操作能增加鼓风量，提高冶炼强度，促进高炉顺行，从而增加产量，降低焦比。据国内资料，炉顶压力每提高0.01MPa，可增产2%~3%。

A　高压操作的条件

实行高压操作，必须具备以下条件：

（1）鼓风机要有满足高压操作的压力，保证向高炉供应足够的风量。

（2）高炉及整个炉顶煤气系统和送风系统要有满足高压操作的可靠的密封性及足够的强度。

B　高压操作的设备系统

高压操作由高压调节阀组来实现。高炉高压操作工艺流程如图3-13所示。此系统可采用高压操作，也可转为常压操作。在常压操作时，为了改善净化煤气的质量，应启用静电除尘器；高压操作时，在高压阀组前喷水，使高压阀组也具有相当于文氏管一样的除尘作用。高压操作后，一般都可以省去静电除尘器。

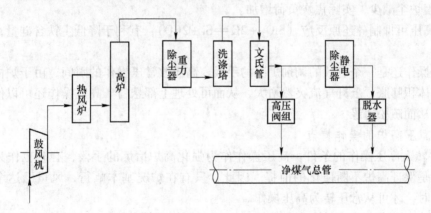

图3-13　包钢高炉高压操作工艺流程

如1500m³高炉的高压阀组由4个φ750mm电动蝶阀、一个φ400自动调节蝶阀和一个φ250的常通管道组成，利用蝶阀的开闭度来控制炉顶压力。

C　高压操作的效果

（1）有利于提高冶炼强度。高压操作使炉内的平均煤气压力提高，煤气体积缩小，煤气流速降低，ΔP下降。压差与压力P的关系可用一般压头公式推出：

$$\Delta P = KP_0 w_0^2 \gamma_0 / P$$

式中　　　K——在具体冶炼条件下，与压力无关的常数；

P_0，w_0，γ_0——标准状态下气体的压力、流速和密度。

可见，当气体流速不变，压差ΔP与炉内压力P成反比，即P提高，ΔP降低，这为增加风量和提高产量创造了条件。实践证明，高压操作后，冶炼强度还随原料条件和操作水平的改进而提高。

（2）有利于炉况顺行，减少管道行程，降低炉尘吹出量。高压操作后，由于 ΔP 降低，煤气对料柱的上浮力减小，高炉顺行，不易产生管道。同时炉顶煤气流速降低，炉尘吹出量减少，炉况变得稳定，从而减少了每吨铁的原料消耗量。原料含粉相对增加时，高压操作降低炉尘量的作用越显著。例如煤气流速在 $2.5 \sim 3.0 \text{m/s}$ 之间，每降低煤气流速 0.1m/s 时，可降低焦比 $2.5 \sim 3 \text{kg/t}$，增产 0.5%。鞍钢某高炉顶压在 $150 \sim 170 \text{kPa}$ 时，每吨生铁炉尘吹出量是 $12 \sim 22 \text{kg}$，比常压操作时减少 $19\% \sim 35\%$。武钢高炉顶压 $200 \sim 240 \text{kPa}$ 时，炉尘吹出量在 10kg/t 以下。

（3）有利于降低焦比。高压操作可以降低焦比，其主要原因是：

1）改善了高炉内的间接还原。高压操作时降低了煤气流速，延长了煤气在炉内与矿石的接触时间，也减少或消除了管道行程，炉况稳定，煤气分布得以改善，从而使块状带内的间接还原得到充分发展，煤气能量利用好。

2）抑制了高炉内的直接还原。高炉内直接还原反应取决于碳的气化反应 $CO_2 + C \rightleftharpoons 2CO$ 的发展。高压操作时，炉内平均压力相应提高，使该反应向左进行，从而抑制了直接还原的发展。因此，r_d 降低，焦比降低。

3）由于产量提高，单位生铁的热损失降低。

4）因炉尘减少，实际焦炭负荷增加。

5）高压可抑制硅还原反应（$SiO_2 + 2C \rightleftharpoons Si + 2CO$），有利于降低生铁含硅量，促进焦比降低。

高压操作还是一个有效的调剂炉况的手段，高压改常压操作的瞬间，由于炉内压力降低，煤气体积膨胀，上升气流突然增大，从而可处理上部悬料。高压操作还可以使边缘气流发展，从而疏松边缘。

D　高压高炉的操作特点

（1）转入高压操作的条件。高压操作作为强化高炉冶炼的手段，有时也作为调剂手段，顺行是保证高炉不断强化的前提。因此，只有在炉况基本顺行，风量已达全风量的 70% 以上时，才可从常压转为高压操作。

（2）高压操作时需适当加重边缘。由于高压后能降低煤气流速，改变煤气流分布，促使边缘比较发展，为此，在常压改高压之前应适当加重边缘。

（3）高压操作炉内压差变化特点。高压后，高炉上部（块状带）的压差降低较多，下部压差降低较少。如某高炉顶压由 20kPa 提高到 80kPa 表压时，下部压差仅由 0.527kPa 降至 0.517kPa，而上部压差却由 0.589kPa 降至 0.289kPa，即降低 50% 以上。高炉在高压操作时，采取降低下部压头损失的措施，对高炉加风强化具有特别重要意义，特别是对大型高炉。

（4）高压高炉处理悬料的特点。当炉温比较充沛，原料条件较好，有时会因管道生成而风压突升，炉料不下时，立即从高压改为常压处理，风量会自动增加，煤气流速加快。此时，上部煤气压力突减，煤气流对炉料产生一种"顶"的作用，炉料被顶落。同时，应将风量减至常压时风量的 90% 左右，并停止上料，等风压稳定后可逐渐上料，待料线赶上即可改为高压全风量操作。如果悬料的部位发生在高炉下部，也需要改高压为常压，但主要措施应该是减少风量（严禁高压放风坐料），使下部压差降低，这样有利于下部炉料的降落。

E　高压操作的注意事项

高压操作时，除应严格遵守操作程序外，还需注意以下事项：

（1）提高炉顶压力，要防止边缘气流发展，注意保持足够的风速或鼓风动能，要相应缩小风口面积，控制压差略低于或接近常压操作压差水平。

（2）常压转高压操作必须在顺行基础上进行。炉况不顺时不得提高炉顶压力。

（3）高炉发生崩料或悬料时，必须转常压处理。待风量和风压适应后，再逐渐转高压操作。

（4）高压操作，悬料往往发生在炉子下部。因此，要特别注意改善软熔带透气性，如改善原燃料质量，减少粉末，提高焦炭强度等。操作上采用正分装，以扩大软熔带焦窗面积。

（5）设备出现故障，需要大量减风甚至休风，首先必须转常压操作，严禁不改常压减风至零或休风。

（6）高压操作出铁速度加快，必须保持足够的铁口深度，适当缩小开口机钻头直径，提高炮泥质量，以保证铁口正常工作。

（7）高压操作设备漏风率和磨损率加大，特别是炉顶大小钟、料斗和托圈、大小钟拉杆、煤气切断阀拉杆及热风阀法兰和风渣口大套法兰等部位，磨损加重，必须采取强有力的密封措施，并注意提高备品质量和加强设备的检查、维护工作。

（8）新建高压高炉，高炉本体、送风、煤气和煤气清洗系统结构强度要加大，鼓风机、供料、泥炮和开口机能力要匹配和提高，以保证高压效果充分发挥。

3.1.7.4　高风温

提高热风温度是降低焦比和强化高炉冶炼的重要措施。采用喷吹技术之后，使用高风温更为迫切。高风温能为提高喷吹量和喷吹效率创造条件。据统计，风温在 950 ~ 1350℃ 之间，每提高 100℃ 可降低焦比 8 ~ 20kg/t，增加产量 2% ~ 3% 。

A　提高风温对高炉冶炼的作用

（1）提高热风温度带入的物理热将使焦比降低，产量提高，单位生铁的煤气量减少，炉顶温度有所降低。

高炉内热量来源于两方面，一是风口前碳素燃烧放出的化学热，二是热风带入的物理热。后者增加，前者减少，焦比即可降低，但是碳素燃烧放出的化学热不能在炉内全部利用（随着碳素燃烧必然产生大量的煤气，这些煤气将携带部分热量从炉顶逸出炉外，即热损失）。而热风带入的热量在高炉内是 100% 被有效利用。可以说，热风带入的热量比碳素燃烧放出的热量要有用得多。

从高炉对热量的需求看，高炉下部由于熔融及各种化学反应的吸热，可以说是热量供不应求，如果在炉凉时，采用增加焦比的办法来满足热量的需求，必然增加煤气体积，使炉顶温度提高，上部的热量供应进一步过剩，而且煤气带走的热损失更多，同时由于焦比提高，产量降低，热损失也会增加；而采用提高风温的办法满足热量需求则是有利的。特别是高炉使用难熔矿冶炼高硅铸造铁时更需提高风温满足炉缸温度的需要。

（2）采用喷吹燃料（或加湿鼓风）之后，为了补偿炉缸由于喷吹物（或水分）分解造成的温度降低，必须要提高风温，这样有利于增加喷吹量和提高喷吹效果。

（3）提高风温还可加快风口前焦炭的燃烧速度，热量更集中于炉缸，使高温区域下移，中温区域扩大，有利于间接还原发展，直接还原度降低。

（4）风温的改变也是调剂炉况的重要手段之一。

B　高风温与降低焦比的关系

（1）高风温降低焦比的原因：

1）风温带入的物理热，减少了作为发热剂所消耗的焦炭，因而可使焦比降低。

2）风温提高后焦比降低，使单位生铁生成的煤气量减少，炉顶煤气温度降低，煤气带走的热量减少，因而可使焦比进一步降低。

3）提高风温后，因焦比降低煤气量减少，高温区下移，中温区扩大，增加间接还原，减少直接还原，利于焦比降低。

4）由于风温提高焦比降低，产量相应提高，单位生铁热损失减少。

5）风温升高，炉缸温度升高，炉缸热量收入增多，可以加大喷吹燃料数量，更有利于降低焦比。

（2）高风温降低焦比的效果。风温水平不同，提高风温的节焦效果也不相同。风温越低，降低焦比的效果越显著；相反，风温水平越高，增加相同的风温所节约的焦炭减少。表3-3是鞍钢的统计数据。

表3-3　提高风温与降低焦比的关系

风温水平/℃	600~700	700~800	800~900	900~1000	1000~1100
焦比/kg·t^{-1}	860~800	800~752	752~719	719~600*	600~570*
每提100℃风温降焦/kg·t^{-1}	60	48	33	30	28
焦比降低/%	7	6	4.4	4.2	4.7

注：* 为喷吹燃料条件下的燃料比。

对于焦比高、风温偏低的高炉，提高风温后其效果更大。风温水平已经较高（1200~1300℃）时，再提高风温的作用减小。

C　高风温与喷吹燃料的关系

喷吹燃料需要有高风温相配合。高风温依赖于喷吹，因为喷吹能降低因使用高风温而引起的风口前理论燃烧温度的提高，从而减少煤气量，利于顺行，喷吹量越大，越利于更高风温的使用；喷吹燃料需要高风温，因为高风温能为喷吹燃料后风口前理论燃烧温度的降低提供热补偿，风温越高，补偿热越多，越有利于喷吹量的增大和喷吹效果的发挥，从而有利于焦比的降低。高风温和喷吹燃料的合力所产生的节焦、顺行作用更显著。

D　高风温与炉况顺行的关系

在一定冶炼条件下，当风温超过某一限度后，高炉顺行将被破坏，其原因如下：

（1）风温过度提高后，炉缸煤气体积因风口前理论燃烧温度的提高，炉缸温度得以提高而膨胀，煤气流速增大，从而导致炉内下部压差升高，不利顺行。

（2）炉缸SiO挥发使料柱透气性恶化。理论研究表明，当风口前燃烧温度超过1970℃时，焦炭灰分中的SiO_2将大量还原为SiO，它随煤气上升，在炉腹以上温度较低部位重新

凝结为细小颗粒的 SiO_2 和 SiO，并沉积于炉料的空隙之间，致使料柱透气性严重恶化，高炉不顺，易发生崩料或悬料。

为避免以上不良影响，一方面，应改善料柱透气性，如加强整粒、筛除粉料、改善炉料的高温冶金性能以及改善造渣制度减少渣量等；另一方面，在提高风温的同时增加喷吹量或加湿鼓风等，防止炉缸温度过高，保持炉况顺行。

E　高炉接受高风温的条件

凡是能降低炉缸燃烧温度和改善料柱透气性的措施，都有利于高炉接受高风温。

（1）搞好精料：精料是高炉接受高风温的基本条件。只有原料强度好，粒度组成均匀，粉末少，才能在高温条件下保持顺行，高炉更易接受高风温。

（2）喷吹燃料：喷吹的燃料在风口前燃烧时分解、吸热，使理论燃烧温度降低，高炉容易接受高风温。为了维持风口燃烧区域具有足够的温度，需要提高风温进行补偿。

（3）加湿鼓风：加湿鼓风时，因水分解吸热降低理论燃烧温度，相应提高风温进行热补偿。

（4）搞好上下部调剂，保证高炉顺行的情况下才可提高风温。

3.1.7.5　喷吹燃料

高炉喷吹燃料是 20 世纪 60 年代初期发展起来的一项新技术。高炉喷吹燃料是指从风口向高炉喷吹煤粉、重油、天然气、裂化气等各种燃料。

A　喷吹燃料对高炉冶炼的影响

（1）炉缸煤气量增加，煤气的还原能力增加。焦炭、重油、煤粉的化学成分见表3-4。在风口前不完全燃烧条件下，若鼓入的是干风，则每燃烧 1kg 燃料生成的炉缸煤气成分和体积，见表 3-5。

表 3-4　焦炭、重油、煤粉的化学成分

项　目	固定碳/%	灰分/%	H_2/%	H_2O/%	S/%	低发热值 ×4.1868/kJ·kg^{-1}
焦　炭	>85	12.5 以下	0.49		0.5	
重　油	86		11.5	0.25	0.19	9750 ~ 9850
煤　粉	75.3	6 ~ 14	3.66	0.83	0.32	6500 ~ 7000

表 3-5　炉缸煤气成分（%）与炉缸煤气体积（m^3）

燃　料	燃料中 H/C 摩尔数	CO/m^3	H_2/m^3	还原性气体总和		N_2/m^3	Σ 煤气/m^3	$CO + H_2$/%
				m^3	%			
焦　炭	0.002 ~ 0.005	1.553	0.055	1.608	100	2.92	4.528	35.5
重　油	0.11 ~ 0.13	1.608	1.29	2.898	180	3.02	5.918	49.0
无烟煤	0.02 ~ 0.03	1.408	0.41	1.818	113	2.64	4.458	40.8
天然气	0.30 ~ 0.33	1.370	2.78	4.15	258	2.58	6.73	61.9

煤粉含碳氢化合物远高于焦炭。碳氢化合物在风口前气化产生大量氢气，使煤气体积增大，燃料中 H/C 越高，增加的煤气量越多，其中天然气 H/C 最高，煤气量增加由多到少依次为天然气、重油，无烟煤最低。

从煤枪喷出的煤粉在风口前和风口内就开始了脱气分解和燃烧，在入炉之前燃烧产物与高温的热风形成混合气流，它的流速和动能远大于全焦冶炼时风速或鼓风动能，促使燃烧带移向中心。又由于氢的黏度和密度小，扩散能力远大于 CO，无疑也使燃烧带向中心扩展。随着喷煤量提高，应适当扩大风口面积，降低鼓风动能。

（2）煤气的分布得到改善，中心气流发展。喷吹之后，造成中心气流发展的原因主要有两点。第一，炉缸煤气体积增加；第二，部分喷吹燃料在直吹管和风口内与氧汇合而进行燃烧反应极大地提高了鼓风动能，穿入炉缸中心的煤气量增多，即中心气流加强。喷吹量越大，生成的煤气量越多，中心气流越发展。

（3）间接还原反应改善，直接还原反应降低。高炉喷吹燃料时，煤气还原性成分（CO、H_2）含量增加，N_2 含量降低，特别是氢浓度增加，煤气黏度减小，扩散速度和反应速度加快，将会促进间接还原反应发展。喷吹燃料后单位生铁炉料容积减少，炉料在炉内停留时间延长，改善了间接还原反应。由于焦比降低，减少了焦炭与 CO 的反应面积，也降低了直接还原反应速度。

（4）生铁质量提高。喷吹燃料后生铁质量普遍提高，生铁含硫下降，含硅更稳定，允许适当降低 [Si] 含量，而铁水的温度却不降，炉渣的脱硫效率 L_s 提高。因此，更适于冶炼低 [Si]、低 [S] 生铁。其原因如下：

1）炉缸活跃，炉缸中心温度提高，炉缸内温度趋于均匀，渣、铁水的物理热有所提高，这些均有助于提高炉渣的脱硫能力。

2）喷油时其含 S 低于焦炭，降低了硫负荷。

3）喷吹燃料后高炉直接还原度降低，减轻了炉缸工作负荷，渣中（FeO）比较低，有利于 L_s 的提高。

（5）理论燃烧温度降低，中心温度升高。高炉喷吹燃料后，由于煤气量增多，用于加热燃烧产物的热量相应增加，又由于喷吹物加热、水分解及碳氢化合物裂化耗热，使理论燃烧温度降低。各种喷吹物分解热相差很大，喷吹天然气理论燃烧温度降低最多，依次为重油、烟煤，无烟煤降低最少。

根据实践经验，随着喷煤量增加，发展中心气流，这样中心温度必然升高，又由于还原性气体浓度增加，上部间接还原性改善，下部约 1/3 氢代替碳参加直接还原反应，减轻了炉缸热耗。这些都有利于提高炉缸中心温度。

高炉喷吹燃料后，理论燃烧温度降低，为保持正常的炉缸热状态，就要求进行热补偿，将理论燃烧温度控制在适宜的水平。高炉理论燃烧温度的合适范围，下限应保证渣铁熔化，燃烧完全；下限应不引起高炉失常，一般认为合适值为 2200~2300℃。补偿方法可采用提高风温、降低鼓风湿分和富氧鼓风等措施。

（6）料柱阻损增加，压差升高。高炉喷煤使单位生铁的焦炭消耗量大幅度降低，料柱中矿焦比增大，使料柱透气性变差。喷吹量较大时，炉内未燃煤料增加，恶化炉料和软熔带透气性。又由于煤气量增加，流速加快，阻力也加大。综合上述因素，高炉喷煤后压差总是升高的。但同时由于焦炭量减少，炉料重量增加，有利于炉料下降，允许适当提高压差操作。

（7）顶温升高。炉顶温度与单位生铁的煤气量有关，而煤气量变化又与置换比有关。置换比高时产生的煤气量相对较少，炉顶温度上升则少；反之，置换比低时，炉顶温度上升则多。喷吹之初，喷吹量少时，效果明显，置换比较高，炉顶温度有下降的可能。

（8）热滞后现象。喷吹燃料是增加入炉燃料，炉温本应提高。但在喷吹燃料的初期炉缸温度反而暂时下降，需过一段时间炉缸温度才会升上来。喷吹燃料的热量要经过一段时间才能显现出来的现象叫热滞后现象。喷吹燃料对炉缸温度增加的影响要经过一段时间才能反映出来的这个时间称为热滞后时间。产生热滞后的原因，主要是煤气中 H_2 和 CO 量增加，改善了还原过程，当还原性改善后的这部分炉料下到炉缸时，减轻了炉缸热负荷，喷吹燃料的效果才反映出来。由于高炉冶炼强度、炉容等条件不相同，热滞后的时间也不一样，一般为冶炼周期的 70% 左右。

高炉经风口喷吹煤粉已成为节焦和改进冶炼工艺最有效的措施之一。它不仅可以代替日益紧缺的焦炭，而且有利于改进冶炼工艺：扩展风口前的回旋区，缩小呆滞区；降低风口前的理论燃烧温度，有利于提高风温和采用富氧鼓风，特别是喷吹煤粉和富氧鼓风相结合，在节焦和增产两方面都能取得非常好的效果；可以提高一氧化碳的利用率，提高炉内煤气含氢量，改善还原过程，等等。总之，高炉喷煤既有利于节焦增产，又有利于改进高炉冶炼工艺和促进高炉顺行，受到普遍重视。

B　喷吹量与置换比

喷吹量增加到一定限度时，焦比降低的幅度会大大减小。喷吹效果如何，通常看喷吹物对焦炭的置换比（也称替换比），置换比高，喷吹效果就好。

置换比与喷吹燃料的种类、数量、质量、煤粉粒度、重油雾化、天然气裂化程度、风温水平以及鼓风含氧等有关，并随着冶炼条件和喷吹制度的变化而有不同。据统计，通常喷吹燃料置换比煤粉 $0.7 \sim 1.0 \text{kg/kg}$，重油 $1.0 \sim 1.35 \text{kg/kg}$，天然气 $0.5 \sim 0.7 \text{kg/m}^3$，焦炉煤气 $0.4 \sim 0.5 \text{kg/m}^3$。

喷吹燃料只能代替焦炭的发热剂和还原剂的作用，代替不了炉料的骨架作用。

喷吹燃料是以提高置换比为主，而对降低生铁综合燃料比的作用较小。

决定喷吹量大小的因素有经济的和技术的两个方面。从经济方面看，当喷吹物的成本与节省的焦炭成本相等时，即为极限喷吹量。从技术方面看，首先要看喷吹燃料的燃烧是否完全，燃烧率是否降低。如果喷入的燃料不能在风口前完全燃烧，固体炭粒（炭黑）会被上升的煤气流带出回旋区，至成渣带时黏附在初渣中，大大增加了初成渣的黏度，恶化料柱透气性，使高炉不顺行。而且有部分炭粒被带出炉外浪费掉。

提高喷吹量的有效措施：

（1）煤粉细磨，缩小粒度；重油要改善雾化程度，加强喷吹燃料与鼓风的混合。

（2）采用多风口均匀喷吹，减少每个风口的喷吹量，配合富氧鼓风，改善燃烧状况。

（3）保证一定的燃烧温度，尽量提高风温，提高风口前的理论燃烧温度。

（4）配合高压操作，加强原料整粒工作，改善料柱透气性等。

3.1.7.6　富氧与综合鼓风

A　富氧鼓风

空气中的氮对燃烧反应和还原反应都不起作用，它降低煤气中 CO 的浓度，使还原反应速度降低，同时也降低燃烧速度。因为氮气存在，煤气体积很大，对料柱的浮力增大。降低鼓风中的氮量，提高含氧量就是富氧鼓风。

根据资料，每富氧 1%，可减少煤气量 4%～5%，增产 4%～5%，并能提高风口前理论燃烧温度 46℃。这是当前强化高炉的重要手段。

将工业用氧气通过管道从冷风管的流量孔板与放风阀之间加入，与冷风一起进入热风炉，再进入高炉（见图 3-14）。

富氧鼓风对高炉冶炼的影响如下：

（1）提高冶炼强度，增加产量。由于鼓风中含氧量增加，每吨生铁所需风量减少。若保持入炉风量（包括富氧）不变，相当于增加了风量，从而提高了冶炼强度，增加了产量。若焦比有所降低，则增产更多。

（2）对煤气量的影响：富氧后风量维持不变时，即保持富氧前的风量，相当于增加了风量，因而也增加了煤气量。煤气量的增加与焦比和富氧率等因素有关。在

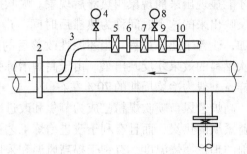

图 3-14　富氧鼓风工艺流程

1—冷风管；2—流量孔板；3—氧气插入管；4,8—压力表；
5—P_{25}Dg150 截止阀；6—氧气流量孔板；7—电磁快速切断阀；
9—P_{40}Dg125 电动流量调节阀；10—P_{16}Dg100 截止阀

焦比和直接还原度不变的情况下，富氧后煤气量略有增加，煤气压差也略有上升。但是实际上富氧后一般焦比略有降低，影响煤气量的因素有增有减，最终结果，可认为变化不大。但是，就单位生铁而言，由于风中氮量减少，故煤气量是减少的。因此富氧鼓风在产量不变时，压差是降低的。

富氧鼓风并没有为高炉开辟新的热源，但可以节省热量支出。

（3）理论燃烧温度升高。因为单位生铁的燃烧产物体积减少，$t_{理}$ 升高，通过计算表明，富氧率 1% 时，约提高理论燃烧温度 30℃；由于 $t_{理}$ 的提高，就成为限制高炉富氧率提高的原因之一。因为 $t_{理}$ 过高会引起 SiO 的大量挥发不利于顺行。通常富氧率只到 3%～4%。富氧送风后能使热量集中于炉缸，有利于提高渣铁的温度和冶炼高温生铁。富氧和喷吹燃料结合，能克服喷吹燃料时炉缸冷化问题，为大喷吹创造了条件。

（4）增加煤气中 CO 量，促进间接还原。富氧鼓风后改变了煤气中 CO 和 N_2 的比例，N_2 量减少，CO 量升高，有利于发展间接还原。当富氧和喷吹燃料结合时，炉缸煤气中 CO 和 N_2 增加，对间接还原更为有利。

（5）炉顶煤气温度降低。富氧后单位生铁煤气量减少，高温区下移，上部热交换区显著扩大，使炉顶煤气温度降低。这个影响与喷吹燃料所产生的影响恰恰相反。故富氧与喷吹结合，可以互补。

应当注意的是，鼓风含氧量增加，单位生铁所需风量减少，鼓风带入的热量也减少，将使热量收入降低。所以说，富氧鼓风并没有给高炉开辟新的热源。这点是与提高风温有本质区别的。认为采用富氧后可以忽视高风温的作用是不正确的。

B　综合鼓风

在鼓风中实行喷吹燃料同富氧和高风温相结合的方法，统称为综合鼓风。喷吹燃料煤气量增大，炉缸温度可能降低，因而增加喷吹量受到限制，而富氧鼓风和高风温既可提高理论燃烧温度，又能减少炉缸煤气生成量。若单纯提高风温或富氧又会使炉缸温度梯度增大，炉缸（燃烧焦点）温度超过一定界限，将有大量 SiO 挥发，导致难行、悬料。实践证

明，采用综合鼓风，可有效地强化高炉冶炼，明显改善喷吹效果，大幅度降低焦比和燃料比，综合鼓风是获得高产、稳产的有效途径。

表 3-6 是富氧和喷煤对冶炼过程的影响。

表 3-6 高炉富氧喷煤冶炼特征

喷吹方式	富氧鼓风	喷吹煤粉	富氧喷煤
碳素燃烧	加 快		加 快
理论燃烧温度	升 高	降 低	互 补
燃烧 1kg C 的煤气量	减 少	增 加	互 补
未燃煤粉		较 多	减 少
炉内高温区	下 移		基本不变
炉顶温度	降 低	升 高	互 补
间接还原	基本不变	发 展	发 展
焦 比	基本不变	降 低	降 低
产 量	增 加	基本不变	增 加

3.1.7.7 加湿与脱湿鼓风

在冷风总管加入一定量的水蒸气经热风炉送入高炉即为加湿鼓风。加湿鼓风也是强化高炉冶炼的措施之一。加入的水蒸气（H_2O）在风口前有以下反应：

$$H_2O \longrightarrow H_2 + 1/2O_2$$

$$H_2O + C \longrightarrow CO + H_2$$

加湿鼓风能提高鼓风中的含氧量，同时富化了煤气，增加了还原性气体 CO 和 H_2。但因水分分解时吸热会引起理论燃烧温度降低，常用提高热风温度来补偿。随着喷吹燃料技术发展起来后，加湿鼓风逐渐被淘汰。只是在不喷吹的高炉上，为有效提高热风温度，稳定炉况，增加产量，加湿鼓风仍不失为方便而有用的调剂手段，即固定最高风温，调节湿度。使用的湿度范围应是大气湿度加调剂量。

对喷吹燃料的高炉则应固定高风温调剂煤粉喷吹量，而不需加入蒸汽。

由于鼓风中的自然湿度存在，会因其波动使炉况不稳定，还要抵消风温的作用，有碍喷吹效果。近年来提出脱去鼓风中的湿分，使其绝对含水量稳定在很低的水平。脱湿鼓风可减少风口前水分的分解，提高理论燃烧温度。据计算，每脱除鼓风湿度 $10g/m^3$，相当于提高风温 $60 \sim 70℃$，降低焦比 $10 \sim 8kg$。脱湿鼓风能使高炉产量提高 4% ~ 5%，生铁成本降低。

3.1.7.8 低硅生铁的冶炼

冶炼低硅生铁是增铁节焦的一项技术措施。炼钢采用低硅铁水，可减少渣量和铁耗，缩短冶炼时间，获得显著经济效益。近 20 年来，国内外高炉冶炼低硅铁，每降低 [Si] 0.1%，可降低焦比 $4 \sim 7kg/t$。

A 硅在高炉内的还原机理

控制生铁含硅量一是控制硅源，设法减少从 SiO_2 中挥发的 SiO 量以降低生铁的含硅量，控制渣中 SiO_2 的活度，降低风口前的燃烧温度和提高炉渣的碱度。二是控制滴落带高度，因为生铁中的硅量是通过上升的 SiO 气体与滴落带铁水中的［C］作用而还原的。降低滴落带高度可减少铁水中［C］与 SiO 接触机会，故有利于低硅铁冶炼。三是增加炉缸中的氧化性，促进铁水脱硅反应，有利于降低生铁含硅量。

硅在高炉中主要存在以下反应：焦炭灰分中和炉渣中的 SiO_2 在高温下气化为 SiO，由于灰分中 SiO_2 的条件优于炉渣，故先气化：

$$SiO_2 + C \Longrightarrow SiO \uparrow + CO \uparrow$$

$$SiO + [C] \Longrightarrow [Si] + CO \uparrow$$

或
$$SiO_2 + 2C \Longrightarrow [Si] + 2CO \uparrow$$

渣中的 MnO、FeO 等通过下列反应可消耗铁水中的［Si］，因而降低生铁含硅量。

$$[Si] + 2(MnO) \Longrightarrow 2[Mn] + SiO_2$$

$$[Si] + 2(FeO) \longrightarrow 2[Fe] + SiO_2$$

B　冶炼低硅生铁的措施

（1）选择合适的炉渣碱度。

（2）依靠良好高温冶金性能的原料降低软熔带和滴落带位置。

（3）采用较大的矿批，控制边缘与疏松中心的装料制度。

（4）稳定的炉料成分，改善焦炭质量，加强原料的混匀、过筛与分级是冶炼低硅铁的可靠基础。

（5）充分发挥渣中 MnO 的作用，或者从风口喷吹矿粉、轧钢皮等，利用其 FeO 在炉缸脱硅。

（6）精心操作。

3.1.7.9　高寿命炉衬

近年来高炉长寿的问题十分突出，大量强化措施和新技术使高炉生产能力提高，与此同时，高炉寿命缩短。高炉一代寿命多取决于炉身的寿命。炉身破损到一定程度就必须大修或改建，即为一代炉龄。

延长高炉寿命的措施主要有：

（1）合理的高炉设计，改善耐火材料材质。炭砖具有高导热性、高抗渗透性、抗化学侵蚀、气孔率低、孔径小等特点。日本、欧洲、北美等在高炉长寿方面取得了突出成绩，开发和研制了新型优质炭砖。如日本开发的微孔炭砖（BC-7S）、超微孔炭砖（BC-8SRJ），美国开发的热压小块炭砖（NMA）和热压半石墨炭砖（NMD）等，在高炉上应用都取得了长寿的效果。以法国为代表的西欧国家，在炉缸内衬设计中，还开发了"陶瓷杯"技术，即在高导热炭砖的内侧，砌筑一个陶瓷质的杯状内衬，以保护炭砖免受铁水渗透、冲刷、热应力和化学侵蚀，进一步延长高炉寿命。我国近年在中小高炉上大量推广自焙炭砖技术，武汉钢铁设计研究总院开发、武彭公司生产的微孔模压小块炭砖已在杭钢和昆钢的高炉上应用。

炉身下部与炉腹采用氮化硅与碳化硅砖。20 世纪 90 年代开始试用新开发的高铝炭砖高炉内衬。

（2）改善冷却方式。当前总的发展趋势是强化冷却，有的高炉曾采用汽化冷却，但效果不够理想，使用软化水强制循环冷却，防止结垢损坏冷却壁与冷却板，效果较好。

（3）冷却器的材质与结构。

（4）调节布料与煤气流分布，防止冷却壁损坏，起到延长炉衬寿命的作用。

（5）采用喷补技术，如喷浆与灌浆技术的应用，可延长寿命几个月至两年。

（6）炉缸、炉底用钛化物护炉。近年来，我国高炉有采用含钛物料补炉和护炉的，对延长炉底和炉缸寿命有明显效果。这种方法既可在炉底和炉缸侵蚀比较严重时使用，也可供正常生产的大型高炉与强化操作的高炉使用。

3.1.8　高炉炼铁工艺计算

3.1.8.1　配料计算

A　计算的原始条件

（1）入炉物料的化学成分。为保证计算结果的正确和合理，要对原始数据进行核查和处理。因现场提供的化验成分不全面，为此应按元素在原料中的存在形态补全应有的组成，并使各组分含量之和等于100%。如矿石中其他物质（如碱金属化合物）未做化验分析，所有常规分析组分之和（包括烧损等）不等于100%，则可补加一个其他项，使总和等于100%。

（2）冶炼条件：

1）根据生产计划确定生铁品种及主要成分含量。

2）炉渣碱度。炉渣碱度根据原料条件和生铁品种确定。

3）送风制度等其他冶炼条件。

（3）计算中需选定的数据。例如矿石配比；各种元素在渣、铁中的分配率；铁的直接还原度。可根据相似冶炼条件下的计算结果选定。

B　配料计算方法

以1t铁为基准进行计算：

（1）锰矿用量的计算。据锰量平衡，在混合矿含锰量不高的情况下，每吨生铁所需的锰矿量可按下式计算：

$$G_{Mn} = \frac{1000}{Mn_{锰矿}}\left(\frac{Mn_{铁}}{\eta_{Mn}} - \frac{Fe_{铁}}{Fe_{矿}}Mn_{矿}\right)$$

式中　　　　　　　G_{Mn}——锰矿用量，kg/t；

$Mn_{锰矿}$，$Mn_{铁}$，$Mn_{矿}$——分别为锰矿、生铁及混合矿中的锰含量，%；

$Fe_{铁}$，$Fe_{矿}$——分别为生铁和混合矿的铁含量，%；

η_{Mn}——锰进入生铁的比率。

（2）矿石需要量计算。由铁平衡计算矿石需要量：

$$P = \left[Fe_{铁} + Fe_{渣} + Fe_{尘} - (Fe_{焦} + Fe_{煤})\right]/Fe_{矿}$$

式中　　　　　　　　　　P——矿石需要量，kg/t；

$Fe_{铁}$，$Fe_{渣}$，$Fe_{尘}$，$Fe_{焦}$，$Fe_{煤}$——分别为生铁、炉渣、炉尘、焦炭、煤粉中的铁量，kg/t；

　　　　　　其中 $Fe_{渣} = (1 - \eta_{Fe}) Fe_{铁} / \eta_{Fe}$，$\eta_{Fe}$ 为铁元素进入生铁的

　　　　　　比率；

　　　　　$Fe_{矿}$——混合矿的含铁量，% 。

（3）熔剂用量计算。根据炉渣碱度定义有：

$$R_2 = \frac{\sum[G_i(CaO)_i]}{\sum[G_i(SiO_2)_i] - 2.143Si_{铁}}$$

式中　　　　　G_i——各原、燃料用量，kg/t；

（CaO）$_i$，（SiO$_2$）$_i$——各原、燃料中 CaO、SiO$_2$ 含量，% ；

　　　　　$Si_{铁}$——进入生铁的 Si 量，kg/t。

C　配料计算

现场配料计算是在矿批、配矿比例、负荷（或焦比）一定的条件下，根据原燃料成分和造渣制度的要求，计算熔剂（包括萤石、锰矿等洗炉料）的用量，有时还要对生铁中的某一成分（如硫、磷等）作估计。下面结合实例加以介绍。

例1　已知原燃料成分，见表 3-7。造渣制度要求炉渣碱度 CaO/SiO$_2$ = 1.05，MgO 含量为 12%；有关经验数据及设定值为：

[Si] /%	[Fe] /%	η_{Fe}/%	L_S	挥发硫 $S_{挥}$/%
0.50	94.5	100.0	25.0	5

表 3-7　原燃料成分

物料	每批重量/kg	Fe/%	FeO/%	CaO/%	SiO₂/%	MgO/%	S/%
烧结矿	1423	50.95	9.5	10.4	7.70	3.2	0.029
球团矿	251	62.9	10.06	1.23	7.44	0.88	0.026
焦炭	620	0.54			5.55		0.76
白云石				20.95		30.0	
石灰石				4.58		49.0	

求白云石和石灰石如何配？生铁中含硫 [S] 能达到多少？

解　（1）一批料的理论出铁量（$T_{理}$）与被还原的 SiO$_2$ 量计算：

$$T_{理} = \frac{1423 \times 0.5095 + 251 \times 0.629 + 620 \times 0.0054}{0.945} = 937.8kg$$

被还原的 SiO$_2$ 量 $= 937.8 \times 0.005 \times \frac{60}{28} = 10.0kg$

（2）一批料的理论出渣量（$T_{渣}$）计算：

原料带入 SiO$_2$ 量 $= 1423 \times 0.077 + 251 \times 0.0744 + 620 \times 0.0555 = 162.7kg$

进入炉渣 SiO$_2$ 量 $= 162.7 - 10.0 = 152.7kg$

进入炉渣 CaO 量 $= 152.7 \times 1.05 = 160.3kg$

烧结矿和生矿中的 Al$_2$O$_3$ 量平日是不分析的，因而渣中 Al$_2$O$_3$ 量可取生产经验数据，

这里取 Al_2O_3 含量为 12%，另外渣中 S、FeO、MnO 等微量组分之和按生产数据取为 4.0%，由于渣中 MgO 含量要求为 12.0%，故渣中

$$（CaO）+（SiO_2）= 100\% -（12 + 4 + 12）\% = 72\%$$

$$T_{渣} =（152.7 + 160.3）/0.72 = 434.7kg$$

$$吨铁渣量 =（434.7/937.8）\times 1000 = 463.5kg$$

（3）白云石用量计算：

$$应进入炉渣的 MgO 量 = 434.7 \times 0.12 = 52.2kg$$

$$炉料已带入 MgO 量 = 1423 \times 0.032 + 251 \times 0.0088 = 47.7kg$$

$$应配加白云石量 =（52.2 - 47.7）/0.2095 = 21.5kg，取 21kg$$

（4）石灰石用量计算：

$$炉料已带入 CaO 量 = 1423 \times 0.104 + 251 \times 0.0123 + 21 \times 0.30 = 157.4kg$$

$$应配加石灰石量 =（160.3 - 157.4）/0.49 = 5.9kg，取 6kg$$

（5）生铁含 [S] 量估计：

$$入炉硫量 = 1423 \times 0.00029 + 251 \times 0.00026 + 620 \times 0.0076 = 5.19kg$$

吨铁硫负荷为：　　　　　$$（5.19/937.8）\times 1000 = 5.53kg/t$$

其中燃料带入硫量占：　　$$（620 \times 0.0076）/5.53 \times 100\% = 85.2\%$$

由硫平衡建立联立方程：

$$\begin{cases} 937.8[S] + 434.7(S) = 0.95 \times 5.19 \\ L_S =（S）/[S] = 25 \end{cases}$$

式中　（S）——渣中含硫量，%；

　　　[S]——生铁中含硫量，%。

解得[S] = 0.042%。

例 2　已知冶炼每吨生铁加碎铁 50kg，焦比为 550kg/t，渣量 500kg，炉尘量为 30kg，求单位生铁的矿石消耗量。（碎铁：Fe = 75%，焦炭：Fe = 0.6%，渣量：Fe = 0.5%，炉尘：Fe = 40%，矿石：Fe = 55%，[Fe] = 93%）

解　$P_{矿} = [1000[Fe] + G_{渣} \times Fe_{渣} + G_{尘} \times Fe_{尘} -（G_{碎} \times Fe_{碎铁} + K_{焦} \times Fe_{焦}）]/Fe_{矿}$

$\qquad = [1000 \times 0.93 + 500 \times 0.005 + 30 \times 0.4 -（50 \times 0.75 + 550 \times 0.006）]/0.55$

$\qquad = 1643.1kg/t$

D　熔剂调整

（1）当原料成分（CaO 或 SiO_2 含量）波动时，炉渣碱度也随之波动，为稳定炉渣碱度，熔剂量应作调整。

例 3　用例 1 中条件，矿批大小和炉料配比不变，只是烧结矿中 CaO 含量由 10.4% 降至 9.4%，问石灰石量和焦炭负荷如何调整？

解　设石灰石量增加 ΔL（kg），焦炭量增加 ΔJ（kg）。

利用炉渣碱度不变，列方程：

$$[（0.104 - 0.094）\times 1423 + 1.05 \times 0.0555\Delta J]/0.49 = \Delta L \qquad (3-1)$$

由于熔剂用量增加，按经验每 100kg 石灰石需补焦 30kg，则：

$$\Delta J = (30/100)\Delta L \tag{3-2}$$

由式 (3-1)、(3-2) 联立解出 $\Delta L = 30$，$\Delta J = 9$。

焦炭负荷为：　　　　　$(1423 + 251)/(620 + 9) = 2.66\text{kg/kg}$

因此变料时石灰石增加 30kg/批，焦炭增加 9kg/批。

（2）根据脱硫的需要，操作时常需调整炉渣碱度，调整炉渣碱度是通过改变熔剂用量来实现的。调整碱度时各原料的熔剂需要量变化用下式计算：

$$\Delta\phi = \frac{\left(SiO_2 - e\dfrac{60}{28}[Si]\right)\Delta R}{CaO}$$

式中　SiO_2——各原料的 SiO_2 含量，%；

　　　$\Delta\phi$——各原料所需熔剂的变动量，kg/kg；

　　　e——各原料理论出铁量，kg/kg。

$$e = \frac{Fe_{料}\,\eta_{Fe}}{[Fe]}$$

式中　$Fe_{料}$——原料含铁量，%；

　　　η_{Fe}——铁元素进入生铁比率，%；

　　　$[Fe]$——生铁含铁量，%；

　　　$[Si]$——生铁含硅量，%；

　　　ΔR——碱度变化量；

　　　CaO——石灰石的 CaO 含量，%。

例 4　用例 1 中条件，矿石批重及矿石配比等不变，当炉渣碱度由 1.05 提高至 1.10 时，石灰石量应如何调整？

解　各原料理论出铁量计算如下：

烧结矿：　　$e_{烧} = (0.5095 \times 1.0)/0.945 = 0.5392\text{kg/kg}$

球团矿：　　$e_{球} = (0.629 \times 1.0)/0.945 = 0.6656\text{kg/kg}$

焦　炭：　　$e_{焦} = (0.0054 \times 1.0)/0.945 = 0.0057\text{kg/kg}$

各原料需变动的熔剂量为：

烧结矿：$\Delta\phi_{烧} = \dfrac{0.077 - 0.5392 \times \dfrac{60}{28} \times 0.005}{0.49} \times (1.1 - 1.05) = 0.0073\text{kg/kg}$

球团矿：$\Delta\phi_{球} = \dfrac{0.0744 - 0.6659 \times \dfrac{60}{28} \times 0.005}{0.49} \times (1.1 - 1.05) = 0.0069\text{kg/kg}$

焦　炭：$\Delta\phi_{焦} = \dfrac{0.0555 - 0.0057 \times \dfrac{60}{28} \times 0.005}{0.49} \times (1.1 - 1.05) = 0.0057\text{kg/kg}$

设石灰石增加量为 ΔL，焦炭增加量为 ΔJ，则据 CaO 平衡有：

$$1423 \times 0.0073 + 251 \times 0.0069 + 0.0057\Delta J = \Delta L \tag{3-3}$$

据经验每增加 100kg，石灰石需补焦 30kg，则：

$$\Delta J = (30/100)\Delta L \qquad\qquad (3\text{-}4)$$

由式（3-3）、式（3-4）联立解出　$\Delta L = 12$；$\Delta J = 3.6$，取 4。

炉渣碱度提高以后石灰石应增加 12kg/批，焦炭应增加 4kg/批。

E　负荷调节

（1）改变负荷调节炉温计算。生产中炉温习惯用生铁含［Si］量来表示。高炉炉温的改变通常用调整焦炭负荷来实现，理论计算和经验都表明，生铁含［Si］每变化 1%，影响焦比 40~60kg/t，小高炉取上限。

当固定矿批调整焦批时，可用下式计算：

$$\Delta J = \Delta[Si]mE$$

式中　ΔJ——焦批变化量，kg/批；

　　$\Delta[Si]$——炉温变化量，%；

　　m——［Si］每变化 1% 时焦比变化量，kg/t；

　　E——每批料的出铁量，t/t，假定铁全部由矿石带入，则 $E = Pe_{矿}$，其中 P 为矿批重，t/批，$e_{矿}$为矿石理论出铁量，t/t。

例 5　用例 4 中条件，假设炉温变化量 $\Delta[Si] = 0.2\%$，取 $m = 60$kg/t，问焦批如何调整？

解　$\Delta J = 0.2 \times 60 \times (1.423 \times 0.5392 + 0.251 \times 0.6656) = 11$kg/批

因此，焦批的调整量为 11kg/批。

当固定焦批调整矿批时，矿批调整量由下式计算：

$$\Delta P = \Delta[Si]mEH$$

式中　ΔP——矿批调整量，kg/批；

　　H——焦炭负荷。

例 6　矿批重 40t/批，批铁量 23t/批，综合焦批量 12.121t/批，炼钢铁改铸造铁，［Si］从 0.4% 提高到 1.4%，求［Si］变化 1.0% 时，（1）矿批不变，应加焦多少？（2）焦批不变减矿多少？

解　矿批重不变

$$\Delta K = \Delta[Si] \times 0.04 \times 批铁量 = 1.0 \times 0.04 \times 23 = 0.92t/批$$

焦批不变

$$\begin{aligned}\Delta P &= 矿批重 - (矿批重 \times 焦批重)/(焦批重 + \Delta[Si] \times 0.04 \times 批铁量)\\ &= 40 - (40 \times 12.121)/(12.121 + 1.0 \times 0.04 \times 23)\\ &= 2.822t/批\end{aligned}$$

矿批不变，应加焦 0.92t/批，焦批不变，应减矿 2.822t/批。

（2）矿石品位变化时的负荷调节。一般来说，矿石含铁量降低出铁量减少，负荷没变时焦比升高、炉温上升，应加重负荷；相反，矿石品位升高，出铁量增加，炉温下降，因此应减轻负荷。两种情况负荷都要调整，负荷调整是按焦比不变的原则进行。

例 7　620m³ 高炉焦批 3850kg，焦丁批重 200kg，矿批 15000kg 每小时喷煤 8000kg，每

小时跑 6 批料，求焦炭综合负荷。

解　焦炭综合负荷 = 15/(8/6 + 3.85 + 0.2) = 2.79

当矿批不变调整焦批时，焦批变化量由下式计算：

$$\Delta J = \frac{P \cdot (\text{Fe}_{后} - \text{Fe}_{前}) \eta_{\text{Fe}} K}{[\text{Fe}]}$$

式中　　　　ΔJ——焦批变动量，kg/批；

　　　　　　P——矿石批重，t/批；

$\text{Fe}_{前}$，$\text{Fe}_{后}$——分别为波动前、后矿石含铁量，%；

　　　　　η_{Fe}——铁元素进入生铁的比率，%；

　　　　　　K——焦比，kg/t；

　　　$[\text{Fe}]$——生铁含铁量，%。

例 8　已知烧结矿含铁量由 53% 降至 50%，原焦比为 580kg/t，矿批 1.8t/批，η_{Fe} = 0.997，生铁中 $[\text{Fe}]$ = 95%，问焦批如何变动？

解　焦批变动量为：

$$\Delta J = [1.8 \times (0.50 - 0.53) \times 0.997 \times 580]/0.95 = -33\text{kg/批}$$

因此，当矿石含铁量下降后，每批料焦炭应减少 33kg。

当固定焦批调整矿批时，调整后的批重（kg/批）为：

$$P_{后} = \frac{P\text{Fe}_{前}}{\text{Fe}_{后}}$$

上述计算是以焦比不变的原则进行的，实际上还要根据矿石的脉石成分变化，考虑影响渣量多少、熔剂用量的增减等因素。

（3）焦炭灰分变化时的负荷调整。当焦炭灰分变化时，其固定碳含量也随之变化，因此相同数量的焦炭发热量变化，为稳定高炉热制度，必须调整焦炭负荷。调整的原则是保持入炉的总碳量不变。

当固定矿批调整焦批时，每批焦炭的变动量为：

$$\Delta J = \frac{(\text{C}_{前} - \text{C}_{后})J}{\text{C}_{后}}$$

式中　ΔJ——焦批变动量，kg/批；

　$\text{C}_{前}$，$\text{C}_{后}$——波动前、后焦炭的含碳量，%；

　　　J——原焦批重量，kg/批。

例 9　已知焦批重为 620kg/批，焦炭固定碳含量由 85% 降至 83%，问焦炭负荷如何调整？

解　焦批变动量：

$$\Delta J = [(0.85 - 0.83) \times 620]/0.83 = 15\text{kg/批}$$

因此，当固定碳降低后，每批料应多加焦炭 15kg。

当固定焦批调整矿批时，矿批变动量为：

$$\Delta P = [(\text{C}_{前} - \text{C}_{后})JH]/\text{C}_{后}$$

式中　ΔP——矿批变动量，kg/批；

　　H——焦炭负荷。

（4）风温变化时调整负荷计算。高炉生产中由于多种原因，可能出现风温较大的波动，从而导致高炉热制度的变化，为保持高炉操作稳定，必须及时调整焦炭负荷。

高炉使用的风温水平不同，风温对焦比的影响不同，按经验可取表 3-8 数据。

表 3-8　风温与焦比变化值

风温水平/℃	600~700	700~800	800~900	900~1000	1000~1100
焦比变化/%	7	6	5	4.5	4

风温变化后焦比可按下式计算：

$$K_{后} = \frac{K_{前}}{1 + \Delta Tn}$$

式中　$K_{后}$——风温变化后的焦比，kg/t；

　　$K_{前}$——风温变化前的焦比，kg/t；

　　ΔT——风温变化量，以 100℃ 为单位，每变化 100℃，$\Delta T=1$；

　　n——每变化 100℃ 风温焦比的变化率，%（风温提高为正值，风温降低为负值）。

当固定矿批调整焦批时，调整后的焦批由下式计算：

$$J_{后} = K_{后} E$$

式中　$J_{后}$——调整后的焦炭批重，kg/批；

　　E——每批料的出铁量，t/批，$E = J_{前}/K_{前}$；

　　$J_{前}$——风温变化前的焦批重，kg/批。

例 10　已知某高炉焦比 570kg/t，焦炭批重为 620kg/批，风温由 1000℃ 降至 950℃，问焦炭批重如何调整？

解　风温降低后焦比为：$K_{后} = 570/(1 - 0.5 \times 0.045) = 583$kg/t

当矿批不变时，调整后的焦炭批重为：

$$J_{后} = 583 \times (620/570) = 634 \text{kg/批}$$

因此，由于风温降低 50℃，焦炭批重应增加 14kg/批。

例 11　某高炉要把铁水含硅量由 0.7% 降至 0.5%，问需要减风温多少？（已知 100℃ ± 焦比 20kg，1%Si ± 焦比 40kg）

解　由 1%Si ± 焦比 40kg 知 0.1%Si ± 4kg，

所以　　　　　　　$\dfrac{0.7\% - 0.5\%}{0.1\%} \times 4\text{kg} = 8\text{kg}$

减风温　　　　　　　$(100 \times 8)/20 = 40℃$

当焦批固定调节矿批时，调整后的矿石批重为：

$$P_{后} = J_{前}/(K_{后} e_{矿})$$

式中　$P_{后}$——调整后的矿石批重，kg/批；

　　$e_{矿}$——矿石理论出铁量，t/t。

3.1.8.2　冶炼周期

冶炼周期是指炉料在炉内的停留时间。它表明了高炉下料速度的快慢，是高炉冶炼的一个重要指标。习惯的询算方法如下。

（1）用时间表示：

$$t = \frac{24V_{有}}{PV'(1-C)}h$$

令 $\eta_{有} = \frac{P}{V_{有}}$，有

$$t = \frac{24}{\eta_{有}V'(1-C)}h$$

式中　　t——冶炼周期，h；

$V_{有}$——高炉有效容积，m^3；

P——高炉日产量，t/d；

V'——1t 铁的炉料体积，m^3/t；

C——炉料在炉内的压缩系数，大中型高炉 $C \approx 12\%$，小型高炉 $C \approx 10\%$。

此为近似公式，因为炉料在炉内，除体积收缩外，还有变成液相或变成气相的体积收缩等。故它可看作是固体炉料在不熔化状态下在炉内的停留时间。

（2）用料批表示：生产中常采用由料线平面到达风口平面时的下料批数，作为冶炼周期的表达方法。如果知道这一料批数，又知每小时下料的批数，同样可求下料所需的时间。

$$N_{批} = \frac{V}{(V_{矿} + V_{焦})(1-C)}$$

式中　　$N_{批}$——由料线平面到风口平面的炉料批数；

V——风口以上的工作容积，m^3；

$V_{矿}$——每批料中矿石料的体积（包括熔剂的），m^3；

$V_{焦}$——每批料中焦炭的体积，m^3。

通常矿石的堆积密度取 $2.0 \sim 2.2 t/m^3$；烧结矿为 $1.6 t/m^3$，焦炭为 $0.45 t/m^3$。

例 12　有效容积 $1260 m^3$ 高炉，矿批重 30t，焦批重 8t，压缩率为 15%。求从料面到风口水平面的料批数（冶炼周期）（$r_{矿}$ 取 1.8，$r_{焦}$ 取 0.5，工作容积取有效容积的 85%）。

解　　　　　　　　工作容积 = $1260 \times 0.85 = 1071 m^3$

每批料的炉内体积 = $(30/1.8 + 8/0.5) \times 0.85 = 27.77 m^3$

到达风口平面的料批数 = $1071/27.77 \approx 39$ 批

经过 39 批料到达风口平面。

例 13　炼铁厂 $620 m^3$ 高炉日产生铁 1400t，料批组成为焦批 3850kg、焦丁批重为 200kg、烧结矿批重 12000kg、海南矿批重 1000kg、大冶球团矿 2000kg，每批料出铁 8700kg，试计算其冶炼周期（炉料压缩率取 12%，原燃料堆比重：烧结矿 1.75、球团矿 1.75、焦炭 0.5、焦丁 0.6、海南矿 2.6）。

解　每吨铁所消耗的炉料体积:

$$(385/0.5 + 0.2/0.6 + 12/1.75 + 2/1.75 + 1/2.6)/8.7 = 1.886m^3$$

$$冶炼周期 = \frac{24 \times 620}{1400 \times 1.886(1 - 12\%)} = 6.4h$$

3.1.8.3　风量及煤气量计算

$1m^3$ 的 O_2 燃烧后生成 $2m^3$ 的 CO 和 $\frac{79}{21}$ m^3 的 N_2,则 $1m^3$ 干风(不含水分的空气)的燃烧产物为:

$$CO = 2 \times \frac{100}{2 + \frac{79}{21}}\% = 34.7\%$$

$$N_2 = \frac{79}{21} \times \frac{100}{2 + \frac{79}{21}}\% = 65.3\%$$

当鼓风中有一定水分时,随鼓风湿度的增加,煤气中 H_2 和 CO 的量将会增加,而且吸收热量。煤气成分的计算:

设鼓风湿度为 f(%),则 $1m^3$ 湿风中的干风体积为 $(1 - f)$(m^3)

$1m^3$ 湿风中含氧量为　　$0.21(1 - f) + 0.5f = 0.21 + 0.29f(m^3)$

$1m^3$ 湿风含 N_2 量为　　$0.79(1 - f)(m^3)$

$1m^3$ 湿风的燃烧产物成分(%)为:

$$CO = 2 \times (0.21 + 0.29f)(m^3)$$

$$CO = \frac{CO \times 100}{CO + N_2 + H_2}$$

$$H_2 = f(m^3)$$

$$H_2 = \frac{H_2 \times 100}{CO + N_2 + H_2}$$

$$N_2 = 0.79(1 - f)(m^3)$$

$$N_2 = \frac{N_2 \times 100}{CO + N_2 + H_2}$$

燃烧 1kg 碳素所需要的风量 $V_风$:

由 $C + CO_2 = 2CO$ 可知,燃烧 1kg 碳素所需要的氧量 $(0.5 \times 22.4)/12 = 0.933m^3/kg$。燃烧 1kg 碳素所需要的风量 $V_风$ 为:

$$V_风 = 0.933/(0.21 + 0.29f)m^3/kg\ C$$

燃烧 1kg 碳素所生成的炉缸煤气 $V_煤$(即生成的 CO、N_2、H_2 体积之和):

$$V_煤 = V_风(V_{CO} + V_{N_2} + V_{H_2})(m^3)$$

其中,V_{CO}、V_{N_2}、V_{H_2} 分别为 CO、N_2、H_2 燃烧产物的体积。

例 14　$380m^3$ 高炉干焦批重 3.2t，焦炭含碳 85%，焦炭燃烧率为 70%，大气湿度 1%，计算风量增加 $200m^3/min$ 时，每小时可多跑几批料？

解　含氧量增加：$200(0.21 + 0.29 \times 1\%) = 42.58m^3/min$

每批料需氧气量：$3.2 \times 1000 \times 0.85 \times 0.7 \times [22.4/(2 \times 12)] = 1776.4m^3$

每小时可多跑料：$(42.58 \times 60)/1776.4 = 1.44$ 批

每小时可多跑 1.44 批。

例 15　高炉吨铁发生干煤气量为 $1700m^3/t$，煤气中含 N_2 为 56%，鼓风含 N_2 为 78%，焦比 380kg/t，焦炭中含 N_2 为 0.3%，煤比 110kg/t，煤粉中含 N_2 为 0.5%，试计算吨铁鼓风量为多少？（不考虑炉尘损失）

解　按 N_2 平衡计算吨铁鼓风量为：

$$\frac{1700 \times 0.540 - (380 \times 0.003 + 110 \times 0.005) \times \frac{22.4}{28}}{0.789} = 1218.78m^3/t$$

吨铁鼓风量为 $1218.78m^3/t$。

例 16　已知鼓风中含水为 $16g/m^3$，求炉缸初始煤气成分。

解　$f = (16 \times 22.4/18)/1000 = 0.02 = 2\%$

$O_2 = 0.21 \times (1 - f) + 0.5f = 0.21 \times (1 - 0.02) + 0.5 \times 0.02 = 0.2158$

燃烧 1kg C 需风量 $V_风 = 22.4/24O_2 = 4.323m^3$

生成炉缸煤气为

$$V_{CO} = 2V_风 O_2 = 2 \times 4.323 \times 0.2158 = 1.866m^3$$

$$V_{N_2} = V_风 N_2 = V_风 \times 0.79 \times (1 - f) = 4.323 \times 0.79 \times (1 - 0.02) = 3.347m^3$$

$$V_{H_2} = V_风 f = 4.323 \times 0.02 = 0.086m^3$$

$$炉缸煤气量 V_煤 = V_{CO} + V_{N_2} + V_{H_2}$$

$$= 1.866 + 3.347 + 0.086 = 5.299m^3$$

炉缸煤气成分

$$CO = (V_{CO}/V_煤) \times 100\% = (1.866/5.299) \times 100\% = 35.22\%$$

$$N_2 = V_{N_2}/V_煤 \times 100\% = (3.347/5.299) \times 100\% = 63.16\%$$

$$H_2 = V_{H_2}/V_煤 \times 100\% = (0.086/5.299) \times 100\% = 1.42\%$$

任务 3.2　基本规律与调节控制手段

3.2.1　基本规律

保持高炉正常冶炼进程，必须遵守下述基本规律。

3.2.1.1　炉况稳定顺行

高炉冶炼是连续而复杂的物理化学反应过程，只有炉况稳定顺行才能使过程反应完善。其主要标志是：

（1）风压、风量、料速和各部位的温度、压力都平稳。

（2）炉温稳定充沛、均衡，生铁合格，高产低耗。

（3）对冶炼条件的临时变化有良好的适应性，在休风、减风后容易恢复正常。

3.2.1.2　气流分布合理

高炉冶炼过程在炉料和气流相互逆流运动中连续进行。气流的分布对高炉稳定顺行、炉缸工作的好坏、软熔带位置与形状，以及冶炼进程的强化等，都起决定作用。

3.2.1.3　炉缸工作良好

炉缸工作在高炉冶炼过程居重要地位，因为：

（1）煤气产生于炉缸。

（2）炉缸是生铁脱硫、渗碳，渣铁分离和全部冶炼过程终结的部位，炉缸工作状态对出渣、出铁、产品质量和高炉稳定顺行关系重大。

炉缸工作良好的标志是：

（1）各风口工作活跃均匀，回旋区大小合理，理论燃烧温度适当。

（2）炉缸热量充沛，保持所需温度水平，且分布均匀。

（3）炉缸工作活跃，上下渣及铁水温度均匀，成分适当，流动良好。

3.2.2　操作制度和条件手段

操作制度：根据高炉具体条件（如高炉炉型、设备水平、原料条件、生产计划及品种指标要求）制定高炉操作准则。

高炉基本操作制度：装料制度、送风制度、炉缸热制度和造渣制度。

3.2.2.1　炉缸热制度

A　炉缸热制度

炉缸热制度是高炉炉缸所应具有的温度和热量水平。

炉温一般指高炉炉渣和铁水的温度，即"物理热"。一般铁水温度为 1350～1550℃，炉渣温度比铁水温度高 50～100℃。

生产中常用生铁含硅量的高低来表示高炉炉温水平，即"化学热"。

B　炉缸热制度的作用

炉缸热制度直接反映炉缸的工作状态，稳定均匀而充沛的热制度是高炉稳定顺行的基础。

C　热制度的选择

（1）根据生产铁种的需要，选择生铁含硅量在经济合理的水平。冶炼炼钢生铁时，[Si] 含量一般控制在 0.3%～0.6% 之间。冶炼铸造生铁时，按用户要求选择 [Si] 含量，且上下两炉 [Si] 含量波动应小于 0.1%。

（2）根据原料条件选择生铁含硅量。冶炼含钒钛铁矿石时，允许较低的生铁含硅量；用铁水的[Si] + [Ti]来表示炉温。

（3）结合高炉设备情况。如炉缸严重侵蚀时，以冶炼铸造铁为好。

（4）结合技术操作水平与管理水平。原燃料强度差、粉末多、含硫高、稳定性较差时，应维持较高的炉温；反之，在原燃料管理稳定、强度好、粉末少、含硫低的条件下，可维持较低的生铁含硅量。

D 影响热制度的主要因素

（1）原燃料性质变化。主要包括焦炭灰分、含硫量、焦炭强度、矿石品位、还原性、粒度、含粉率、熟料率、熔剂量等的变化。

（2）冶炼参数的变动。主要包括冶炼强度、风温、湿度、富氧量、炉顶压力、炉顶煤气 CO_2 含量等的变化。调节风温可以很快改变炉缸热制度。喷吹燃料会改变炉缸煤气流分布。风量的增减使料速发生变化，风量增加，煤气停留时间缩短，直接还原增加，会造成炉温向凉。装料制度如批重和料线等对煤气分布、热交换和还原反应产生直接影响。

E 热制度的调整

（1）调剂炉温的原则。固定最高风温，用煤量调剂炉温，注意喷煤热滞后现象，把握风量、喷吹强度对置换比的影响；调剂量适度，有提前量，准确；低风温（低于1000℃）、小风量（正常风量的80%以下）时，不易进行大喷吹量，防止煤粉燃烧率低，煤焦置换比低。

（2）调剂炉缸热状态手段顺序为：富氧→喷煤→风温→风量→装料制度→变焦负荷→加焦。

对热制度的影响由快变慢的顺序：风量、风温、喷煤、焦负荷。

（3）两次铁之间要求生铁含 Si 量要稳定：炼钢铁波动小于 0.2%，铸造生铁小于 0.45%。

（4）下列因素变动时，应调整焦炭负荷：焦炭水分、灰分、硫分及冶金性能变化时；熟料率变化或性能不同的块矿对换时；烧结矿的强度，还原性能，含粉率有较大变化时；原料中的铁硫等元素有较大变化时；需变动熔剂用量时；需变动风温或喷煤量时；铁水温度偏离正常时；需调整生铁含硅量时；采用发展边沿的装料制度或有引起边沿发展的因素时；冶炼强度有较大变动时。

3.2.2.2 送风制度

A 送风制度的概念

在一定的冶炼条件下，确定合适的鼓风参数和风口进风状态。

送风制度包括风量、风温、鼓风湿度、富氧情况、喷吹燃料以及风口面积和长度。

B 选择送风制度的要求

（1）煤气分布合理。

（2）炉缸工作均匀。

（3）热量充足，煤气利用好。

（4）炉缸工作活跃，铁水质量合格。

（5）炉况顺行。

（6）有利于炉型和设备的维护。

C　送风制度的调节

（1）风量。增加风量，综合冶炼强度提高。在燃料比降低或燃料比维持不变的情况下，风量增加，下料速度加快，生铁产量增加。料速超过正常规定应及时减少风量。当高炉出现悬料、崩料或低料线时，要及时减风，并一次减到所需水平。渣铁未出净时，减风应密切注意风口状况，防止风口灌渣。

当炉况转顺，需要加风时，不能一次到位，防止高炉顺行破坏。两次加风应有一定的时间间隔。在非特殊情况下，应保持全风操作，不要轻易减风。

在下列情况下可增加风量：

1）减风原因已经消除。

2）高炉尚未达到全风时。

3）短期停风后（休风 1h 之内可一次复全风）送风量未还到停风前的水平，长期停风后可维持全风量的 80% ~ 90%，以后可酌情复全。

有下列情况下，若调剂风温无效时可减少风量：

1）下料快，连续 2h 料速超过规定。

2）风压下降，风量增加，预计炉况急剧向凉。

3）炉子进程失常，出现管道悬料时。

4）炉子剧凉，风口挂渣（注意防止减压过多造成风口灌渣）。

5）长时间低料线作业时。

在下列情况下可按放风阀放风：

1）出铁、出渣失常时（跑大流或泥炮故障堵不住铁口）。

2）偏料、管道悬料而炉缸有足够的热度，渣子流动性好，为改变煤气分布时。

3）发生直接影响高炉生产的机械和动力事故时，放风应根据炉况情况，立即降到允许的最低水平，若放风时间短复风时应迅速恢复到原来的水平。

（2）风温。提高热风温度是降低焦比和强化高炉冶炼的重要措施。采用喷吹技术之后，使用高风温更为迫切。高风温能为提高喷吹量和喷吹效率创造条件。

在喷吹燃料情况下，一般不使用风温调节炉况，而是将风温固定在较高水平上，通过喷吹量的增减来调节炉温。当炉热难行需要减风温时，幅度要大些，一次撤到高炉需要的水平；炉况恢复时逐渐将风温提高到需要的水平，一般要缓慢，根据炉况发展趋势，提高风温速度不超过 50℃/h。每次间隔 30min 以上。避免由于加风温过猛引起悬料和过热。

在高炉能够接受和设备允许的情况下，风温应尽可能稳定在最高水平，不要忽高忽低。在操作过程中，应保持风温稳定，换炉前后风温波动应小于 30℃。

风温对焦比的影响随风温升高而减弱，亦即对炉温的作用随之减小。

在下列情况下提高风温：

1）炉料负荷重，矿石还原性恶化，预计炉况向凉变化时。

2）下料快，连续 2h 显著超过正常批数，但进程尚顺时。

3）风压逐步或显著下降，结合其他仪表综合分析，炉况向凉时。

4）高炉进程正常，且能接受风温时。

5）生铁含硅量降低，硫升高，或接近规定下限时。

在下列情况可减风温：

1) 炉况过热或预计炉况向热变化。

2) 高炉难行，风压超过正常界限，炉料有停滞现象，而炉温足够时。

3) 长期停风（4h 以上）后，复风时。

（3）风压。风压直接反映炉内煤气与料柱透气性的适应情况。

（4）鼓风湿分。鼓风中湿分增加 $1g/m^3$，相当于风温降低 $9℃$，但水分分解出的氢在炉内参加还原反应，又放出相当于 $3℃$ 风温的热量。

加湿鼓风需要热补偿，对降低焦比不利。

（5）喷吹燃料。喷吹燃料在热能和化学能方面可以取代焦炭的作用。

随着喷吹量的增加，置换比逐渐降低，对高炉冶炼会带来不利影响。提高置换比的措施有提高风温给予热补偿、提高燃烧率、改善原料条件以及选用合适的操作制度。

喷吹燃料具有"热滞后性"。即喷吹燃料进入风口后，炉温的变化要经过一段时间才能反映出来，这种炉温变化滞后于喷吹量变化的特性称为"热滞后性"。热滞后时间大约为冶炼周期的 70%，热滞后性随炉容、冶炼强度、喷吹量等不同而不同。

用喷吹量调节炉温时，要注意炉温的趋势，根据热滞后时间，做到早调，调剂量准确。由于热滞后现象，以及喷吹物分解吸热和煤气量增加等原因，在增加喷吹物的初期，炉缸先"凉"后热。所以在调剂时要分清炉温是向凉还是已凉，向热还是已热，如果炉缸已凉而增加喷吹物，或者炉缸已热而减少喷吹物，则达不到调剂的目的，甚至还会造成严重后果。此外在开喷和停喷变料时，要考虑先凉后热的特点，即在开始喷吹燃料前，减负荷 2~3h，之后分几次恢复正常负荷，当轻负荷料下达风口后，炉温上升便开始喷吹，停喷时则与此相反。

（6）富氧鼓风。富氧后能够提高冶炼强度，增加产量。提高风口前理论燃烧温度，有利于提高炉缸温度，补偿喷煤引起的理论燃烧温度的下降。

富氧后鼓风含氧量增加，有利于改善喷吹燃料的燃烧。

富氧鼓风使煤气中 N_2 含量减少，炉腹 CO 浓度相对增加，有利于间接反应进行；同时炉顶煤气热值提高，有利于热风炉的燃烧，为提高风温创造条件。

富氧鼓风只有在炉况顺行的情况下才能进行。

在大喷吹情况下，高炉停止喷煤或大幅度减少煤量时，应及时减氧或停氧。

3.2.2.3　装料制度

高炉煤气流合理分布取决于装料制度和送风制度的循环配合。装料制度优化可使炉内煤气分布合理，改善矿石与煤气接触条件，减少煤气对炉料下降的阻力，避免高炉憋风、悬料。提高煤气利用率和矿石的间接还原度，可降低焦比，促进高炉生产稳定顺行。

装料制度指炉料装入炉内的方式方法的有关规定，包括装入顺序、装入方法、旋转溜槽倾角、料线和批重等。高炉上部气流分布调节是通过变更装料制度，调节炉料在炉喉的分布状态，从而使气流分布更合理，充分利用煤气的热能和化学能，以达到高炉稳定顺行的目的。炉料装入炉内的设备有钟式炉顶装料设备和无钟炉顶装料设备。

　　A　影响炉料分布的因素

影响炉料分布的因素包括固定条件和可变条件两个方面。

（1）固定条件。装料设备类型（主要是分钟式炉顶和布料器、无钟炉顶）和结构尺寸（如大钟倾角、下降速度、边缘伸出料斗外长度、旋转溜槽长度等），炉喉间隙，炉料自身特性（粒度、堆角、堆密度、形状等）。

（2）可变条件。旋转溜槽倾角、转速、旋转角，活动炉喉位置，料线高度，炉料装入顺序，批重，煤气流速等。

B　炉顶布料对煤气分布的影响

（1）批重：

1）批重增加，加重中心，疏松边缘。

2）批重减小，中心松、边缘重。

3）批重决定炉内料层的厚度。批重越大，料层越厚，软熔带焦层厚度越大；此外料柱的层数减少，可改善透气性。但批重扩大不仅增大中心气流阻力，也增大边缘气流的阻力，所以一般随批重扩大压差有所升高。

目前，随着原燃料质量的不断改善，有提高矿批重趋势。调负荷一般不动焦批，以保持焦窗透气性稳定。焦批的改变对布料具有重大影响，操作中最好不用。

高炉操作不轻易加净焦，只有出现对炉温有持久影响的因素存在才加净焦（高炉大凉、发生严重崩料和悬料，设备大故障等），而且只有在加焦下达炉缸时才会起作用。加净焦的作用：有效提高炉温，疏松料柱，改善炉料透气性，改变煤气流分布。根据情况采取改变焦炭负荷的方法比较稳妥，不会造成炉温大幅度波动。变铁种时，调焦炭负荷不可过猛，要分几批调剂，间隔最好 1~2h。

高冶炼强度，矿批重要扩大；喷煤比提高，要加大矿批重。

加大矿批重的条件：边缘负荷重、密度大矿石改用密度小矿石（富矿改贫矿）、焦炭负荷减轻。

减小矿批重的条件：边缘气流过分发展；在矿批重相同的条件下，以烧结矿代替天然矿；加重焦炭负荷；炉龄后期等。

（2）料线。在碰撞点之上，提高料线将使堆尖与炉墙的距离增大，同时炉料堆角也有所增大，降低料线则作用相反。随着料线深度增加，矿石对焦炭的冲击、推挤作用也增强。要求边缘气流发展时，可适当提高料线；反之则适当降低料线。

（3）装料顺序。正装加重边缘，疏松中心；倒装加重中心，疏松边缘。

改变装料顺序的条件：调整炉顶煤气流分布，处理炉墙结厚和结瘤，开停炉前后等。

（4）装料制度与送风制度相适宜。装料制度与送风制度应保持适宜。当风速低、回旋区较小，炉缸初始气流分布边缘较多时，不宜采用过分加重边缘的装料制度，应在适当加重边缘的同时强调疏导中心气流，防止边缘突然加重而破坏顺行。可缩小批重，维持两股气流分布。若下部风速高回旋区大，炉缸初始气流边缘较少时，也不宜采用过分加重中心的装料制度，应先适当疏导边缘，然后再扩大批重相应增加负荷。

3.2.2.4　造渣制度

造渣制度应适合于高炉冶炼要求，有利于稳定顺行，有利于冶炼优质生铁。根据原燃料条件，选择最佳的炉渣成分和碱度。

A　造渣制度的要求

造渣有如下要求：

（1）要求炉渣有良好的流动性和稳定性。

（2）有足够的脱硫能力。

（3）对高炉砖衬侵蚀能力较弱。

（4）在炉温和炉渣碱度正常条件下，应能炼出优质生铁。

B　对原燃料的基本要求

为满足造渣制度要求，对原燃料必须有如下基本要求：

（1）原燃料含硫低。

（2）原料难熔和易熔组分低，如氟化钙越低越好。

（3）易挥发的钾、钠成分越低越好。

（4）原料含有少量的氧化锰、氧化镁对造渣有利。

不同原燃料条件，应选择不同的造渣制度。渣中适宜 MgO 含量与碱度有关，CaO/SiO$_2$ 越高，适宜的 MgO 应越低。若 Al$_2$O$_3$ 含量在 17% 以上，CaO/SiO$_2$ 含量过高时，将使炉渣的黏度增加，导致炉况顺行破坏。因此，适当增加 MgO 含量，降低 CaO/SiO$_2$，便可获得稳定性好的炉渣。

C　通常利用改变炉渣的成分来满足生产中的需要

（1）因炉渣碱度过高而产生炉缸堆积时，可用比正常碱度低的酸性渣去清洗。若高炉下部有黏结物或炉缸堆积严重时，可以加入萤石（CaF$_2$），以降低炉渣黏度和熔化温度，清洗下部黏结物，加入量应严格控制，防止造成炉缸烧穿事故。

（2）根据不同铁种的需要利用炉渣成分促进或抑制硅、锰还原。当冶炼硅铁、铸造铁时，需要促进硅的还原，应选择较低的炉渣碱度。冶炼炼钢生铁时，既要控制硅的还原，又要保持较高的铁水温度，应选择较高的炉渣碱度。对锰的还原，由于锰从 MnO 的还原是直接还原，而 MnO 多以 MnO·SiO$_2$ 存在，因而［Mn］是从炉渣中还原出来的，当有 CaO 存在时，还原反应式为：

$$(MnO·SiO_2) + C + (CaO) === [Mn] + (CaO·SiO_2) + CO$$

如提高炉渣碱度，CaO 含量增加，有利于反应的进行，对锰的还原有利，还可降低热量消耗。因此，冶炼锰铁时需要较高的碱度。

（3）利用炉渣成分脱除有害杂质。当矿石含碱金属（钾、钠）较高时，为了减少碱金属在炉内循环富集的危害，需要选用熔化温度较低的酸性炉渣。

若炉料含硫较高时，需提高炉渣碱度，以利脱硫。如果单纯提高炉渣二元碱度，虽然 CaO 与硫的结合力提高，但是炉渣黏度增加、铁中硫的扩散速度降低，不仅不能很好地脱硫，还会影响高炉顺行；特别是当渣中 MgO 含量低时，增加 CaO 含量对黏度等炉渣性能影响更大。因此，应适当增加渣中 MgO 含量，提高三元碱度，以增加脱硫能力。虽然从热力学的观点看，MgO 的脱硫能力比 CaO 弱，但在一定范围内 MgO 能改善脱硫的动力学条件，脱硫效果很好。MgO 含量以 7% ~12% 为好。

3.2.2.5　基本制度间的关系

高炉冶炼过程是在上升煤气流和下降炉料的相向运动中进行的。在这个过程中，下降炉料被加热、还原、熔化、造渣、脱硫和渗碳，从而得到合格的生铁产品。要使这一冶炼过程顺利进行，只有选择合理的操作制度，来充分发挥各种基本制度的调节手段，促进生产发展。四大基本制度相互依存，相互影响。高炉顺行的前提：科学合理地选择送风制度和装料制度。

四个基本制度之间的关系：

（1）煤气分布合理的基础：下部调剂送风制度对高炉生产起决定性作用。维持高炉顺行的重要手段：上部调剂装料制度，用科学布料来优化煤气流的再分布。

（2）炉缸热量充沛、生产稳定的前提：高炉热量收支平衡。

（3）保证炉况顺序、炉体完整，脱硫能力强的条件：优化造渣制度。

（4）四个基本操作制度相互依存、相互影响。煤气流的合理分布取决于送风制度和装料制度，即上部调剂和下部调剂要相互配合；炉缸热量充沛取决于热制度和送风制度。

3.2.2.6 高炉炼铁操作制度调整的原则

（1）建立以预防为主的原则：对炉况波动做出准确地判断。早、少量进行科学调整，把炉况大波动消失在萌芽之中。

（2）各操作参数要有灵活可调的范围，各种参数要有留有余地。

（3）正常生产条件下，先采用下部调剂手段，其次为上部调整，再次调整风口面积。特殊情况下，采用上下部同时调剂。

（4）炉况恢复，首先恢复风量。处理好风量与风压的关系，相应恢复风温和喷煤，最后调整装料制度。

（5）长期炉况不顺的高炉，风量与风压不对应，采用上部调剂无效时，要果断缩小风口面积，或堵部分风口。

（6）炉墙侵蚀严重，冷却设备大量损坏，不易采取强化操作。

（7）炉缸水温差高，要及早采取 TiO_2 护炉、提高炉温等措施，堵部分风口，提高部分冷却设备冷却强度等。

（8）建立综合分析炉况的工作制度，每周每月有技术分析会，各工长炉长参加，集思广益，科学判断炉况，提出下一步高炉操作方针。

任务 3.3 高炉炉况判断

3.3.1 炉况判断的重要性

高炉冶炼过程受许多内外因素的影响，炉况可能随时波动，必须及时准确判断和调节，才可保持高炉顺行，避免炉况剧烈波动而破坏高炉生产的正常进行。

3.3.2 判断炉况的方法

判断炉况的内容：高炉炉况变化的方向和变化的幅度。

常见的炉况判断方法：直接判断法和利用仪器仪表进行判断。

3.3.2.1 直接观测法

A 看出铁

主要看铁中含硅与含硫情况。

（1）看火花判断含硅量：

当［Si］高时，铁水流动时没有火花飞溅；

当［Si］低时，铁水流动时出现的火花较多，跳跃高度降低，呈绒球状火花。

（2）看试样断口及凝固状态判断含硅量：

1）看断口。冶炼炼钢生铁时：

当［Si］小于 1.0% 时，断口边沿有白边；

当［Si］小于 0.5% 时，断口呈全白色；

当［Si］为 0.5%～1.0% 时，为过渡状态，中心灰白，［Si］越低，白边越宽。

2）看凝固状态。铁水注入模内，待冷凝后，可以根据铁模样的表面情况来判断。

当［Si］小于 1.0% 时，冷却后中心下凹，生铁含［Si］越低，下凹程度越大；

当［Si］为 1.0%～1.5% 时，中心略有凹陷；

当［Si］为 1.5%～2.0% 时，表面较平；

当［Si］大于 2.0% 以后，随着［Si］的升高，模样表面鼓起程度增大。

（3）用铁水流动性判断含硅量。冶炼炼钢生铁时，铁水流动性良好，不粘沟。

（4）生铁含［S］的判断：

1）看铁水凝固速度及状态：

当［S］少时，铁水很快凝固；

当［S］多时，稍过一会儿铁水即凝固，生铁含［S］越高，凝固越慢，含［S］越低，凝固越快；

当［S］在 0.05%～0.07% 时，铁水凝固后表面出现斑痕，但不多；

当［S］大于 0.1% 时，表面斑痕增多，［S］越高，表面斑痕越多。

2）看铁水表面油皮及样模断口：

当［S］小于 0.03% 时，铁水流动时表面没有油皮；

当［S］大于 0.05% 时，表面出油皮；

当［S］大于 0.1% 时，铁水表面完全被油皮覆盖。

3）将铁水注入铁模，并急剧冷却，打开断口观察：

当［S］大于 0.08% 时，断口呈灰色，边沿呈白色；

当［S］大于 0.1% 时，断口为白口，冷却后表面粗糙，如铁水注入铁模，缓慢冷却，则边沿呈黑色。

B　看炉渣

（1）用炉渣判断炉缸温度。炉热时，渣温充足，光亮夺目。在正常碱度时，炉渣流动性良好，不易粘沟。上下渣温基本一致。渣中不带铁，上渣口出渣时有大量煤气喷出，渣流动时，表面有小火焰。冲水渣时，呈大的白色泡沫浮在水面。

炉凉时，渣温逐渐下降，渣的颜色变为暗红，流动性差，易粘沟，渣口易被凝渣堵塞，打不开；上渣带铁多，渣口易烧坏，喷出的煤气量少，渣面起泡，渣流动时，表面有铁花飞溅。冲水渣时，冲不开，大量黑色硬块沉于渣池。

（2）用上下渣判断炉缸工作状态。炉缸工作均匀时，上下渣温基本一致。

当炉缸中心堆积时，上渣热而下渣凉；边沿堆积时，上渣凉而下渣热，有时渣口打不开。

当炉缸圆周工作不均匀时，各渣口渣温和上下渣温相差较大。

（3）用渣样判断炉缸温度及碱度。用样勺取样，待冷凝后，观察断口状况，可用来判断炉缸温度及炉渣碱度：

1）当炉温和碱度高时，渣样断口呈蓝白色，这时炉渣二元碱度为 1.2～1.3 左右。

2）若断口呈褐色玻璃状并夹有石头斑点，表明炉温较高，其二元碱度为 1.10～1.20 左右。

3）如果断口边沿呈褐色玻璃状，中心呈石头状，一般称之为灰心玻璃渣，表明炉温中等，碱度为 1.0～1.1 左右。

4）如果二元碱度为 1.3 以上，冷却后，表面出现灰色粉状风化物。

5）当碱度小于 1.0 时，将逐渐失去光泽，变成不透明的暗褐色玻璃状渣，易脆。

6）低温炉渣，其断面为黑色，并随着渣中 FeO 增加而加深，一般渣中 FeO 大于 2% 渣就变黑了。

7）严重炉凉时，渣会变得像沥青样。

8）渣中含 MnO 多时，渣呈豆绿色。

9）渣含 MgO 较多时，渣呈浅蓝色；MgO 再增加时，渣逐渐变成淡黄色石状渣，如 MgO 大于 10%，炉渣断面为淡黄色石状渣。

C　看风口

（1）用风口判断炉缸工作状态：

1）各风口明亮均匀，说明炉缸圆周各点温度均匀。

2）各风口焦炭运动活跃均匀，则炉缸圆周各点鼓风动能适当。

（2）用风口判断炉缸温度：

1）炉温下降时，风口亮度也随之变暗，有生降出现，风口同时挂渣。

2）在炉缸大凉时，风口挂渣、涌渣、甚至灌渣。

3）炉缸冻结时，大部分风口会灌渣。

4）如果炉温充足时风口挂渣，说明炉渣碱度可能过高。

5）炉温不足时，风口周围挂渣。

6）风口破损时，局部挂渣。

（3）用风口判断顺行情况。高炉顺行时各风口明亮但不耀眼，而且均匀活跃。每小时料批数均匀稳定，风口前无生降，不挂渣，风口破损少。

高炉难行时，风口前焦炭运动呆滞。悬料时，风口焦炭运动微弱，严重时停滞。

当高炉崩料时，如果属于上部崩料，风口没有什么反映。若是下部成渣区崩料很深时，在崩料前，风口表现非常活跃，而崩料后，焦炭运动呆滞。

高炉发生管道行程时，正对管道方向，在管道形成初期风口很活跃，循环区也很深，但风口不明亮；当管道崩溃后，焦炭运动呆滞，有生料在风口前堆积。炉凉若发生管道崩溃，则风口灌渣。冶炼铸造生铁时这种现象较少，而冶炼炼钢生铁时较多。当高炉热行时，风口光亮夺目，焦炭循环区较浅，运动缓慢。

发生偏料时，低料面一侧风口发暗，有生料和挂渣。炉凉时则涌渣、灌渣。

（4）用风口判断大小套漏水情况。当风口小套烧坏漏水时，风口将挂渣、发暗，并且水管出水不均匀，夹有气泡，出水温度差升高。

D　看料速和探尺运动状态

看料速主要是比较下料快慢及均匀性，看每小时下料批数和两批料的间隔时间。

探尺运动状态直接表示炉料的运动状态，真实反映下料情况。

炉况正常时，探尺均匀下降，没有停滞和陷落现象；炉温向凉时，每小时料批数增加；而向热时，料批数减少；难行时，探尺呆滞。

探尺突然下降 300mm 以上时，称崩料；如果探尺不动时间较长称为悬料；如探尺间经常性地相差大于 300mm 时，称为偏料（可结合炉缸炉温来判断），偏料属于不正常炉况。如两探尺距离相差很大，若装完一批料后距离缩小很多时，一般由管道引起。

在送风量及矿石批重不变的情况下，探尺下降速度间接地表示炉缸温度变化的动向及炉况的顺行情况。

通过炉顶摄像装置观看炉顶料流轨迹和料面形状、中心气流和边缘气流的分布情况，还能看到管道、塌料、坐料和料面偏斜等炉内现象。

3.3.2.2　仪器仪表监测（间接观察法）

A　仪器仪表监测的种类

监测高炉生产的主要仪器仪表，按测量对象可分为以下几类：

（1）压力计类。有热风压力计、炉顶煤气压力计、炉身静压力计、压差计等。

（2）温度计类。有热风温度计、炉顶温度计、炉喉十字温度计、炉墙温度计、炉基温度计、冷却水温度计和风口内温度计、炉喉热成像仪等。

（3）流量计类。有风量计、氧量计、冷却水流量计等。

（4）炉喉煤气分析、荒煤气分析等。

B　利用 CO_2 曲线判断高炉炉况

炉况正常时，在焦炭、矿石粒度不均匀的条件下，有较发展的两道煤气流，即高炉边缘与中心的气流都比中间环圈内的气流相对发展，这有利于顺行，同时也有利于煤气能量的利用（如果高炉原燃料质量好，粒度均匀，可以使这两道煤气流弱一些）。这种情况下形成边缘与中心两点 CO_2 含量低，而最高点在第三点的双峰式曲线。如果边缘与中心两点 CO_2 含量差值不大于 2%，这时炉况顺行，整个炉缸工作均匀、活跃，其曲线呈平峰式。

当 CO_2 曲线各点 CO_2 值普遍下降时，或边沿一、二、三点显著下降，表明炉内直接还原度增加，或边缘气流发展，预示炉温向凉。同时，混合煤气中 CO_2 值也下降。煤气曲线由正常变为边缘气流发展，预示在负荷不变的条件下炉温趋势向凉，煤气利用程度降低。当边缘一、二、三点普遍上升，中心也上升时，则表示在负荷不变的条件下，煤气利用程度改善，间接还原增加，预示炉温向热。同时，混合煤气中 CO_2 值也将升高。

利用 CO 和 CO_2 含量的比例能反映高炉冶炼过程中的还原度和煤气能量利用状况。一般在焦炭负荷不变的情况下 CO/CO_2 值升高，说明煤气能量利用变差，预示高炉向凉；CO/CO_2 值降低，则说明煤气能量利用改善，预示炉子热行。

C　利用热风压力、煤气压力、压差判断炉况

（1）热风压力可反映出炉内煤气压力与炉料相适应的情况，并能准确及时地说明炉况的稳定程度，是判断炉况最重要的仪表之一。热风压力与炉料粉末的多少、焦炭强度、风量、炉温、喷吹燃料量以及炉缸渣铁量等因素有关。

（2）炉顶煤气压力代表煤气在上升过程中克服料柱阻力而到达炉顶时的煤气压力。常压高炉炉况正常时，煤气压力稳定。若炉顶压力经常出现向上或向下的波动，表示煤气流分布不稳或发生管道和崩料。悬料时，由于炉内不易接受风量，产生的煤气量少，炉顶煤气压力明显降低。

（3）热风压力与炉顶压力的差值近似于煤气在料柱中的压头损失，称为压差。热风压力计更多地反映高炉下部料柱透气性的变化，在炉顶煤气压力变化不大时，也表示整个料柱透气性的变化；而炉顶煤气压力计能更多地反映高炉上部料柱透气性的变化。当炉温向热时，由于炉内煤气体积膨胀，风压缓慢上升，压差也随之升高，炉顶煤气压力则很少变化，高压炉顶操作时更是如此。当炉温向凉时，由于煤气体积缩小而风压下降，压差也降低，炉顶压力变化不大或稍有升高（常压炉顶操作）。煤气流失常时，下料不顺，热风压力剧烈波动。

高炉顺行时，热风压力相对稳定，炉顶压力也相应稳定，因此，压差只在一个小范围内波动。

高炉难行时，由于料柱透气性相对变差，使热风压力升高而炉顶压力降低，因此压差升高；高压炉顶操作时虽然炉顶煤气压力不变，因热风压力的升高，压差也是增加的。

高炉崩料前热风压力下降，崩料后转为上升，这是由于崩料前高炉料柱产生明显的管道，而崩料后料柱压缩，透气性变坏。

高炉悬料时，料柱透气性恶化，热风压力升高，压差也随之升高。

D 利用冷风流量计判断炉况

在正常操作中，增加风量，热风压力随之上升。

在判断炉况时，必须把风量与风压结合起来考虑。当料柱透气性恶化时，风压升高，风量相应自动减少；当料柱透气性改善时，风压降低，而风量自动增加。炉热时，风压升高而风量降低；炉温向凉时，则相反。

E 利用炉顶、炉喉、炉身温度判断炉况

利用炉顶温度判断炉况。炉顶温度系指煤气离开炉喉料面时的温度，它可以用来判断煤气热能利用程度；也用来判断炉内煤气的分布。

正常炉况时，煤气利用好，各点温差不大于50℃（对某些高炉而言），而且相互交叉。

炉缸中心堆积时，各点温差大于50℃（对某些高炉而言，下同），甚至有时达100℃左右，曲线分散，而且各点温度水平普遍升高。

3.3.2.3 炉况综合判断

炉况综合判断并非把所观察到的各种现象机械地综合在一起，而是要分析各种炉况的主要特征。每种失常炉况，都有一个或几个现象是主要的，例如判断是否悬料，决定性的反映是探尺停滞，其他如风压升高、风量降低、透气性指数下降等都是判断的补充条件。炉热、严重炉冷也有风压升高、风量降低、透气性指数下降的现象。而决定悬料是否在上部时，除探尺停滞还要观察上部压差是否升高。决定边缘煤气轻重的主要是炉喉煤气 CO_2 曲线和炉顶十字测温，判断炉墙结厚的主要因素是热流强度和水温差。

任务 3.4　高炉炉况失常及处理

3.4.1　正常炉况标志与失常炉况

3.4.1.1　正常炉况的标志

(1) 风口明亮、风口前焦炭活跃、圆周工作均匀，无生降，不挂渣，风口烧坏少。

(2) 炉渣热量充沛，渣温合适，流动性良好，渣中不带铁，上下渣温度相近，渣中 FeO 含量低于 0.5%，渣口破损少。

(3) 铁水温度合适，前后变化不大，流动性良好，化学成分相对稳定。

(4) 风压、风量和透气性指数平稳，无锯齿状。

(5) 高炉炉顶煤气压力曲线平稳，没有较大的上下尖峰。

(6) 炉顶温度曲线呈规则的波浪形，炉顶煤气温度一般为 150~350℃，炉顶煤气四点温度相差不大。

(7) 炉喉、炉身温度各点接近，并稳定在一定的范围内波动。

(8) 炉料下降均匀、顺畅，没有停滞和崩落的现象，探尺记录倾角比较固定，不偏料。

(9) 炉喉煤气 CO_2 曲线呈对称的双峰型，尖峰位置在第二点或第三点，边缘 CO_2 与中心相近或高一些；混合煤气中 CO_2/CO 的比值稳定，煤气利用良好。曲线无拐点。

(10) 炉腹、炉腰和炉身各处温度稳定，炉喉十字测温温度规律性强，稳定性好。冷却水温差符合规定要求。

3.4.1.2　失常炉况的类型

基本可分为两类：一类是煤气流分布失常；另一类是热制度失常。前者表现为边缘气流或中心气流过分发展，以致出现炉料偏行或管道行程等；而后者表现为炉凉或炉热等。

炉况失常的原因有：

(1) 基本操作制度不相适应。

(2) 原燃料物理化学性质的变化。

(3) 分析与判断错误导致操作失误。操作错误包括炉况调节的方向错误、调节分量不当、不及时三种情况。

(4) 意外事故。包括设备事故及有关环节的操作事故。

3.4.2　炉况失常的特征及处理

3.4.2.1　煤气流分布失常

A　边缘气流过分发展

边缘气流过分发展的危害：

(1) 煤气能量不能充分利用，造成焦比升高。

（2）生铁质量下降。

（3）炉缸中心堆积。

边缘气流过分发展的原因：

（1）风口面积过大，或风量骤减（长期慢风操作），鼓风动能过低。

（2）原燃料质量差。

（3）炉喉间隙过大或炉身中下部及炉腰严重侵蚀。

边缘气流发展的表现：

（1）风压偏低，风量和透气性指数相应增大，风压易突然升高而造成悬料。

（2）炉顶和炉喉温度升高，波动范围增大，曲线变宽。

（3）炉顶压力频繁出现高压尖峰，炉身静压升高，料速不均，边缘下料快。

（4）炉喉煤气 CO_2 曲线边缘降低，中心升高，曲线最高点向中心移动，混合煤气 CO_2 降低，炉喉十字测温边缘升高，中心降低。

（5）炉腰、炉身冷却设备水温差升高。

（6）风口明亮，个别风口时有大块生降，严重时风口有涌渣现象或自动灌渣。

（7）渣铁温度不足，上渣热，下渣偏凉。

（8）铁水温度先凉后热，铁水成分高硅高硫。

边缘气流发展的调节：

（1）采取加重边缘，疏通中心的装料制度。钟式高炉可适当增加正装料比例，无钟高炉可增加外环布矿份数，或减少外环布焦份数。

（2）批重过大时可适当缩小矿石批重，控制料层厚度。

（3）炉况顺行时可适当增加风量和喷煤量，但压差不得超过规定范围。

（4）炉况不顺时可临时堵 1~2 个风口，或缩小风口直径。

（5）检查大钟和旋转溜槽是否有磨漏现象，若已磨漏应及时更换。

B　边缘气流不足及中心过分发展

边缘气流不足及中心过分发展的原因：

（1）风口面积过大或长度过大，引起鼓风动能过高，超过实际需要水平。

（2）送风制度不合理。

（3）装料制度不合理，长期采用加重边缘的装料制度，促使边缘过重。

（4）长期堵风口操作。

（5）长期采用高碱度炉渣操作。

（6）炉墙结厚。

边缘气流不足的表现：

（1）风压偏高，风量和透气性指数相应降低，出铁前风压升高，出铁后风压降低。

（2）炉顶和炉喉温度降低，波动减少，曲线变窄。

（3）炉顶煤气压力不稳，出现高压尖峰，炉身静压力降低。

（4）炉喉煤气 CO_2 曲线边缘升高，中心降低，曲线最高点向边缘移动，综合煤气 CO_2 升高，炉喉十字测温边缘降低，中心升高。

（5）料速不均，中心下料快。

（6）炉腰炉身冷却设备水温差降低。

（7）风口暗淡不均显凉，有时出现涌渣现象，但不易灌渣。

（8）上渣带铁多，铁水物理热不足，生铁成分低硅高硫。

边缘气流不足的调节：

（1）采取减轻边缘、加重中心的装料制度，钟式高炉可适当增加倒装比例，无钟高炉可适当减少边缘布矿份数，或增加布焦份数，并相应减轻焦炭负荷。

（2）批重小时可适当增加矿石批重，但不宜影响顺行太大。

（3）料线低时可适当提高料线。

（4）鼓风动能高时可适当减少风量和喷煤量，但压差不宜低于正常范围的下限水平。

（5）炉况顺行时可考虑适当扩大风口直径，但鼓风动能不得低于正常水平。

（6）炉况不顺时可考虑采取洗炉措施，炉渣碱度可适当降低，维持正常碱度的下限水平。

C　管道行程

管道行程：高炉横截面某一局部区域气流过分发展的表现。

管道行程形成原因：原燃料强度降低、粉末增多，风量与料柱透气性不相适应；低料线作业、布料不合理、风口进风不均及操作炉型不规则等。

管道行程表现：

（1）管道行程时，风压趋低，风量和透气性指数相对增大。管道堵塞后风压回升，风量锐减，风量与风压呈锯齿状反复波动。

（2）管道部位炉顶温度和炉喉温度升高。高炉中心出现管道时，炉顶四点煤气温度重合，炉喉十字测温中心温度升高。

（3）炉顶煤气压力出现较大的高压尖峰，管道部位炉身静压力降低。

（4）管道部位炉身水温差略有升高。

（5）下料不均匀，时快时慢。

（6）风口工作不均匀，管道方位风口忽明忽暗，出现生降现象。

（7）渣铁温度波动较大。

（8）管道严重时，管道方向的上升管时常发出炉料撞击声音。

管道行程处理：

（1）当出现明显的风压下降，风量上升，且下料缓慢的不正常现象时，应及时减风。

（2）富氧鼓风高炉应适当减氧或停氧，并相应减煤或停煤，如炉温较高可撤风温 $50 \sim 100\,℃$。

（3）当探尺出现连续滑落，风量风压剧烈波动时应转常压操作并相应减风。

（4）出现中心管道时，钟式高炉可临时改若干批双装，无钟高炉临时装若干批 $\alpha_o >$ α_o 的料或增加内环的矿石布料份数。

（5）若出现边缘管道时，可临时装入若干批正双装，无钟高炉可在管道部位采用扇形布料或定点布料装若干批炉料。

（6）管道行程严重时要加净焦若干批，以疏松料柱，防止炉冷。

（7）上述措施无效时，可放风坐料，并适当加净焦，恢复时压差要相应降低 $0.01 \sim 0.02\,MPa$。

（8）如管道行程长期不能得到处理，应考虑休风堵部分风口，然后再逐渐恢复炉况。

3.4.2.2　炉温失常

A　炉热

炉热的表现：

（1）热风压力缓慢升高，冷风流量相应降低。

（2）生铁含［Si］升高，并超过规定范围。

（3）透气性指数相对降低。

（4）下料速度缓慢。

（5）风口明亮。

（6）炉渣流动良好、断口发白。

（7）铁水明亮，火花减少。

炉热的原因：

（1）原燃料称量不准，造成负荷过轻。

（2）焦炭含水补偿太多。

（3）短期休风后，热惯性的影响。

炉温向热的调节：

（1）向热料慢时，首先减煤，减煤量应根据高炉炉容的大小和炉热的程度而定；如风压平稳可少量加风。

（2）减煤后炉料仍慢，富氧鼓风的高炉可增加氧量 0.5% ~1% 。

（3）炉温超规定水平，顺行欠佳时可适当撤风温。

（4）采取上述措施后，如风压平稳，可加风，加风数量应根据高炉的大小和炉热的程度而定。

（5）料速正常后，炉温仍高于正常水平，可根据炉容的大小和炉热的程度适当调整焦炭负荷。

（6）如果是原、燃料质量改变导致的炉温向热，且是较长期影响因素，应根据情况相应调整焦炭负荷。

（7）如果高炉原、燃料称量设备出现误差，应迅速调回到正常水平。

B　炉冷

炉冷的危害：炉冷是指炉缸热量严重不足，不能正常送风，渣铁流动性不好，可能导致出格铁、灌渣、悬料、结厚、炉缸冻结等恶性事故。

炉冷的原因：

（1）连续两小时以上，料速超过正常批数，而未进行调节。

（2）减风温过多，造成临时性负荷过重。

（3）原燃料称量不准，造成实际负荷过重；或煤气利用严重恶化，未能及时纠正。

（4）低料线超过一小时或低料线时加焦量不足，而重料下达炉缸。

（5）雨季焦炭含水补偿太少，冷却设备损坏大量漏水。

（6）长期减风操作。

（7）严重崩料、管道、偏料、炉瘤或渣皮脱落，导致炉缸剧冷。

（8）缺乏准备的长期停风之后的送风。

炉温向凉的表现：炉冷分初期向凉与严重炉冷。它们的征兆分别为初期向凉征兆和严重炉冷征兆。

初期向凉征兆：

（1）风口向凉。

（2）风压逐渐降低，风量自动升高。

（3）在不增加风量的情况下，下料速度自动加快。

（4）炉渣变黑，渣中 FeO 含量升高，炉渣温度降低。

（5）容易接受提温措施。

（6）顶温、炉喉温度降低。

（7）压差降低，透气性指数提高，下部静压力降低。

（8）生铁含硅降低，含硫升高，铁水温度不足。

严重炉冷征兆：

（1）风压、风量不稳，两曲线向相反方向剧烈波动。

（2）炉料难行，有停滞塌陷现象。

（3）顶压波动，悬料后顶压下降。

（4）下部压差由低变高，下部静压力变低，上部压差下降。

（5）风口发红，出现生料，有涌渣、挂渣现象。

（6）炉渣变黑，渣铁温度急剧下降，生铁含硫升高。

炉温向凉的调节：

（1）下料速度加快，炉温向凉时，增加煤粉喷吹量，适当减风。

（2）煤粉喷吹量增加后，料速仍然较快，富氧鼓风的高炉可适当减氧。

（3）如风温有余，顺行良好，可适当提高风温，加风温应考虑高炉接受的能力，防止由于加风温而导致高炉难行。

（4）采取上述措施，料速仍然较快，可再减风，直至料速恢复正常水平。

（5）料速正常后，炉温仍低于正常水平，可适当减负荷。

（6）如果是原、燃料质量改变而导致的炉温向凉，且是较长期影响因素，应根据情况相应调整焦炭负荷。

（7）如原燃料称量误差，应迅速调回正常水平。

（8）如果是风口漏水应及时更换。

C　炉缸冻结

由于炉温大幅度下降导致渣铁不能从铁口自动流出时，就表明炉缸已处于冻结状态。

炉缸冻结的原因：

（1）高炉长时间连续塌料、悬料、发生管道且未能有效制止。

（2）由于外围影响造成长期低料线。

（3）上料系统称量有误差或装料有误，造成焦炭负荷过重。

（4）冷却器损坏大量漏水流入炉内，没有及时发现和处理。

（5）无计划的突然长期休风。

（6）装料制度有误，导致煤气利用严重恶化，没有及时发现和处理。

（7）炉凉时处理失当。

如果在高炉日常生产操作中，出现以上情况，高炉操作者必须引起高度重视，避免炉缸冻结事故的发生。

炉缸冻结的处理：

（1）果断采取加净焦的措施，并大幅度减轻焦炭负荷，净焦数量和随后的轻料可参照新开炉的填充料来确定。炉子冻结严重时，集中加焦量应比新开炉多些，冻结轻时则少些。同时应停煤、停氧把风温用到炉况能接受的最高水平。

（2）堵死其他方位风口，仅用铁口上方少数风口送风，用氧气或氧枪加热铁口，尽力争取从铁口排出渣铁。铁口角度要尽量减小，烧氧气时，角度也应尽量减小。

（3）尽量避免风口灌渣及烧出情况发生，杜绝临时紧急休风，尽力增加出铁次数，千方百计及时排净渣铁。

（4）加强冷却设备检查，坚决杜绝向炉内漏水。

（5）如铁口不能出铁说明冻结比较严重，应及早休风准备用渣口出铁、保持渣口上方两个风口送风，其余全部堵死。送风前渣口小套、三套取下，将渣口与风口间用氧气烧通，并见到红焦炭。烧通后将用炭砖加工成外形和渣口三套一样、内径和渣口小套内径相当的砖套装于渣口三套位置，外面用钢板固结在大套上。送风后风压不大于 0.03MPa，堵铁口时减风到底或休风。

（6）如渣口也出不来铁，说明炉缸冻结相当严重，可转入风口出铁，即用渣口上方两个风口，一个送风，一个出铁，其余全部堵死。休风期间将两个风口间烧通，并将备用出铁的风口和二套取出，内部用耐火砖砌筑，深度与二套齐，大套表面也砌筑耐火砖，并用炮泥和沟泥捣固并烘干，外表面用钢板固结在大套上。出铁的风口与平台间安装临时出铁沟，并与渣沟相连，准备流铁。送风后风压不大于 0.03MPa，处理铁口时尽量用钢钎打开，堵口时要低压至零或休风，尽量增加出铁次数，及时出净渣铁。

（7）采用风口出铁次数不能太多，防止烧损大套。风口出铁顺利以后，迅速转为备用渣口出铁，渣口出铁次数也不能太多，砖套烧损应及时更换，防止烧坏渣口二套和大套。渣口出铁正常后，逐渐向铁口方向开风口，开风口速度与出铁能力相适应，不能操之过急，造成风口灌渣。开风口过程要进行烧铁口，铁口出铁后问题得到基本解决，之后再逐渐开风口直至正常。

3.4.2.3　炉料分布失常

A　低料线

高炉用料不能及时加入到炉内，致使高炉实际料线比正常料线低 0.5m 或更低时，即称低料线。

低料线的危害：

（1）破坏炉料的分布，恶化了炉料的透气性，导致炉况不顺。

（2）炉料分布被破坏，引起煤气流分布失常，煤气的热能和化学能利用变差，导致炉凉。

（3）低料线过深，矿石得不到正常预热，为补足热量损失，势必降低焦炭负荷，使焦比升高。

（4）炉缸热量受到影响，极易发生炉冷、风口灌渣等现象，严重时会造成炉缸冻结。

（5）炉顶温度升高，超过正常规定，烧坏炉顶设备。

（6）损坏高炉炉衬，剧烈的气流波动会引起炉墙结厚，甚至结瘤现象发生。

（7）低料线时，必然采取赶料线措施，使供料系统负担加重，操作紧张。

低料线的表现：

（1）炉顶温度升高，有时超过500℃。

（2）长期低料线作业，炉温转凉，生铁质量变差。

低料线的原因：

（1）上料设备及炉顶装料设备发生故障。

（2）原燃料无法正常供应。

（3）崩料、坐料后的深料线。

低料线的处理：当引起低料线的情况发生后，要迅速了解低料线产生的原因，判断处理失常所需时间的长短；根据时间的长短，采取控制风量或停风的措施，尽量减少低料线的深度。

（1）由于上料设备系统故障不能拉料，引起顶温高（无料钟炉顶高于250℃，小高炉钟式炉顶高于500℃，液压炉顶高于400℃），开炉顶喷水或炉顶蒸汽控制顶温，必要时减风（顶温低于150℃后应及时关闭炉顶喷水），减风的标准以风口不灌渣和保持炉顶温度不超过规定为准则。

（2）不能上料时间较长，要果断停风。造成的深料线，可在炉喉通蒸汽情况下在送风前加料到规定料线。

（3）由于冶炼原因造成低料线时，要酌情减风，防止炉凉和炉况不顺。

（4）低料线1h以内应减轻综合负荷5%～10%。若低料线1h以上和料线超过3m，在减风同时应补加净焦或减轻焦炭负荷，以补偿低料线所造成的热量损失。冶炼强度越高，煤气利用越好，低料线的危害就越大，所需减轻负荷的量也要相应增加。

（5）当装矿石系统或装焦炭系统发生故障时，为减少低料线，在处理故障的同时，可灵活地先上焦炭或矿石，但不宜加入过多。一般而言集中加焦不能大于4批；集中加矿不能大于2批，而后再补回大部分矿石或焦炭。当低料线因素消除后应尽快把料线补上。

（6）赶料线期间一般不控制加料，并且采取疏导边沿煤气的装料制度。当料线赶到3m以上后逐步回风。当料线赶到2.5m以上后，根据压量关系情况可适当控制加料，以防悬料。

（7）低料线期间加的炉料到达软熔带位置时，要注意炉温的稳定和炉况的顺行。

（8）当低料线不可避免时，一定要果断减风，减风的幅度要取得尽量降低料线的效果，必要时甚至停风。

　B　偏料

偏料是指炉喉料面倾斜，一般根据两探尺的差值来判断。

偏料的原因：

（1）高炉侵蚀不一致。

（2）高炉某侧结瘤或管道行程。

（3）布料器长期停止工作。

（4）大钟中心线偏离高炉中心线。

偏料的表现：

（1）两料尺经常相差300～500mm，易发生装料过满的现象。

（2）高炉沿圆周各点工作不均匀，低料面一侧风口发暗，有生降，易挂渣、涌渣。

（3）生铁含［S］升高，渣流动性变差。

（4）CO_2曲线，低料面一侧低于另一侧，最高点移向第四点，严重时移向中心。

（5）风压升高且不稳，炉顶温度各点差值较大，料面低的一侧高于料面高的一侧。

偏料的处理：

（1）料面低的一侧改换小风口，或用布料器将炉料布到料面低的一侧。

（2）在放风坐料空料线时，先装3～5批净焦，待达到规定料线后，再赶料线。

（3）料钟中心线偏离时及时校正。

（4）清除炉瘤。

（5）偏料严重时，适当降低冶炼强度。

C　崩料和连续崩料

崩料：探尺停滞不动，然后又突然下落。

连续崩料：炉料连续多次突然下降。

a　崩料

崩料的危害：

（1）悬料。

（2）连续崩料、悬料处理不及时或欠妥时，可能出现炉温剧凉，恶性顽固悬料，炉缸结冻。

崩料的原因：

（1）炉温大幅度波动，引起造渣制度相应波动，导致煤气流与料柱透气性不相适应。

（2）原燃料质量差，料柱透气性恶化。

（3）布料失常，造成煤气流分布失常。

崩料的表现：

（1）风压、风量剧烈波动。崩料前一般风压迅速下降，风量显著增加，崩料后反向运动。

（2）料尺曲线极不规则，不断出现停滞、滑落现象等。

（3）炉顶温度剧烈波动。

（4）炉缸温度剧烈下降，下部崩料表现更快，风口工作不均匀，部分风口有大量生降，风口挂渣和涌渣。

崩料的处理：

（1）因炉凉引起的崩料应酌情减风，在崩料未消除前切忌加风温，出渣出铁前有崩料迹象时，应及时出渣出铁，防止风口灌渣。

（2）因炉热引起的崩料可酌情减风温。

（3）因设备或原燃料条件改变引起的崩料，区别不同情况给予处理。

（4）崩料后因料柱透气性变坏，可采用适当发展边缘的装料制度，并根据崩料程度及炉温水平，适当减轻焦炭负荷。

b　连续崩料

连续崩料的原因：

（1）中心或边缘气流过分发展或管道等原因所造成的炉况失常没有及时调节。

（2）炉凉或炉热进一步发展的结果。

（3）严重偏料或长期低料线所引起的煤气流分布失常和炉况波动。

（4）炉衬严重结厚或炉瘤长大时未及时处理。

（5）原燃料质量恶化。

（6）炉渣碱度过高，且同时出现炉凉。

连续崩料的表现：

（1）料尺曲线由停滞突然转为陷落。

（2）风压、风量剧烈波动。

（3）炉喉 CO_2 曲线紊乱，炉喉、炉顶温度曲线分散，崩料时，煤气上升管出现异常的响声。

（4）连续崩料使炉缸温度降低，风口工作极不均匀，有大量生降；炉渣颜色变黑，流动性差，严重时渣口放不出渣，生铁中［Si］降低，［S］急剧升高。

（5）如因边缘负荷过重引起的崩料，则风口不易接受喷吹物。

（6）如因管道行程引起的崩料，则在管道方向的风口不易接受喷吹物。

连续崩料的处理：

（1）煤气流分布失常引起的崩料，可根据炉温情况处理。炉温充足时可减风温 30 ~ 50℃；炉温不足时，可减风量。

（2）炉温热行引起的崩料，可一次减风温 30 ~ 50℃，但应当注意当炉况恢复正常时，应逐渐将风温恢复到所需水平。

（3）炉温向凉引起的崩料只能酌情减风量，在崩料未消除前切忌提风温。出渣出铁前有崩料迹象时，应及时出渣出铁，防止风口灌渣。

（4）炉衬严重结厚或炉瘤引起的崩料，适当减低冶炼强度，以保炉况顺行，然后采取洗炉或炸瘤的办法。

（5）高压操作高炉，高压改常压操作。

（6）对原燃料粉末过多引起的崩料，加强原燃料的筛分，减少含粉率。在没有改变原燃料状况下，可适当减低冶炼强度，使料柱透气性与风量、风压水平相适应。

D　炉缸堆积

炉缸堆积分为炉缸中心堆积和边缘堆积两种。

炉缸堆积的原因：

（1）原、燃料质量差，强度低，粉末过多，特别是焦炭强度降低影响更大。

（2）操作制度不合理。主要包括：

1）长期边缘过分发展，鼓风动能过小，或长期减风，易形成中心堆积；

2）长期边缘过重或鼓风动能过大，中心煤气过度发展，易形成边缘堆积；

3）长期冶炼高标号铸造生铁，或长期高炉温、高碱度操作；

4）造渣制度不合理，Al_2O_3 和 MgO 含量过高，炉渣黏度过大；

5）长期过量喷吹。

（3）冷却强度过大，或设备漏水，造成边缘局部堆积。

炉缸堆积征兆：

（1）接受风量能力变坏，热风压力较正常升高，透气性指数降低。

（2）中心堆积上渣率显著增加，出铁后，放上渣时间间隔变短。

（3）放渣出铁前憋风、难行、料慢，放渣出铁时料速显著变快，憋风现象暂时消除。

（4）风口下部不活跃，易涌渣、灌渣。

（5）渣口难开，带铁，伴随渣口烧坏多。

（6）铁口深度容易维护，打泥量减少，严重时铁口难开。

（7）风口大量破损，多坏在下部。

（8）边缘堆积一般先坏风口，后坏渣口；中心堆积一般先坏渣口，后坏风口。

（9）边缘结厚部位水箱温度下降。

炉缸堆积处理：

（1）改善原、燃料质量，提高强度，筛除粉末。

（2）边缘过轻则适当调整装料制度，若需长期减风操作，可缩小风口面积，改用长风口或临时选择堵塞部分风口。

（3）边缘过重，除适当调整布料外，可根据炉温减轻负荷，扩大风口。

（4）改变冶炼铁种。冶炼铸造铁时，改炼炼钢生铁；冶炼炼钢生铁时，加均热炉渣、锰矿洗炉；降低炉渣碱度，改变原料配比，调整炉渣成分。

（5）减少喷吹量，提高焦比，既避免热补偿不足，又改善料柱透气性。

（6）适当减小冷却强度。加强冷却设备的检查，防止冷却水漏入炉内。

（7）保持炉缸热量充沛。风、渣口烧坏较多时，可增加出铁次数，临时堵塞烧坏次数较多的风口。渣口严重带铁时，出铁后应打开渣口喷吹，连续烧坏应暂停放渣。

（8）若因护炉引起，应视炉缸水温差的降低，减少含钛炉料的用量，改善渣铁流动性。

（9）处理炉缸中心堆积，上部调整装料顺序和批重，以减轻中心部位的矿石分布量。

（10）若因长期边重，引起炉缸边缘堆积，上部调整装料，适当疏松边缘；同时，在保持中心气流畅通的情况下，适当扩大风口面积。

　　E　悬料

炉料停止下降，延续超过正常装入两批料的时间，即为悬料；经过 3 次以上坐料未下，称顽固悬料。

悬料的原因：悬料主要原因是炉料透气性与煤气流运动不相适应。它可以按部位分为上部悬料、下部悬料；还可以按形成原因分为炉凉、炉热、原燃料粉末多、煤气流失常等引起的悬料。

悬料主要征兆：

（1）悬料初期风压缓慢上升，风量逐渐减少，探尺活动缓慢。

（2）发生悬料时炉料停滞不动。

（3）风压急剧升高，风量随之自动减少。

（4）顶压降低，炉顶温度上升且波动范围缩小甚至相重叠。

（5）上部悬料时上部压差过高，下部悬料时下部压差过高。

在处理悬料过程中要注意，当风压、风量、顶压、顶温、风口工作及上下部压差都正常，若探尺停滞时，应首先考虑探尺是否有故障。

悬料的预防：

（1）低料线、净焦下到成渣区域，可以适当减风或撤风温，绝对不能加风或提高风温。

（2）原燃料质量恶化时，应适当降低冶炼强度，禁止采取强化措施。

（3）渣铁出不净时，不允许加风。

（4）恢复风温时，幅度不超过50℃/h，加风时每次不大于150m³/min。

（5）炉温向热料慢加风困难时，可酌情降低煤量或适当撤风温。

悬料的处理：悬料如果处理不当，会使高炉炉况出现大的波动，甚至造成炉冷事故。一旦发现悬料现象必须立即处理。在处理悬料的过程中，应根据不同的情况采取不同的方法，在坐料过程中必须确保风口不灌渣，一般可在坐料前打开渣口，可以防止风口灌渣。

（1）出现上部悬料征兆时，可立即用改常压（不减风）操作；出现下部悬料征兆时，应立即减风处理。

（2）炉热有悬料征兆时，立即停氧、停煤或适当撤风温，及时控制风压；炉凉有悬料征兆时应适当减风。

（3）探尺不动同时压差增大，透气性下降，应立即停止喷吹，改常压放风坐料。坐料后恢复风压要低于原来压力。

（4）当连续悬料时，应缩小料批，适当发展边缘及中心，集中加净焦或减轻焦炭负荷。

（5）坐料后如探尺仍不动，应把料加到正常料线后不久进行第二次坐料。第二次坐料应进行彻底放风。

（6）如悬料坐不下来可进行休风坐料。

（7）每次坐料后，应按指定热风压力进行操作，恢复风量应谨慎。

（8）热悬料可临时撤风温处理，降风温幅度可大些。坐料后料动，先恢复风量，后恢复风温，但需注意调剂量和作用时间，防炉凉。

（9）冷悬料难于处理，每次坐料后都应采取低风压、小风量、高风温恢复，并适当加净焦。转热后应小幅度恢复风量，注意顺行和炉温，防热悬料和炉温反复。严重冷悬料，避免连续坐料，只有等净焦下达后方能好转，此时应及时改为全焦操作。

（10）连续悬料不好恢复，可以停风临时堵风口。

（11）连续悬料坐料，炉温要控制高些。

（12）坐料前应观察风口，防止灌渣与烧穿，悬料坐料期间应积极做好出渣出铁工作。

（13）严重悬料（指炉顶无煤气、风口不进风等），则应喷吹铁口后再坐料。

（14）悬料消除，炉料下降正常后，应首先恢复风量到正常水平，然后根据情况，恢复风温、喷煤及负荷。

任务3.5　高炉特殊操作

3.5.1　高炉开炉

新建成或停炉新修好的高炉，从点火转入正常生产的过程叫开炉。

开炉是高炉一代寿命的开始，直接影响高炉投产后能否在短期内达到正常生产水平，同时也是影响高炉使用寿命的关键。

开炉前要做好一系列准备工作，包括培训操作人员使之熟悉设备并掌握操作要领，准备开炉用的原料、燃料、材料和备品，制订开炉方案、操作规程与安全规程。开炉前炉衬要烘干，对设备系统进行试压或试运转。配料采用比正常生产高一些的焦比；送风后，按炉温情况逐步过渡到正常焦比。开炉时要注意安全操作，尤其注意不要因煤气操作失误（或漏气），引起中毒或爆炸。

高炉开炉的基本要求：

（1）安全、不发生任何事故。

（2）控制好开炉工艺参数，使炉缸高温热量充沛，根据炉容大小、开炉原燃料情况，选定合适的全炉总焦比，控制生铁的［Si］和炉渣碱度在规定的范围内，使炉渣有良好的流动性，并有一定的脱硫能力。

（3）开炉初期要注意保护高炉内型，一般开炉送风后视炉况逐步打开全部风口送风，强化速度不宜太快。

（4）顶压不宜提得太快，一般在风口全部工作后，风量与风压适应，铁口深度正常，上料能力满足要求，特别是无料钟炉顶要工作正常，时间约在送风点火后2h。

3.5.1.1 烘炉

缓慢加热炉衬以去除其中的水分，增加砌体强度，避免因剧烈升温而使砖衬胀裂破损。高炉烘炉的重点是炉缸和炉底，烘炉升温的原则是前期慢、中期平稳、后期快。在有气体燃料可以烧热风炉并加热鼓风时，采用热风烘炉；在无气体燃料烧热风炉时，要砌筑专门的炉灶，以形成的热烟气烘炉。方法是将热风或热烟气从风口送入高炉，经炉顶放散阀排出。为了加热炉缸，各风口要装一个向下的吹管。炉缸如采用碳质炉衬，还需砌保护层以防烘炉过程中炭砖被氧化。

为防止升温速度不当引起炉衬开裂，要根据炉衬耐火材料特性制订烘炉温度曲线，并严格控制。烘炉过程中的炉顶温度，钟式炉顶者不超过400℃，无钟炉顶者不超过300℃，以防损坏炉顶设备，为此风温通常不超过600℃。烘炉温度以风温为代表。炉顶温度通过增减风量和风温来调节。当炉顶废气中 H_2O 含量降到大气中 H_2O 含量水平时，烘炉即告结束。凉炉时也要控制降温速度以免损坏炉衬。

A 热风炉烘炉

烘炉时间：大修：9～11天，中修：3～4天。

注意事项：

（1）严格执行烘炉制度。

（2）必须连续进行，严禁一烘一停。

（3）烘炉前必须把热风炉底的固定螺丝松开。

（4）烘炉期间应定期取样分析废气成分和水分。

（5）烘炉的废气温度不允许超过300℃。

（6）炉顶温度达到700～800℃，可以烘高炉，达到1000℃时可以送风。

B 高炉烘炉

高炉烘炉的重点是炉缸和炉底。烘炉是开炉前一项重要工作，要保证必需的烘炉时间。烘炉时间不足，不仅损害炉衬，缩短高炉一代寿命，而且影响高炉开炉。

烘炉条件：

（1）热风炉烘炉完毕，已经具备正常生产的条件。

（2）高炉、热风炉、煤气系统试压、试漏均合格，存在的问题得到解决。

（3）高炉、热风炉、上料系统已经经过联动试车，具备开炉条件。

烘炉前的准备工作：

（1）砌筑好铁口砖套，制作好铁口泥套。

（2）炉底铺设好保护砖，可根据高炉有效容积大小及炉底结构，制作并安装风口、铁口烘炉导管。铁口导管伸到炉底中心，伸入炉缸内的部分钻些小孔，上面加一些防护罩，防止装料时炉料落入堵塞。高炉烘炉的重点是炉底。

（3）安装炉缸、炉底表面测温计。

（4）对于无料钟炉顶要检查气密箱冷却水的水量、水压是否达到规定要求，检查气密箱中的 N_2 管路系统是否正常，压力是否能保证生产需要。

（5）烘炉前一个班高炉炉体各冷却设备、风口、渣口通水，风口、渣口通水量为正常水量的 1/4，冷却壁水量为正常水量的 1/2。

烘炉方法见表 3-9。

表 3-9　高炉烘炉方法

热　源	适用条件	方　法	特　点
固体燃料	无煤气	在高炉外砌燃烧炉，利用高炉铁口、渣作燃烧烟气入口，调节燃料量及高炉炉顶放散阀开度来控制烘炉温度；或直接将固体燃料通过铁口、渣口直接送入炉缸中，在炉缸内燃烧，调节燃料量来控制温度	烘炉时间长，温度不宜控制
气体燃料	无热风	在高炉内设煤气燃烧器，调节煤气燃烧量来控制	热量过于集中，注意煤气安全
热　风	通常采用	风口安装烘炉导管，按单双号风口交叉布置，除一根可伸入炉缸中心外，其余相同，伸入炉内炉缸半径的 1/2 处和 1/4 处	最方便，不用清灰，烘炉温度上升均匀，且易控制，烘炉比较安全

3.5.1.2　装料

开炉装料的原则是熔渣应在炉缸内冷料完全消失后进入，防止炉缸冻结，铁口难开。铁水应在炉缸积存足够熔渣后进入，防止铁水凝固；焦炭量装入炉内不平均分配。

装料前要先做配料计算，计算全炉总焦比、炉渣碱度、生铁 [Si] 含量、[Mn] 含量。这些数据是凭经验确定的。开炉时由于炉衬、料柱的温度都很低，矿石未经预热和还原直接到达炉缸，直接还原增多，渣量大，需要消耗的热量也多，所以开炉焦比要比正常焦比高几倍。具体数值应根据高炉容积大小、原燃料条件、风温高低、设备状况及技术操作水平等因素进行选择。一般情况是：$100m^3$ 以下大于 4；$1000m^3$ 以上为 2.5 ~ 3.5。总炉渣碱度为 1.0 左右；生铁含 [Si] 通常按 4.0% 计算；生铁含 [Mn] 按 0.8% 计算。

A　开炉料装入位置的安排

开炉料的料段安排，应根据不同时间、不同区域的需要，提供不等的热源；并且应符合高炉生产时炉料在炉内布置的模式。否则较高的全炉焦比将不能充分发挥作用，甚至有导致开炉失败的可能。安排开炉料装入位置的原则是前面轻，后面紧跟，必须有利于加热炉缸。

（1）净焦是骨架，是填充料。高炉生产的主要反应区是风口以上区域；在风口以下的炉内空间多为焦炭所填充。这里的焦炭，虽然会不断被替换更新，并也参与一些反应，但从整体讲只起简单的骨架作用。故全焦法开炉时，在装炉安排上就遵循这一模式，即炉缸和死铁层均应装入不带熔剂的净焦。同时由于软熔带之下有炉芯"死焦堆"存在，炉腹的一部分也应装净焦，一般以炉腹高度 1/2 左右为宜。

（2）空焦是提供开炉前期所需巨额热量的主要热源。炉腹 1/2 高度以下的净焦实际上只起填充高炉下部空间的作用，那么开炉前期的巨额热量只能由热风以及燃烧在此范围以外的焦炭来获得了。这就是确定空焦数量及其所处位置的依据。但因高炉开炉是个非稳态过程，影响因素复杂，目前只能根据经验来决定空焦数量，一般均加至炉腰上沿附近，这大约是点火送风以后 2~3h 的焦炭消耗量。

空焦数量也不宜过多。空焦过多不仅增加燃料消耗，还会导致局部升温过快危害炉衬。模拟实验表明，升温速度高于 5℃/min，将造成黏土砖砖衬剥落、断裂。

（3）矿料在可能条件下要装在较高位置，以尽量推迟第一批渣铁到达炉缸的时间。开炉时，炉底炉缸是逐渐被加热的，故应避免渣铁流进入尚未充分加热的炉缸。同时，矿料在抵达高炉下部之前，也应得到较充分的预热和还原，至少不以块状生料进入炉缸。凡开炉炉缸温度过低，铁口难开或铁水高硫，大量生矿过早进入尚未准备就绪的炉缸，往往是原因之一。因此，将矿料布置在距风口较高的位置上，是一个重要的原则。

（4）空焦造渣的熔剂宜晚加。用于焦炭灰分造渣的熔剂宜晚加，不要与空焦同步加入，这样既可减少石灰石在高温区分解耗热的可能性，又可推迟焦炭灰分成渣，可以延长渣铁口的喷吹时间。

（5）带负荷料的分段可以从简。由于净焦和集中加入的空焦数量较大，剩下供插正常料间的空焦批数所剩不多，故空焦段上的带负荷料的分段可以简化。

B　装料方法

装料方法有三种：

（1）炉缸里先装木柴，然后装焦炭。

（2）全焦装炉。全焦装炉是指炉缸全部由净焦或净焦和空焦混合填充，全焦法开炉给高炉顺行带来一些困难，但在送风制度上作出相应的调整是可以克服的。

（3）带风装料。带风装料是指在烘炉后期的凉炉阶段将风温降到 200~300℃ 时，此时如果一切开炉条件具备，即可在送风情况下装料。

带风装料优点：

（1）缩短了凉炉时间，炉缸热状态良好，开炉进程可以加快。

（2）带风装料能将炉料中的粉末吹出，降低了料柱的透气阻力，使炉料处于一个活动状态，料柱比较疏松，同时还由于鼓风浮力可减少炉料下落时碎裂，提高料柱的透气性指数，有利于高炉顺行。

（3）在送风过程中，可用鼓风的热量把炉料预热，排出炉料所带的水分，可减少装料过程中炉体热量损失，而且炉衬也保持了较高温度，有利于降低开炉总焦比和开炉后的出铁操作。

（4）可以减少炉衬被炉料撞击而产生的冲击磨损。

带风装料缺点：不能进入炉内对烘炉效果进行检查，也不能在炉喉处进行料面测量工作。

带风装料注意事项：

（1）带风装料时，风温必须能可靠控制，否则会因炉内焦炭着火而被迫休风装料。

（2）在带风装料时，要加强对炉料的检查，不得有木片、棉纱等易燃物夹杂其间，以免在未装至规定料线就发生自动点燃现象。

（3）在带风装料时，其铁口内侧泥包和铁口喷吹管应在烘炉前安装完毕，从装炉到点火尽量减少休风，不休风效果更佳。

（4）带风装料对设备的要求更加严格，系统所属设备必须具备送风点火条件。

严格按开炉配料计算的料段装料，炉料装满后，要测量大小料钟行程及速度；测定炉料在炉喉内的堆角、堆尖位置；炉料的偏析程度；炉料与炉墙的碰撞点或碰撞带；料面情况等，并作好详细记录，以备在正常生产时参考。

3.5.1.3　点火

点火前的准备工作有：

（1）打开炉顶放散阀。

（2）有高压设备的高炉，一次、二次均压阀关闭，均匀放散阀打开，无料钟的上下密封阀关闭，眼镜阀打开。

（3）打开除尘器上放散阀，并将煤气切断阀关闭，高压高炉将回炉煤气阀关闭，高压调节阀组各阀打开。

（4）关闭热风炉混风阀，热风炉各阀处于休风状态。

（5）打开冷风总管上的放风阀。

（6）将炉顶、除尘器及煤气管道通入蒸汽。

（7）冷却系统正常通水。

（8）检查各人孔是否关好，风口吹管是否压紧。

多用热风点火。把 700～800℃ 的热风送入高炉即可把炉内的木柴或焦炭点着。在无热风时，风口前端要放置吸油至饱和的油棉，然后用烧红的铁钎点燃，并随之点燃木柴或焦炭。点火时的风量为正常生产风量的 50% 左右。由于开炉时风量小，点火前风口内要装一个砖圈使风口直径缩小以保持适当风速。点火初期高炉煤气全部放散，待下料正常、炉顶压力达到规定水平、煤气成分合格后方可往煤气管网送煤气。点火后约 10～14h 或根据计算渣液面已升到渣口时放"上渣"（从渣口出渣）；但如果是中修后开炉，炉缸内的残余炉料又未清除，则先出铁，待炉缸正常后才可放"上渣"。点火后约 15～20h 或根据计算铁水已升到铁口平面时出第一次铁。

3.5.1.4　开炉送风制度

风量：开炉风量一般为高炉容积的 0.8～1.2 倍（约为正常风量的 50%）。高炉容积大，用填焦法填充炉缸，设备可靠程度较低，故障多时应采用偏下限的风量；相反，高炉容积小，用填柴法填充炉缸，设备可靠时可选用偏上限的风量。采用热风点火时，开始送风即可接近开炉风量；而用人工点火时，开始送风一定要小，以免大风将火吹灭，根据风口引火物的燃烧情况逐渐加大送风量直到接近开炉风量。对不清理炉缸的中修开炉，送风量也要小一些（应靠近下限），以减慢炉料的熔化速度，延长加热炉缸的时间。开炉时，要均匀地堵部分风口（一般堵50%的风口），以获得接近于正常生产时的鼓风动能。点火后的加风速度，随设备可靠性与技术操作水平而定。待出第一炉铁后，便可根据各方面的情况决定加风速度。如生铁质量合格，炉温充足，设备正常，加风速度可很快达到高炉容积的1.8倍以上。

风温：一般情况下，开炉风温水平在700~800℃。

风口面积：开炉时因风量较小，为保证煤气的合理分布及足够的鼓风动能，风口面积要小，通常采用堵风口或风口加砖衬套的方式。

3.5.2　高炉停炉

由于高炉炉衬严重侵蚀，或需要长期检修及更换某些设备而停止生产的过程叫停炉。

对要求处理炉缸缺陷，出净炉缸残铁的停炉，称为大修停炉；不要求出残铁的停炉称为中修停炉；停炉的重点是抓好停炉准备和安全措施，做到安全、顺利停炉。

3.5.2.1　决定高炉大、中修停炉的条件

（1）大修停炉以炉缸、炉底受侵蚀的程度为依据，当侵蚀严重，威胁到安全生产或需要减产维持时应停炉大修。

（2）大型高炉中修停炉主要是依据风口带以上的炉体和冷却水箱受到破损的程度而定，当炉体和水箱破损在40%以上，严重影响高炉技术经济指标，造成消耗高、休风率增加、炉况顺行程度变差时，则应停炉中修。

3.5.2.2　停炉要求

（1）要确保人身、设备安全。在停炉过程中，由于煤气中CO含量增高，炉顶温度也逐渐升高，为了降低炉顶温度而喷入炉内的水分分解会产生大量蒸汽，使煤气中的H_2含量也增加，煤气爆炸的危险性就增大。因此，停炉时一定要把安全放在第一位。

（2）尽量出净渣铁，并将炉墙、炉缸内的残渣铁及残留的黏结物清理干净，为以后的拆卸和安装创造条件。

（3）尽量迅速拆除残余炉衬和减少炉缸残余渣铁量，缩短停炉过程，减少经济损失。

3.5.2.3　停炉的方法

停炉方法可分填充法和空料线法两种。

填充法是在停炉过程中用碎焦、石灰石或砾石来代替正常料向炉内填充，当填充料下降到风口附近进行休风。这种方法比较安全，但停炉后清除炉内物料工作量大，耗费许多人力、物力和时间，很不经济。

主空料线法即在停炉过程中不装料，采用炉顶喷水来控制炉顶温度，当料面降到风口附近进行休风。此法停护后炉内消除量较少，停炉进程加快，为大中修争取了时间。但停炉过程中危险性较大，须特别注意煤气安全。

　　停炉方法的选择，主要取决于具体条件，即炉容大小、炉体结构、设备损坏情况。如果高炉炉壳损坏严重，或想保留炉体砖衬，可采用填充法停炉；如果高炉炉壳完整，结构强度高，多采用空料线法停炉。

3.5.2.4　停炉前准备工作

　　（1）提前停止喷吹燃料，改为全焦冶炼。停炉前如炉况顺行，炉型较完整，没有结厚现象，可提前 2～3 个班改全焦冶炼；若炉况不顺，炉墙有黏结物，应适当早一些改全焦冶炼。

　　（2）停炉前可采取疏导边沿的装料制度，以清理炉墙。同时要降低炉渣碱度、减轻焦炭负荷，以改善渣铁流动性和出净炉缸中的渣铁。如果炉缸有堆积现象，还应加入少量锰矿或萤石，清洗炉缸。

　　（3）安装炉顶喷水设备和长探尺。停炉时为了保证炉顶设备及高炉炉壳的安全，必须将炉顶温度控制在 400℃ 以下。可以安装两台高压水泵，把高压水引向炉顶平台，并插入炉喉喷水管；某些高炉还要求安装临时测料面的较长探尺，为停炉降料面作准备。

　　（4）准备好清除炉内残留炉料、砖衬的工具，包括一定数量的钢钎、铁锤、耙子、钩子、铁锹、风镐、胶管及劳动安全防护用品等。

　　（5）停炉前要用盲板将高炉炉顶与重力除尘器分开，也可以在关闭的煤气切断阀上加砂子来封严，防止煤气漏入煤气管道中去；同时，保证炉顶和大小料钟间蒸汽管道能安全使用。

　　（6）安装和准备出残铁用的残铁沟、铁罐和连接沟槽，切断已坏的冷却设备水源，补焊开裂处的炉皮，更换破损的风口和渣口。

3.5.2.5　休风后的送风

　　在装完停炉料和盖焦后，要进行一次预备休风。预休风主要是为停炉做一些准备工作，如安装炉顶喷水设备、安装临时探料尺、调整炉顶放散阀配重、补焊炉壳、处理损坏的冷却设备等。休风后的送风基本按长期休风后的送风程序进行，其不同之处是：

　　（1）炉顶放散煤气的停炉方法，其风量维持的原则是在顺行的情况下，较正常风压低 0.030～0.035MPa。回收煤气的停炉方法是：在最大风量的情况下，可维持正常压差。应根据实际情况调节风温，但必须保证炉况顺行，防止大的崩料、悬料及风口破损，以利安全停炉。

　　（2）为了缩短预休风时间，停炉送风均不加净焦。

3.5.2.6　空料线操作

　　A　要求

　　确保顺行，尽量减少大崩料、悬料、风口破损及炉顶煤气爆炸，在安全的基础上加快空料线的速度。

　　B　空料线的炉前操作

　　（1）适当增加铁次。

　　（2）逐渐增大铁口角度，铁口尽量多出铁。

　　C　空料线的炉内操作

　　（1）料线到达一定深度后出现崩料，要进行崩料处理。

（2）空料线速度变化的特点：在空料线过程中，随风量及料线的变化而变化。

D　空料线过程中的风量调节

（1）风量调节的基本原则：在顺行的基础上维持允许的最大风量操作，以加快空料的速度。

（2）放散煤气的停炉，开始空料线时，按能接受的压差使用风量；对回收煤气的停炉，开始空料线时，原则上按全风操作。

（3）出现崩料特征时，减风量调节。

（4）料线接近风口水平面时，注意风压。

E　空料线过程中风温与喷水量的控制

（1）风温使用原则：初期正常使用风温；料线接近风口区，适当降低风温。

（2）喷水量的控制原则：控制炉顶温度，保护炉顶设备。

3.5.2.7　出残铁工作

（1）残铁口的位置选择原则：必须保证残铁出净，保证工作方便安全。

（2）残铁口方位的位置选择原则：炉缸水温差和炉底温度较高的方向，同时考虑配罐方便。

3.5.3　封炉

长期休风超过十天，就要封炉。

（1）封炉前的准备工作及注意事项：

1）严格检查，尤其是冷却设备。

2）准备数量足、质量好的原燃料。

3）出净渣铁。

4）封炉前必须保证炉况顺行。

（2）封炉料的确定：保证再开炉后炉缸温度充足。

（3）封炉操作：

1）封炉料组成：轻料和空料。

2）封炉操作：

① 造渣制度的选择：炉渣的流动性要好。

② 送风制度的选择：封炉前加强炉况调节，为出净渣铁创造条件，严禁悬料、崩料。封炉后再开炉，开炉初期保持较高的风速，消除中心堆积。开炉后的风量主要取决于高炉顺行情况和出渣铁情况。

（4）高炉封炉、中修后的送风操作。

1）送风前的准备工作：

① 开铁门，并见红焦，抠开风口堵泥，安装风管，然后用炮泥重新堵严风口。

② 若有凝渣铁，用氧烧开。

③ 防砂口凝结。

2）出渣铁操作。

3.5.4　短期休风与送风

高炉在生产过程中因检修、处理事故或其他原因需要中断生产，停止送风冶炼就叫做休风。根据休风时间的长短，休风 4h 以上就称长期休风；休风 4h 以下则称短期休风。

3.5.4.1　短期休风程序

（1）休风前应与有关单位联系，通知调度室、鼓风机、热风炉、上料系统及煤气系统等做好休风准备。

（2）在休风前可根据高炉实际适当减风（一般减风到 50% 左右），并将高压操作转为常压操作，同时停止富氧鼓风和喷吹燃料。

（3）有炉顶喷水降温设施的高炉，要停止炉顶喷水，并向炉顶通入蒸汽，使高炉在休风期间能始终保持正压。

（4）在休风前热风炉应停止燃烧。

（5）打开炉顶放散，关闭煤气切断阀，停止回收煤气。

（6）关冷风大闸、冷风调节阀及鼓风蒸汽，风温调节阀由自动改为手动。

（7）继续减风到 0.005kPa 时，应停止上料，并提起料线。

（8）检查各风口，没有危险时，再减风到零，然后发出休风信号，热风炉关闭热风阀和冷风阀，放尽废气。

（9）如需倒流休风时，通知热风炉进行倒流，并均匀打开 1/3 以上风口窥视孔。

3.5.4.2　短期休风注意事项

（1）当风压减到 0.005MPa 时，要认真观察风口，避免因判断不准贸然休风造成的风口灌渣。在判断不准时应该盯住该风口，缓慢放风，一旦有熔渣流入直吹管，立即回风就可以避免灌渣。

（2）休风前如果慢风作业时间过长，即使炉温不低，也会造成炉缸活跃程度变差，在休风时风口易灌渣，所以一定要谨慎操作。

（3）一般情况下，倒流休风应用倒流阀进行，如遇事故需要热风炉倒流时，所用热风炉炉顶温度不得低于 1000℃，倒流时间不得超过 40min，否则应更换热风炉。

（4）休风期间炉顶应保持正压，要求炉顶蒸汽压力不得低于 0.3MPa。

3.5.4.3　复风操作程序

（1）在复风前要与热风炉、上料系统、煤气系统及调度等有关单位取得联系。

（2）通知热风炉停止倒流，并把风口窥视孔盖上。

（3）发出送风信号，通知热风炉送风，逐步关闭放风阀复风。

（4）开风以后应检查风口、渣口及直吹管是否严密可靠，确认不漏风时，方可加风。

（5）当风量加至全风的 1/3 时，开始引煤气，开启煤气切断阀，关闭炉顶放散阀和炉顶蒸汽。

（6）由常压操作转化为高压操作时，必须打开混风大闸，风温调节阀由手动改为自动，根据情况实施富氧和喷吹燃料。

3.5.4.4 倒流休风后的送风

（1）通知热风炉停止倒流。
（2）盖风口窥视盖。
（3）通知送风。
（4）开热风炉的冷风。
（5）通知高炉送风。
（6）关放风阀。

3.5.5 长期休风与送风

长期休风分计划休风和非计划休风，计划休风又分降料面和不降料面休风。非计划休风一般为事故休风。为弥补休风期间高炉的热量损失和顺利复风，休风前应做到炉况顺行，清洗炉缸堆积和炉墙结厚，适当提高炉温等。长期休风要求高炉与送风系统断开，即关上热风炉的冷风阀、热风阀、卸下风管。高炉与煤气系统断开，即关闭煤气切断阀和与煤气管网联络的叶形插板，切断煤气管网和高炉煤气系统。

3.5.5.1 长期休风的准备

（1）休风前将干式除尘器内的煤气灰放净，防止留存炽热的煤气灰。
（2）准备好点火用的点火枪、红焦、木柴及油棉纱等引燃物。
（3）认真检查通往炉顶各部位和除尘器蒸汽管道。
（4）按休风长短适当减轻负荷，当休风料下达炉腹部位时休风前炉温适当提高。
（5）出净渣铁，如渣铁未出净，应重新配罐再出，出净后才能休风。
（6）检查风口、渣口、冷却壁等冷却设备，如发现损坏，要适当关水，休风后立即更换，严禁向炉内漏水。
（7）休风前要保持炉况顺行，避免管道、崩料、悬料。如遇悬料，必须把料坐下，才能休风。最好将炉况调整顺行后休风。

3.5.5.2 长期休风操作程序

长期休风分炉顶点火休风和炉顶不点火休风两种，前者适用于炉顶检修工作。
炉顶点火休风程序：
（1）通知厂调度、鼓风机、热风炉、煤气系统等，并向炉顶通蒸汽。
（2）高压操作的高炉按程序改为常压，先放风 50%，开炉顶放散阀。
（3）将热风自动调节改为手动，关冷风大闸及冷风调节阀，关鼓风蒸汽。
（4）当风压减到 0.05MPa 时，应停止上料，并把探尺提起。
（5）通知煤气系统将煤气切断阀关闭。
（6）放风到 0.05MPa 时，钟式炉顶可按下列程序进行炉顶点火：
1）上料系统将大钟、小钟、料车及料斗内的料全部放净；
2）关大钟均压阀，开小钟均压阀；
3）将炉顶蒸汽全部关闭，并把炉顶压力调到 30～50kPa，维持炉顶温度不低于

250℃；

　　4）关闭大、小钟间人孔，上红焦或木柴；

　　5）开小钟将红焦放入大钟后，将小钟关闭；

　　6）开大钟将红焦放入炉内，禁止关大钟；

　　7）打开炉喉人孔，若煤气未燃，可投入着火的油棉纱；

　　8）着火正常后，通知高炉休风。

　　无料钟的点火程序为：

　　（1）准备好点火的引燃物。

　　（2）将炉顶放散阀、除尘器放散阀打开，关闭煤气切断阀，向炉顶和除尘器通入蒸汽，关闭上下密封阀和截流阀。

　　（3）打开炉顶人孔。

　　（4）关气密箱和下密封阀的氮气。

　　（5）关闭炉喉及炉顶蒸汽。

　　（6）用点燃的油棉纱或其他引燃物点火。

　　（7）休风按短期休风程序进行。

　　（8）着火正常后，通知高炉休风。

　　炉顶不点火程序：同炉顶点火休风，但无需准备点火物和点火操作，并应注意：

　　（1）炉顶及煤气系统应不间断地通入蒸汽。

　　（2）大、小钟间应装入密封料。

　　（3）休风 1h 后才能驱赶煤气系统残余煤气，这时煤气切断阀处于关闭状态。

3.5.5.3　长期休风的注意事项

　　（1）在炉顶未点火之前，严禁工作人员在炉顶工作。

　　（2）炉顶点火后，如需更换风口、渣口及风口堵泥时，可通知热风炉进行倒流。

　　（3）要保持炉顶火焰不灭，当火焰熄灭时应立即点火，点火前要将大、小钟和炉喉人孔打开，通入蒸汽，驱赶残余煤气后再进行。

　　（4）休风期间要仔细检查冷却设备，发现损坏的要断水并组织处理，严禁向高炉内漏水。

3.5.5.4　长期休风的送风程序

　　（1）送风前把风送到放风阀。

　　（2）封闭除尘器、炉顶、热风炉、煤气管道上的人孔。

　　（3）检查炉顶及除尘器放散阀是否打开，除尘器清灰阀小开 1/3，煤气切断阀关闭，炉顶及除尘器通蒸汽。

　　（4）装风管，捅开风口，按短期休风程序送风。

3.5.5.5　送煤气程序

　　（1）开煤气切断阀。

　　（2）除尘器清灰口见煤气后关闭清灰阀，关一个炉顶放散阀，保持一定的顶压，关闭除尘器放散阀。

（3）开插板，关炉顶放散阀。

（4）关大小钟，开大钟均压阀，吹扫10min，关大小钟均压阀。

（5）关蒸汽。

（6）按规定程序将常压改高压。

3.5.6　高炉事故处理

3.5.6.1　鼓风机突然停风

（1）高压改常压，尽量减少风口灌渣。

（2）开冷风放风阀。

（3）关热、冷风阀，同时向炉顶和除尘器通蒸汽。

（4）开炉顶放散阀，关煤气切断阀。

3.5.6.2　突然停电

煤气系统停电处理程序：

（1）高压改常压，尽量减少风口灌渣。

（2）开炉顶放散阀，并向炉顶通蒸汽。

（3）维持正常料线。

（4）若时间过长，应根据情况休风。

（5）热风炉全撤，如热风炉停电，通知高炉休风。

3.5.6.3　突然停水

（1）高炉水压下降30%，改常压操作。

（2）将风口的排水管倒过来向上。

（3）检查并处理烧坏是冷却设备。

（4）查清断水原因和处理时间的长短，做好恢复生产的安排。

思 考 题

（1）简要说明解剖调查高炉内部的分区情况及特征。

（2）炉渣黏度对高炉冶炼的影响有哪些？在高炉冶炼过程中对高炉渣有哪些要求？

（3）炉渣的软熔特性对高炉冶炼有什么影响？怎样改善炉渣流动性？

（4）简述炉渣脱硫机理。影响炉渣脱硫能力的因素有哪些？

（5）为什么说高炉不具备脱磷的能力？

（6）什么是高炉内的热交换现象？

（7）高炉内 FeO 通过哪几种方式被还原？

（8）高压操作的优点是什么？

（9）喷吹燃料后高炉冶炼特点是什么？喷煤量受限的因素有哪些，如何进一步提高喷煤比？

(10) 为达到高炉冶炼对精料的要求，要做好哪些工作？

(11) 富氧鼓风对高炉冶炼的影响是什么？

(12) 什么是鼓风动能，它对高炉冶炼有何影响？

(13) 高炉接受高风温的条件有哪些？

(14) 高压操作的条件是什么？

(15) 冶炼低硅生铁有哪些措施？

(16) 怎样选择合理的热制度？影响高炉热制度的因素有哪些？

(17) 选择合理造渣制度的目的是什么？

(18) 如何理解高炉以下部调剂为基础，上下部调剂相结合的调剂原则？

(19) 什么叫炉况判断？通过哪些手段判断炉况？

(20) 正常炉况的特征是什么？调节炉况的目的、手段与原则是什么？

(21) 如何根据 CO_2 曲线来分析炉内煤气能量利用与煤气流分布？

(22) 炉墙结厚的征兆是什么？

(23) 高炉下部悬料产生的原因是什么？

(24) 边缘气流不足有哪些征兆？

(25) 什么情况下可以进行降低风温的操作？

(26) 什么是低料线？低料线的危害有哪些？

(27) 产生偏料的原因是什么，高炉长期偏行如何处理？

(28) 如何处理管道行程？

(29) 高炉大凉的原因有哪些，如何处理炉缸冻结事故？

(30) 高炉炉墙结厚如何处理？

(31) 叙述炉缸炉底烧穿的产生原因、征兆和预防方法。

(32) 叙述高炉大修后烘炉的目的和用热风烘炉的方法。

(33) 开炉后回收煤气引气的条件是什么？

(34) 如何搞好长期休风后的复风？

(35) 怎样安排开炉料的装入位置？

(36) 大修停炉放残铁要做哪些准备工作？

(37) 某 $750m^3$ 高炉正常日产量 2000t 生铁，风量 $1800m^3/min$。某日因故减风至 $1000m^3/min$，2h 后恢复正常。问：减风影响生铁产量多少吨？

(38) 某高炉焦比为 600kg/t Fe 时，风温为 1050℃，湿分为 16g，计算风温由 1050℃提高到 1100℃时，节省的焦炭量。（设不同风温水平影响焦比系数为 $Q = 0.04\%$）

(39) 已知某高炉矿种为：烧结矿 7000kg/批，含 Fe 50.8%，含 S 0.028%；海南矿 500kg/批，含 Fe 54.8%，含 S 0.148%；锰矿 170kg/批，含 Fe 12.0%；焦炭为 2420kg/批，含 S 0.74%，问硫负荷为多少？（精确到小数点后 1 位）

(40) 已知焦炭含碳 82%，焦比 580kg，问冶炼 1t 生铁需要多少风量？

(41) 某高炉 $V_u = 1513m^3$，全焦冶炼，风量在标准状态下为 $3000m^3/min$，风口燃烧率为 72%，大气湿度为 1%，焦炭含碳为 85%，矿批为 30t，焦批为 8t，计算冶炼周期。（矿石堆密度 $\gamma_{矿} = 1.8t/m^3$，焦炭堆密度 $\gamma_{焦} = 0.45t/m^3$，炉料在炉内体积缩减系数为 $C = 14\%$）

高炉炉前操作

学习任务：

（1）知道炉前各主要设备的结构及工作原理，能正确使用炉前操作设备；

（2）熟悉出铁口、渣口的结构及维护，能够完成放上渣操作与出铁操作，解决出铁过程中出现的问题；

（3）能进行砂口操作，熟悉操作过程应注意的事项；

（4）知道开、停炉和复风及炉缸冻结的炉前操作程序；

（5）具有开、停、封炉和复风的炉前操作能力。

任务4.1　高炉炉前出铁操作

在高炉冶炼过程中，铁水和熔渣不断生成，积存在炉缸，炉前操作的主要任务密切配合好炉内操作，通过渣口和铁口保证高炉按时正常将生成的渣铁出尽；维护好渣口、铁口和风口及炉前机械设备（泥炮、开口机、堵渣机和炉前行车）；维护渣铁沟、撇渣器，检查渣铁罐；维护好风口、渣口及其他冷却设备；保持风口平台、出铁场、渣铁罐停放线、高炉本体各平台的环境等。确保高炉顺行，实现高产、优质、低耗和环境改善。

炉前操作是保证高炉正常生产的重要环节，出尽渣铁是炉缸正常工作的必要条件。炉前操作的好坏直接影响高炉炉况的稳定顺行。如不能按时出尽渣铁，炉缸的容铁量有限，当铁水液面接近或超过渣口甚至风口时，风渣口将被烧坏，甚至发生渣口爆炸事故，迫使高炉休风；若不及时出净渣铁，必然将会恶化炉缸料柱的透气性，使得风压升高，料速减慢，甚至出现崩料、悬料等现象。铁口维护不好，如铁口长期过浅，不仅高炉不易出好铁，引起"跑大流"、漫铁道等炉前事故，直至导致炉缸冷却系统烧穿，造成重大恶性事故，不但影响高炉正常生产，而且还会缩短高炉一代寿命。所以炉前操作要与高炉操作密切配合，千方百计减少炉外事故。

4.1.1　高炉炉前操作考核指标

4.1.1.1　出铁次数的确定

适宜的出铁次数有利于出净渣铁，也有利于铁口的维护和炉况顺行，减少渣铁口的破损。出铁次数的确定原则：每次最大出铁量不超过炉缸的安全容铁量；足够的出铁准备工作时间；有利于高炉顺行；有利于铁口的维护。

计算高炉昼夜出铁次数的经验公式：

$$n = \alpha_t P / T_{安}$$

式中　α_t——出铁不均匀系数，取 1.2；

　　　P——高炉昼夜产量，t；

　　　$T_{安}$——炉缸安全容铁量，t。

高炉炉缸储存铁水的容积是从低渣口三套前端下沿（因为炉缸炉墙砌砖与渣口三套前端平齐，开炉后炉墙逐渐侵蚀变薄，渣口三套前端逐渐暴露出来）至铁口中心线的容积。

由于炉缸内的焦炭柱在整个料柱有效重力的作用下，部分浸入液态渣铁中而侵占容铁空间，实际安全容铁量计算如下：

$$T_{安} = K_{容} \cdot (\pi/4) \cdot D^2 \cdot h_{渣} \cdot \gamma_{铁}$$

式中　D——炉缸直径，mm；

　　　$h_{渣}$——低渣口三套前端下沿至铁口中心线的距离，m；

　　　$\gamma_{铁}$——铁水密度，t/m^3；

　　　$K_{容}$——炉缸容铁系数，$K_{容}$ 的大小和料柱重量及煤气流量分布有关，一般取 0.7。

在实际生产中，炉底侵蚀后死铁层下移，铁口角度逐渐增大，炉缸炉墙侵蚀而变薄，炉缸直径相对增加，实际安全容铁量要比计算的大。

确定出铁次数时还要考虑与相邻高炉的铁次尽量统一，有利于渣铁罐的统一调配。

4.1.1.2　炉前操作指标

A　正点出铁率

正点出铁就是按规定的出铁时间及时打开铁口出铁并在规定的时间内出完。

$$正点出铁率 = \frac{正点出铁次数}{实际出铁次数} \times 100\%$$

因渣铁罐调配运输等原因造成出铁晚点应扣除。高炉有效容积与出铁时间的长短有关，见表 4-1。

表 4-1　高炉有效容积与出铁时间长短的关系

高炉有效容积/m^3	正常出铁时间/min	高炉有效容积/m^3	正常出铁时间/min
<600	30 ±5	1800 ~2025	45 ±5
800 ~1000	35 ±5	2500	55 ±5

出铁正点率是按时打开铁口及在规定的时间内出净值铁。若出铁晚点会使渣铁出不净，易造成铁口过浅且难以维护，从而影响高炉的顺行和安全生产。

B　铁口深度合格率

铁口深度合格是指开铁口实测深度符合规定。

$$铁口深度合格率 = \frac{铁口深度正常次数}{实际出铁次数} \times 100\%$$

铁口合格率是衡量铁口维护好坏的标志，数值越大表示铁口越正常；反之，铁口长期不合格。铁口过深将导致出渣铁时间的延长，过浅则使铁口泥炮破坏严重，易发生出铁事故或酿成炉缸烧穿或出铁"跑大流"、卡焦、喷焦等事故；同时，铁口角度也应固定，这对于保持出铁量稳定，保持一定的炉缸死铁层厚度，保持一定的铁口深度，都有重要作用；随着冶炼时期的变化，可适当增加铁口角度。

正常铁口深度是以铁口区炉墙厚度来确定，高炉有效容积越大，铁口区炉墙越厚，铁口就越深，见表4-2。

表 4-2 铁口深度与高炉有效容积的关系

高炉有效容积/m³	≤350	500~1000	1000~2000	2000~4000	4000
铁口深度/m	0.7~1.5	1.5~2.0	2.0~2.5	2.5~3.2	3.0~3.5

C 铁量差

$$铁量差 = \frac{nT_{批} - T_{实际}}{nT_{批}} \times 100\%$$

式中　n——两次出铁间的装料批数，批；

　　　$T_{批}$——每批料的出铁量，t/批；

　　　$T_{实际}$——本次实际出铁量，t。

铁量差是衡量铁水是否能出尽的标准，也是衡量出铁操作好坏的标志；铁量差数值越小表示出铁越净、出铁越正常。实际出铁量一般小于理论出铁量的10%~12%，铁量差超过一定的值后即为亏铁。亏铁的危害是使高炉憋风，减少下料批数，上渣带铁，使冷却设备烧坏，甚至造成冷却设备爆炸。此时使得铁口不好维护，易导致恶性事故。因此铁量差越小越好。有的单位要求铁量差不大于10%~15%。

D 上下渣量比

上下渣量比是衡量渣口渣放得好坏的指标。上下渣量比是指每次出铁的上渣量与下渣量之比，是指出一次铁从渣口放出的上渣量和从铁口放出的下渣量之比，其比值应大于3:1。

上下渣比 = 上渣量/下渣量

提高上下渣量比，不仅可减轻铁口负担，利于维护铁口，而且有利于稳定风压和料速，从而有利于稳定炉况。

E 高压全风堵口率

高压全风堵口率是高压全风堵口次数占实际出铁次数的百分率，即：

堵口率 = 高压全风堵口次数/出铁次数

高压全风堵口有利于提高泥包泥质密度，有利于泥包的形成，增强出铁孔道强度及抗冲击性能。只有保证铁口泥套及炮头的完整，堵口时炮头四周没有积渣积铁，防止铁口过浅和出铁失常，才能保证全风和高压堵口。

4.1.2 炉前操作平台

大型高炉每天出铁10次以上，对设计多个铁口的大型高炉，通常用对角线出铁的原则操作，高炉始终有一个铁口在出铁。铁口打开后，铁水和熔渣从铁口流入主沟，通过撇渣器使渣铁分离，铁水经摆动溜嘴流入铁水罐内，炉渣则经渣沟流入水渣处理系统。

4.1.2.1 风口工作平台

在风口的下面，沿高炉炉缸四周设置的工作平台为风口工作平台，在风口平台上，操作人员要通过风口观察炉况，更换风口、渣口，放渣，维护渣口、渣沟，检查冷却设备以及操作一些阀门等。为了操作方便，风口平台一般比风口中心线低 1.5m 左右。除上渣沟部位要用耐火材料砌筑一定的高度外，其他部位应保持平坦，留泄水坡度。

4.1.2.2　出铁场

出铁场布置在出铁口方向的下面，中小一般高炉设一个出铁场，大高炉设 2~3 个出铁场。出铁场除安装开铁口机、泥炮等炉前机械设备外，还布置有主沟、铁沟、下渣沟和挡板、沟嘴、撇渣器、炉前吊车、储备辅助料和备件的储料仓及除尘降温设备。如图 4-1 所示。

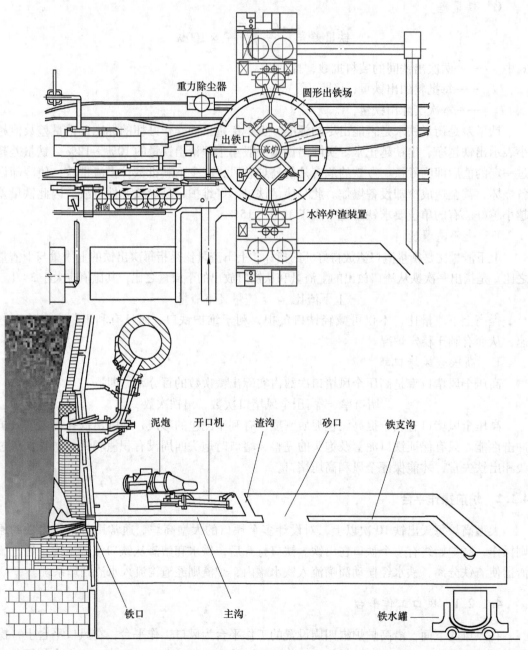

图 4-1　高炉出铁场

出铁场一般比风口平台低。出铁场面积的大小取决于渣铁沟的位置和炉前操作的需要。出铁场长度与铁沟流嘴数目及布置有关。出铁场的铁沟和渣沟与地面应保持一定的坡度，以利于渣铁水的流淌和排水；高度则要保证任何一个铁沟流嘴下沿不低于4.8m，以便机车能够通过。

A 主沟

从出铁口到撇渣器之间的一段距离叫主沟。主沟是一个壁厚为80mm的铸铁槽，内铺砌黏土砖，上面覆盖捣固的碳素耐火泥。主沟短会使渣铁来不及分离；主沟长会增加工人的劳动强度。从出铁口到撇渣器主沟的宽度是逐渐扩大的，以便于降低渣铁的流速，有助于渣铁分离。主沟的坡度，一般大型高炉为9%~12%，小型高炉为8%~10%。坡度过小渣铁流速太慢，会延长出铁时间；坡度过大流速太快，会降低撇渣器的分离效果。图4-2为主沟与砂口（撇渣器）的构造。主沟沟衬损坏时的清除和修补工作十分困难，劳动条件差。

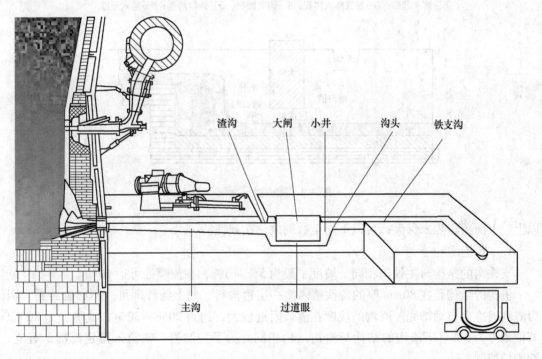

图4-2 主沟与砂口（撇渣器）的构造

现在大型高炉一般采用储铁式主沟，沟内经常储存一定深度的铁水（450~600mm），使铁水流射落时不致直接冲击沟底，如图4-3所示。储铁式主沟的另一个优点是可避免大幅度急冷急热的破坏作用，延长主沟的寿命。

B 撇渣器

撇渣器又称砂口或渣铁分离器，是出铁过程中利用渣铁密度的不同而使之分离的关键设备。位于出铁主沟末端，如图4-4所示。它利用渣铁的密度不同，用挡渣板把下渣挡住，只让铁水从下面穿过，达到渣铁分离的目的。近年来对撇渣器进行了不断改进，如用炭捣或炭砖砌筑的撇渣器，寿命大大提高。适当增大撇渣器内储存的铁水量，一般在1t

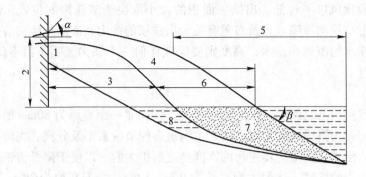

图 4-3　铁口处的铁水以射流状落入储铁式主沟

(垫沟料采用氧化铝—碳化硅—炭系列,制作工艺采用浇注型、预制块型)

1—铁口孔道;2—落差;3—最小射流距离;4—最大射流距离;5—与铁水体积对应的主沟长度;
6—落入范围;7—射流落入体积;8—沟底泥料;α—铁口角度;β—落入角度

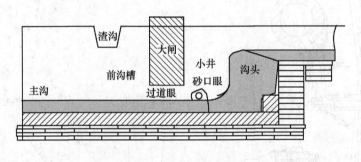

图 4-4　撇渣器示意图

以上,上面盖以焦末保温,可以 1 周至数周放一次残铁。

C　支铁沟和渣沟

支铁沟的结构与主铁沟相同,坡度一般为 5% ~6%,在流嘴处可达 10% 。

渣沟的结构是在 80mm 厚的铸铁槽内捣一层边沟料,铺上河沙即可,不必砌砖衬,因为渣液遇冷会自动结壳。渣沟的坡度在渣口附近较大,约为 20% ~30%,流嘴处为 10%,其他地方为 6% 。下渣沟的结构与渣沟结构相同。为了控制渣、铁流入指定流嘴,有渣、铁闸门控制。

D　流嘴

流嘴是指铁水从出铁场平台的铁沟进入铁水罐的末端那一段,其构造与铁沟类同,只是悬空部分的位置不易炭捣,常用炭素泥砌筑。小高炉出铁量不多,采用固定式流嘴,大高炉渣沟与铁沟及出铁场长度要增加,多采用摆动流嘴。

摆动流嘴安装在出铁场下面,其作用是把经铁水沟流来的铁水注入出铁场平台下的任意一个铁水罐中。设置摆动流嘴的优点是:缩短了铁水沟长度,简化了出铁场布置,减轻了修补铁沟的作业,减少铁水运输能力,改善劳动强度。

摆动铁沟流嘴如图 4-5 所示,它由曲柄连轩装置、沟体、摇枕底架等组成。内部有耐火砖的铸铁沟体支持在摇枕上,而摇枕套在轴上,轴通过滑动轴承支撑在底架上,在轴的

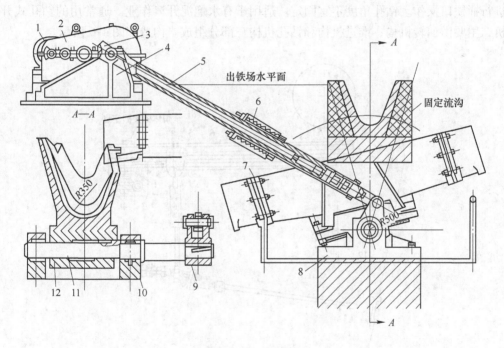

图 4-5　摆动铁沟流嘴

1—电动机；2—减速器；3—曲轴；4—支架；5—连杆；6—弹簧缓冲器；

7—摆动铁沟沟体；8—底架；9—杠杆；10—轴承；11—轴；12—摇枕

一端固定着杠杆，通过连杆与曲柄相连，曲柄的轴颈联轴节与减速机的伸出轴相连，开动电动机，经减速器、曲柄带动连杆，促使杠杆摆动，从而带动沟体摆动：沟体的摆动角度由主令控制器控制，并在底架和摇枕上设有限制开关，为了减轻工作中出现的冲击，在连杆中部设有缓冲弹簧。在采用摆动铁沟时，需要有两个铁水罐并列在铁轨上，可按主罐列和辅助罐列来分。主罐列第一个铁水罐装满后，操作摆动机构，让沟体倾向辅助罐列罐位，此时主罐列在绞车作用下移动一个罐位，然后摆动铁沟又转向主罐列第二个空铁水罐装铁水。周期进行，直到出铁结束。

4.1.3　炉前主要设备

炉前设备主要有开铁口机、堵铁口泥炮、堵渣机、换风口机、炉前吊车等。

4.1.3.1　开口机

开口机按动作原理分为钻孔式和冲钻式两种。按动力来源分为电动式、气动式和液动式。开口机必须满足下列要求；开孔钻头应在出铁口中开出一定倾斜角度的直线孔道，孔径小于100mm；打开出铁口时不破坏铁口内的泥道；打开铁口的一切工序应机械化，并能远距离操作，保证操作人员的安全；为了不妨碍炉前其他设备的操作，开口机外形应尽量小，并能在开口后迅速撤离。

A　钻孔式开口机

钻孔式开铁口机的特点是结构简单，操作容易。它是靠旋转钻孔，不能进行冲击，不能进行捅铁口操作。钻孔角度不宜固定。适用于有水炮泥开口作业。通常用的钻孔式开铁口机，主要由回转机构、推进机构和钻孔机构三部分组成。构造如图4-6所示。

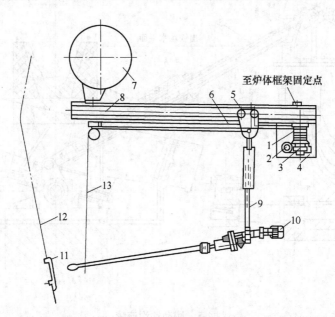

图 4-6　钻孔式开口机

1—钢绳卷筒；2—推进电动机；3—蜗轮减速机；4—支架；5—小车；6—钢绳；7—热风围管；
8—滑轮；9—连接吊挂；10—钻孔机构；11—铁口框；12—炉壳；13—自动抬钻钢绳

钻孔式开铁口机的工作原理是：由于其钻杆和钻头是空心的，钻杆一边旋转一边吹风，这是利用压缩空气在冷却钻头的同时，把钻铁口时削下来的粉尘吹出铁口孔道外，当吹屑中开始带铁花时，说明已经钻到红点，此时应退钻再用捅铁口钢钎或圆钢棍捅开最后的铁口，以免铁水烧坏钻头。

（1）回转机构：钻孔式开铁口机回转机构由电动机、减速机、卷筒、牵引钢绳及横梁组成，横梁的一端用旋转轴固定在热风围管上。开铁口前以铁口为圆心旋转到铁口位置并对准铁口中心线，待钻到红点再往回旋转回到铁口的一侧。

（2）推进机构：推进机构也称行走机构、送进机构。它由电动机、减速机、卷筒牵引钢绳及滑动小车组成。其主要作用是钻铁口时前后往复运动。

（3）钻孔机构：钻孔机构主要是用于开铁口时使钻头旋转。它由电动机、减速机、钻头及钻杆组成。

开口机钻杆直径有 50mm 和 60mm 两种，用厚壁无缝钢管做成，钻头是用铜焊的 YT5 硬质合金。一般钻杆分成四段，即钻头、进入铁口内的短杆（这段易变形，需经常更换）、主杆和带有密封的空心连轴。钻杆又直又长，故加工接头时中心要求准确，如果弯曲，转动时就会跳动，甚至使电动机跳闸。钻杆转速为 300 ~ 400r/min，电动机功率为 4.5kW。钻杆是能够迅速拆换的。

钻孔式开铁口机的特点是结构简单，操作容易。它是靠旋转钻孔，不能进行冲击，不能进行捅铁口操作，钻孔角度不宜固定，适用于有水炮泥开口作业。

B　冲钻式开铁口机

冲钻式开铁口机由起吊机构、转臂机构和开口机构组成，如图 4-7 所示。开口机构中钻头以冲击运动为主，同时通过旋转机构使钻头产生旋转运动，即钻头既可以进行冲击运动又可以进行旋转运动。

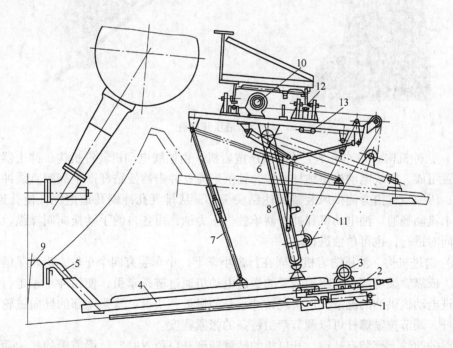

图 4-7　冲钻式开铁口机

1—钻孔机构；2—送进小车；3—风动电动机；4—轨道；5—锁钩；6—压紧气缸；7—调节连杆；
8—吊杆；9—环套；10—升降卷扬机；11—钢绳；12—移动小车；13—安全气缸

开铁口时，通过转臂机构和起吊机构使开口机构处于工作位置，先在开口机构上安装好带钻头的钻杆。开铁口过程中，钻杆先只做旋转运动，当钻杆以旋转方式钻到一定深度时，开动正打击机，钻头旋转、正打击前进，直到钻头钻到规定深度时才退出钻杆，并利用开口机上的换钎装置卸下钻杆，再装上钎杆，将钎杆送进铁口通道内，开动打击机，进行正打击，钎杆被打入到铁口前端的堵泥中，直到钎杆的插入深度达到规定深度时停止打击，并松开钎杆连接机构，开口机便退回到原位，钎杆留在铁口内。到放铁时，开口机开到工作位置，钳住插在铁口中的钎杆，进行逆打击，将钎杆拔出，铁水便立即流出。

冲钻式开口机的特点是：钻出的铁口通道接近于直线，可减少泥炮的推泥阻力；开铁口速度快，时间短；自动化程度高，大型高炉多采用这种开铁口机。

　　C　液压开口机

液压开口机由钻冲小车、送进机构、回转机构、倾角机构和液压站组成，如图4-8所示。

图4-8　液压开口机

（1）钻冲机构。钻冲小车上装有液压凿岩机，由摆线电动机转钎机构、冲击器和旁侧供风装置组成，摆线电动机使钻杆旋转，钻削炮泥；冲击器使钻杆产生高频直线冲打，破碎炮泥；压缩空气由旁侧供风装置到达钻头头部，从排气孔冲刷孔道炮泥，使孔道干净，保证铁水流动畅通。油电动机和冲击器单独供压力油，由各自的手动换向阀操纵。钻削和冲打可同时进行，也可单独进行。

（2）送进机构。液压凿岩机紧固在行走小车上，小车装有四个车轮，沿轨梁槽钢的下缘行走。依靠轨梁尾部上方驱动装置的送进电动机通过链条牵引，使钻冲小车走行。通过调节送进电动机供油的流量，可实现钻冲小车的慢进和快退。轨梁尾部的导向链轮上装有拉紧螺杆，调节拉紧螺杆可以调节牵引链条的张紧程度。

轨梁的前端上部装有挂钩，开口机的转臂转到开口位置时，轨梁前端的挂钩通过摆动机构与高炉炉壳上的挂钩支撑相接，并压紧挂钩支撑，钻冲小车工作时，轨梁前端的挂钩始终压紧高炉炉壳上的挂钩支撑，使钻杆钻孔和冲打时轨梁不致晃动。

（3）回转机构。开口机的转臂是由油缸直线运动转变成旋转臂转动。

（4）倾角传动机构。倾角传动机构是连接开口机回转机构与送进机构并保证开口机在工作位置时调整钻杆的钻孔角度的装置，其工作程序为，当回转机构到达工作位置时，倾角传动油缸无杆腔给油，使其到达开口位置，挂钩钩住高炉炉壳上的挂钩座，转臂停止旋转。开口机在钻削、冲打过程中轨梁上的挂钩始终能拉住高炉炉壳上的挂钩座，保证整个工作过程的顺利进行。

开口完毕后送进机构的油电动机使钻冲小车快速退回，钻杆退出铁口后，向倾角传动油缸的有杆腔供油，使轨梁上的挂钩脱离挂钩座，然后，反向旋转转臂上的液压电动机，使转臂旋转到停放位置，完成一次开口动作。通过调节液压系统的节流阀，即可调节油电动机的供油量，实现转臂旋转速度的调节，完成一次开口动作。

(5) 液压系统。开口机的摆动机构油缸和钻削电动机、旋转油缸由一台油泵供油，钻冲小车的送进电动机和凿岩机的冲击器由另一台油泵供油，液压系统的油路保证手动换向阀处于中位时，油泵处于卸荷状态。

D　液压式开口机操作顺序

启动油泵→开口机旋转至开口位置，同时摆动油缸无杆腔进油，迫使轨梁向下倾斜，直到挂钩压紧挂钩支撑→钻冲小车前进→钻削和冲打。铁口打通时，钻冲小车快速返回，要注意等钻杆和钻头全部退出铁口后，摆动油缸有杆腔进油，迫使轨梁上抬，挂钩脱离挂钩支撑后，转臂才能反向旋转直到停放位置。

当一次未能打通铁口，钻杆变弯变红，需要更换时，应先退出钻杆，钻冲小车退至最终位置，送进机构摆平，转臂转至更换钻杆比较方便的位置，更换钻杆后继续开铁口。

主铁沟两边的渣块如堆积过高，会妨碍开口机的旋转和液压管道的摆动，操作人员应及时清理主铁沟两边的渣块，以免妨碍开口机的旋转和液压硬管的活接头的摆动。

E　开口机的维护检查

使用开口机之前，必须认真检查以下各项：

(1) 设备操作运转是否正常；

(2) 各减速机连接螺栓是否松动；

(3) 各传动钢绳是否起刺，连接是否牢固；

(4) 钻头、钻机是否损坏，钻杆是否弯曲，钻杆法兰连接螺栓是否齐全，是否拧紧；

(5) 悬挂开口机大梁的支座转轴是否磨损，吊挂开口机大梁的吊挂钢绳是否磨损腐蚀；

(6) 通风用的风管接头是否牢固；

(7) 钻铁口时，严禁钻漏烧坏开口机。

4.1.3.2　堵铁口机——泥炮

泥炮是在出完铁后用来堵铁口的专用设备。对泥炮的基本要求：泥炮工作缸应有足够的容量，保证供应足够的堵铁口耐火泥，能一次堵住出铁口；活塞应具有足够的推力，用以克服较密实的堵口泥的最大运动阻力，并将堵口泥分布在炉缸内壁上；炮嘴应有合理的运动轨迹，泥炮到达工作位置时应有一定的倾角，而且炮嘴进入出铁口泥套时应尽量沿直线运动，以免损坏泥套，工作可靠，能进行远距离操作。

泥炮按驱动方式分为汽动泥炮、电动泥炮和液压泥炮三种。汽动泥炮采用蒸汽驱动，由于泥缸容积小，活塞推力不足，已被淘汰。

随着高炉容积的大型化和无水炮泥的使用，要求泥炮的推力越来越大，电动泥炮已难以满足现代大型高炉的要求，只能用于中、小型常压高炉。现代大型高炉多采用液压矮泥炮。

A　电动泥炮

电动泥炮主要由打泥机构、压紧机构、锁炮机构和转炮机构组成，如图 4-9 所示。

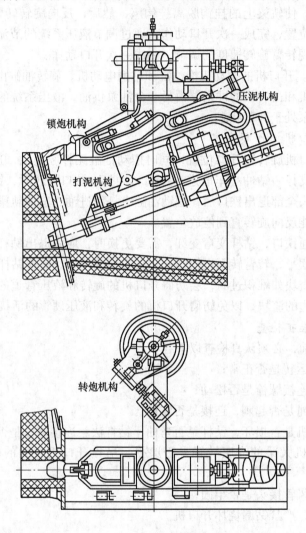

图 4-9　电动泥炮机构图

电动泥炮打泥机构的主要作用是将炮筒中的炮泥按适宜的吐泥速度打入铁口，其结构如图 4-10 所示。当电动机旋转时，通过齿轮减速器带动螺杆回转，螺杆推动螺母和固定在螺母上的活塞前进，将炮筒中的炮泥通过炮嘴打入铁口。

压紧机构的作用是将炮嘴按一定角度插入铁口，并在堵铁口时把泥炮压紧在工作位置上。

转炮机构要保证在堵铁口时能够回转到对准铁口的位置，并且在堵完铁口后退回原处，一般可以回转 180°。当转炮到一定位置时，必须锁炮，否则在打泥时由于反作用力作用泥炮会后退，为防止炮泥堵不住铁口，用撞上去的锚钩自动落入固定在炉壳上的钩槽来锁炮，当炮返回时，需用行程为 50mm 的电磁铁带动钢绳将锚钩拉起。

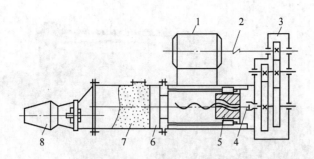

图 4-10　电动泥炮打泥机构

1—电动机；2—联轴器；3—齿轮减速器；4—螺杆；
5—螺母；6—活塞；7—炮泥；8—炮嘴

电动泥炮虽然基本上能满足生产要求，但也存在着不少问题，主要是：活塞推力不足，受到传动机构的限制，如果再提高打泥压力，会使炮身装置过于庞大；螺杆与螺母磨损快，维修工作量大；调速不方便，容易出现炮嘴冲击铁口泥套的现象，不利于泥套的维护。

各类电动泥炮的主要技术性能见表4-3。

表 4-3　各类电动泥炮的主要技术性能

名　称	DP12-05/30	DP29-18/50	DP100-25/30	DP160-50/65	DP212-40/58
泥缸推力/N	12×10^4	29×10^4	100×10^4	160×10^4	212×10^4
泥缸有效容积/m³	0.05	0.18	0.25	0.5	0.4
泥缸直径/mm	300	500	300	650	580
活塞行程/mm	710	1100	1270	1501	1510
泥缸单位推力/Pa	17×10^5	15×10^5	51×10^5	50×10^5	58×10^5
活塞行程时间/s	47	66	53	78	113
压泥速度/m·s⁻¹	0.233	0.2	0.268	0.35	0.2
悬臂最大回转角/(°)	135	135	180	180	180
悬臂回转时间/s	—	—	7	14	11.3
炮嘴压紧力/N	—	—	9.85×10^4	12×10^4	—
送炮时间/s	—	—	11.5	9	13.3
炮身倾斜角/(°)	17	13	17	17	13

B　液压泥炮

液压泥炮是将电动泥炮的电动机驱动机构改变为液压传动机构。液压传动机构是用液体（油）来传递能量。

液压泥炮由打泥、压炮、转炮、锁炮和液压装置等机构组成，如图4-11所示。

液压泥炮的打泥机构是通过双向油缸的活塞推动泥缸活塞前进，来完成打泥工作的。打泥机构根据液压打泥的方法不同有两种：一种是固定液压活塞杆，由打泥活塞往复运动，在泥腔和后空腔装有固定环，可以保证没有炮泥窜到液压缸的活塞杆区域内，油通过固定活塞杆进入液压缸，这种结构有利于保护油缸，减少维修，延长油缸的使用寿命；另

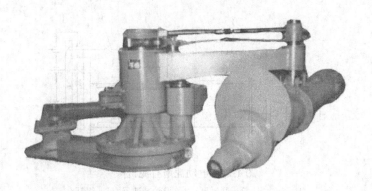

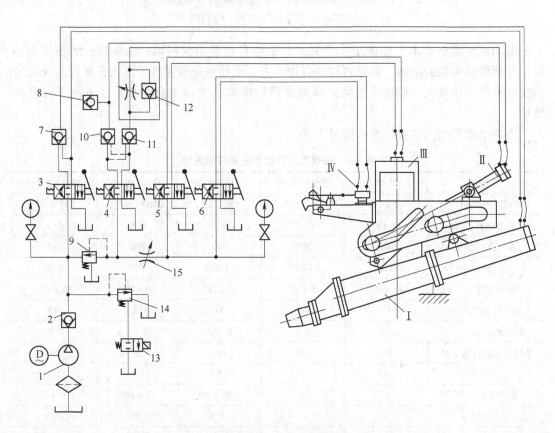

图 4-11　液压泥炮示意图

Ⅰ—打泥机构；Ⅱ—压紧机构；Ⅲ—回转机构；Ⅳ—锁紧机构；

1~15—回路控制阀及油泵

一种是采用固定的液压缸，而打泥活塞直接固定在活塞杆上一同作往复运动，因此，活塞杆要进入泥腔内，容易被炮泥弄脏，影响液压密封的寿命。

锁炮装置是把锚钩机构固定在转炮装置的架子上，锚钩座固定在基础上，在泥炮旋转至铁口位置后，锚钩背的斜坡在前进中从挡板上滑起，炮转正后落下，通过弹簧作用将锚构锁紧在锚钩座上，然后才可以打泥，在打完泥后转炮之前，先将高压油通入锁炮油缸，使活塞缸前进，推动锚钩转起，即可摘钩。

过去转炉是通过油压电动机使小齿轮转动，从而带动大齿轮和整个炮架旋转，而现在我国2800kN（280t）液压泥炮上使用了回转油缸（或叫摆动油缸），原理如图4-12所示。油缸给油之后，转动块1通过联结键和回转缸体5一起转动，缸体的转角为180°~230°，回转缸体可以带动炮架旋转。

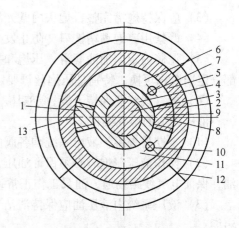

图4-12　液压泥炮的回转油缸工作原理
1—转动块；2—密封块；3—固定的中心轴；
4—固定轴套；5—回转缸体；6—油腔①；
7，10—进（回）油口；8，13—联结键；
9—固定块；11—油腔②；12—联结螺栓

液压泥炮的液压传动系统包括动力、执行、控制等机构及其他辅助部分。液压泥炮的安全保护装置有溢流阀、电接点压力表。溢流阀为压力控制阀，当液压回路的压力达到该阀之调定值时将部分或全部液压油溢回油路，使回路的压力保持为调定值；电接点压力表是当液压系统因某种原因压力继续升高时，发出信号，并发出事故铃声，同时停泵。

液压泥炮由液压驱动。转炮用液压电动机，压炮和打泥用液压缸。它的特点是体积小，结构紧凑，传动平稳，工作稳定，活塞推力大，能适应现代高炉高压操作的要求。但是，液压泥炮的液压元件要求精度高，必须精心操作和维护，以避免液压油泄漏。表4-4为液压泥炮的性能。

表4-4　液压泥炮主要技术性能

名　称	YP270-25/55	YP160-23/50	YP275-25/54	YP160-13/40
适用高炉炉容/m³	1000	550	1200	255~620
泥缸推力/N	270×10^4	160×10^4	275×10^4	60×10^4
泥缸有效容积/m³	0.25	0.23	0.25	0.13
泥缸直径/mm	550	500	540	400
活塞行程/mm	—	1170	1100~1300	1000
活塞单位压力/Pa	113.7×10^5	80×10^5	$(100~200) \times 10^5$	48.4×10^5
推泥油缸直径/mm	420	350	380	220
推泥油缸工作压力/Pa	200×10^5	186×10^5	$(210~250) \times 10^5$	120×10^5
泥炮排泥速度/m·s⁻¹	—	0.16	0.2	—
活塞移动速度/m·s⁻¹	—	15	14.2~18.8	19.7
炮身倾斜角/(°)	—	—	20	17
最大压炮力/N	25×10^4	21.8×10^4	21×10^4	12.3×10^4

C　泥炮的检查维护

电动泥炮的检查维护：

（1）电动泥炮操作必须严格执行操作规程，杜绝各安全装置运转时超过极限；

（2）严禁将冻泥块或干硬泥块装入泥筒内，清理干净活塞后面的残渣及硬泥，以防止打泥时拉坏传动螺母或顶弯拉杆；

（3）应保持炮嘴完整，炮头内壁光滑，发现炮泥结焦黏结时要及时抠掉；

（4）严禁用凉炮嘴堵铁口，防止发生爆炸，应用之前应先烘烤炮嘴；

（5）泥筒内定期加油润滑，压炮和打泥机构的传动螺杆及丝母定期注油，各装置机械部分定期检修更换，特别是压炮丝母要定期更换；

（6）电气线路要保持干燥，定期检查、维护更换。

液压泥炮的检查维护：

（1）定期检查维护液压系统购各阀门、仪表，保证完好；

（2）操作液压泥炮时必须保证油压，不得低于规定压力，液压油管路、接头处不得漏油，保证电气线路畅通，油泵工作正常；

（3）液压系统内液压油应保持清洁干净，滤油设备应定期清扫，确保洁净，无异物、污垢；

（4）注意检查泥缸中活塞是否倒泥，倒泥严重时应及时处理；

（5）液压油温不许超过 60℃；

（6）其他检查维护方法按电动泥炮执行。

4.1.3.3　堵渣口机

堵渣口机是用来堵塞渣口的设备。目前高炉普遍采用电动连杆式堵渣机和液压驱动的折叠式堵渣机。

常用的连杆式堵渣机是平行四连杆机构，如图 4-13 所示。堵渣机的塞杆和塞头均为空心的，其内通水冲却，塞头堵入渣口，在冷却水的作用下熔渣凝固，起封炉作用。放渣时，堵渣机塞头离开渣口后，人工用钢钎捅开渣壳，熔渣就会流出。这样操作很不方便，且不安全。因此，这种水冷式的堵渣机已逐渐淘汰，被吹风式的堵渣机代替。

吹风式堵渣机，其构造与水冷式堵渣机相同，只是塞杆变成一个空腔的吹管，在塞头上也钻了孔，中心有个孔道，堵渣时，高压空气通过孔道吹入高炉炉缸内，由于塞头中心孔在连续不断地吹入压缩空气，这样，渣口就不会结壳。放渣时拔出塞头，熔渣就会自动

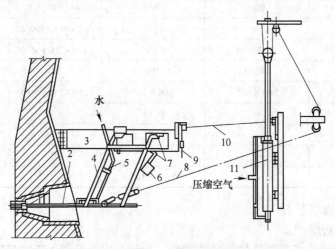

图 4-13　四连杆式堵渣机

1—塞头；2—塞杆；3—框架；4，5—平行四连杆冷却水管；6—平衡重锤；
7—固定轴；8—钢绳；9—钩子；10—操纵钩子的钢绳；11—气缸

放出，无需再用人工捅穿渣口，放渣操作方便，塞头内通压缩空气不仅起冷却塞头的作用，而且压缩空气吹入炉内还能消除渣口周围的死区，延长渣口寿命。

四连杆机构堵渣机存在的问题是，所占空间和运动轨迹大，铰接点太多，连杆太长，连杆变形后导致塞头轨迹发生变化，使塞头不能对准渣口，以及高温环境下零件寿命短，等等。现在国内已逐步淘汰而用折叠式结构来代替。

液压折叠式堵渣机结构如图 4-14 所示。打开渣口时，液压缸活塞向下移动，推动刚性杆 GFA 绕 F 点转动，将堵渣杆 3 抬起。在连杆 2 未接触滚轮 5 时，连杆 4 绕铰接点 D（DEH 杆为刚性杆，此时 D 点受弹簧的作用不动）转动。当连杆 2 接触滚轮 5 后就带动连杆 4 和 DEH 杆一起绕 2 点转动，直到把堵渣杆抬到水平位置。DEH 杆转动时弹簧 6 受倒压缩。堵渣杆抬起最高位置离渣口中心线可达 2m 以上。堵出渣口时，液压缸活塞向上移动，堵渣杆得到与上述相反的运动，迅速将渣口堵塞。

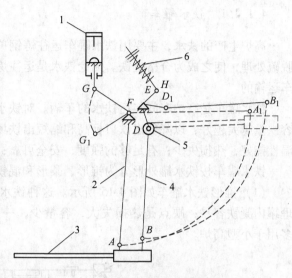

图 4-14　液压折叠式堵渣机
1—摆动油缸；2，4—连杆；3—堵渣杆；5—滚轮；6—弹簧

4.1.3.4　炉前吊车

为了减轻炉前劳动强度，均应设置炉前吊车。炉前吊车主要用于吊运炉前的各种材料，清理渣铁沟，更换主铁沟、撇渣器和检修炉前设备等。炉前吊车一般为桥式吊车，其走行轨道设置在出铁场厂房两侧支柱上。

4.1.3.5　换风口机

炉前作业中，换风口操作相当困难。由于温度高、场地窄、风口装置质量大，导致换风口既不安全又影响生产。目前，使用换风口机的高炉日渐增多，种类也多。按其结构换风口机大致可分为吊车式和地上行走式两类。

4.1.3.6　出铁场除尘设施

高炉在放渣、出铁时产生大量烟尘污染环境，因此必须除尘。

高炉出铁场烟气除尘一般采取两种方式，一种方式是在主铁沟、渣铁分离器上面设置活动梯形钢制封罩，在出铁支沟、下渣沟及铁水流嘴等处铺设钢盖板。封罩及盖板内均衬以耐火材料保护层，并在适当位置设置抽风管道，通过抽风机将烟气抽至除尘设备进行净化处理。另一种方式是在出铁口前面用幕帘将出铁口二方围住，通过抽风机及管道将幕帘内的烟气抽至除尘设备进行净化处理。

为了改善出铁场的工作环境，在出铁场的屋顶天窗内可以设置电除尘器，进行屋顶烟气净化处理。这是出铁场进行二次烟气除尘较为理想的除尘方案，因为屋顶设置电除尘，不占地面，结构简单，并节省能耗。此外，在车间厂房的四周设置气窗，进行抽风除尘，也是减少车间烟气污染的有效措施。

4.1.4　渣铁水处理设备

4.1.4.1　铁水罐车

高炉生产的铁水，主要用铁水罐车运往炼钢单位炼钢，部分号外生铁还需要进行炉外脱硫处理，使之成为合格生铁。无论铁水是运往炼钢车间还是铸铁车间，都是利用铁水罐车运输的。

铁水罐车是高炉车间装运铁水的车辆。对铁水罐车的基本要求是：单位长度上的有效容铁量越大越好，以降低出铁口标高和缩短出铁场的长度，运行平稳，不得自动倾翻；保温性能好，热损失少；有足够的强度，安全可靠；倒铁水后粘罐铁最少。

铁水罐车按铁水罐外形分为锥形、梨形和混铁炉（或称鱼雷）式三种：

（1）锥形铁水罐车如图 4-15 所示。这种铁水罐车的优点是构造简单、砌砖容易、清理罐内凝铁容易；缺点是热损失大，容量少，一般仅 50 ~ 70t；使用寿命仅 50 ~ 300 次。多用于小型高炉。

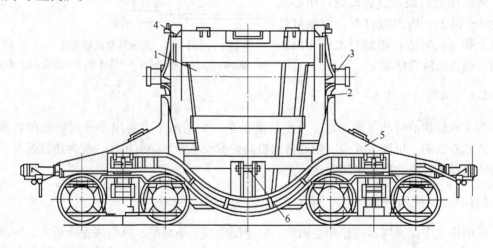

图 4-15　锥形铁水罐车
1—锥形铁水罐；2—枢轴；3—耳轴；4—支撑凸爪；5—平台；6—小轴

（2）梨形铁水罐车，铁水罐外形似梨状，如图 4-16 所示。优点是它近似球形，散热面积小，散热损失减少，容量一般只有 100t 左右，底部呈半球形，倒罐后残铁量少，内衬寿命较长，一般为 100 ~ 500 次。但是梨形铁水罐由于口部尺寸较小，清理废铁和铁瘤不方便，也不便观察内部砖衬的破坏情况，因此采用较少。

（3）混铁炉式铁水罐车，外形呈鱼雷状，故又称鱼雷式铁水罐车，如图 4-17 所示。

混铁炉式铁水罐车的优点：封闭好，保温性能良好，散热损失少，残铁量少；容铁量大，一般一座高炉只设置 2 ~ 3 个罐位即可，可以缩短出铁场的长度，对铁水有混匀作用等。

铁水罐车主要由铁水罐和车架两部分组成。铁水罐依靠壳体上的两对枢轴支撑在车架上。铁水罐壳体为钢板焊成，罐内砌筑耐火砖衬。中小型铁水罐内砌筑 1 ~ 2 层黏土砖，

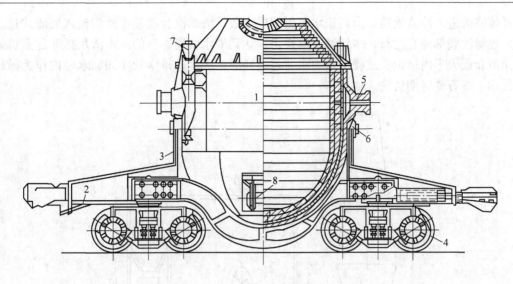

图 4-16　梨形铁水罐车
1—罐体；2—车架；3—吊架；4—车轮；5—吊轴；6—支轴；7—支爪；8—吊耳座销轴

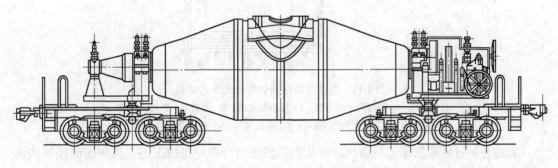

图 4-17　混铁炉式铁水罐车

大型铁水罐内砌筑较厚的耐火砖衬，要求耐火砖质量要高。如某大型鱼雷罐内衬为：紧贴壳体砌筑两层230mm厚的黏土砖，内侧再砌两层230mm厚的高密度黏土砖，渣线部位砌以400mm莫来石砖，罐口处浇注高铝质不定形耐火材料。

4.1.4.2　渣处理设备

高炉冶炼每吨生铁有0.3～0.5t炉渣。炉渣呈熔融状态，经过适当处理后可以作为水泥原料、隔热材料及其他建筑材料等。高炉渣处理方法有炉渣水淬、放干渣及冲渣棉。目前，国内高炉普遍采用水淬渣处理方法。

水淬渣按过滤方式的不同可分为沉渣池法、底滤法、因巴法、拉萨法和图拉法水淬渣等。

沉渣池法是一种传统的渣处理工艺，在我国大中型高炉上已普遍采用。它具有设备简单、生产能力高和质量好等特点。

高炉熔渣流进熔渣沟后，经冲渣喷嘴的高压水水淬成水渣，经过水渣沟流进沉渣池内进行沉没，水渣沉淀后将水放掉，然后用抓斗起重机将沉渣送到储渣场或火车内送走。

底滤法（OCP）的工艺和沉渣池法的工艺相似，其工艺流程如图4-18所示。高炉熔渣经熔渣沟进入冲渣喷嘴，由高压水喷射制成水渣，渣水混合物经水渣沟流入底滤式过滤池，过滤池底部铺有滤石，水经滤石池排出，达到渣水分离的目的。水渣用抓斗起重机装入储渣仓或火车内运走，过滤出来的水通过设在滤床底部的排水管排到储水池内作为循环水使用。滤石要定期清洗。

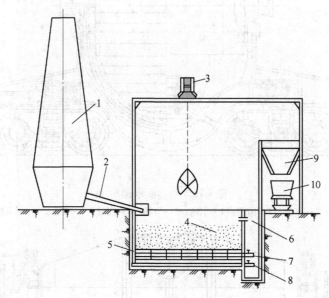

图 4-18　底滤法处理高炉熔渣的工艺流程
1—高炉；2—渣沟和水冲渣槽；3—抓斗起重机；4—水渣堆；5—保护钢轨
6—溢流水口；7—冲洗空气进口；8—排出水口；9—储渣仓；10—运渣车

沉渣池—过滤池法工艺是将沉渣池法和底滤法组合在一起的工艺。高炉熔渣经熔渣沟流入冲渣喷嘴，被高压水射流水淬成水渣，渣水混合物经水渣沟流入沉渣池，水渣沉淀，水经过溢流流到配水渠中，分配到过滤池内。过滤池结构和底滤法完全相同，水经过滤床排出，循环使用。此种工艺具有沉渣池法和底滤法的优点。

INBA 法是由卢森堡 PW 公司开发的一种炉渣处理工艺。水淬后的渣水混合物经水渣槽流入分配器，经缓冲槽落入脱水转鼓中，脱水后的水渣经过转鼓内的胶带机和转鼓外的胶带机运至成品水渣仓内，进一步脱水。滤出的水，经集水斗、热水池、热水泵站送至冷却塔冷却后进入冷却水池，冷却后的冲渣水经粒化泵站送往水渣冲制箱循环使用。其优点是可以连续滤水，环境好，占地少，工艺布置灵活，吨渣电耗低，循环水中悬浮物含量少，泵、阀门和管道的寿命长。

拉萨法是高炉熔渣经熔渣沟进入水冲渣槽，在水冲渣槽中用水渣冲制箱的高压喷嘴进行喷射水淬成水渣，渣水混合物一起流入搅拌槽，水渣在搅拌槽内搅拌，使水渣破碎成细小颗粒与水混合成渣浆，再用输渣泵送入分配槽中，分配槽将渣浆分配到各脱水槽中，分离出来的水经过脱水槽的金属网汇集到集水管流入沉降槽。在沉降槽里排除混入水中的细粒渣后，水流入循环水槽。其中一部分水用冷却泵打入冷却塔，冷却后再返回循环水槽，用循环水槽的搅拌泵将水渣搅拌均匀，然后一部分水作为给水直接送给水渣冲制箱，另一部分水用搅拌槽的搅拌泵打入搅拌机进行搅拌，以防止水渣沉降，在沉降槽里沉淀的细粒水渣用排污泵送给脱水槽，进入再脱水处理。

图拉法（转轮法）其工艺流程如图 4-19 所示。炉渣从熔渣沟流落到转轮粒化器上，粒化器由电机带动旋转，落到粒化器上的液态炉渣被快速旋转的粒化轮上的叶片击碎，并沿切线方向抛射出去，同时，受从粒化器上部喷头喷出的高压水射流冷却与水淬作用形成水渣。渣水混合物进入脱水转鼓中，由于喷水只对液态熔渣起到水淬作用和对转轮粒化器的冷却作用，没有输送作用，因此，水量消耗少。转鼓上的筛网将渣水分离，滤走后的水渣落入到受料斗中，再经胶带机输送到堆渣场或渣仓中；经过脱水转鼓过滤的水，经溢流口和回水管进入集水池或集水罐，经循环泵加压后，再打到转轮粒化器喷头上。循环水中仍含有一部分粒径小于 0.5mm 的固体颗粒，沉淀在集水池下部。这部分固体沉淀物，用气力提升泵提升到高于脱水器筛斗上部，使其回流进行二次过滤，进一步净化循环水。

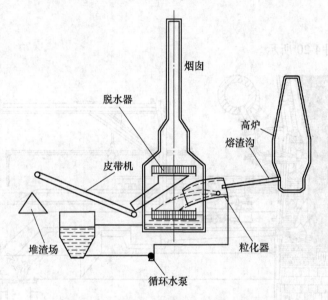

图 4-19　图拉法高炉炉渣粒化工艺流程图

螺旋法水渣工艺为机械脱水工艺的一种方法。它是通过螺旋机将渣、水进行分离，螺旋机呈 10°～20°倾斜角安装在水渣槽内。螺旋机随着传动机构进行旋转，水渣则通过其螺旋叶片将其从槽底部捞起并输送到水渣运输皮带机上，水则靠重力向下回流到水渣槽内，从而达到渣水分离的目的。浮渣则采用滚筒分离器进行分离，并将其输送到水渣运输皮带机上。水经过水渣槽上部溢流口溢流后，经沉淀、冷却、补充新水等处理后循环使用。

为确保设备和人身安全，保证高炉稳定均衡生产，生产出优质的高炉水渣，高炉放渣工人在冲渣操作时应注意以下几点：

（1）放渣前必须事先检查冲渣沟是否干净，高压水泵是否启动，水压和水量是否正常，确认正常后方可打开渣口进行冲渣。

（2）冲渣时，放渣工必须控制渣流，不可"跑大流"，影响水渣质量。

（3）水力冲渣切忌渣中带铁，铁流入水容易发生爆炸，造成设备和人身事故，影响正常生产。

（4）放渣工不可将挂沟的大块炉渣推向渣流带入渣池。大块渣容易造成渣流堵塞，影响冲渣的正常进行，也影响水渣质量。

（5）冲渣工在进行水力冲渣时，要严密监视渣流，渣沟中有局部堵塞时，应随时处理，防止发生跑渣事故。

干渣坑作为炉渣处理的备用手段，用于处理开炉初期炉渣、炉况失常时渣中带铁的炉渣以及在水冲渣系统事故检修时的炉渣。

干渣生产时将高炉熔渣直接排入干渣坑，在渣面上喷水，使炉渣充分粒化，然后用挖掘机将干渣挖掘运走。

渣棉生产是在渣流嘴处引出一股渣液，以高压蒸汽喷吹，将渣液吹成微小飞散的颗粒，每一个小颗粒都牵有一条渣丝，用网笼将其捕获后再将小颗粒筛掉即成渣棉。渣棉比重小，热导率低，耐火度较高，约 800℃ 左右，可做隔热、隔音材料。

4.1.5　出铁操作

出铁过程如图 4-20 所示。

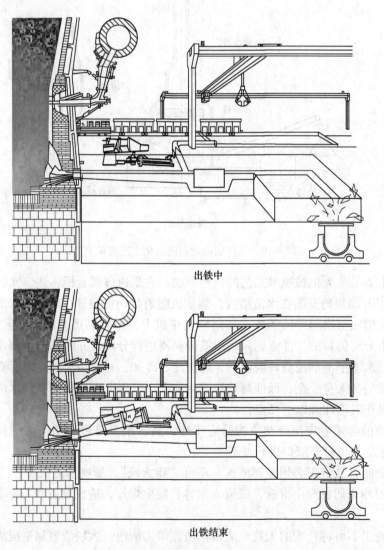

出铁中

出铁结束

图 4-20　出铁过程

4.1.5.1　出铁口的构造和工作条件

A　出铁口的构造

出铁口的整体构造如图 4-21 所示。铁口由铁口框架、冷却板、砖套、铁口孔道等组成。

出铁口设在炉缸下部的死铁层之上，是一个通向炉外的孔道。在出铁过程中，铁口孔

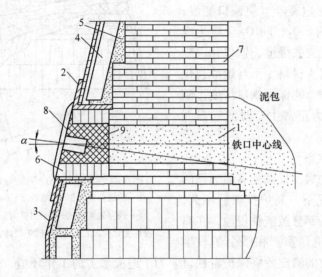

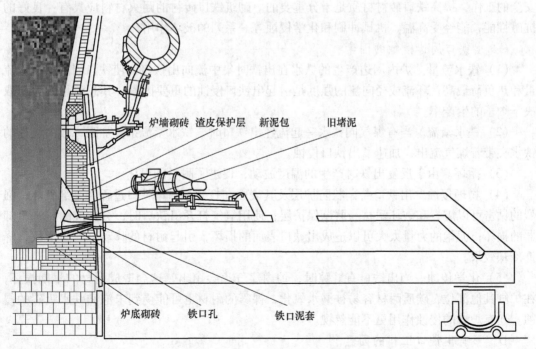

图 4-21　铁口整体结构剖面示意图

1—铁口孔道；2—铁口框架；3—炉皮；4—炉缸冷却壁；5—填充料；
6—砖套；7—砖墙；8—铁口保护板；9—泥套

道和泥炮接触高温的液态渣铁，会被渣铁侵蚀，同时受到从铁口出来的煤气流的冲刷。铁口能否维护正常深度，完全靠出铁堵泥后所形成的泥包层和渣皮来维护，因此要求泥炮的泥必须耐渣铁的冲刷。有水炮泥因含有一定量的黏土，因导热性不好且有水蒸气排出，易变形和产生裂缝，会导致泥炮裂断，使铁口变浅；渣中的 CaO 和泥炮中的 SiO_2、Fe_2O_3 反应生成低熔点化合物，使炮泥失去强度，铁口孔道变大。无水炮泥为中性耐火材料，不与熔渣起化学反应，利于铁口防护，能保证铁口深度，满足生产要求。图 4-22 为正常生产时的铁口泥炮断面图。

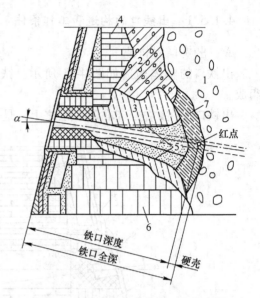

图 4-22　开炉后生产中铁口的状况图
1—炉缸焦炭；2—炉墙渣皮；3—旧堵泥；4—残存的炉墙砖；5—出铁时泥包被渣铁侵蚀变化情况；6—残存的炉底砖；7—新堵泥

　　B　出铁口的工作条件

　　铁口的工作环境恶劣，长期受高温渣铁的侵蚀和冲刷；一般情况下，高炉投产后不久，铁口前端部位的炉衬一部分被渣铁侵蚀，在高炉的中后期这种侵蚀更严重。在整个炉役期间，铁口泥包和该部位的渣皮始终保护着铁口。为了适应恶劣的工作环境，保证铁口正常安全的工作，提高铁口砖衬材质是十分重要的。砌筑铁口砖衬的耐火材料应具有：良好的抗碱性能，能经受高温、机械冲刷和化学侵蚀等一系列的破坏作用。

　　C　出铁口周边侵蚀的因素

　　（1）铁水流量。炉内周边产生的铁水在出铁时集中流向出铁口，使铁口周围的铁水流量和热负荷最高，环流或径向流的强度是引起出铁口侵蚀的重要因素，其总流量的大小取决于炉子的生产率。

　　（2）铁水紊流。当有煤气同铁水一起流经出铁口时，铁水紊流条件加强，较高流速的铁水夹带着煤气流出，加速了出铁口侵蚀。

　　（3）循环。由于反复出铁时产生的温度波动，促进了耐材的损坏。

　　（4）物理侵蚀。出铁口蘑菇状防护层及其表面在打开和封堵铁口过程中全部破坏；强烈的钻击可以震裂和破坏耐材与蘑菇保护层；使用氧气打开出铁口时，会造成耐材和冷却器的损坏；泥炮的力量太大可以造成出铁口表面的损坏，引起耐材的移动，产生裂纹，降低冷却效果。

　　（5）化学侵蚀。当出铁口有缝隙时，炉内煤气火会窜出，这会造成耐材的早期损坏，在炉缸其他部位，碳质耐材容易被漏水氧化，裸露的耐材也可能受到未饱和铁水吸碳的侵蚀。还有炉渣的侵蚀作用更不能忽视。

　　D　影响出铁口工作的因素

　　（1）熔渣和铁水的冲刷。铁口打开以后，铁水和熔渣在炉内煤气压力和炉料的有效重力以及渣铁本身静压力的作用下，以很快的速度流经铁口孔道，把铁口孔道里端冲刷成喇叭形。

（2）风口循环区对铁口的磨损。在高炉冶炼强化的条件下，风口前存在一定大小的循环区。渣铁在风口循环区的作用下，呈现出一种"搅动"状态，对突出在炉墙上的铁口泥包有一定的磨损作用。当风口直径越大，长度越短，循环区靠近炉墙时，风口前渣铁对铁口泥包的冲刷越剧烈，对炉墙和铁口泥包磨损也越大。

（3）炉缸内红焦的沉浮对铁口泥包的磨损。在出铁过程中，随着炉缸内存积的渣铁减少，风口前的焦炭下沉充填，堵上铁口后，随着炉缸存积的渣铁增多，渣铁夹杂着焦炭又逐渐上升，焦炭在下降和浮起的过程中是不规则的，无规则运动的焦炭对铁口泥包也有一定的磨损作用。

（4）煤气流对铁口的冲刷。出铁末期堵铁口之前，从铁口喷出大量的高温煤气，有时夹杂着坚硬的焦炭同煤气流一道喷出，剧烈磨损铁口孔道和铁口泥包。

（5）熔渣对铁口的化学侵蚀。

4.1.5.2　铁口的维护

A　维护铁口重要意义

实践和研究表明，影响高炉（尤其是大型高炉）的长寿因素主要是：炉缸不断侵蚀，砖衬减薄，不能维持生产。而在高炉炉缸区域，侵蚀最严重的是铁口区域。这是因为在高炉正常生产中，大量的熔融渣铁从铁口排出，对铁口区域的砖衬冲刷、侵蚀厉害。因此铁口出渣铁作业完毕后总要通过铁口孔道打入一定的炮泥，以达到修补被侵蚀的铁口区域炉墙，维持一定砖衬厚度的目的。而铁口是高炉本体构造中工作任务最繁重、工作条件最恶劣、受到的破坏作用最大的部位，因而也是最薄弱的部位。因此要形成稳定的保护层更加困难，成功地维护好该保护层是高炉长寿的关键。

高炉炉前操作人员应当加强对铁口的维护。铁口维护不好，造成铁口过浅，工作失常，危害极大。如果铁口过浅，无固定的泥包保护炉墙，在渣铁的冲刷侵蚀作用下，炉墙越来越薄，不仅使铁口难以维护，而且容易造成铁水穿透残余的砖衬后烧坏冷却壁，发生铁口爆炸或炉缸烧穿等重大恶性事故，影响生产，甚至缩短高炉的一代寿命。

铁口过浅，出铁时往往发生"跑大流"和"跑焦炭"等事故。渣铁出不净，使炉缸内积存过多的渣铁，恶化炉缸料柱的透气性，影响炉况顺行；同时还会造成上渣带铁多，易烧坏渣口，给放渣操作带来困难，甚至造成渣口爆炸的重大事故。

铁口过浅，出铁"跑大流"时，高炉被迫减风出铁。往往因减风出铁而造成煤气流分布失常，导致崩料、悬料，炉温波动大，产量降低。

铁口过浅，特别高压操作的高炉，往往会在退炮时铁水冲开堵泥随着流出，造成泥炮倒灌，烧坏炮头，渣铁流到地上等事故。有时在下次出铁前铁水从铁口内自动流出，也容易造成渣铁流到地上的事故。

B　评价铁口维护好坏的指标

（1）铁口深度。铁口深度即从铁口护板至红点间的长度。保证铁口深度是维护铁口、保护炉墙的重要措施。铁口过深或过浅，不仅对炉前出渣铁作业带来影响，更重要的是对高炉长寿维持不利。铁口深度过浅时，炉缸内 1150℃ 等温线外移，熔融渣铁的运动会加剧炉缸砖衬的侵蚀，造成炉缸侧壁温度升高，影响高炉的长寿；铁口过深时，铁口的稳定性变差，开口过程中容易发生开口困难和铁口断的现象，不利于高炉的长寿维护。

（2）安全的开口和堵口。顺利开口能保证铁口孔道的平整光滑、打泥的顺畅，能有效避免铁口孔道及泥包产生裂缝。炉前作业中不能顺利打开铁口时，将会过多地使用氧气、铁棒来打开铁口，其产生的危害极大。使用氧气时如出现烧偏现象就有可能破坏铁口孔道，烧坏冷却设施，使冷却效果降低，造成铁口内部的温度升高，对耐火砖和冷却设备损坏；过多地使用铁棒，开口机敲击铁棒产生的冲击力能使铁口孔道和泥包产生裂缝，对铁口的维护有极大的危害，使铁口产生漏、断现象，导致铁口变浅。

安全的堵口可以使铁口侵蚀的泥包得到补充，确保铁口的深度在正常范围，使之在铁口周围形成稳定的保护层，代替炉衬、保护炉缸。

（3）出铁频率。铁口出铁频率过高，说明各铁口出铁时间过短，造成铁口新形成的泥包由于烧结时间短、烧结强度不够，而达不到维护和修补泥包的要求。当铁口再次打开时，会引起放火箭的现象，这一现象会将泥包、铁口孔道的泥抽空，使铁口孔道急剧增大，造成跑大流。烧结不良的泥包侵蚀快，使铁口变浅。过高的出铁频率，使用机械次数增多，铁口所受的机械损坏也相应增加。出铁频率过小意味着某个铁口的出铁时间变长，该铁口的出渣铁负荷加大，泥包及铁口区域的砖衬侵蚀大。

C　大型高炉的出铁口的维护

出铁口维护的好坏是关系铁口工作稳定和高炉长寿的关键。出铁口是炉缸结构中最薄弱部位。出渣出铁是高炉的基本操作，高炉大型化后，无渣口设置，高风温、富氧喷吹、高压操作等强化手段使生产率不断提高，更需要加强对出铁口的维护。

铁口维护工作，要依据各高炉不同的实际情况来采取相应措施。

（1）保持正常的铁口深度。维护正常足够的铁口深度，可促进高炉炉缸中心渣铁流动，抑制渣铁对炉底周围的环流侵蚀，起到保护炉底的效果。同时由于深度适宜，铁口通道沿程阻力增加，铁口前泥包稳定，钻铁口时不易断裂，在高炉出铁口角度一定的条件下，铁口深度稳定，有利于出尽渣铁，促进炉况稳定顺行。

（2）加强铁口泥套的维护，泥套能使炮嘴准确地对准和插入铁口，应加强泥套的选料、泥套的制作、泥套的管理，杜绝冒跑泥，保证铁口的打泥量，从而保证铁口的深度。泥套要进行经常性的修补。

（3）渣铁出尽，全风堵铁口。按时出尽渣铁，就要按操作规程开好铁口，根据炉温、铁口深浅来选择铁口孔径的大小，以保证渣铁在规定时间平稳顺畅出尽，只有渣铁出尽后，铁口前才有焦炭柱存在，炮泥才能在铁口前形成泥包。

全风堵铁口时，炉内具有一定的压力，打进的炮泥才能被硬壳挡住向四周延展，较均匀地分布在铁口内四周炉墙上，形成坚固地泥包；反之，若渣铁出不尽，即使全风堵口，由于铁口前存在着大量液态渣铁，打入的炮泥被渣铁漂浮四散，不但形不成泥包且铁口前的喇叭口也弥补不上，使铁口深度下降，很难保持适宜的铁口深度。

（4）打泥量适当而稳定。为了使炮泥克服炉内的阻力和铁口孔道的摩擦阻力，能全部顺利进入铁口，形成泥包，打泥量一定要适当而稳定。

每次要有适宜的堵口泥量，$1000 \sim 2000 m^3$ 高炉通常每次泥炮打泥量在 $200 \sim 300 kg$，炮泥单耗 $0.5 \sim 0.8 kg/t$。实践表明，产量每增加 $30t$，要增加打泥量 $1 \sim 2 kg$ 确保足够的铁口深度。

不能大幅度地随意增、减泥量，要按标准逐步进行。规定铁口深度连续 2 炉超过标准范围，可进行增减泥量，但增减幅度每次不得大于 20~40kg（根据炉容大小而定）。因为大幅度增减打泥量会造成铁口深度的不稳定，如果过深铁口一次性减泥幅度太大会导致开铁口困难，不利于铁口的维护。

（5）严禁潮铁口出铁。潮铁口出铁时炮泥中的残余的水分和焦油剧烈蒸发，会产生巨大的压力，使铁口泥包产生裂缝及脱落，同时还发生大喷，铁口孔道迅速扩大，发生"跑大流"，影响铁口深度的稳定。因此，按正常堵口打入泥量的铁口，再次开口必须保证炮泥烧结时间大于 45min。否则，堵口时应减少打泥量。

（6）维持适宜的铁口角度。铁口角度是指出铁时铁口中心线与水平线之间的角度。在高炉冶炼过程中，随着时间的延长，高炉炉底逐渐被侵蚀，死铁层厚度降低，下渣量增加，严重危及高炉的安全生产。因此，铁口要保持一定的角度，利于维持死铁层厚度，残留铁口孔道的渣铁流回炉缸，保持清洁，避免黏结；利于炉底的保护和渣铁的出净。铁口的适宜角度取决于炉缸和炉底的侵蚀程度，随着炉龄的增加，铁口角度也要随之增加，高炉在一代炉龄中铁口角度的变化见表 4-5。

表 4-5　一代高炉炉役铁口角度

炉龄期	开炉	一年以内	中期	后期	停炉
铁口角度/(°)	0~2	5~7	10~12	15~17	18

（7）炮泥的质量应满足生产要求，要有良好的塑性及耐高温渣铁磨蚀和熔蚀的性能，炮泥制备时原料配备比准确，水分、粒度达到标准，混合均匀，产品采用塑料袋进行包装，保证其清洁。

4.1.5.3　泥套维护

铁口泥套是在铁口框架距离铁口护板 250~300mm 的空间内，用泥套做成可容纳炮嘴的深窝，是铁口的重要组成部分。只有在泥炮的炮嘴和泥套紧密吻合时，才能使炮泥在堵口时能顺利地将泥打入铁口的孔道内。

A　要求

泥套的好坏影响到能否安全堵铁口，能否确保打泥量，因此泥套维护是铁口维护中非常重要的一环。必须从泥套选料、制作、使用上加强管理。

（1）铁口泥套必须保持完好，深度在铁口保护砖（板）内 30~80mm，发现泥套面缺损或过深应立即更新，发现泥套面外围有脱落，可用塑性好强度高的耐材进行修补。

（2）在日常工作中，详细检查铁口区域是否有漏水、漏煤气现象，铁口框架是否完好，铁口孔道泥心是否发生偏移。

（3）堵口操作时连续发生两次铁口冒泥，重新做铁口泥套。

（4）在渣铁未出尽，大量冒泥，铁口深度过浅时禁止制作铁口泥套。

（5）为确保浇注料泥套的制作质量，尽量选择在高炉计划休风时进行。

（6）用泥料贴膏药似地反复对泥套面进行修补，是造成堵铁口反复冒泥的直接原因，应该禁止。

B　泥套的使用与管理

（1）铁口泥套必须保持完好，深度在铁口保护板内 50~80mm，发现损坏立即修补和新做。

（2）使用有水炮泥高炉捣打料的泥套每周做一次，无水炮泥高炉定期制作。

（3）在日常工作中，长期休风时泥套必须重新制作。详细检查铁口区是否有漏水、漏煤气现象，铁口框是否完好，铁口孔道中心线是否发生变化。

（4）堵口操作时，连续发生两次铁口跑泥，应重新做铁口泥套。

（5）如果在出铁中发现泥套损坏，应拉风低压或休风堵铁口。

（6）堵铁口时，铁口前不得有凝渣。为使泥炮头有较强的抗渣铁冲刷能力，可在炮头处采取加保护套及使用复合炮头。

（7）制作泥套时应两人以上作业，防止煤气中毒。在渣铁未出净、铁口深度过浅时，禁止制作铁口泥套。

（8）解体旧泥套使用的切削刮刀角度应和泥炮角度一致。

（9）制作泥套应尽量选择在高炉计划休风时进行。

C　制作新泥套前要检查的部位

（1）铁口周围是否漏水，查清水源，妥善处理。

（2）框架、护板是否完好。

（3）是否有漏气缝隙，有应碳素捣料封死。

（4）铁口孔道和铁口中心偏差大于 50mm，查明原因重开铁口孔道，同时校正泥炮。

D　更换泥套的方法

（1）更换旧泥套时，应将旧泥套泥和残渣铁抠净，深度应大于 150～250mm。

（2）填泥套泥时应充分捣实，再用炮头准确地压出 30～50mm 的深窝。

（3）退炮后挖出直径小于炮头内径，深 150mm，与铁口角度基本一致的深窝。

（4）用煤气烤干。

E　制作铁口泥套方法

（1）将旧泥套抠掉，抠进深度大于 150～200mm，若发现有残渣铁时须抠净。

（2）抠好后用套泥填充捣实，用炮准确压出 30～50mm 圆窝，套泥软硬适宜，压炮时压紧压实，退炮后用铲向里挖小于炮头内径，深 150mm 的铁口眼。

（3）新泥套不得超出铁口护板，在护板内 20～40mm 左右为宜。

（4）若铁口孔道偏差在要求范围内，不需要重新开铁口孔道，新做泥套抠铁口眼时须与旧铁口眼吻合，防止出铁时喷掉新泥套。

（5）烧铁口泥套时，用风和煤气先小后大，防烧裂，时间 40～50min，确认烧干后方可使用。

4.1.5.4　出铁操作

A　打开出铁口时间

打开铁口时间有以下情况：

（1）有渣口高炉铁口堵口后，经过一定的时间或若干批料后放上渣，直至炉前出铁。

（2）大型高炉一个出铁口出完铁后堵口，再间隔一段时间，打开另一个出铁口出铁。

（3）大型高炉多个出铁口轮流出铁时，即一个铁口堵塞后，马上按对角线原则打开另一个铁口。

（4）现代大高炉（大于 4000m^3）为保证渣铁出净及炉况稳定，采用连续出铁，即一个出铁口尚未堵即打开另一个铁口，两个铁口有重叠出铁时间。

B　出铁前的准备工作

（1）检查铁口泥套是否合格和完整，发现破损及时修补和烤干。

（2）检查泥炮，装好泥并顶紧打泥活塞，装泥时要注意不要把硬泥、太软的泥和冻泥装进泥缸内，进行试运转，如发现异常及时处理。

（3）检查外铁口机运转是否正常，如发现异常应及时处理。

（4）清理好渣铁沟，垒好砂坝和砂闸。检查渣铁沟是否畅通，发现有残渣铁应及时清理，保证渣铁能顺利流入罐内。

（5）钻铁口前把撇渣器内铁水表面残渣凝盖打开，保证撇渣器大闸前后的铁流通畅。

（6）检查撇渣器是否烤干，制作质量是否合格，撇渣器上凝结壳是否清理。

（7）检查炉前配罐情况：渣铁罐是否对正，摆动流嘴转轴槽内有无粘渣铁，有必须清除。

（8）检查出铁各道工序的工具准备是否齐全。

（9）检查渣铁沟和沟嘴是否破损，发现破损应及时修补，防止渣铁外漏。

（10）检查冲渣水水压、水量是否正常。

（11）准备好出铁用的河沙、覆盖剂、焦粉等材料及有关的工具。

（12）检查出铁所使用的工具是否烤干，杜绝用潮湿工具接触铁水，以防放炮。

C　铁沟的操作

新做的铁沟应彻底烤干，每次出完铁后应清理干净，如有损坏要进行修补，修补时必须把旧料及残渣铁清理干净，然后填进新料，按规定尺寸捣紧烤干。

D　打开出铁口方法

（1）用开口机钻到赤热层（出现红点），然后捅开铁口，赤热层有凝铁时，可用氧气烧开。

（2）用开口机将铁口钻漏，然后将开口机迅速退出。

（3）采用双杆或换杆的开口机，用一杆钻到赤热层，另一杆将赤热层捅开。

（4）埋置钢棒法。将出铁口堵上后 20~30min 拔炮，然后将开口机钻进铁口深度的2/3，此时将一个长 5m 的圆钢棒（≤40~50mm）打入铁口内，出铁时用开口机拔出。

（5）烧铁口。采用一种特制的氧枪烧铁口，事先将送风风口和铁口区域烧通。

E　铁口异常处理

当钻进一定深度后从断裂缝隙处漏铁，既无法继续钻进，又不能用氧气烧开，铁流又很小，可以立即组织从另一个铁口出铁或采取"焖炮"的处理方法。"焖炮"易造成铁口"跑大流"和发生铁口上方两侧风口烧穿事故，故应做好准备工作。

F　出铁期间的操作

铁水流出后，在出铁期间要注意铁流的变化，如果焦炭块卡塞铁流小，应捅开铁口使铁水熔渣顺畅地流出，确保按时出净渣铁；见下渣后，当撇渣器前沟槽内铁水面上积存约100mm 的熔渣后推开渣坝，使渣经下渣沟流入粒化区；在撇渣器的铁水上面和储铁式主铁沟上撒上保温剂，以减少铁水的散热损失，防止凝结。看罐人员应根据铁罐重量、渣铁流的大小及时更换罐位。

G　出铁操作安全注意事项

(1) 穿戴好劳保用品,以防烧伤。

(2) 开铁口时铁口前不准站人,打锤时先要检查锤头是否牢固,锤头的轨迹内无人。

(3) 出铁时不准跨越渣铁沟,接触铁水的工具要先烤热。

(4) 湿手不准操作电器。

(5) 干渣不准倒入冲制箱内。

(6) 装炮泥时,手不准伸进装泥孔。

(7) 不准戴油手套开氧气,严禁吸烟,烧氧气时手不可握在胶管和氧气管的接头处。

H　堵铁口及拔炮作业程序

高炉炮泥一般分为两种,一种是有水炮泥;一种为无水炮泥。有水炮泥的主要成分为耐火黏土、耐火料,焦炭末、沥青、水,主要在小型高炉使用。无水炮泥的主要成分为焦炭末、耐火黏土粉、沥青、高铝矾土或棕刚玉、碳化硅、绢云母、脱水蒽油。

在正常出铁时,当渣铁出净,铁口见喷后,要进行堵铁口操作。见喷时进行堵前试炮,确认打泥活塞堵泥接触贴紧,铁口前残渣铁清理干净,铁口泥套完好,进行堵铁口操作。程序如下:

(1) 启动转炮对正铁口,并完成锁炮动作。

(2) 启动压炮将铁口压严,做到不喷火、不冒渣。

(3) 启动打泥机构打泥,打泥量多少取决于铁口深度和出铁情况。

(4) 用推耙推出撇渣器内残渣。

(5) 堵铁口后拔炮时间:有水炮泥 5~10min,无水炮泥 20~30min。

(6) 拔炮时要观察铁口正面无人方可作业。

(7) 抽回打泥活塞 200~300mm,无异常再向前推进 100~150mm。

(8) 启动压炮,缓慢间歇地使炮头从铁口退出抬起。

(9) 保持挂钩在炉上 2~3min(或自锁同样时间)。

(10) 泥炮脱钩后,启动转炮退回停放处。

I　堵铁口时应注意的事项

(1) 堵口前应将泥炮检查试转,发现异常,争取在堵口前处理完毕,不能影响堵口。

(2) 堵口前应将铁口处沉积残渣清理干净,以保证泥炮炮嘴与铁口泥套严密接触,争取堵口不跑泥。

(3) 堵口前应烤热泥炮头,以免堵口时开炮。

(4) 铁口浅时堵口退炮时间要适当延长,退炮后要及时装泥,以防铁口化开。

(5) 起炮后,要对炮头打水冷却,但不能打水过量,防止流入炮内或铁沟内。

(6) 使用有水炮泥时,堵铁口后至少 5min 后才能退炮,使用无水炮泥时,堵口后应经过 50min 后才能退炮:铁口浅或渣铁未出净时,退炮时间更需慎重。

(7) 开泥炮要稳,不冲撞炉壳,压炮要紧、打炮要准,打泥量要稳定。

4.1.5.5　日常操作

A　挖炮头的操作

(1) 退炮后打水冷却炮头,退泥柄泄尽余压,操作者站在泥炮外侧,用钢钎挖净炮头内的炮泥。

（2）若发现炮头、鹅颈内有结焦现象，先挖净里面的结焦泥，再清洗干净。

（3）将残泥清离现场。

B　液压泥炮的装泥操作

（1）泥炮活塞退回终位，将炮泥投进装泥孔内。

（2）装满后即启动油泵，操作到打泥位置，活塞前进挤紧炮泥。

（3）操作杆打到"后退"位置，泥炮活塞退至终位，重复装泥，直到装满。

（4）停止油泵，清扫炮身及现场。

C　潮铁口的处理

（1）钻铁口时发现铁口潮，应立即停钻。

（2）开口机往后退 200～300mm，利用吹扫风排潮。当风压大于 0.85MPa 时，开始可适当调小风量。

（3）根据排潮泥情况操作移动小车前后移动钻杆，排潮泥后缓慢向前再钻铁口。

（4）若铁口连续有潮泥，应尽快查明原因，并采取相应措施。

D　投撒保温剂的操作

（1）撇渣器投放保温剂：将沙坝捅到底，尽量排出主沟内的熔渣，待渣铁停止流动后将准备好的保温剂（焦粉）投放到主沟内 2～3m 处及撇渣器内。

（2）铁罐投放保温剂：当铁罐已装满铁水后将摆动流嘴倾动到过渡罐时，向已装满铁水的罐内投放保温剂。原则上 10t 铁水一包保温剂，保温剂必须均匀布满铁罐铁水液面。

E　倒铁口操作

（1）选用小钻头开铁口，铁口打开后，若先来熔渣应及时加固铁沟沟头焦粉坝，确保熔渣进干渣坑，主沟、撇渣器投撒焦粉；若先来铁水，应及时将铁沟沟头的焦粉坝解除。

（2）当主沟内盛满铁渣后，向沟内投撒焦粉（保温剂）。

（3）来熔渣时，适当降低沙坝高度，并引熔渣进渣沟。

（4）若出现"跑大流"，要通知工长酌情减风降压；若出现"跑焦炭"，用捅钎引导焦炭随熔渣流走；若出现"卡焦炭"，当铁水流速大于 4t/min，任其继续出铁；当铁水流速小于 3t/min，应酌情捅开铁口。

（5）铁水出尽时，按正常堵铁口操作，适当增加打泥量（40～45kg）；堵铁口后，及时放空撇渣器。

（6）撇渣器用捣料塞严堵紧，清除残渣，清理现场。

F　放撇渣器操作

（1）提前将残铁沟清理干净并烤干。

（2）准备吹氧管、氧气皮管、卡具、钢钎、锤子。

（3）确认铁罐对位准确、堵铁口正常后进行。

（4）角沟沟头用河沙筑坝，防止翻渣；捅低沙坝，尽量排除熔渣。

（5）用钢钎挖松撇渣器内的堵泥，并清出；撇渣器眼挖至见红；用氧气烧撇渣器眼时，氧气管应摆正，稍向上，防止撇渣器眼烧低、烧偏。

（6）当主沟、撇渣器内残铁放净后，清理撇渣器眼和过道。

G　更换风口操作

（1）提前准备好休风泥、工具和用品。

（2）倒流休风后，卸下风管，配管工及时装卸风口进出水管的活接头和软管。

（3）风管卸下后应及时进行风口堵泥，一定要捣紧堵严，防止风口拉下来后或扒残渣时垮焦炭，然后卸下风口顶杆。

（4）从导链环里将卡机伸进风口里，使卡机勾住风口上缘，卡机下面用铁棍顶紧，防止震打时脱落；拉动滑锤，将风口震松后取下。

（5）用钢钎将新装风口的空间圆环下半圈均匀扩大 15～30mm。如果风口前端有凝铁，应一同铲除或烧掉，并清理干净。

（6）将灌水试压检漏后的小套装进去摆正并用捣棍打紧，确保严密，然后装上风口顶杆。

（7）配管工及时连接水管并通水；风管及水冷管安装好后，关好视孔大小盖。

（8）经检查确认后通知工长送风。将旧风口（风管）吊离风口平台，清理现场。

任务 4.2　出铁事故及处理

高炉铁口工作状态的优劣，直接关系到高炉的生产稳定和长寿。而维护铁口的重要手段，就是在堵铁口时向铁口内填充足够量的炮泥，用以修补由于铁口区域大量渣铁物理冲刷及化学侵蚀而损坏的炉墙，并保证其足够的厚度。如果填充铁口的泥量不足或者过量都会造成以下不良后果：铁口达不到适宜标准深度，出现过浅、过深、渗漏断裂以及喷溅等异常状况。由此引起出渣铁不良，出铁次数上升，作业强度增加；铁口区域的测壁温度升高，不利于高炉的长寿；作业的不稳定易诱发事故的发生。

4.2.1　铁口工作失常

4.2.1.1　铁口过深

铁口过深会导致铁口打开后下渣困难；铁口过深还易发生漏铁口现象。当铁口深度大于正常深度 1.2 倍时已基本进入炉缸死料柱，由于死料柱内焦炭比较密实，透液性差，渣铁相对流动受阻，进入铁口孔道的速度也比较慢，铁口内的铁流得不到尽快的补充，就不可能形成一个完整的铁流，此时，料柱中的煤气就会进入铁口孔道造成铁口喷溅。铁口涨的过快、过深时，形成的铁口泥包是"尖竹笋形"，受渣铁液及焦炭的上下浮动力，易发生铁口漏及断裂，造成开口困难。铁口过深易卡焦炭，增加捅铁棒和烧氧气的概率，加剧了铁口孔道及铁口泥包的机械损伤。

为出尽渣铁就必须按要求及时见渣，为此采用提前打开下一个铁口的出铁方式，即上次铁堵口前 10～20min 打开深铁口，以确保及时下渣，选用直径为 55mm 的钻头及中途更换钻头的方法，是确保全程铁口孔径一致和一次开口成功的重要手段。铁口过深时，按规定打泥标准进行减泥，但每次的减泥量幅度不宜太大。

4.2.1.2　铁口过浅

高炉生产中应保持铁口的正常深度。如果铁口深度过浅（<500mm），影响渣铁的排

放，有时会造成事故，叫作铁口工作失常。引起铁口过浅的原因较多，如渣铁出不净，下渣量大，炮泥质量差，潮铁口出铁，打泥量少等均能造成铁口过浅。

铁口过浅的危害性极大：出铁时会发生"跑大流"和"跑焦炭"；渣铁出不净时，影响炉况顺行，上渣带铁多，易烧坏渣口；出铁"跑大流"时，减风出铁会造成煤气分布失常；尤其是铁口长期过浅，没有泥包保护炉墙，炉墙越来越薄，很容易造成铁水穿过残余的砖衬后烧坏冷却壁，发生铁口爆炸和炉缸烧穿等重大事故。为此，操作人员必须引起高度重视，认真对待，采取有利的措施，尽快地将铁口维护到正常水平。

铁口过浅的处理方法：

（1）在操作上加强铁口的维护，要保证铁罐的正点调配，按时出净渣铁和提高炮泥质量，出不净渣铁时，应及时减风控制铁量，当铁口失常时，改用小钻头或人工用钎子开口，缩小铁口眼，严禁潮铁口出铁等，力争使铁口深度逐渐增加，避免进一步过浅。

（2）若铁口连续过浅，采取以上措施仍不能奏效，应考虑堵死铁口两侧的风口，使铁口区域炉缸不活，减轻渣铁对泥包的冲刷侵蚀，使铁口深度很快恢复到正常水平。当铁口深度达到正常水平时，既可捅开堵塞的风口，也可将铁口两侧的风口换成直径较小的风口以巩固铁口深度。铁口长期过浅时应采取常压操作，直到铁口恢复正常为止。

（3）休风时采用最大的打泥量。因为休风渣铁已出尽，渣铁液面下降，炉内阻力变小，打进的炮泥不会被漂浮，都会堆积在铁口的周围而形成泥包，从而起到涨铁口的目的。

（4）改进炮泥质量。良好性能的炮泥能增强对渣铁抗侵蚀。

焖铁口的负作用是破坏铁口内泥包，泥包断落一段之后会造成铁口过浅，发生跑大流事故。焖铁口操作危害性较大，一般情况下不宜采用。若进行焖铁口操作，事先应将备用的安全出铁沟扒开，并用黄砂加高主沟两边沟帮，把砂坝加固，如果铁流过大时，应及时减风，以免发生事故。

4.2.1.3　开铁口困难

在正常开铁口过程中如果开口时间大于30min称为开口困难。开口困难的现象基本发生在超深铁口，因为超深铁口中间易产生裂纹而发生漏铁，超深铁口开时使用的钻头磨损严重、切削能力减弱，无法穿透铁口泥包前端的红热硬壳，加上开口机的强大锤击力易使铁口前端泥包硬壳震裂漏出渣铁。有些企业遇到高炉开口困难的处理方式是不断捅铁棒及烧氧气，实在不行就进行焖炮的操作方法。捅铁棒会将漏点越捅越大，将泥包顶掉；烧氧气易将漏点处烧成鸡窝状或烧偏铁口孔道而烧坏铁口冷却器；焖炮会使铁口断落并造成出铁跑大流，易发生事故。以上三者都会使铁口变浅，加剧铁口区域耐材的热负荷，对铁口的危害都极大。

"焖炮"：打入潮泥，依靠打泥时的冲击力和铁水接触潮泥后爆炸的冲击力，将未钻透的泥包从漏铁水处崩掉，使渣铁顺利流出。"焖炮"应注意以下事项：

（1）铁口附近的风口装置漏风时焖炮极易造成直吹管烧穿，须保证无漏风。

（2）易流大，应提前对各闸、坝加高加固，并做好减风降压出铁准备。

（3）若打泥过多将铁口焖死，可掏出新打入的潮泥，用开口机继续钻铁口。

（4）打完泥退炮迅速，防止堵泥干燥后封住铁口或跟出来的大流铁水烧坏炮头。

开铁口困难的正确处理方式是：确认铁口孔道是中间有裂缝造成漏铁，还是铁口末端红热的硬壳未钻开造成漏铁，如果是铁口中间有裂缝造成漏铁，采取的措施应该是进行堵口重新再开，严禁烧氧气和捅铁棒。操作顺序是：首先让漏出的铁流小流一会，同时去打开另一个铁口确保出渣铁不受影响，清除铁口前的黏结物，然后堵上铁口，堵口时不能冒泥，打泥要一次完成不能停顿，把打泥压力或电流提高，到打不进泥为止，这样有利于将铁口中的漏点封堵住，20min 拔炮进行重新开口，选用比原来小一号钻头（可以顺利通过漏点避免再次钻漏）一次钻开铁口，此方法效果良好，可消除开口困难的现象，对铁口维护也可起到积极作用。

4.2.1.4　出铁跑大流

打开铁口后，有时在出铁一段时间之后，铁流急剧变大，流速加快，远远超过正常的流铁速度，铁沟容纳不下，渣铁溢出沟槽后在炉台上蔓延，这种不正常的出铁现象叫做跑大流。发生跑大流的原因：

（1）铁口过浅，渣铁没出净，炉缸积存大量的渣铁。

（2）在铁口浅的情况下开铁口操作不当（如钻漏、钻头大），使铁口眼开得过大，造成跑大流。

（3）因铁口漏，铁流过小，采取焖炮措施后。

（4）潮铁口出铁，由于水分急剧汽化，使铁口发生打"火箭炮"，造成铁口眼迅速扩大。

（5）炮泥质量不好，抗渣铁冲刷侵蚀性差，见下渣后铁口眼迅速扩大。

出铁跑大流危害极大，处理不好将导致一系列事故发生。如铁水漫上炉台，遇水爆炸造成人身伤亡，跑大流冲垮砂坝，下渣过铁，造成冲渣沟放炮，铁流到地上，或者渣铁堵塞下渣沟，致使冲渣沟一时难以疏通，影响整个生产正常运转。

铁流过大时，因立即减风降压出铁，以减慢铁水流速，同时扒开预先备好的安全出铁沟，用黄沙加高主沟两边帮及砂坝等。

预防措施如下：

（1）维护好铁口，保证铁口正常深度，避免铁口过浅。

（2）开铁口时，精心操作，根据上料批数、炉缸存渣铁情况、打泥量的多少，正确地掌握好铁口眼的大小，努力出净铁渣。

（3）如果渣铁连续几次出不净，炉缸内积存的渣铁过多，铁口又浅，应提前适当减风控制料速。在铁口浅渣铁早喷时，也可减风降压出铁，力争出净。

（4）出铁过程中，严密监视铁水罐内容铁情况，防止稍晚堵口造成罐满外溢。

（5）铁口潮时，按潮铁口处理操作。

（6）对泥料进行检验分析，改进配比，提高炮泥质量。

4.2.1.5　潮铁口出铁

引起铁口潮湿的原因主要是：铁口周围冷却壁设备漏水；打泥量大，铁口深度过深，增长的幅度过急；两次出铁间隔时间短；炮泥水分过大等。

铁口内有潮泥，没有烘干时出铁，潮泥中的水分被铁水急剧加热后蒸发，体积骤然膨胀，发生打"火箭炮"现象，容易造成人身事故；会把铁口泥包炸坏，潮泥连同铁水一起崩出铁口，使铁口眼变大，出现跑大流造成烧坏设备事故；堵不上铁口，渣铁流在底墒，高炉被迫休风处理；严重时崩坏铁口孔道泥套和砖衬后铁水直接和冷却壁接触，烧坏冷却壁。

处理及预防措施：

（1）遇铁口有潮泥时，严禁潮铁口出铁，宁可出铁晚点，也要把铁口潮泥掏出，烤干后再出铁。

（2）加强铁口维护，根据铁口深度、两次出铁间隔时间，正确掌握打泥量，并保证炮泥质量，严防炮泥水分过大。

（3）严密监护铁口，发现打泥量多、铁口深度过深，退炮后应用开口机钻一定深度，便于排出铁口孔道的潮气加快水分的蒸发。开铁口时，严禁钻漏。没烤干钻漏来铁时，应立即减风降压出铁，降低炉内的压力，减轻对铁口孔道的冲刷侵蚀，这样可避免发生跑大流或造成其他事故。

（4）经常检查铁口区域的冷却设备，发现铁口内潮湿有水时应详细检查，查清水源后立即切断。

4.2.1.6　铁口孔道偏斜

铁口孔道应和铁口中心线一致。在正常生产中，其偏差应小于50mm。如偏差过大，使铁口孔道和铁口两侧的冷却壁距离过小，一旦铁口工作失常或铁口孔道变大时，则很容易和铁口区冷却壁接触，烧坏铁口冷却壁，严重者冷却壁漏水后发生爆炸，造成炉缸烧穿。因此，操作者必须认真检查，及时纠正。

造成铁口孔道偏斜的原因：

（1）炮身偏斜，因撞炮或操作不当导致炮嘴中心没对准铁口中心，没有认真检查泥炮是否偏斜就新做泥套，这样周而复始，时间长了使铁口孔道偏斜。

（2）开口机走行横梁没有定位装置，加之操作不当，开铁口时不能保证走行横梁正对铁口中心。

（3）使用无水炮泥时，开口机旋转方向总是一个，造成铁口孔道逐渐向一个方向偏斜。

纠正铁口孔道偏斜的措施：

（1）定期检查铁口孔道中心是否和设计的铁口中心线一致，认真检查泥炮炮嘴中心与铁口中心使之吻合。如偏斜程度超出标准，应及时查明原因，采取措施，根据铁口框架找出铁口中心线或调正泥炮，重新做好铁口泥套使其纠正过来。

（2）调正开口机走行横梁定位。

（3）操作开口机、泥炮一定要严格按技术规程要求操作。

4.2.1.7　退炮时渣铁跟出

退炮时渣铁水跟出来，多数发生在铁口浅、渣铁又没出净及操作不当的情况下。退炮时渣铁跟出的原因：

（1）退炮太急，打入的堵泥还没有形成硬壳，退炮后渣铁冲开堵泥跟随流出。

（2）铁口过浅，渣铁没有出净，堵上铁口后铁口前仍然存在着大量的渣铁，打入的炮泥被渣铁漂浮四散，不能形成泥包，退炮时渣铁冲开炮泥跟着流出。

（3）泥炮内装的炮泥太软或稀泥，打进铁口内不能在正常时间内热硬形成硬壳，因而退炮后渣铁跟着流出。

（4）退炮时有时因抽活塞操作不当，将孔道中泥芯抽活，退炮后或退炮后过一段时间渣铁自动流出。

在没有具备出铁的条件下，退炮后一旦发生渣铁突然跟出来，如果不能及时将铁口堵上，将造成跑渣铁事故。为了防止退炮后渣铁跟出造成事故，在铁口浅渣铁又没出净的情况下，堵上铁口后先不要退炮，可延长退炮时间或待下次铁的渣铁罐配好后再退炮。同时装炮泥既要保证质量，不要把稀泥或太软的泥装进泥缸，还要保证数量（除保证足够的堵铁口所需的数量外，另外还要保证有一定的泥量），以防退炮渣铁水跟出来时可立即堵上铁口。更重要的是平时注意保持铁口正常深度，出净渣铁，才是避免事故的根本。

4.2.1.8　打泥困难

引起铁口打泥困难的主要原因：

（1）渣铁未出尽，铁口不喷吹或铁口假喷堵铁口，使铁口内阻力增加，铁口区域未形成空间，炮泥漂浮在渣铁液面上。

（2）口眼偏离中心较多，与泥炮嘴不在一条同心线上，使炮泥吐出不畅。

（3）铁口打开时没有完全贯通，铁口中间漏，打泥时阻力大。

（4）炉墙脱落的大块脱落物没有熔化，堆积在铁口孔道前，使打泥阻力增大。

（5）炮头和过渡管结焦或使用存放时间较长的炮泥，泥质变干、变硬，充填时推不动。

（6）分段充填，中间停顿时间延长，使铁口内炮泥向前运动时摩擦力增加而推不动。

（7）来自于炉内的阻力变化，炉缸工作不均匀，往往打不进泥的铁口区域不甚活跃，没有足够的空间容纳炮泥的进入。

（8）炉温波动大，铁水温度过低或过高时，渣铁黏稠，铁口眼不易扩大。

（9）气候条件的变化和炮泥质量存在的问题也会引起打泥困难。

解决打泥困难的有效措施：

（1）扩大出铁口孔径，出尽渣铁，见喷吹再堵铁口，严禁顶流堵口，目的是减弱炮泥充填时的阻力，提高打泥速度。

（2）有炉墙黏结物脱落时，当出铁后期，渣流达到 3.5t/min 以上可用开口机装好铁棒捅铁口，将堵在铁口前端的异物捅开，目的是确保吐泥畅通。

（3）打泥困难的铁口一般喷不起来，可以让铁口稍喷吹，待煤气火完全喷出后再堵口，避免被铁口假喷现象所迷惑。

（4）增加铁口的出铁次数，目的是活跃铁口区域，尽快将铁口前的炉墙脱落物熔化。

（5）确保炮头和过渡管无结焦现象，对准铁口中心，以保证炮泥吐出畅通。

（6）减少炮泥的装泥量，以减轻活塞推动时的负荷。

（7）连续 2 次未充填完的炮膛内老泥挤出更新，确保炮泥的塑性。

（8）气温低时泥炮油泵提前 5min 启动进行预热。

（9）压缩炮泥的库存量，尽可能使用 3d 以内的炮泥。

（10）气温低时要对炮泥加热保温，以降低其硬度，确保良好的塑性。

（11）适当降低马夏值，但降低幅度不能太大，炮泥马夏值在 4.80~5.28 之间变动。

（12）加强铁口泥套的吹扫，杜绝由于堵口冒泥而引起打泥量少的现象。

（13）有条件的可将充填压力适当提高。宝钢泥炮的额定压力是 35MPa，现最高压力可达到 37MPa，对打泥困难有所改善。

（14）调整好炉内煤气流的分布，控制炉墙黏结物脱落，改善炉芯的透气、透液性，使炉缸工作状况处于活跃、均匀的最佳状态，减少炉温的波动，控制好铁水中 [Si]、[S] 的变化及炉渣成分的波动。

（15）必要时对铁口上方的风口进行调整。

4.2.1.9　铁口异常喷溅

铁口打开喷溅超过 30min 属于异常喷溅。铁口异常喷溅会加剧对铁口泥包、铁口孔道、铁口泥套的损坏，还会造成主沟和主沟大盖罩的熔蚀，铁口喷溅产生的烟尘严重影响出铁场的环境，不利于安全生产和环保。

铁口异常喷溅的现象在国内外大型高炉上都有发生，情况严重的会影响到炉前正常的出铁作业。有些企业的高炉铁口异常喷溅的程度达到了炉前操作工不敢开铁口的状态。由此可见铁口异常喷溅的危害是非常大的，必须进行有效的治理。

引起异常铁口喷溅的原因：

（1）开口时开口机打击力过大，前进速度掌握不好，使铁口打开时孔道内壁不光滑，呈麻花状孔道，出铁过程中铁水在铁口孔道内的铁流状态不是层流，而是不规则的紊流，造成铁流旋转和飞溅；在开口的过程中，往返钻进时，由于钻杆的摆动及钻头的磨损，铁口孔道最后呈外大里小的喇叭形，铁水柱向外扩散造成铁水喷溅。

（2）过早的打开铁口，此时炉缸内铁水液面低于铁口中心，铁水在铁口孔道内填充不满，不是整流，高压煤气流从铁口逸出，造成铁口喷溅。

铁口断裂和铁口砖衬与泥包及保护性渣皮间有气隙，造成铁口孔道内有漏点，高压煤气漏出带动铁水喷溅。

（3）炉缸不活或煤气流的强弱分布不均匀以及崩滑料等引起。

制止铁口异常喷溅的处理方法：

（1）提高开铁口操作技巧，确保开铁口质量。采用"柔性开口"操作法，在开铁口初始时正打击不宜过大，主要是靠快速的旋转来切削前进，控制好水量、钻杆前进速度，要均匀不宜过快。

（2）铁口孔道过硬时，钻头磨损快，要得到笔直平滑的铁口孔道就要勤于更换钻杆。

（3）铁口见喷就堵，既不会让铁口孔道漏点进一步增大，又可增加堵铁口时的压力，增加炮泥密实度的同时对弥补铁口孔道内的裂缝也有利，能有效防止出铁后喷溅。

（4）采取"堵口再开"，即对出铁前期冒煤气大、喷溅异常不止的铁口采取封堵一下后再重新重开。由于铁口出铁时间不长，铁眼没有扩大，一般打泥电流和压力较高，铁口孔道充填就相当的致密，能填补住铁口孔道内的裂缝，封住煤气逸出，堵口重新开口间隔时间不长，炮泥烧结时间不长，开口容易得到笔直平滑的孔道，从而有效制止铁口喷溅。

4.2.1.10　铁口自动出铁

原因：

（1）渣铁未出净，积铁多；

（2）炉内风压高，活跃，铁口维护差；

（3）堵泥质量差，铁口连续过浅。

处理方法：

（1）加强铁口维护；

（2）失常期间及时作出铁准备；

（3）放风堵口。

4.2.1.11　铁口爆炸

原因：

（1）潮泥出铁（潮铁口）；

（2）铁口过浅；

（3）长期维护不好。

后果：

（1）冷却壁崩毁；

（2）结构（铁口）破坏；

（3）被迫休风。

措施：

（1）加强维护，保证铁口深度；

（2）加强冷却壁检查；

（3）严禁潮铁口出铁；

（4）若有爆炸迹象，立即减风堵口，检查原因及时处理。

4.2.2　炉缸烧穿

炉缸和炉底烧穿原因：设计不合理，耐火材料质量低劣或砌筑施工质量不佳；冷却强度不足、水压过低、水质不好、水管结垢；长期冶炼不易生成石墨碳的铁种（如低硅高硫或含锰较高）；频繁洗炉，尤其是萤石洗炉；使用含铅或碱金属的原料；冷却器件漏水入炉缸；长期铁口过浅或出铁操作及铁口维护不当。

炉缸和炉底烧穿征兆：冷却壁水温差超过规定值（黏土砖炉缸和炉底规定值为 2℃，炭砖炉缸炉底（包括综合炉底）规定值为 3～4℃）；炉基温度超过限值（强制风冷炉底限值 250℃；自然通风炉底限值 400℃；黏土砖无冷却炉底，炉基表面 700～800℃）；冷却壁出水温度突然升高或出水量减少；炉壳发红或炉裂缝冒气；出铁时经常见下渣后铁量增多，甚至先见下渣后见铁。

炉缸和炉底烧穿预防：开炉初期安排冶炼利于在炉缸内沉积石墨碳的铁种；平日不轻易洗炉；根据水温差增大及其他征兆，改炼铸造铁或提高碱度，在水温差增大的方位，风口减风，甚至堵塞风口；改变装料制度，减少边缘气流，适当降低冶炼强度；在炉底和周围形成难熔保护层；重视出铁和铁口维护工作；重视冷却系统检查，避免漏水，定期清洗冷却器；水温差增大时，提高炉缸和炉底的冷却强度。

4.2.3 泥套破损

铁口泥套破损后，炮嘴和泥套接触不严。轻者打泥时冒泥，使铁口深度变浅；严重时打不进泥，封不住铁口，造成事故。

泥炮破损的原因：

（1）钻铁口时钻头没对准泥套中心，或者用弯钻杆钻铁口，造成泥套破损。

（2）铁口眼偏，出铁过程中铁流将泥套边缘冲刷坏。

（3）泥套底侵蚀过低。

（4）不按时新做（或修补）泥套，泥套边缘在出铁过程中被水冲刷坏，凹凸不平。

出铁过程中发现泥套破损，可在炮头糊一层泥，炮头缠石棉绳，以便制止冒泥，铁罐应留有余地，需提前堵铁口。泥套损坏打不进泥，高炉应立即拉风或休风，以确保封住铁口，避免发生事故。出完铁后应及时修补或制作泥套。另外为防止泥套破损，在日常生产中应做到不用弯杆钻铁口，钻铁口时待钻头对准泥套中心后再启动，定期新做泥套，发现破损及时修补。

4.2.4 泥炮事故

（1）泥炮"洗澡"：原因为转炮速度快，泥炮撞炉壳、炮架与炮体；连接轴断，炮筒掉沟内；炮头抬头高度不够。

（2）丝杆"穿箭"：传动杆在连接处断落。

（3）螺母脱扣或炮筒胀裂：

1）抽风活塞时操作不当，螺母脱扣；

2）炮筒装冻泥或砖头时，炮筒胀裂。

（4）炮头呛铁或烧坏炮头：

1）打泥时冒泥，封不住铁口；

2）事故状态下顶铁流堵口；

3）打泥活塞没定紧，炮嘴呛铁。

4.2.5 其他操作事故

4.2.5.1 压不开闸或拔不过去铁流

（1）堵口。

（2）若泥套坏或炮头烧坏，不及时堵口，则会发生恶性事故。

4.2.5.2 铁口开错位堵不上铁口

（1）钻铁口时，须使钻头对准铁口泥套中心；否则错位时，出铁铁流冲坏铁口泥套，封不住铁口。

（2）处理：拉风，二次堵口。铁口浅，影响更大。

4.2.5.3　堵铁口造成风管烧穿

（1）渣铁未出净。

（2）堵泥中水分受蒸发后气体膨胀冲击力，在冲击力的作用下造成渣铁倒灌铁口上方风口，使直吹管烧穿。

4.2.5.4　人工堵铁口

泥炮发生故障和事故时，采用人工堵铁口。人工堵铁口必须在出净渣铁后进行。

人工堵铁口前应准备好堵口用的工具：平头堵耙、铁锹、大锤、钢钎及盖铁沟用的铁板等，并准备好泥质稍硬一点的锥形或柱形泥团、碎砖头、黄砂，泥团的直径可稍小于铁口外口的直径。

人工堵口方法：渣铁出净，工长拉风或休风后，先用铁板盖上主沟，上面覆盖黄砂，用铁锹（铁叉）叉起泥团，对准铁口眼尽量往里送，拨出铁锹后，用平头堵耙顶住泥团，用大锤打堵耙杆的端头，把泥顶进铁口孔道里，然后退出堵耙；再送第二个泥团，同样打进铁口眼里。如此反复操作，直到铁口眼堵满炮泥封住铁口为止，最后放一些碎砖头，用平头堵耙顶住打紧，防止复风后渣铁冲开堵泥跟着流出。

人工堵口后的铁口深度必然很浅，风量恢复不宜过大，要慎防渣铁跑出，下一炉次出铁铁口眼宜掏小点，出铁前要做好预防跑大流的准备工作。

任务 4.3　砂口操作及放渣操作

4.3.1　砂口结构和原理

撇渣器（砂口）是出铁时渣铁分离的设施。撇渣器的主要作用是利用渣、铁水密度不同而使之分离，达到铁沟不过渣，渣沟不过铁，铁流经撇渣器时畅通，使渣铁顺利分离。撇渣器结构如图 4-2 所示。它是由砂坝、前沟槽、大闸、流铁通道、小井、残铁孔和流铁沟头组成。撇渣器中部的大闸起撇渣作用；前部的砂坝起排渣作用；中间的通道为流铁通道；后部小井是铁流的出口；底部是一放残铁的小孔，便于撇渣器的修补。

撇渣器应与铁口保持一定的距离和倾斜程度，以利于渣铁的分离和减轻渣铁对撇渣器的冲刷。撇渣器的结构要合适。过道眼过大，渣铁分离不好，导致撇渣器过渣；过道眼过小，铁流阻力大，铁水流入渣沟。

渣沟砂坝的标高要高于残渣沟砂坝，残渣沟砂坝要等于或稍高于小井上缘的沟头高度，以免防止铁水流入渣罐。

撇渣器是利用渣铁密度的不同，使熔渣浮在铁水面上，撇渣器的铁水出口处（小井）有一定的高度，使大闸前后保持一定的铁水深度，过道眼连通着前沟槽和小井，仅让铁水通过，达到渣铁分离的目的。浮在铁水面上的熔渣，被大闸挡住，当前沟槽中的铁水面上积聚了一定量的熔渣后，推开砂坝使熔渣流入下渣沟内。注意过道眼和沟头高度是渣铁分离关键。

4.3.2　砂口操作

撇渣器在出铁过程中起到使渣沟不过铁、铁沟不过渣的分离作用，保证顺利出铁是撇渣器操作的中心任务。

4.3.2.1　出铁前的撇渣器准备工作

为确保出铁工作的顺利进行，在出铁前必须做好下列准备工作：

（1）出铁前，撇渣器必须完好，保证过道眼畅通，检查撇渣器各部位能否保证安全出铁，如发现破损严重部位，要及时修补、烘干。

（2）准备好黄砂，做好砂坝和砂闸（黄砂水分适当），若砂闸底铺的耐火材料损坏，要重新铺一层耐火材料，扎紧并烘烤干，在砂闸处启用铸铁活动闸板时，两边用黄砂叠好踩紧。

（3）若不焖撇渣器，要清理大闸前后铁沟内残存物及过道眼中残渣铁，抠干净放残铁孔，再用黄砂埋好放残铁孔，保证牢固可靠。

（4）工具准备齐全，并保持干燥好用。

（5）若焖撇渣器时，将撇渣器结壳打开。

4.3.2.2　正常出铁时的撇渣器操作

准备工作做好后，即可开铁口出铁。

（1）撇渣器内存铁时（俗称焖撇渣器），在出铁前必须把撇渣器铁水上的残渣凝结硬盖打碎，使铁水能够顺利地流经撇渣器过眼。防止因铁水溢出漫上炉台。

（2）铁口打开后，当铁流太小时，要在主沟中垫沙挡住，以防冻死撇渣器，来流时推开挡沙。

（3）出铁见下渣时，适当往撇渣器渣铁表面上撒一层焦粉（或炭化稻壳），以起保温作用，防止渣凉结壳。

（4）打开铁口若只来渣时，撇渣器外边小井上应用草包、黄沙堵住，以防渣流到铁水罐中，待铁水流出时拿开，同时推开上砂坝。

（5）当主沟和大闸前积存有一定量的渣液时，把上砂坝推开，下砂坝在堵口前少推些，堵铁口后再推完，防止跑铁；酌情降低砂坝时，把渣盖打碎推走，使渣子流入渣罐或冲水渣沟。

（6）出铁过程中注意观察撇渣器变化，有异常情况及时采取措施，并在放完铁后检查或修补。

（7）堵上铁口后，将下砂坝推开，渣子淌完后，没焖撇渣器时，抠开放残铁孔放出残铁。

（8）焖撇渣器时，待残渣放出后，在撇渣器大闸前后铁水面上撒适量焦粉保温，减少铁水的散热，防止冷却凝结。

注意事项：新捣制撇渣器出第一、二次铁时，不宜焖撇渣器，炉况失常致铁流动性不好及出铁不正常时，也不准焖撇渣器操作。

4.3.2.3　开炉或封炉后时的砂口操作

开炉或封炉后出的前几炉铁，尽量不使用撇渣器。因为前几次铁的铁水的物理热较低，流动性较差，易干，凝结，容易把砂口堵死。出铁前在砂坝处用铁板和沙子做好挡墙，使开炉前的几次渣铁不经砂口直接由渣沟流入干渣池。如需要使用砂口时，待挡墙前的主沟内存满铁水后，抽去铁板，使铁水很快充满砂口，避免少量铁水流进砂口后凝结；过道眼用河沙堵塞，防止使用撇渣器时需长时间将其抠开，使砂口温度低而造成砂口内存铁凝结；头几次铁不能焖砂口，每次铁后砂口眼均清理干净，用沙子堵上并用火烤干，放砂口铁时才能很快把砂口眼抠开。

为了确定砂口能正常分离渣铁，必须定期检查修补，修补是要确保砂口各部分尺寸。

4.3.2.4　焖砂口的作用

（1）减少铁中带渣，降低铁耗，延长铁水罐使用寿命。
（2）延长砂口使用寿命，使砂口处于恒温状态，消除热应力作用。
（3）残铁孔用耐火材料捣固，不易漏渣，减轻劳动强度。

4.3.2.5　砂口维护

为确保撇渣器的正常工作，必须定期进行检查和修补。
修补撇渣器时应做到以下几点：
（1）将残渣、残铁及破损的旧泥抠净，不准有夹层存在。
（2）确保各部位尺寸适宜。
（3）撇渣器破损不严重时，可用有水炮泥修补，但其使用寿命较短，一般采用碳化硅捣料修补效果比较好，捣料层厚度应大于100mm，并捣实，太薄时效果不好。
（4）确保烘干后再出铁，以免潮气穿过铁水时发生的"咕嘟"现象或"放炮"将新修补的撇渣器破坏。

4.3.2.6　撇渣器操作安全注意事项

（1）上班前必须穿戴好劳保用品。
（2）推撇渣器砂坝时，要围毛巾，戴上眼镜。
（3）掏放残铁孔（砂口眼）时，要两脚站在沟外，出铁后若焖撇渣器，要用焦粉盖好撇渣器。
（4）工具接触铁水时，先要烘热。
（5）用煤气烘烤撇渣器时，要有专人看管。
（6）氧气瓶应远离高温区，开氧气时忌油戒火，不准戴油手套，严禁吸烟。
（7）炉前所用工具要放在一定的地方，定员管理，炉台保持清洁。

4.3.3　撇渣器事故及处理

4.3.3.1　撇渣器"放炮"或"漂船"

修补撇渣器时间长，易造成出铁晚点。为了抢时间出铁，避免丢铁次（少出一炉次铁），可能导致烘烤时间不足，新糊泥层中的水分没有彻底烤干，出铁时在铁水的高温作用下水分急剧蒸发，体积迅速膨胀，冲出铁面，使撇渣器内"咕嘟"起来。"咕嘟"的结果是新糊泥层受到严重破坏，铁水从损坏的部位钻进去，遇潮泥后发生"放炮"，使撇渣器受到更严重的破坏。如果局部崩坏，对出铁没有太大的影响时，可继续出铁，待出完铁后放出存铁再进行修补；如果破损严重，铁水将新糊泥层漂起，发生"漂浮"现象，无法继续出铁，则应堵上铁口，放出存铁后进行修补。此时高炉应适当减风控制料速，避免炉缸中积存的渣铁过多而发生其他事故。

为防止上述事故发生，糊泥不要太软；当撇渣器破损严重时，考虑糊泥层厚度，可分两次修补；宁可丢铁次，也要彻底烘干后再出铁；否则发生事故不能正常出铁损失更大。条件许可时采用双撇渣器操作，不影响出铁，可避免因修补撇渣器而造成的减产损失及事故发生。

4.3.3.2　撇渣器烧漏

修补撇渣器时，旧内衬层中的残铁没有抠净，出铁时残铁熔化后，铁水从新糊泥层的裂缝中渗透进去，和熔化了的残铁连通，造成新泥层很快破损，铁水继续向里侵蚀渗透，最后透过砖衬，烧坏钢板外壳，发生撇渣器烧漏事故。

为防止上述事故，修补撇渣器时一定要抠净残铁，新糊泥层应捣实并烤干，确保修补质量。同时，还要定期检查，发现问题及时处理。

4.3.3.3　砂闸不牢或推闸过早造成下渣过铁

叠砂闸时残铁没抠净，出铁时残铁熔化后铁水从砂闸底部穿过去冲开砂闸，造成下渣过铁；叠闸晚，砂闸没烤干，出铁时潮砂中的水分受热蒸发后使铁水产生"咕嘟"现象，严重时将砂闸咕嘟开，造成下渣过铁。另外，由于在操作上失误，在堵口前过早推开砂闸，渣铁流将余下砂楞冲掉后造成下渣过铁。下渣过铁后会造成严重的冲渣沟或渣罐"放炮"事故。或者发生渣罐烧漏事故，罐内的渣、铁将全部流到地上。

发现下渣过铁后（较多时）应立即堵上铁口，防止下渣过铁太多，以减少事故损失，为避免下渣过铁而造成事故，叠砂闸时一定要将残铁抠净，叠闸时一定要踩实并在下次钻铁口之前烤干，防止出铁时砂闸被冲开或咕嘟开；堵铁口前不准推开砂闸，避免下渣过铁。

4.3.3.4　砂坝和砂闸间的三角形沟帮被冲掉

修补撇渣器时，砂坝和砂闸间的三角形沟帮（俗称小岛）的糊泥没有捣实；或者出铁后抠撇渣器铁水表面的凝渣硬壳时，小岛下的沟帮被渣铁冲刷出深沟后，沟帮强度不够等情况的发生，都会在出铁流大时将小岛冲掉，造成下渣大量过铁。

4.3.3.5　撇渣器憋铁

A　造成撇渣器憋铁的原因

（1）新修补的撇渣器过道眼尺寸过小，或沟头过高，铁流过大。

（2）撇渣器过道眼中有渣铁凝块或异物堵塞（撇渣器不焖时）。

（3）渣铁流动性能差，在撇渣器眼内壁黏结上一层渣铁，使撇渣器眼实际尺寸变小。

（4）放残铁孔时，撇渣器内的残渣铁没放净凝固在撇渣器底部。

（5）焖撇渣器时，保温不好，造成结壳，过眼尺寸减小。

撇渣器憋铁多发生在打开铁口铁水淌入撇渣器时，大闸板前铁面升高，而小井内铁面上升缓慢，铁水满溢，可能进入下渣沟。此时应迅速用铁钎捅，如果大闸前铁面不下降，则立即堵上铁口，放出撇渣器内铁水，查找原因处理后再出铁。

B　预防措施

（1）修补撇渣器时，各部位尺寸必须保持适合。

（2）出铁前，必须检查撇渣器内有无异物，撇渣器眼内壁是否被渣铁黏结，孔道变小，待处理好后才允许开铁口。

（3）不焖撇渣器放残铁时，必须放净撇渣器内残渣铁。

（4）冶炼高标号生铁，渣铁流动性较差，撇渣器眼应适当放大些。

（5）焖撇渣器时，出铁后应及时在铁水表面撒上焦粉（或炭化稻壳），防止凝固或结壳。

4.3.3.6　铁沟过渣

撇渣器大闸板破损及沟头过低或打开铁口先来渣没有及时采取措施，都会造成铁沟过渣。

处理方法：

（1）打开铁口先来渣时，可采用在小井上盖草袋、麻袋等，然后压上砂子，也可以用砂子加高小井四周。鉴别铁水面上来的方法是，用铁勺取出大闸前主沟底的渣子，倒在平台上，当渣中有铁花喷溅时，即说明铁水面已经上来，应立即拿开小井和沟头的砂子等，使铁水流入铁沟。

（2）因撇渣器大闸板破损或沟头过低造成过渣时，少量的过渣可用草包、破麻袋等物盖在小井上压上少量砂子，使铁水能够自动流出，以此抑制过渣。过渣量较大时应立即堵上铁口。临时采用加高沟头的办法，待出净渣铁后再进行修补。但应注意沟头的高度必须低于下渣沟高度，否则会造成下渣过铁。

（3）撇渣器操作人员应经常检查撇渣器各个部位的状况，发现破损应及时修补，保证撇渣器各部位尺寸比例适宜。

4.3.3.7　撇渣器凝结

发生撇渣器凝结的原因是炉凉，铁水物理热不足，流动性差；撇渣器进水或出铁间隔时间长，保温不良的情况下没有及时放出撇渣器的铁水。此时出铁就会导致铁水溢出主沟，流入冲渣沟或下渣罐中酿成事故。

（1）处理方法：

1）铁口打开发现撇渣器凝结，必须立即降压减风堵住铁口。

2）同时用砂加高主沟两边帮，加固砂坝，打开备用的安全出铁弯沟，防止铁水外溢及流入冲渣沟或下渣罐中。

3）铁口堵上后，仍需维持低风量操作。

4）积极组织放残铁工作，用氧气烧开小井、过道眼、放残铁孔，使铁水通过撇渣器小坑流入铁水罐。

5）做好砂坝、砂闸，埋好放残铁孔，重新开铁口，由于时间较长，必须在低风量情况下出铁，而且铁口眼不宜过大。

（2）预防措施：

1）如遇特殊情况出铁间隔时间长，应及早放出残铁。

2）新修补的撇渣器，第一、二次铁不宜焖撇渣器操作。

3）炉凉或炉温太高，铁水流动性差及炉况失常时，也不宜焖撇渣器操作。

4）出铁前，必须认真检查撇渣器中铁水有无凝壳，处理好后方能出铁。

5）避免水流入撇渣器。

6）出完铁后，撇渣器内铁水表面必须撒足够量的焦粉保温。

4.3.4　放渣操作

4.3.4.1　渣口装置

一般小型高炉的渣口装置均由四个套（大套、二套、三套和小套）组成，目前部分大型高炉已取消了渣口。如图4-23所示。

大套和二套由于有砖衬保护，不直接与铁水接触，热负荷较低，因而采用中间嵌有循环冷却水管的铸铁结构。

三套和渣口直接与渣铁接触，热负荷大，采用导热性好的铜质空腔式结构。

渣口大套安装在固定于炉壳上的大套法兰内，各套之间的接触面均加工成圆锥面，使彼此接触严密，又便于拆卸更换。大套和法兰接触面的间隙必须用粘有耐火泥加玻璃水的石棉绳塞紧，以免漏煤气。

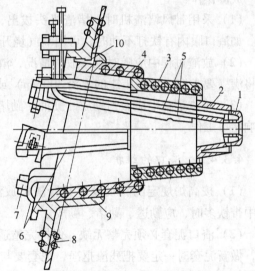

图4-23　渣口装置

1—渣口小套；2—渣口三套；3—渣口二套；4—渣口大套；5—冷却水管；6—挡杆；7—固定楔；8—炉皮；9—大套法兰；10—石棉绳

4.3.4.2　放渣时间的确定

确切的放渣时间应该是熔渣面已达到或超过渣口中心线时开始打开渣口放渣。

实际生产中放渣时间的确定通常根据上次出铁堵口后至打开渣口出渣的间隔时间，依据铁渣量、上次出铁情况和上料批数来确定。

渣口打开后，如果从渣口往外喷煤气或火星，渣流很小或没有渣流，说明炉缸内积存的熔渣还没有达到渣口水平面，此时应堵上渣口稍后再放。

4.3.4.3　放渣操作

放好上渣的意义：

（1）可减轻炉渣对炉墙壁的侵蚀。

（2）及时放出上渣可减少炉缸中的存渣，改善炉内料柱的透气性，为炉况顺行创造条件。

（3）多放上渣，下渣量必定减少，可减轻熔渣对铁口的冲刷侵蚀，有利于铁口的维护。

放渣前的准备工作：

（1）放渣前要清理好并垫好渣沟，检查渣口泥套、水槽及沟嘴是否完好，叠好各道拨流闸板。

（2）检查堵渣机是否正常好用，冷却水、压缩空气是否已开启，堵渣机头与渣口小套是否对好，防止到时堵不上渣口。

（3）检查渣罐是否对正沟嘴，罐内有无积水和潮湿杂物，防止发生渣罐爆炸。如冲水渣，按冲水渣要求办。

（4）检查渣口各套有无漏水，固定装置是否坚固，冷却水是否正常。

（5）准备好放渣用的工具，如长短钢钎、大锤、瓦套、楔子、铁锹、通渣口用的长铁棍、人工堵渣口用的堵耙等。

放渣操作：

（1）采用带风堵渣机时，堵渣机头拔出，炉渣会自动流出，一般应用铁钎子打开渣口。如渣口眼内有铁打不动时，可用氧气烧开渣口。正常情况下是不需要的。

（2）放渣过程中应随时观察放渣情况，渣口破损或带铁严重时应立即堵上；如发现渣罐将满（要求罐内液面距罐的上沿 300mm）或机车来拉渣罐时，也应立即堵口。

（3）放渣过程中应做到勤放、勤捅、勤堵，渣口两侧如有积渣要随时清理，防止积渣影响堵口工作。

4.3.4.4　渣口的维护

（1）按高炉规定的料批及时打开渣口放渣，要求上下渣比的合格率达到 70% 以上，渣中带铁多时，应勤透、勤堵、勤放。

（2）渣口泥套必须完整无缺，保持完整适宜的渣口泥套，发现破损应在放渣前及时修补，做新泥套时一定要把残渣抠净，泥套要与渣口严密接触，与渣口眼下沿平齐，不得偏高或偏低，新泥套应烤干后使用。

（3）保持渣口大套和二套表面的砌砖完好，三套的顶辊和小套的固定销子要牢固，做到定时检查。

（4）长期休风和中修开炉，在铁口角度尚未达到正常及炉温未达正常水平时，不允许渣口放渣。

（5）渣铁连续出不净，铁面上升到渣口水平面时，严禁放渣。

（6）正确使用堵渣机，拔堵渣机时应先轻拔，拔不动时应用大锤敲打堵渣机后再放。防止渣口松动带活，造成渣口冒渣的事故。对于新换的渣口放第一次渣时，原则上用篓耙堵渣口。

（7）发现渣口损坏应及时堵上并更换，严禁用坏渣口放渣。

4.3.4.5　渣口带铁的判断方法

（1）炉温偏低时，渣流中有许多细密的小火星跳跃，类似低炉温出铁时铁沟中的"牛毛"火花；

（2）炉温充足，放渣时从渣口往外喷火花，从流嘴处也可看到渣流下面有铁滴细流和火花。

4.3.5　渣口事故及处理

4.3.5.1　渣口冒渣

冒渣的原因：因新换的渣口没上严，或堵渣口时堵渣机冲力过大；堵渣机头与渣口的接触过紧，拔堵渣机时又没事先打松堵渣机头，硬拔时把渣口带出，使渣口和中套间产生缝隙，熔渣从缝隙中流出。

处理方法：发现渣口冒渣，高炉应先降压减风，缓解熔渣对接触面的冲刷侵蚀，同时减慢料速，防止铁水面上升到冒渣部位。第二步立即组织出铁，使渣面快速回落而终止冒渣。出完铁后即可休风处理，如渣口已坏应立即更换。

预防措施：新换渣口一定要上到位并打紧固定楔，如渣口的保护性渣皮层上有突出的残铁或残渣阻挡着上不严时，可用钎子打掉，若打不掉，可用氧气烧，确保渣口上到位。

4.3.5.2　渣口爆炸

渣口爆炸的原因：

（1）渣铁连续出不净，使炉缸的铁水超过安全容铁量；

（2）炉缸工作不活跃，有堆积现象；

（3）长期休风后开炉或炉缸冻结，炉底结厚，使炉内铁水面升高；

（4）小套破损未及时发现，放渣时带铁多。

避免渣口爆炸事故发生采取的措施：

（1）严禁坏渣口放渣；

（2）发现渣中带铁严重时，应立即堵上渣口，渣流小时应勤透；

（3）不能正点出铁时，应适当减风控制炉缸内渣铁的数量；

（4）炉缸冻结时，可采用特制的炭砖套制成的渣口放渣；

（5）中修开炉时可不放上渣，大修开炉放上渣以疏通为主；

（6）发生爆炸要立即减风或休风，尽快出铁，组织抢修。

4.3.5.3　渣口连续破损

渣口在短时间内连续烧坏，这种现象称为渣口连续破损。

造成渣口连续破损的主要原因是：炉缸堆积，渣口区域有铁水聚积，或者因边缘太重，煤气流分布失调，渣铁分离不好，放渣时渣流不正常，渣口带铁多。

防止渣口连续破损的措施：在高炉操作中采用使炉缸工作均匀活跃的调剂手段。

4.3.5.4　渣口自动流渣

渣口自动流渣的处理：立即堵上渣口或用原渣口堵上打紧。
渣口自动流渣的防止方法：渣铁未出净前不得更换渣口。

4.3.5.5　渣口有凝铁堵不上

事故产生原因：
（1）堵渣机塞头运行轨迹偏斜。
（2）泥套破损或不正，塞头不能正常入内。
（3）渣口小套与泥套接合处有凝铁。
（4）塞头老化、不规则，上面粘有渣铁。
采取的措施：
（1）加强设备的检查，接班后应试堵。
（2）保持泥套的完好，不用泥套损坏的渣口放渣。
（3）塞头应完好。
（4）对用氧气烧开的渣口，放渣时应勤透，堵口前适当喷射后再堵。
（5）渣口堵不上时应酌情减风或用耧堵。
（6）当炉况失常时，无论用堵渣机还是用人工堵耙都堵不住，熔渣继续外流，可将渣口捅大一些或拉风降压用人工堵上渣口，渣口堵上后即可恢复风量，待出完铁后再更换渣口。

4.3.6　炉前设备点检项目、内容及设备事故处理

4.3.6.1　开口机的点检项目、内容

（1）旋转机构：
1）地脚螺栓是否松动。
2）轴承异响，是否缺油，液压电动机是否漏油，连接螺栓是否松动。
3）开口机是否对准出铁口。
（2）送进机构：
1）地脚螺栓是否松动。
2）轴承异响，是否缺油，液压电动机是否漏油，连接螺栓是否松动。
3）传动链轮磨损程度，链条磨损程度，是否缺油。
（3）液压凿岩机：
1）固定凿岩机的小车架是否损坏，车轮组件磨损程度，凿岩机紧固螺栓是否松动。
2）凿岩机旋转电动机是否漏油，凿岩机旋转、冲击是否正常，水套螺母是否松动。
3）凿岩机钎尾是否损坏断裂。
4）凿岩机密封是否损坏，内部配件是否损坏。
（4）轨梁机构：
1）胀紧链轮磨损程度。

2）链条磨损，是否断裂、变形。

3）胀紧轮调解丝杠是否变形，转动是否灵活，润滑状况是否缺油。

（5）机上配管：

1）油管护罩是否损坏，油管接头是否漏油。

2）油管是否崩裂（定期检查更换）。

（6）摆动机构：

1）底座、侧板连接螺栓是否松动。

2）摆动油缸是否泄漏。

（7）液压系统：

1）手动换向阀、节流阀、液控单向阀是否泄漏、是否内泄。

2）油泵工作是否异常，有无异响。

3）管路中的高压球阀是否损坏。

4）液压泵工作是否异常，有无异响。

5）电机温度是否过高，轴承有无异响。

6）电磁溢流阀动作是否正常，油管接头是否泄漏。

4.3.6.2　开口机的常见故障原因及处理方法

（1）液压凿岩机有旋转无冲击见表4-6。

表 4-6　液压凿岩机故障原因及处理措施

故 障 原 因	处 理 措 施
油泵工作压力异常	调整压力
各阀不动作或动作不灵活	调试或更换，高压胶管泄漏进行更换
管路泄漏	铁管路泄漏进行补焊
水套螺母松动	重新拧紧
凿岩机内部配件损坏	整体更换

（2）轨梁及送进机构常见故障：

故障原因：

1）送进液压电动机漏油，端盖螺栓松动；

2）胀紧链轮轴套磨损，调节丝杠损坏；

3）链条磨损、断裂；

4）车轮组件磨损，凿岩机紧固螺栓松动；

5）小车架损坏。

处理方法：

1）更换液压电动机，紧固端盖螺栓；

2）更换胀紧链轮及调节丝杠；

3）更换传动链条；

4）更换车轮组件，紧固凿岩机螺栓；

5）更换小车架。

（3）开口机挂钩不准确：

故障原因：

1）开口机旋转速度过快；

2）挂钩行程长或短；

3）挂钩或挂梁上粘有渣铁或磨损；

4）铁水沟浅刮挡板。

处理方法：

1）调整开口机阀台节流阀流量；

2）调整挂钩行程；

3）清理挂钩上的渣铁；

4）清理铁水沟。

（4）开口机高压胶管泄漏、崩裂：

故障原因：

1）接头O形胶圈老化损坏；

2）油管制造质量不合格，达不到压力要求。

处理方法：

1）定期更换胶圈；

2）选用质量好的高压胶管。

4.3.6.3　液压泥炮点检项目及内容

（1）底座：

1）地脚螺栓是否松动；

2）自润铜套磨损程度；

3）轴承是否缺油，轴承是否损坏。

（2）回转机构：

1）回转油缸是否内泄反弹，回转油缸压盖螺栓是否松动、漏油；

2）回转油缸耳轴压盖是否松动，回转油缸活塞杆铰接点处垫片磨损程度，螺母是否松动；

3）油管接头是否渗油，液压系统压力是否正常；

4）管路中高压球阀是否损坏；

5）运行时是否跑偏。

（3）吊挂装置：

1）吊挂轴承是否缺油，轴承压盖螺栓是否松动，中间立轴螺母是否松动；

2）吊挂压板螺栓是否松动。

（4）打泥机构：

1）打泥油缸是否漏油、内泄，打泥时是否后退；

2）泥塞是否磨损，是否倒泥；

3）打泥标尺是否损坏（定期更换钢丝绳）。

（5）液压系统：

1）油箱油位、油压是否正常，油质是否劣化（定期更换液压油）；

2）油泵有无异响，电磁溢流阀工作是否正常，蓄能器压力是否低；

3）液压各阀是否动作正常，有无泄漏等；

4）油泵电机有无异响，轴承温度是否过高，地脚是否松动，联轴器是否损坏。

4.3.6.4 液压泥炮常见故障原因及处理方法

（1）液压泥炮打泥油缸后退：

故障原因：

1）油缸内泄漏严重。

2）液压管路部分泄漏。

3）液压系统压力不足。

4）手动换向阀泄漏。

5）液压锁管路中的高压球阀损坏。

处理方法：

1）内泄严重时，更换油缸下线修理。

2）更换油管并补焊。

3）检查油泵是否异常，否则需更换油泵。

4）检查手动换向阀是否泄漏，O形圈是否磨损，如磨损需更换。

5）检查液压管路中液压锁、高压球阀是否损坏，如损坏需更换。

（2）液压泥炮回转油缸反弹。故障原因及处理方法：

1）油缸内泄漏严重。处理方法：内泄严重时，更换油缸下线修理。

2）液压管路部分泄漏。处理方法：更换油管并焊接。

3）液压系统压力不足。处理方法：检查油泵是否异常，否则需换油泵。

4）手动换向阀泄漏。处理方法：检查手动换向阀是否泄漏，O形圈是否磨损，如磨损需更换。

5）液压锁管路中的高压球阀损坏。处理方法：检查液压管路中液压锁、高压球阀是否损坏，如损坏需更换。

（3）液压泥炮在使用过程中摆动大、炮嘴偏离出铁口位置故障原因及处理方法：

1）回转机构斜底座螺柱松动。处理方法：紧固地脚螺柱。

2）回转机构座、轴承、吊挂轴承、各铰接点轴承磨损。处理方法：定期下线更换修理。

3）吊挂轴承压盖螺柱切断。处理方法：压盖与轴承外套焊接处理，有休风机会时更换炮座。

4）回转油缸活塞杆铰接点处点片厚度不合适。处理方法：调节垫片厚度。

5）控制连杆损坏。处理方法：更换控制连杆。

4.3.6.5 高炉风口设备的点检项目及内容

（1）热风管道：

1）风温热电偶温度是否稳定在正常范围内，电偶管及根部有无跑风烧红现象。

2）热风管道有无开裂跑风烧红、砖衬脱落、焊缝开裂等现象。

3）人孔法兰有无烧红跑风现象。

（2）进风装置：

1）喇叭管是否有开焊跑风、堵塞、烧红等现象。

2）补偿器有无堵塞、烧红、跑风、开裂等现象。

3）连接管有无烧红、堵塞、跑风等现象。

4）弯管是否有烧红、跑风等现象，连接球面处是否跑风等。

5）直吹管有无堵塞烧红、跑风等现象。

6）拉紧装置吊杆、弯头吊耳有无开焊、断裂现象。

7）大套法兰是否开焊跑风，风口大套、中套、小套是否烧坏漏水。

8）风口水量、水压是否稳定在规定的范围内，各风口水套连接管路、金属软管、快速接头是否损坏漏水等。

（3）喷煤装置：

1）喷煤管道有无磨漏、跑风、跑煤现象。

2）煤粉分配器是否堵塞，连接处有无跑风，分配器磨损是否严重。

3）分配器出口三通球阀、进口手动球阀是否损坏，开管是否到位。

4）喷煤枪是否磨漏，煤枪连接各阀门是否完好、开关到位。

（4）过滤器、冷却水过滤器滤网是否堵塞，是否损坏。

4.3.6.6　高炉风口设备常见故障原因及处理方法

（1）风口大套法兰开焊跑风。

故障原因：高温变形开焊。

处理方法：补焊处理。

（2）波纹补偿器烧红、跑风。

故障原因：

1）补偿器结构不合理。

2）耐火材料脱落。

处理方法：

1）改进结构设计。

2）休风更换补偿器。改进浇注耐火材料质量。

（3）连接球面跑风、烧红。

故障原因：

1）弯头球面、球面法兰及连接件、吹管球面浇注耐火材料时球面尺寸不一致，接合面不严，间隙大跑风造成烧红。

2）连接球面未清理干净，或安装不合适造成跑风。

处理方法：

1）跑风不严重时，维护使用，休风时更换弯头、连接管及球面法兰。

2）弯头、球面法兰、直吹管浇筑耐火料时作样板控制配合尺寸。

（4）风口套漏水，烧坏。

故障原因：

1）风口突然断水。

2）水量小、水压低、水质差、冷却效果差。

3）风口套使用时间过长，老化。

处理方法：

1）检查水系统，外部喷水冷却。

2）调整水量水压，改善水质。

3）定期检查更换风口套。

（5）拉紧装置吊杆断裂。

故障原因：长期使用，捶击造成吊杆塑性降低、脆性增大，产生应力集中断裂。

处理方法：定期检查，有裂纹时更换新吊杆。

任务 4.4　特殊情况的炉前操作

4.4.1　大修开炉的炉前操作

4.4.1.1　烘炉前炉前的准备工作

（1）搞好炉内的清理工作，把炉底的泥浆、废料和杂物全部清理干净。

（2）炉内清理干净后，安装铁口烘炉煤气导出管，以利于炉缸的烘干及送风后炉缸的加热。

（3）烘炉前需安装煤气导管，捣制铁口泥包。

A　煤气导出管的构造

大中型高炉用的煤气导出管一般用 φ159mm 的无缝钢管制作。导出管的长度为炉缸半径加上炉墙厚度，再增加 500mm 左右；导出管的高度应比风口二套前端内径小 50mm，这样可以顺利地通过风口二套装进炉缸内，导出管结构如图 4-24 所示。导出管的伞形帽在炉内安装，伞形帽的作用是防止开炉前装料焦炭进入导出管内。开炉过程为了使更多的煤气经导出管排出，除在导出管上有 3~4 个伞形帽外，在导出管的管壁上还钻有进气孔，进气孔的间距为 20~30mm，各排孔应相互错开，钻孔区长直至泥包处。

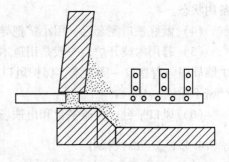

图 4-24　煤气导出管结构

B　煤气导出管的用途

高炉烘炉时部分热风经导出管排出，可以加热铁口孔道的砌砖、排除潮气；送风后部分煤气也经导出管排出，除了能加热铁口区域外，还能使液态渣铁首先在铁口区域聚积，有利于顺利地出第一次铁；还可根据导出管喷射出来煤气火焰的变化及带出来的渣铁情况，准确地判断炉缸内的状况并确定第一次出铁的时间。

C　煤气导出管的安装

在炉缸内部煤气导出管安装时要用支架固定，而且煤气导出管的中心线要对中，外端应与泥套平齐，铁口孔道与导管之间用炮泥填实。里端至炉缸中心，为了防止渣铁过早地铸死煤气导出管，还要用耐火砖垫起来，里端高于外端。铁口泥包除固定煤气导出管外，还可防止烘炉过程中热风透过保护砖缝与炭砖接触，避免铁口区炭砖被烧坏。制作铁口泥包时，把导出管和铁口孔道砌砖间的缝隙用捣料填满、捣实，泥包和炉墙紧密相接，形成一个坚实的整体。

D　制作煤气导出管的注意事项

（1）制作导出管的高度应小于风口二套直径，以便能通过二套将导出管送入炉内安装。

（2）为了使大量煤气导出，在导出管周身钻多个直径 $10 \sim 30mm$ 的进气孔。

（3）为了防止开炉料落入导出管，影响煤气导出，可在导出管进口处安装伞形帽，安装工作要在炉内进。

（4）铺设导出管应略倾斜，炉内段较高，外段低，以利于开炉后炉渣流出。

E　铺设铁口泥包

安放导出管时，要将导出管放于铁口中部，使导出管中心线与铁口中心线一致，在炉内部用支架固定，用泥包或耐火捣料填充铁口与导出管之间的缝隙，然后再用同样的炮泥或耐火捣料把炉内铁口周围制作成泥包铁口，泥包的形状近似半球状，厚度约为 1m，它是用来保护铁口区或铁口区域的炭砖，要求泥包厚度加铁口通道长度要大于铁口的正常深度。

4.4.1.2　送风前的准备工作

（1）炉前各岗位操作人员要认真检查本岗位设备并试运转，确保设备具备出铁条件。

（2）炉前主沟、撇渣器、摆动沟、渣铁沟制作好并烤干，具备出铁条件。

（3）准备好炉前用各种工具、备品、备件；备足原材料；检查风、水、电、气并处于备用状态。

（4）做好铁口泥套后，用小铲把导出管抠通，然后烤干铁口泥套。

（5）若用木柴开炉，一般是用道木，从风口装入，从炉底一直码到规定高度；最后在炉墙周围竖着摆放一圈道木，保护风口在装料时不被砸坏；装完道木回装风口，确保安装严密不漏风。

（6）风口平台、放渣平台和出铁场清理干净。

4.4.1.3　出铁操作

（1）送风后抬起堵渣机，点燃从铁口、渣口喷出的煤气以防中毒，发现堵塞及时捅开并设专人看管。当有液态渣喷出时，堵上渣口，在铁口流出熔渣时，打少量的泥堵上铁口。

（2）根据下料批数，计算产生的渣量和铁量，确定放渣时间。

（3）根据下料批数计算铁量，一般计算的铁量是安全容铁量的一半时，组织出第一次铁。开炉的第一次铁是开炉顺利的重要标志。

（4）在出铁前将撇渣器烧热，每次出铁完毕撇渣器内的存铁要立即放出，以防在铁流小或出铁间隔时间较长的情况下撇渣器内的铁水凝结，待到撇渣器温度正常后，再进行焖撇渣器操作。

4.4.2　大修停炉的炉前操作

4.4.2.1　残铁口位置的确定

为了减少大修拆炉工作量，缩短大修工期，停炉后应将积存于铁口中心线以下的残铁放净，为此需要比较准确地计算或估算炉底侵蚀深度，确定残口位置。确定残铁口的位置必须满足以下要求：（1）炉缸内的残铁尽量出净；（2）残铁放出操作安全方便。

4.4.2.2　放残铁的准备工作

（1）估算残铁量。
（2）根据残铁量准备足够的铁罐和渣罐，并测量沟嘴的标高。
（3）利用停炉前的休风时间，搭建好操作平台。
（4）砌好残铁沟，外壳用钢板焊成，内衬砌黏土砖，保持5%左右的坡度。
（5）准备出残铁用的辅助工具。
（6）平台附近不准有积水和可燃物，铁路清理干净，无积水并铺垫河沙。残铁口上方要焊防水挡板。

4.4.2.3　放残铁操作

（1）从高炉降料面开始，残铁口处冷却壁停水，割开残铁口处的炉壳。炉壳割开后，用压缩空气将冷却壁内的冷却水吹干，切开并取下冷却壁。
（2）清理冷却壁内炭捣料后安装最后一段残铁沟，使之与炉壳和其他残铁沟焊接成一体，在残铁沟砌好耐火砖后，铺垫沟料，捣实烤干。
（3）制作残铁口泥套的角度要平，里小外大，外端上部要略微超过炉壳，下部要压住残铁沟。泥套里端要和炉底炭砖紧密相接，压住冷却壁和炭砖间的填料间隙。残铁口泥套必须捣实、烤干。
（4）在最后一次出铁时开始用风钻钻残铁口，估计快要钻到位时再用氧气烧开，若烧入深度超过炉墙设计厚度1倍以上仍无残铁流出，应改向上斜烧或抬高位置重新开孔，直至见铁。
（5）残铁流出后指定专人看罐，罐流满后要迅速倒罐，发现问题及时处理。

4.4.3　长期休风、复风的炉前操作

长期休风包括计划检修、中修及封炉。料线降至风口，对风口以上部位的冷却设备进行更换、砌砖或喷补称为中修；高炉因设备检修、待料等原因需要休风时间较长称为封炉。

4.4.3.1　休风时的炉前操作

（1）多铁口的高炉，根据炉前设备、设施的检修情况和生产的其他要求，确定末次铁

的出铁场。

（2）停风前几次铁要逐步增大铁口孔道，最后一次出铁时间必须按休风计划安排。开铁口一般要用直径100mm的钻头，掌握合适的铁口孔道直径，严格控制出铁时间，确保出铁正常，使炉内加的轻料、净焦或空料线在休风时达到预定位置。为了复风后出铁顺利，休风前一定要出净渣铁，铁口见喷后高炉工长应适当减风，即边出铁边逐渐减风，直至渣铁出净减风至零。

（3）堵铁口时打泥量不宜过多，打入的炮泥能填满铁口孔道封住铁口即可。出铁完毕应立即将撇渣器内贮存的铁水放出。

（4）停风前，准备更换冷却设备的工具、备品、备件及密封风口、渣口的泥团、废油脂等。

4.4.3.2　休风期间的炉前操作

（1）为防止冷却水漏进炉内，停风后要马上更换已损坏或可能漏水的风口、渣口等设备。

（2）炉内还留有炉料时，为了减少炉内热损失，根据停风时间的长短及时进行不同形式的密封，风口、渣口密封完毕，每天要检查一次，发现有裂缝或透风之处要重新封好。

4.4.3.3　复风前的准备工作

（1）掏出密封风口的耐火泥、风口前端的焦炭及渣铁凝结物，最好见到红焦炭，然后回装风口及直吹管，把暂时不送风的风口重新用炮泥堵好，清理渣口密封泥以后清除渣口前的渣铁凝结物，直到全是焦炭后再装上渣口。

（2）料面降到风口带、炉体喷涂时，复风前要将喷涂反弹料全部扒出，然后清理炉缸内残留物，最好清理到铁口平面，清理得越干净越有利于顺利开炉。

（3）若休风时间较长，送风前可把铁口及其上方两侧的风口烧通，在烧出的通道里装入一定量的铝块和食盐，目的是送风后提高铁口区的温度，改善炉渣的流动性，然后用焦炭填满。

（4）如果用铁口出第一次铁困难，应准备用渣口做临时出铁口。

（5）炉前各岗位的设备，如开口机、泥炮、堵渣机、摆动流槽、水冲渣设备等进行试运行，并处于备用状态。

（6）修垫好主沟、撇渣器；必要时可做临时撇渣器；渣铁沟、摆动沟嘴等都要烤干。

（7）准备足够的泥料、河沙及炉前必备的工具、备品、备件。

（8）要酌情降低开口机角度，用直径100mm钻头开铁口，并预埋氧枪。

（9）停风时间较长的复风，炉温比较低，渣铁黏稠不好分离，又不宜水冲渣，要准备带渣壳的渣罐专用机车。

4.4.3.4　复风后的出铁操作

（1）送风后，计算铁量达到出铁要求时，关上预埋氧枪的氧气和压缩风。拔出氧枪可能出现自动出铁。如果没有自动出铁应重新开铁口，钻不动用氧气烧，尽量向上烧，直到铁口烧开为止。

（2）铁口虽然打开但炉温低铁流小，为避免撇渣器凝固，可在主沟内挡砂坝，待铁流稍冲时捅开砂坝；出铁过程中在铁水面上加覆盖保温剂。堵口后捅开撇渣器放出储铁并立刻清理，准备再次出铁。

（3）送风数小时后，炉缸内有一定数量的渣铁，风口有涌渣现象，此时铁口仍没有打开，可采用爆破法炸开铁口出铁。爆破法出铁还可能发生跑大流，因此在要加高砂坝及主沟两帮，必要时炉内减压配合。

（4）铁口用氧气烧、炸药炸都打不开时，应采取果断措施；除少数人继续烧铁口以外，集中其他人力用临时出铁口出铁。临时出铁口出铁次数应少于8~10次，否则易发生渣口二套烧坏等事故。用临时出铁口出铁，每次铁前都应处理铁口，待铁口打开后，停用临时出铁口。铁口能正常排放渣铁、炉温也正常后，休风换掉炭砖套，换上渣口三套和渣口小套，准备放上渣。

4.4.4　炉缸冻结时的炉前操作

（1）严重炉冷，渣口放渣力求渣流保持通畅，勤捅、勤放。渣口一旦凝住，迅速用氧气烧开。

（2）铁口孔道直径开大些，保持一定的铁流，争取多排冷渣铁。喷吹铁口时尽量喷到风口窝渣现象消除为止。

（3）要加强风口吹管的监视工作，防止自动灌渣、烧出而造成休风，加剧炉冷。

（4）渣铁不能从铁口排出时应立即休风，将一个渣口的三套拉下，安装炭砖套做临时出铁口。

（5）根据炉冷程度决定开风口数目和方位，首先要保持临时出铁口上方风口沟通，而后争取开铁口上方风口。

（6）因为风、渣口连续破损，炉缸冻结，渣口又难排放低温渣铁，应采取局部风口排放冷渣铁，扩大炉缸活跃的容积，为加速换料创造条件。在条件许可的情况下，在渣口区域上方风口适当吹氧提高温度。

思 考 题

（1）炉前操作指标有哪些？按时出尽渣铁对高炉操作有何影响？
（2）炉前有哪些主要设备？叙述开口机、泥炮的结构组成及工作原理。
（3）铁口保护板和铁口泥套有何作用？怎样维护好铁口泥套？
（4）为什么要维护好铁口？维护好铁口应采取哪些主要措施？
（5）出铁前要做哪些准备工作？
（6）铁口眼大小确定的原则是什么？什么情况下铁口眼应大些？
（7）为什么不能潮铁口出铁？潮铁口应如何处理？
（8）出铁跑大流的原因有哪些？怎样预防铁口跑大流？怎样处理铁口跑大流？
（9）为什么会发生炉缸烧穿事故？怎样预防炉缸烧穿事故？
（10）铁口过深有什么不好？怎样处理铁口过深？
（11）出铁口打开后，铁流太小应如何处理？

（12）捅铁口为什么不能用吹氧管捅？捅铁口用的圆钢为什么要烤干？

（13）高炉生产对炮泥的要求？

（14）炮泥应具有哪些性能？

（15）撇渣器操作的中心任务是什么？

（16）当撇渣器操作不当时，有哪几种情况可引起下渣沟过铁？

（17）撇渣器过渣的原因是什么，有何害处？如何防止撇渣器过渣？

（18）出铁见下渣后撇渣器应注意什么？

（19）焖撇渣器有何作用？

（20）撇渣器憋铁是什么原因？

（21）放渣过程中带铁有何迹象？

（22）更换风渣口各套时应注意些什么？

（23）长时间休风前为什么要排净炉缸内的渣铁？

（24）长期休风时，最后几次铁应适当提高铁口角度，为什么？

（25）长期休风最后一炉铁出完后，堵口打泥与平时有何不同？

（26）高炉中修空料线停炉操作何时出最后一次铁？

（27）高炉中修出最后一次铁时，开口过程中应注意什么？

（28）开残铁口前应做哪些准备工作？

（29）如何更换风口小套？

（30）如何人工堵铁口？

煤气净化操作

学习任务：
(1) 知道高炉煤气净化操作的主要任务和要求；
(2) 熟悉主要除尘设备的构造与除尘原理；
(3) 能正确操作高炉煤气净化设备；
(4) 知道清灰的具体操作程序及注意事项；
(5) 完成净化设备的清灰。

任务 5.1　高炉煤气的净化

高炉是钢铁企业的主要污染源之一。在其生产过程中会产生大量的粉尘、废气和废水，对其周围的人体和生物造成损害，污染环境，同时产生的热辐射和噪声还对人体构成了一定的危害。因此，钢铁联合企业如何开展综合利用工作，变废为宝，变害为利，就十分重要。

5.1.1　概述

高炉生产过程中每冶炼 1t 生铁大约能产生 $1700 \sim 2500 m^3$ 的煤气，从炉顶排出的煤气（又称荒煤气）其温度为 $150 \sim 300℃$，含有粉尘约 $10 \sim 40 g/m^3$。如不经处理，煤气中的灰尘不仅会堵塞管道和设备，还会引起耐火砖的渣化和导热性变坏，甚至污染环境。同时从炉顶排出的煤气还含有饱和水，易降低煤气的发热值。因此高炉煤气需经除尘、降温、脱水后才能使用。煤气净化后其含尘量要小于 $5 \sim 10 mg/m^3$，煤气温度应降至 $40℃$ 以下。

高炉炉尘尘粒（$0 \sim 500 \mu m$），颗粒细小，其沉降速度并非随重力加速度（$9.8 m/s$）而不断增加，它会遇到气体的阻力，当沉降速度加大到所遇到的阻力和其重力相等时，沉降就以等速度进行。粒度越小密度越小的颗粒，具有相对较大的表面积，受气体黏度产生的阻力的作用就越大，所达到的沉降速度就越低，就越不容易沉积，$10 \mu m$ 以下的颗粒沉降速度只有 $1 \sim 10 mm/s$。

5.1.1.1　除尘的基本原理

除尘的原理就是借助外力的作用达到使尘粒和气体分离的目的，外力包括以下几种：

(1) 惯性力——当气流方向突然改变时，尘粒具有惯性力，使它继续前进而与气体分离开来。

（2）加速变力——即靠尘粒具有比气体分子更大的重力、离心力和静电引力而分离出来。

（3）束缚力——主要是用机械阻力，比如用过滤和过筛的办法，挡住尘粒继续运动。

5.1.1.2　除尘设备分类

按除尘后煤气所能达到的净化程度，除尘设备可分为以下三类：

（1）粗除尘设备：能除去粒径在 $100 \sim 60\mu m$ 及其以上大颗粒粉尘的除尘设备，常采用重力除尘器、旋风除尘器等。粗除尘后煤气含尘量为 $2 \sim 10g/m^3$。

（2）半精细除尘设备：能除去粒径大于 $20\mu m$ 粉尘的除尘设备，常采用洗涤塔、一级文氏管、一次布袋除尘等。除尘后煤气含尘量降至 $0.8g/m^3$ 以下。

（3）精细除尘设备：能除去粒径小于 $20\mu m$ 粉尘的除尘设备，常采用电除尘设备、二级文氏管、二次布袋除尘等。除尘后煤气含尘量降至 $10mg/m^3$ 以下。

5.1.1.3　评价煤气除尘设备的主要指标

（1）生产能力：是指单位时间处理的煤气量，一般用每小时所通过的标准状态的煤气体积流量来表示。

（2）除尘效率：是指标准状态下单位体积的煤气通过除尘设备后所捕集下来的灰尘重量占除尘前所含灰尘重量的百分数。

（3）压力降：是指煤气压力能在除尘设备内的损失，以入口和出口处的压力差表示。

（4）水的消耗和电能消耗：一般以每处理 $1000m^3$ 标态煤气所消耗的水量和电量来表示。

对高炉煤气除尘的要求是：生产能力大、除尘效率高、压力损失小、耗水量和耗电量低、密封性好。

5.1.1.4　煤气除尘工艺流程

高炉煤气除尘工艺流程：煤气除尘分为湿式除尘系统和干式除尘系统两种。

A　湿法除尘系统

常采用重力除尘器→洗涤塔→文氏管→脱水器系统，如图 5-1 所示；或重力除尘器→

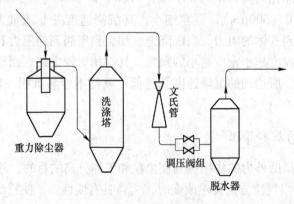

图 5-1　塔后文氏系统

一级文氏管→二级文氏管→脱水器系统，如图 5-2 所示。湿法除尘效果稳定，清洗后煤气质量好，但会产生污水，还要进行污水处理。

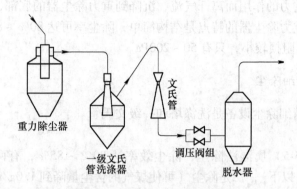

图 5-2　串联双级系统文氏管

B　干法除尘系统

常采用重力除尘器→布袋除尘器，如图 5-3 所示。或重力除尘器→板式电除尘器。干法除尘最大优点是消除了污水，有利于环保，提高了余压透平发电能力，但是工作不稳定，净煤气含尘量有波动。

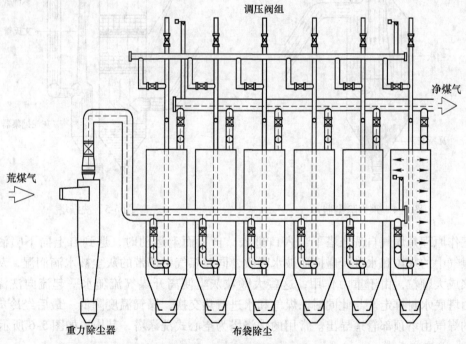

图 5-3　高炉煤气干法除尘系统

5.1.2　除尘设备

5.1.2.1　粗除尘——重力除尘器

重力除尘器是荒煤气进行除尘的第一步除尘装置，中心导入管为直形的重力除尘的结构如图 5-4 所示。其工作原理是经下降管流出的荒煤气从重力除尘器上部进入，沿中心导入管下降，在中心导入管出口处流向突然倒转 180°向上流动，流速也突然降低，荒煤气中的灰尘因惯性力和重力的作用而离开气流，沉降到重力除尘器的底部，通过清灰阀和螺旋出灰器定期排出。重力除尘器的特点是结构简单，除尘率可达 80% ~ 85%，出口的煤气含尘量为 $2 \sim 10 g/m^3$，阻损较小，只有 $50 \sim 200 Pa$。

5.1.2.2　半精细除尘

目前常用的半精细除尘设备是洗涤塔和一级文氏管。

A　洗涤塔

洗涤塔（见图 5-5）属湿法除尘，除尘效率达 80% ~ 85%，有两个作用：一是冷却（把煤气冷却到 40℃以下），二是除尘（可使煤气的含尘量降到 $1.0 g/m^3$ 以下）。

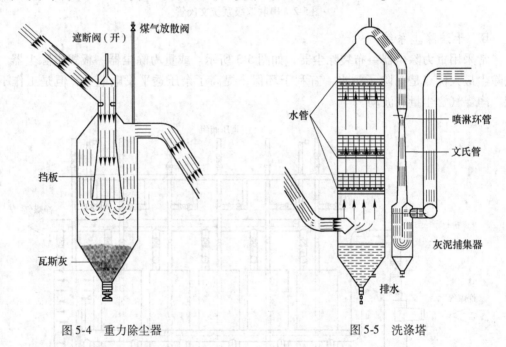

图 5-4　重力除尘器　　　　　　　　　　图 5-5　洗涤塔

工作原理是煤气自洗涤塔下部入口进入，自下而上运动时，遇到自上向下喷洒的水滴，煤气中的灰粒和水进行碰撞而被水吸收，同时煤气中携带的灰尘被水滴润湿，灰尘彼此凝聚成大颗粒，由于重力作用，这些大颗粒灰尘便离开煤气流随水一起流向洗涤塔下部，由塔底水封排走。与此同时，煤气和水进行热交换，煤气温度降低。最后经冷却和洗涤后的煤气由塔顶部管道导出。常用的洗涤塔为空心式洗涤塔，其构造如图 5-6 所示。

B　溢流文氏管

煤气经洗涤塔洗涤后，仍有一部分颗粒更细的灰尘悬浮于煤气中，不能被洗涤塔喷水湿润，必须用文氏管这种精除尘设备，才能够施加更强大的外力使细小的灰尘微粒聚合成大颗粒而与煤气分离。

溢流文氏管结构如图 5-7 所示，它由煤气入口管、溢流水箱、收缩管、喉口和扩张管等组成，其种类按喉口有无溢流水膜可分为两类：喉口有均匀水膜的称为溢流文氏管，无

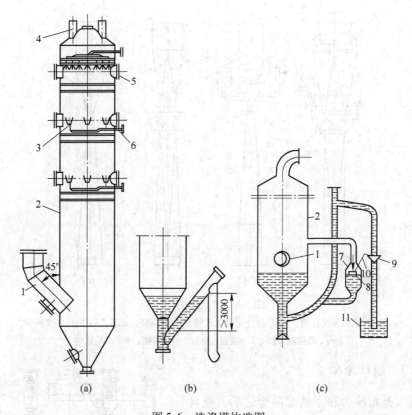

图 5-6　洗涤塔构造图

（a）空心洗涤塔；（b）常压洗涤塔水封装置；（c）高压洗涤塔的水封装置
1—煤气导入管；2—洗涤塔外壳；3—喷嘴；4—煤气导出管；5—人孔；6—给水管；
7—水位调节器；8—浮标；9—碟式调节阀；10—连杆；11—排水沟

水膜的称为文氏管；另外按喉口有无调节装置也可以分为两类：喉口装有调节装置的称为调径文氏管，无调节装置的称为定径文氏管，如图 5-8 所示。工作时溢流水箱的水不断地沿溢流口流入收缩段，保持收缩段至喉口连续地存在一层水膜，当高速煤气流通过喉口时与水激烈冲击，使水雾化，雾化水与煤气充分接触，使粉尘颗粒润湿聚合并随水排出，同时起到降低煤气温度的作用。

定径或溢流调径文氏管多用于清洗高温的未饱和的荒煤气。文氏管口上部设有溢流水箱或喷淋冲洗水管，在喉口周边形成一层连续不断的均匀水膜，避免灰尘在喉口壁上聚积，同时起到保护文氏管和降温的作用。

文氏管除尘不仅具有结构简单、重量轻，操作、维护和制造安装极为方便的特点，而且省电、节水、除尘效率高。因此，只要能够满足高炉炉顶煤气压力用作除尘系统的要求，作为精细防尘设备的文氏管既合理又经济。

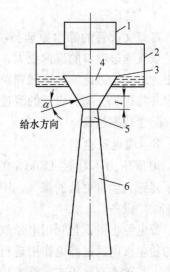

图 5-7　溢流文氏管
1—煤气入口；2—溢流水箱；3—溢流口；
4—收缩管；5—喉口；6—扩张管

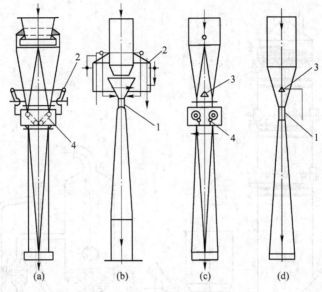

图 5-8　文氏管的类型

（a）溢流调径文氏管；（b）溢流定径文氏管；（c）调径文氏管；（d）定径文氏管

1—文氏管喉口部；2—溢流水箱；3—喷水嘴；4—调径机构

5.1.2.3　精细除尘

高炉煤气经粗除尘和半精细除尘之后，尚含有少量粒度更细的粉尘，需要进一步精细除尘之后才可以使用。精细除尘的主要设备有文氏管、布袋除尘器和电除尘器等。精细除尘后标态煤气含尘量小于 $10mg/m^3$。

A　文氏管

二级文氏管的除尘原理与溢流文氏管相同，只是煤气通过喉口的流速更大，水和煤气的扰动也更为剧烈，因此能使更细颗粒的灰尘被润湿而凝聚并与煤气分离。煤气的流速越大，耗水量越多，除尘效率越高。

B　静电除尘器

炉顶压力不超过 150kPa 的中、小型高炉，为了得到含尘量更低的煤气，用静电除尘器作为精细除尘设备。

静电除尘器就是利用电晕放电，使含尘气体小的粉尘带电通过静电作用进行分离的一种除尘设备。其种类有平板式、管式和套筒式三种（见图 5-9）。

静电除尘器除尘原理是利用电晕电极放电，

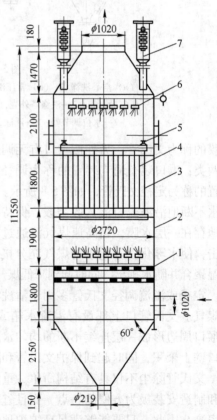

图 5-9　套筒式静电除尘器

1—分配板；2—外壳；3—电晕极；4—沉淀极；5—框架；6—连续冲洗喷嘴；7—绝缘箱

由于电场不均匀，在电晕电极附近电场强度大，当含尘煤气通过两极间的高压电场时，被电离为正负两种离子，离子附着在尘粒上，也使尘粒带有电荷。在电场力的作用下，荷电粉尘移向电极，并与电极上的异性电中和，尘粒沉积在电极上。在干式电除尘器上，当灰尘达到一定的厚度时，电极板被捶击或振动，使尘粒脱离极板而落存于灰斗中；在湿式电除尘器上，则通过向电极表面喷水，使集尘电极上形成水膜，水往下流动而去除电极上的灰泥，灰泥收集于电除尘器下部，定期排出。

静电除尘器具有如下特点：可将煤气净化到 $10mg/m^3$ 以下，受高炉操作影响小，流经静电除尘器的煤气压头损失少，只有 $588 \sim 784Pa$；耗电量少，一般为每立方米煤气为 $0.7kW \cdot h$。但安装静电除尘器的投资多，需要设备材料多，需根据具备的条件选用。

C 干式布袋除尘器

干式除尘是在高温条件下进行煤气净化的设备。因此既可以充分利用高炉煤气所具有的物理能（高温和高压），又能提高煤气质量，节省投资，减少污染，克服湿法除尘的不足，已成为当代炼铁新技术的一项重要内容。

干式除尘有三种：布袋除尘器、颗粒层过滤装置和电除尘器。其中最优越的是布袋除尘器。

布袋除尘器主要由箱体、布袋、清灰设备及反吹设备等构成，如图5-10所示。布袋除尘器箱体由钢板焊制而成，箱体截面为圆筒形或矩形，箱体下部为锥形集灰斗，水平倾斜角应大于60°，以便于清灰时灰尘下滑排出。集灰斗下部设置螺旋清灰器，定期将集灰排出。一个除尘系统要设置多个（4~10个）箱体，以保持煤气净化过程的连续性和满足工艺上的要求，分箱体轮流进行。布袋除尘工艺流程如图5-11所示。

布袋除尘器是利用织物对气体进行过筛的，能处理 $0.1 \sim 90\mu m$ 的尘粒。当带有粉尘的气体通入箱体经过布袋时，借助于筛滤、惯性、拦截、扩散、重力沉降以及静电等诸多作用把粉尘沉积下来。当布袋上集尘层达到一定厚度时，阻力增大，需要用反吹的方法去掉集尘层。反吹是利用自身的净煤气或氮气进行的。反吹后的灰尘落到箱体下面的灰斗中，用螺旋输送机回收。它的优点是不用水，能减少脱水设备的投资，减少污染，还能提高煤气的发热值，除尘效果稳定，效率高（大于99.5%），但不能在高温下工作，要求煤气温度不大于350℃。

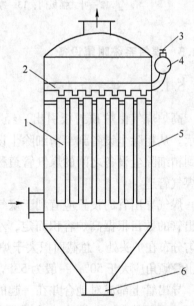

图 5-10 布袋除尘器示意图
1—布袋；2—反吹管；3—脉冲阀；
4—脉冲气包；5—箱体；6—排灰口

布袋除尘器的滤袋一般采用玻璃纤维。目前对布袋除尘器来说，需要解决的主要问题是进一步改进布袋材质，延长布袋使用寿命，准确监测布袋破损，以及控制进入布袋除尘器的煤气温度及湿度。

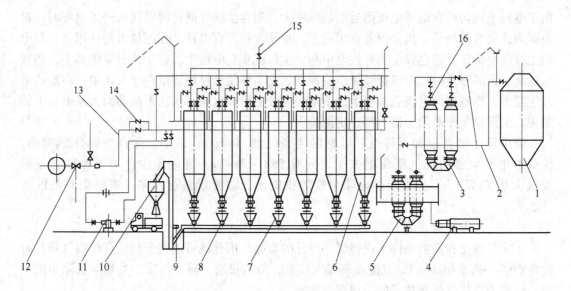

图 5-11　布袋除尘工艺流程

1—重力防尘器；2—脏煤气管；3—降温装置；4—燃烧炉；5—换热器；6—布袋箱体；
7—卸灰装置；8—螺旋输送机；9—斗式提升机；10—灰仓；11—煤气增压机；
12—叶式插板阀；13—净煤气管；14—调压阀组；15—蝶阀；16—翻板阀

5.1.3　煤气系统附属设备

5.1.3.1　煤气输送管道

高炉煤气由炉顶封板引出，经导出管、上升管、下降管进入重力除尘器，如图 5-12 所示。从粗除尘设备到半精细除尘设备之间的煤气管道称为荒煤气管道，从半精细除尘设备到精细除尘设备之间的煤气管道称为半净煤气管道，精细除尘设备以后的煤气管道称为净煤气管道。

煤气导出管的设置应有利于煤气在炉喉截面上均匀分布，减少炉尘携出量。高炉煤气导出管的数目根据高炉容积而定，小型高炉设置两根导出管，大型高炉设有 4 根导出管，均匀分布在炉头处，总截面积大于炉喉截面积的 40%，煤气在导出管内的流速为 3~4m/s，导出管倾角应大于 50°，一般为 53°，以防止灰尘沉积堵塞管道。

导出管上部成对地合并在一起的垂直部分称为煤气上升管。煤气上升管的总截面积为炉喉截面积的 25%~35%，上升管内煤气流速为 5~7m/s。上升管的高度应能保证下降管有足够大的坡度。

由上升管通向重力除尘器的一段为煤气下降管。为了防止煤气灰尘在下降管内沉积堵塞管道，下降管内煤气流速应大于上升管内煤气流速，一般为 6~9m/s，或按下降管总截面积为上升管总截面积的 80% 考虑，同时应保证下降管倾角大于 40°。

5.1.3.2　脱水器

高炉煤气经洗涤塔、文氏管等除尘设备湿法清洗后，带有一定的水分。水分不仅会降低

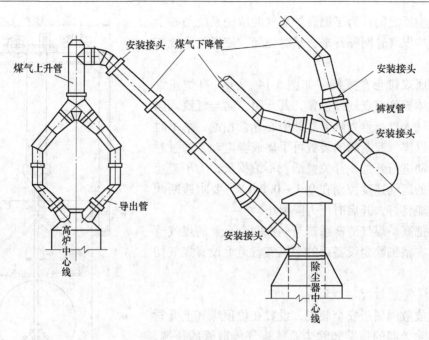

图 5-12　高炉炉顶煤气管道

煤气的发热值，而且水滴所带的灰尘还会影响煤气的实际除尘效果，所以必须用脱水器把水除去。如图 5-13 所示，常用的脱水器有挡板式、重力式、填料式及旋风式等几种。其工作原理是使水滴受离心力或本身的重力作用功直接碰撞使水滴失去动能而凝集，与煤气分离。

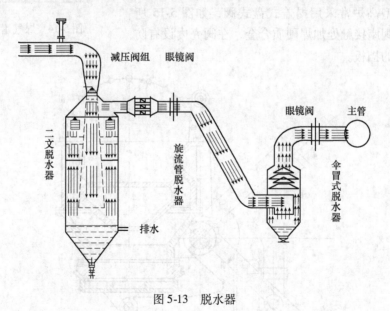

图 5-13　脱水器

5.1.3.3　煤气系统的阀门

A　煤气遮断阀与切断阀

当高炉休风时，煤气遮断阀能迅速将高炉与煤气系统分隔开来，它安装在高炉下降管

与重力除尘器之间；为了把高炉煤气的清洗系统与整个
钢铁企业的煤气管网隔开来，平时提起，使煤气系统与
高炉相通。

该阀属双锥形盘式阀，如图 5-14 所示。高炉正常
生产时阀体提到双点划线位置，其开闭方向与气流入向
一致，煤气入口与重力除尘器的中心导管相通，落下时
遮断。操纵煤气遮断阀的装置可手动或者电动，通过卷
扬钢绳传动进行开关，开关灵活，不怕积灰，为了避免
冲击，阀的运动速度控制在 0.1 ~ 0.2m/s。要求遮断阀
的密封性能良好，开启时压力降要小。

为了把高炉煤气清洗系统与钢铁联合企业的煤气管
网隔开，在精细除尘设备后的净煤气管道上设有煤气切
断阀。

B　煤气放散阀

煤气放散阀属于安全装置，设置在炉顶煤气上升管
的顶端、除尘器的顶端和除尘系统煤气放散管的顶端，
为常关阀。当高炉休风时打开放散阀并通入水蒸气，将
煤气驱入大气，操作时应注意不同位置的放散阀不能同
时打开。

煤气放散阀要求密封性能良好，工作可靠，放散时
噪声小。大型高炉常采用揭盖式盘式阀，如图 5-15 所
示，阀盖和阀座接触处加焊硬质合金，在阀壳内设有防
止料块飞出的挡板。

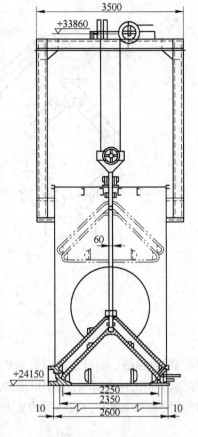

图 5-14　煤气遮断阀

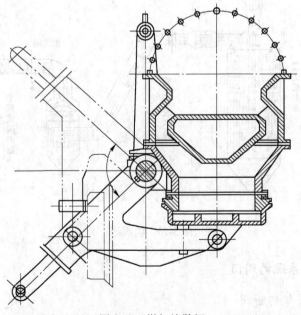

图 5-15　煤气放散阀

C 煤气调压阀组

煤气调压阀组是用于高压操作的高炉调节炉顶煤气压力的一种装置，安装在文氏管后。高压操作时，鼓风机、冷风管道、热风炉、热风管道、高炉以及煤气除尘系统，都处于高压状态。在各调节阀的入口处，均设置有中心喷水装置，当煤气高速通过时，还能对煤气进行除尘和降温。因此，煤气压力调节阀不仅起着调节高炉炉顶压力的作用，还起着煤气除尘的作用。

任务5.2 净化设备清灰

5.2.1 重力除尘器的清灰

重力除尘器的排灰装置是在底部排灰口设置一个清灰阀，一般采用螺旋出灰器，如图5-16所示。它通过开启清灰阀将高炉灰从排灰口经筒形给料器均匀给到出灰槽中，在螺旋推进的过程中加水搅拌，最后灰泥从下口排出落入车皮中运走，蒸汽则从排气管排出。

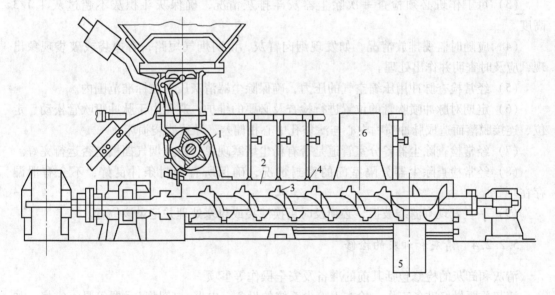

图 5-16 螺旋出灰器

1—筒形给料器；2—出灰槽；3—螺旋推进器；4—喷嘴；5—加水后灰泥的出口；6—排气管

5.2.2 布袋除尘器设备的检修、维护和保养

煤气干除尘设备检修、维护和保养的基本内容包括：炉顶煤气温度控制，清灰和卸灰，煤气切断和检修、检漏，箱体内检修和安全注意事项等。

5.2.2.1 布袋除尘器煤气进口温度控制

当布袋除尘器煤气进口温度高于230℃时，应通知高炉降低炉顶煤气温度；温度高于280℃时，应通知高炉并进行切断煤气操作。

5.2.2.2　除尘布袋的堵塞

除尘布袋发生堵塞时,使阻力增高,可由压差计的读数增大表现出来。布袋堵塞是引起布袋磨损、穿孔、脱落等现象的主要原因。

引起除尘布袋堵塞后一般采取下列措施:

(1) 暂时加强清灰,以消除布袋的堵塞。

(2) 部分或全部更换布袋。

(3) 调整安装和运行条件。

5.2.2.3　布袋除尘器滤袋日常维护

(1) 正常运行过程中,建议每小时记录一次除尘室压差及除尘室入口温度。如有异常情况发生,应立即采取措施加以解决。

(2) 定期检查除尘器各电、气元件是否运转正常;定期检查气动元件用压缩空气质量,确保压缩空气干燥清洁。

(3) 每工作班必须检查一次除尘器灰斗排灰情况,确保灰斗积灰不超过灰斗 1/3 高度。

(4) 应随时监视排放情况,如发现烟囱冒灰,说明烟气短路,有掉袋或破袋现象出现,应及时查明并作出处理。

(5) 经常检查脉冲用压缩空气的压力,确保除尘器清灰压力在标准范围内。

(6) 定期对脉冲喷吹管的位置进行检查及必要的维护,避免由于脉冲喷吹管松动、走位、连接脱落而造成脉冲喷嘴中心与滤袋孔中心相偏差,导致滤袋损坏。

(7) 经常检查除尘器各分室管道是否有粉尘堵塞现象,以及烟气挡板是否运行完好。

(8) 经常检查除尘器分隔室门的密封情况,确保所有密封条件良好,不会有泄漏存在。

(9) 一旦发现有滤袋破损,必须及时更换滤袋或封塞处理并记录该位置。

5.2.2.4　清灰和卸灰的检修

清灰和卸灰的检修包括其前的准备及安全操作等事项。

清灰前要做好准备工作,检查干除尘系统的设备、电器、信号显示器等是否完好,如发现缺陷应及时通知有关人员检修。清灰的操作可分自动和半动清灰。自动清灰,可将控制操作手柄、出口蝶阀打到自动位置。当自动失灵时,将出口蝶阀打到手动位置操作。根据各箱体工作程序依次操作脉冲及出口蝶阀。当主管压力大于炉顶压力时,及时通知切断煤气,全关出口蝶阀。煤气压力大于 10kPa 时,打开各放散阀;规定箱体煤气流量达到 1200m³/h,布袋入口温度达到 100~280℃,如果出现中高料位应将卸灰球阀打开,向中间灰斗卸灰。

卸灰前的准备工作:检查中间灰斗料位,打开中间灰斗上部气动球阀卸灰,完成卸灰,开清堵氮气阀,关中间灰斗。卸灰操作:用气动螺旋卸灰机、斗式提升机、加湿搅拌机将灰逐个箱体输送并集中到大灰仓,开加湿搅拌机水管阀门,开叶轮给料机,根据下灰量、湿度、扬土程度,微调加湿水量,卸灰仓空 15min 后,停加湿水,并关闭机器。

5.2.2.5　煤气切断和检修

当高炉休风时，关闭煤气总管进出口眼镜阀，用氮气吹扫煤气管道和设备，不能用蒸汽。在不影响其他除尘器正常运转的情况下，当某一个布袋除尘器需检修时，关闭降尘器进出口管的眼镜阀。在没有湿式清洗系统作备用的情况下，应留两个布袋除尘器作备用，一个清灰，另一个检修。

要重视布袋除尘器的安全可靠性：采用计算机处理进行控制和运算，布袋除尘器装置不能影响高炉生产，可在重力除尘器后的荒煤气管道上设煤气放散装置，为加强对布袋除尘器维护检修的安全，煤气切断设备应采用密封性能好和操作方便的阀门。

5.2.2.6　检漏

检漏工作很重要，它关系着煤气质量的好坏。检漏方法可分两种：一种是根据含尘量的变化，当对布袋除尘器一个一个清灰时，总管出口煤气含尘量增高，而只对一个布袋除尘器清灰时，含尘量较低，据此就可判定此除尘器的布袋有损漏；另一种是利用自动检漏仪检漏。

除尘检漏仪工作原理：在流动粉体中，颗粒与颗粒、颗粒与布袋之间因摩擦碰撞产生静电荷，其电荷量的大小即反映粉尘含量的变化，检漏仪就是测量电荷量的大小变化，来判断布袋除尘系统是否有损漏的。

当出现下列情况之一时，就可判断该箱体布袋有破损：

（1）该箱体出口的自动检漏仪发出布袋破损声光报警信号。

（2）该箱体出口的流量显示值明显超出正常值。

操作人员必须认真详细记录检测情况和时间，如果发现布袋有破损，应立即通知有关人员，停止该箱体运行。

5.2.2.7　进箱体内检修操作及安全事项

（1）停箱体操作：

1）停箱体前，先按清灰操作程序进行清灰，而后关闭该箱体进气管道上的切断蝶阀、盲板阀和出气管道上的盲板阀。

2）打开该箱体放散阀。

3）打开该箱体上下人孔，使其自然通风，凉箱。

4）经煤气防护人员测试 CO 含量合格后方可进入箱体内工作。

（2）进箱体内检修应注意事项：

1）检修箱体，必须可靠地切断煤气，经煤气检测人员确认安全后方可工作。

2）进入箱体内，必须两人以上，由专人指挥。

3）检修未完任何人不得关箱体人孔。

4）关闭箱体人孔必须在检修工作完毕后，再检查箱体内是否有人或工具杂物，无误后方可关上人孔。

5）多箱体检修时必须分工明确，检修完毕时要清点人数。

6）在箱体平台上从事 1h 以上工作时，必须对平台空气作 CO 含量测定，并携带氧气呼吸器备用，严禁一人在平台作业。

5.2.3　除尘设备的点检项目及内容

5.2.3.1　重力除尘器

（1）煤气遮断阀：

1）填料密封有无跑风现象，阀拉杆磨损程度，拉杆连接件是否可靠。

2）滑轮组转动灵活，钢丝绳磨损断股程度。

（2）遮断阀卷扬机：

1）减速机油位是否到位，减速机轴承有无异响。

2）电机地脚螺栓是否松动；轴承有无异响；电机温度有无异常。

（3）煤气放散阀：

1）阀座、阀盖磨损程度，胶圈是否损坏。

2）开关是否灵活到位，关闭时是否有跑煤气现象。

（4）煤气放散阀卷扬机：

1）减速机油位是否到位，减速机轴承有无异响。

2）电机地脚螺栓是否松动，轴承有无异响，电机温度有无异常。

（5）卸灰球阀：

1）连接螺栓是否松动。

2）密封垫是否损坏跑煤气。

3）球阀密封口是否损坏，开关是否到位，电动装置是否完好。

5.2.3.2　布袋除尘

（1）卸灰系统。

1）卸灰球阀：

①阀开关是否到位，转动是否灵活，气动执行机构动作是否正常。

②卸灰时有无跑灰现象，本体密封是否严密，密封是否损坏。

③气动换向阀是否正常，供气管路有无泄漏。

④电磁换向阀工作是否正常，接头是否漏气，气源管是否损坏。

2）叶轮给料机：

①摆线减速机转动是否正常，有无漏油现象，是否缺油。

②叶轮转动是否灵活，有无异响。

③壳体是否磨漏，法兰密封是否损坏跑灰。

3）螺旋输送机：

①输送机运行时有无异响。

②减速机运行时有无异响，是否缺油。

③电机轴承有无异响，温度是否过高。

④送机轴承、中间吊挂连接套有无异响，磨损是否严重，上盖密封有无跑灰现象。

⑤输送机叶片磨损程度。

4）斗式提升机：

①电机运行时有无异响，温度有无异常。

②减速机运行时有无异响，是否缺油，地脚螺栓有无松动。

③联轴器柱销磨损程度，滑块联轴器有无磨损，联轴器安装位置是否同心。

④主动轮转动是否灵活，轴承有无异响。

⑤从动轮是否完好，调节丝杠转动是否灵活。

⑥链条、灰斗磨损变形程度，有无跑灰现象。

（2）布袋箱体。

1）箱体：

①人孔盖板密封是否严密，有无跑煤气现象。

②布袋是否损坏。

③爆孔板是否腐蚀、爆破。

④进出口煤气管道腐蚀是否严重，有无跑煤气现象。

2）电动蝶阀：

①开关是否到位，转动是否灵活。

②阀体有无损坏磨漏，法兰密封是否损坏，跑煤气。

③电动装置是否完好，转动是否灵活。

3）电动翻板阀：

①开关是否到位，转动是否灵活。

②阀体有无损坏磨漏，法兰密封是否损坏，跑煤气。

③电动装置是否完好，转动是否灵活。

④硅胶圈是否老化。

⑤电动加紧装置是否完好，转动是否灵活。

⑥补偿器有无裂纹、跑煤气等。

5.2.3.3　反吹系统

（1）氮气反吹管腐蚀是否严重，有无跑煤气现象。

（2）脉冲阀动作是否正常，膜片是否损坏。

（3）手动球阀开关是否灵活。

5.2.3.4　荒、净煤气管道

（1）荒、净煤气主管道有无腐蚀、泄漏、跑煤气。

（2）荒、净煤气支管有无腐蚀、泄漏、跑煤气。

（3）荒、净煤气电动球阀转动是否灵活，开关是否到位，电动装置是否完好。

（4）球阀密封是否严密，密封是否损坏，有无跑煤气现象。

（5）箱体放散管道是否腐蚀、严重泄漏跑煤气。

5.2.3.5　箱体放散球阀

（1）电动球阀转动是否灵活，开关是否到位，电动装置是否完好。

（2）球阀密封是否严密，密封是否损坏，有无跑煤气现象。

5.2.3.6　调压阀组

（1）法兰连接螺栓是否松动。
（2）法兰连接处密封是否损坏，跑煤气。
（3）调节阀阀板与阀轴紧固螺栓是否松动、脱开。
（4）调节阀轴填料是否损坏，填料压盖螺栓是否松动。
（5）连接管道、阀组本体有无磨漏、泄漏、跑煤气。

5.2.4　操作程序及要求

5.2.4.1　清灰操作准备

检查放灰车车门是否密封好，检查电机和钢丝绳的安全可靠性。

5.2.4.2　清灰操作内容

（1）放灰前作一次全面检查，发现问题及时处理。
（2）与高炉值班工长联系，经同意后方可放灰。
（3）在放灰除尘器下对好放灰车皮，放灰人员开始放灰。
（4）放灰时操作人员必须站在上风处位置，震打除尘器时必须关好放灰阀，防止煤气中毒和瓦斯灰烧伤；放灰完毕应检查除尘器放灰阀是否关好，严禁跑煤气。
（5）卸灰时，操作人员应站在车皮两端，以防瓦斯灰烫伤人。
（6）开卷扬机拉车皮时，必须有专人监护。

5.2.4.3　重力除尘器清灰操作

清灰前的准备：
（1）检查除尘器下面轨道，并清除障碍物，确保铁路畅通。
（2）及时与厂调度联系运灰车。
（3）灰车对位，并检查灰车有无漏灰处，否则应及时处理。
清灰操作：
（1）先启动加湿卸灰机，先转 2~3min。
（2）先打开加湿卸灰机供水阀门，后打开除尘器放灰阀，调整灰量。
（3）放净灰后必须先停止供水，加湿卸灰机运行 2~3min 后停止加湿卸灰机，关严清灰阀，严禁漏灰、漏气。
（4）高炉长期休风时，必须提前放净灰，休风后打开灰阀，在复风引煤气时，见清灰阀冒煤气时关闭。
（5）短期休风后不得放灰。
（6）清灰结束后通知厂调度。
（7）除尘器粉灰每天要及时排放干净，严禁存灰，当灰排不净时要及时汇报车间有关领导。

（8）发现放灰阀关不严，煤气泄漏，必须及时处理。

5.2.4.4　布袋清灰操作

布袋除尘器的压差值达到规定值或规定的时间后进行反吹操作，根据布袋除尘器荒净压差值确定反吹周期时间，操作方式分自动反吹和手动反吹。

A　反吹前的准备

（1）观察氮气压力，保持氮气反吹压力在规定值，要求稳定。

（2）观察荒净煤气总管压差是否达到规定值，或其中某个箱体的煤气进出口管压差达到规定值。

（3）各箱体的脉冲阀灵活好用。

B　自动反吹操作

（1）选择操作方式，反吹控制开关打到自动位置，由计算机程序控制。

（2）当 PLC 荒净煤气压差达一定值时，接点信号发出，按程序对各个箱体依次进行反吹。

（3）当 PLC 计时接点信号发出，反吹自动停止。若单个箱体进出口煤气压差仍然达规定值，则须单个箱体手动反吹。

（4）选择自动反吹，操作由 PLC 自动控制完成。每个箱体依次完成，在自动运转中，除人工选择箱体外，其他箱体依次完成反吹—过滤操作。

C　手动反吹操作

（1）将相应箱体的自动、手动转换开关打到手动操作位置。

（2）荒净煤气压差值达规定值时开始进行反吹。操作台上关荒净煤气蝶阀，开反吹脉冲阀；反吹完毕后，关反吹脉冲阀，就可进行手动单箱体反冲，依次对各箱体进行反吹。

（3）当 PLC 计时接点信号发出，反吹自动停止。

无论采取哪种方式反吹，都应仔细观察荒净煤气压差变化，效果不好应查找原因并处理。

D　放散荒煤气反吹

（1）当氮气反吹系统出现故障，而又不能及时短时间恢复时，要通过放散荒煤气进行反吹。因放散荒煤气反吹时，布袋承受压差较大，故反吹操作前需经车间主任同意后方可执行。反吹后必须严密监测该箱体，防止发生布袋顶起、泄漏事故。

（2）在放散荒煤气反吹前，要先打开箱体放散液动球阀下面的手动闸阀后再进行反吹操作。

（3）在放散荒煤气反吹时需先打开箱体放散的液动球阀，然后关闭箱体出口蝶阀进行反吹。反吹时采用多次、短时间关闭箱体出口蝶阀的方式进行反吹，以减少压力过大对布袋的损坏，箱体出口蝶阀的关闭时间小于 1min。

（4）待荒净煤气总管压差或箱体荒净煤气压差为 2kPa 时停上反吹，关闭放散液动球阀，打开煤气出口液动蝶阀。

（5）当氮气反吹系统恢复正常后，停止放散荒煤气反吹操作，关闭放散管液动球阀下面手动闸阀。

E　手动操作排灰

（1）排灰操作在反吹操作前进行。排灰操作与反吹操作不能同时进行。

（2）开中间仓上球阀。

（3）根据计时确认粉灰排干净后，启动灰斗仓壁振动器，振动 30s 停止。

（4）关闭中间仓上球阀。

F　输灰操作

（1）根据计时确定输灰，具体操作时可根据灰量进行调节。

（2）操作工与调度联系运灰车辆。

（3）依次启动加湿卸灰机、斗式提升机、螺旋输送机，空转一定时间。

（4）输灰前箱体进行反吹，使箱体下部存一定的灰量封闭煤气。

（5）依次开下球阀、中间仓下给料机，待加湿卸灰机出灰时，加湿卸灰机立即给水。

（6）根据灰量排放情况停星形给料机，关下球阀。

（7）启动中间仓，电振一定时间后停止。

（8）为减轻螺旋输送机的工作负荷，每次输灰单个箱体进行。

（9）输灰结束后，先停前部螺旋输送机，再停后部螺旋输送机，再停斗式提升机，停加湿卸灰机。

5.2.4.5　高炉短期休风停煤气操作

（1）封闭煤气途径，保证内部正压。

（2）高炉休风时间小于 2h，可利用管网净煤气倒流充压方式进行短期切煤气，此时必须保证管网煤气压力大于 3kPa；否则按长期切煤气处理。采用管网净煤气倒流充压操作步骤如下：

1）在切煤气前关闭该系统的各放散阀，严禁泄漏。

2）接到高炉值班工长切煤气通知后，待高炉切煤气，关闭重力除尘器遮断阀操作完毕后，可采用管网净煤气倒流方法，关闭箱体，保持该高炉煤气系统内维持正压。

3）若布袋箱体系统压力低于 2kPa，必须通氮气保持煤气系统正压。

4）短期休风采用净煤气倒流充压方式进行短期切煤气，则引煤气时可直接运行；否则应打开布袋荒煤气总管放散，待冒煤气后，依次打开箱体入口蝶阀，待箱体全部工作后，依次关闭重力除尘器放散、布袋荒煤气总管放散。

5）采用管网净煤气倒流充压操作时必须防止热风炉系统煤气泄漏或放散。

6）切煤气时间大于 2h 或布袋箱体压力小于 1kPa 时，应立即转为长期切煤气操作。

5.2.4.6　长期停煤气操作

A　注意事项

（1）切煤气前进行反吹清灰操作，箱体灰斗、中间仓和输灰系统中的积灰要排放干净。

（2）切煤气时，要逐个进行高炉煤气系统操作，不得同时进行，严禁几座高炉在同一段时间内切煤气，以防止煤气在管道局部聚集。

（3）切煤气前与高炉、热风炉、调度室认真联系好，统一操作。

（4）切煤气前未进行清灰、卸灰操作时，布袋除尘系统先按短期休风切煤气处理，待清灰、卸灰工作完毕（要求不超过 2h），转为长期切煤气。

B　长期切煤气操作

高炉煤气管线阀门布置为：出布袋后总管上有盲板阀，并网前有盲板阀、蝶阀，去热风炉的煤气管线上有盲板阀、蝶阀控制。

（1）热风炉系统出现问题需单独切煤气时。接到高炉值班工长通知后，调节并网煤气管道阀门，使煤气全部通往并网管道（防止高炉憋风），将去热风炉煤气管道上蝶阀、盲板阀关闭，布袋系统不用切煤气。如高炉有憋风现象，采取布袋荒、净煤气总管放散措施，必要时通知热风炉进行重力除尘器放散，通知高炉操作室采取放散或减风措施。

（2）布袋系统出现问题需切煤气时，高炉必须切煤气，需要时热风炉可利用并网管煤气烧炉。

1）高炉操作室必须切煤气，操作顺序按热风炉系统出现问题需单独切煤气时的执行（高炉操作室切煤气时防止发生高炉憋风事故）。

2）高炉操作室切煤气完毕后，通知布袋进行切煤气操作。

3）若热风炉不烧炉，则将去热风炉净煤气总管蝶阀、盲板阀关闭，关闭并网煤气管道上蝶阀、盲板阀。若热风炉需要继续烧炉，则仅关闭布袋后总管上的盲板阀，热风炉用管网煤气烧炉。

4）关闭各工作箱体入口和出口煤气蝶阀（需进入箱体时必须关闭箱体入口和出口盲板阀）。

5）由高至低顺序打开煤气，切断部位各放散阀。

6）向布袋箱体及荒、净煤气管道通氮气，驱赶煤气。关闭氮气，检修部位经 CO 含量检测合格后，方可进行检修。

7）引煤气时按引煤气操作程序执行，注意确认布袋后总管上的盲板阀必须打开。

5.2.4.7 引煤气操作程序

引煤气前的准备工作：

（1）确认计算机工作程序，并检查各单元阀门开关位置是否正确，应处于检修状态，动作是否准确可靠。

（2）各放散管处于全开位置。

（3）引煤气前 20min，向布袋箱体通氮气，向箱体以外的煤气管道通氮气，将空气驱赶干净，特殊情况下需向管道内通蒸汽，但须经主管厂长批准。

（4）各警报器灵活好使，仪表运行准确。

（5）各部位人孔封闭保持严密，爆发孔处于良好状态。

（6）检修人员撤离现场。

（7）高炉炉顶煤气压力达允许值时允许引煤气。

（8）开各工作箱体的煤气入口盲板阀、出口盲板阀、净煤气总管和并网煤气盲板阀。

引煤气操作：

（1）当引煤气准备工作完毕后，通知高炉值班工长可以进行引煤气。

（2）接到高炉值班工长引煤气通知后方准进行操作。

（3）煤气管道内停止通氮气（蒸汽）。

（4）在荒煤气总管煤气压力达到允许值时，关闭各箱体上的氮气阀，开箱体入口蝶阀。

（5）当各箱体净煤气放散管冒煤气后，依次开各箱体出口煤气蝶阀。

（6）关各箱体上的净煤气放散阀，关箱体放散球阀和手动闸阀。

（7）待净煤气总管放散阀冒煤气后，依次打开净煤气总管和并网煤气电动蝶阀，关荒煤气总管末端放散、净煤气总管放散。

（8）各高炉同时休风引煤气时，要逐个系统进行，一座高炉引煤气操作完毕后，另一座高炉方可引煤气，防止空气在管网局部聚集。

5.2.4.8　停箱体操作后的引煤气操作

（1）检查各部人孔是否密封严密，防爆孔是否处于良好状态，箱体各阀门开关位置正确与否。

（2）打开箱体入口和出口盲板阀。

（3）向箱体通氮气，将箱体空气赶净。

（4）关闭该箱体氮气，开箱体出口蝶阀，开箱体煤气入口蝶阀。

（5）待该箱体净煤气放散管冒煤气后，关闭该箱体净煤气放散阀，箱体正常工作。

5.2.4.9　特殊情况下的操作

（1）高炉紧急休风时，按短期休风切煤气程序处理。

（2）煤气系统残余煤气的处理必须逐段隔断，逐段处理，不得留有死角煤气。

（3）当煤气系统停气、停电影响运行时，按短期休风切煤气程序处理。

（4）切煤气时间大于 2h 应转为长期切煤气操作。

（5）荒煤气温度超出规定值，若有特殊原因布袋不能切煤气，高炉执行切煤气操作。

5.2.5　煤气事故预防及处理

5.2.5.1　煤气防爆措施

A　煤气爆炸的条件

（1）混合气体比例：46% ~62% 的高炉煤气和 54% ~38% 的空气混合时，具有最大的爆炸能力。

（2）着火温度：530 ~658℃，而矿粉、热的耐火材料、镍、铜和一些金属氧化物能起接触剂（传热）的作用。

B　煤气爆炸的原因

（1）高炉休风后，随着炉顶温度和煤气管道温度的降低，以及煤气由炉顶和管道的缝隙逸出，导致炉顶和煤气管道中的煤气压力降低，产生负压，从而将空气吸入，形成爆炸性的混合气体，而炉顶温度就是火源或遇明火，引起炉顶或煤气管道爆炸。

（2）重力除尘器或布袋箱体体积很大，一旦形成爆炸性混合气体，当遇高温或明火，最容易发生煤气爆炸。

（3）热风炉在烧炉过程中一旦熄火，就会形成大量的爆炸性混合气体，而热风炉内部本身就具备着火温度，或遇明火引起热风炉爆炸。

（4）若大量的爆炸性混合气体进入烟道，极易发生烟道或烟囱爆炸。

C　防爆的具体措施

为了预防产生爆炸性的混合气体，在高炉休风前必须向炉顶及煤气管道通氮气（或蒸汽），既可保证正压，又可冲淡煤气浓度，从而减少爆炸的可能性。针对休风时间和休风原因的不同，采取的措施也不相同。

（1）在长期休风或整个煤气系统有检修任务的情况下，在高炉休风前必须向炉顶、重力除尘器、布袋箱体及荒净煤气管道通氮气（或蒸汽），然后打开炉顶、重力除尘器、布袋箱体及荒净煤气管道放散阀，再关闭重力除尘器遮断阀和布袋箱体荒净煤气盲板阀，然后休风。特别强调：如果只有一座高炉向外网供应煤气，停气前必须通知总调。在高炉切断煤气的同时，通知总调，关闭通向外网煤气管道（包括热风炉）的盲板阀及各用户末端切断阀，再打开各用户的末端放散阀，然后通入氮气（或蒸汽）。

（2）在短期休风且无煤气系统检修任务的情况下，只需向炉顶、重力除尘器通入氮气（或蒸汽）即可，然后打开炉顶、重力除尘器放散阀，再关闭重力除尘器遮断阀，然后休风。特别强调：在外网煤气系统没有检修和动火任务的情况下，只需关闭布袋箱体荒净煤气盲板阀和通知总调安排各煤气用户关闭各自的煤气末端切断阀即可，不需要关闭通向外网的盲板阀和打开各用户煤气管网的末端放散阀，也不需要通氮气（或蒸汽），依靠系统煤气保压即可。

（3）高炉炉顶有检修任务时，必须进行炉顶点火，在此情况下炉顶不能通入氮气（或蒸汽），否则影响炉顶点火。

5.2.5.2　防止煤气中毒

高炉煤气无色无味，所含 CO、CO_2 和 CH_4 均不同程度对人有害。CO 与人的血红蛋白相结合，使血液失去输氧能力。高炉煤气含 CO 22% ~ 28%。

5.2.5.3　煤气中毒事故处理

发现煤气中毒现象时，轻者远离取样现场，立即到通风良好处；中毒较重者，立即找通风良好的地方，进行人工呼吸，仍无效则应马上通知医生进行抢救。

5.2.5.4　注意事项

（1）进入煤气区作业不得少于两人，并指定专人负责安全。
（2）开卷扬拉车皮前必须检查线路运行是否安全；拉车皮时必须有专人监护，不得违章作业。
（3）清完灰后必须检查现场有无煤气泄漏，发现问题及时处理。
（4）每班在有清灰情况交接班本，每月交生产科。
（5）清完灰后应将估计灰量进行记录。

思 考 题

（1）简述高炉煤气成分及性质。
（2）除尘设备是如何分类的？
（3）简述评价煤气除尘设备的主要指标及对高炉煤气除尘的要求。

（4）什么是湿法除尘，特点是什么？

（5）什么是干法除尘，特点是什么？

（6）重力除尘器、布袋除尘器的原理是什么？

（7）重力除尘器上部遮断阀的作用是什么？

（8）简述干式布袋除尘器结构组成、工作原理。

（9）布袋除尘器煤气进口温度应如何控制？

（10）简述除尘布袋的堵塞原因及采取的措施。

（11）布袋除尘器滤袋应如何进行日常维护？

（12）休风时为什么煤气设备内要通蒸汽？

（13）煤气着火有哪些必要条件？

（14）何谓煤气爆炸？引起煤气爆炸的原因是什么？防爆的措施有哪些？

（15）煤气管道在引煤气后为什么要做爆发试验？

（16）煤气设施停产及开工时应怎样处理？

高炉冷却操作

学习任务：

（1）知道高炉结构组成和高炉冷却的目的，熟悉高炉冷却设备的结构及特点；

（2）能对冷却设备的故障进行判断及处理；

（3）知道高炉炉体的冷却形式；

（4）熟悉冷却制度的内容及确定依据；

（5）能确定冷却工作制度。

任务 6.1 高 炉 冷 却

6.1.1 高炉本体组成

高炉本体包括高炉基础、钢结构、炉衬、冷却设备、送风装置和检测仪器设备，以及高炉炉型设计等。高炉的大小用高炉有效容积表示，高炉有效容积和高炉座数表明高炉车间的规模。高炉本体结构的先进、合理是实现优质、低耗、高产、长寿的先决条件，也是高炉辅助系统设计和选型的依据。

6.1.1.1 高炉炉型

高炉是一种生产液态生铁的鼓风竖炉。其工作空间是用耐火材料砌筑而成的，高炉内部工作空间剖面的形状称为高炉炉型或高炉内型。高炉冶炼的实质是上升的煤气流和下降的炉料之间进行传热和传质的过程，因此必须提供相应的空间。高炉炉型必须适应原燃料条件的要求，保证冶炼过程的顺行。

A 高炉炉型发展

高炉炉型的合理性，是高炉能实现高产、优质、低耗、长寿的重要条件。实践证明，合理的设计炉型能促进高炉冶炼指标的改善，利于高炉寿命的延长。因此，炉型是高炉最基本的要素。合理炉型应该是使炉型能够很好地适应于炉料的顺利下降和煤气流的上升运动，既要符合高炉冶炼规律，又要和原燃料、设备和生产技术等条件所达到的水平相适应。

设计炉型是按照设计尺寸砌筑的炉型；设计的炉型应接近于操作炉型，即高炉开炉一段时间变化的炉型。高炉投产后各部分炉衬将不同程度地被侵蚀，侵蚀程度与所在部位工作条件和冷却方式有关。实际生产中对高炉冶炼过程起作用的是操作炉型。操作炉型特点是"两大三不变":炉身下部变宽,炉腹上延,炉缸下部变大且向下延伸;风口直径、有效高度、炉喉直径受金属结构的限制不变。

炉型的发展过程主要受当时的技术条件和原燃料条件的限制。随着原燃料条件的改善以及鼓风能力的提高,高炉炉型也在不断地演变和发展,炉型演变过程大体可分为三个阶段:

(1)无型阶段——又称生吹法。在土坡挖洞,四周砌石块,以木炭冶炼,这是原始的方法。

(2)大腰阶段——炉腰尺寸过大的炉型。由于当时工业不发达,高炉冶炼以人力、畜力、风力、水力鼓风,鼓风能力很弱,为了保证整个炉缸截面获得高温,炉缸直径很小;冶炼以木炭或无烟煤为燃料,机械强度很低,为了避免高炉下部燃料被压碎,从而影响料柱透气性,故有效高度很低;为了人工装料方便并能够将炉料装到炉喉中心,炉喉直径也很小;而大的炉腰直径减小烟气流速度,延长烟气在炉内停留时间,起到焖住炉内热量的作用。因此,炉缸和炉喉直径小,有效高度低,而炉腰直径很大。这类高炉生产率很低,一座 $28m^3$ 高炉日产量只有 1.5t 左右。

(3)近代高炉——由于鼓风机能力进一步提高,原燃料处理更加精细,高炉炉型向着"大型横向"发展。高炉内型合理与否对高炉冶炼过程有很大影响。炉型设计合理是获得良好技术经济指标、保证高炉操作顺行的基础。

B　五段式炉型结构组成

五段式高炉炉型由炉缸、炉腹、炉腰、炉身和炉喉组成,如图 6-1 所示。其中炉缸、炉腰和炉喉呈圆筒形,炉腹呈倒圆台形,炉身呈圆台形。这种两头小中间大的准圆筒形,符合炉料下降时受热膨胀、松动和软化熔化的要求,同时也与煤气上升过程中温度下降、体积收缩相适应。

a　高炉有效容积和有效高度

高炉大钟下降位置的下沿到铁口中心线间的距离称为高炉有效高度;对于无钟炉顶,为旋转溜槽最低位置的下沿到铁口中心线之间的距离。在有效高度范围内,炉型所包括的容积称为高炉有效容积。高炉的有效高度,对高炉内煤气与炉料之间传热传质过程影响很大。在相同炉容和冶炼强度条件下,增大有效高度,炉料与煤气流接触机会增多,有利于改善传热传质过程、降低燃料消耗;但过分增加有效高度,料柱对煤气的阻力增大,容易形成料拱,对炉料下降不利。高炉有效高度应适应原燃料条件,如原燃料强度、粒度及均匀性等。生产实践证明,高炉有效高

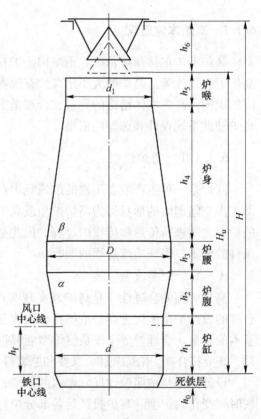

图 6-1　高炉炉型

度与有效容积有一定关系，但不是直线关系，当有效容积增加到一定值后，有效高度的增加则不显著。

有效高度与炉腰直径的比值（H_u/D）是表示高炉"矮胖"或"细长"的一个重要设计指标，不同炉型的高炉，其比值的范围见表6-1。

表6-1　不同炉型高炉的有效高度与炉腰直径的比值

巨型高炉 $V_u > 4000m^3$	大型高炉 $V_u > 2500m^3$	中型高炉 $V_u = 1000 \sim 2500m^3$	小型高炉 $V_u \leqslant 1000m^3$
约2.23	2.23 ~ 2.52	2.65 ~ 2.85	2.9 ~ 4.2

现在一般来说1000m³以下的为小高炉（因为耗能严重，产能较低，同时污染严重，现在1000m³以下的高炉已经不准再建，500m³以下淘汰），1000~2500m³的为中型高炉，大于2500m³的为大型高炉，大于4000m³的称巨型高炉。

b　炉缸

高炉炉型下部的圆筒部分为炉缸，炉缸的上、中、下部位分别设有风口、渣口与铁口，现代大型高炉大多不设渣口。炉缸下部容积盛装液态渣铁，上部空间为风口的燃烧带。

（1）炉缸直径：

$$d = 0.23 \sqrt{\frac{I \cdot V_u}{i_{燃}}}$$

式中　d——高炉炉缸直径，m；

　　　I——冶炼强度，t/(m³·d)；

　　　$i_{燃}$——燃烧强度，t/(m²·h)；

　　　V_u——高炉有效容积，m³。

计算得到的炉缸直径再用 V_u/A 进行校核，不同炉容的 V_u/A 取值为：大型高炉：22~28；中型高炉：15~22；小型高炉：11~15。

炉缸直径过大和过小都直接影响高炉生产。直径过大将导致炉腹角过大，边缘气流过分发展，中心气流不活跃而引起炉缸堆积，同时加速对炉衬的侵蚀；炉缸直径过小限制焦炭的燃烧，影响产量的提高。炉缸截面积应保证一定数量的焦炭和喷吹燃料的燃烧，炉缸截面燃烧强度是高炉冶炼的一个重要指标，它是指每小时每平方米炉缸截面积所燃烧的焦炭的数量，一般为1.0~1.25t/(m²·h)。

炉缸截面燃烧强度的选择应与风机能力和原燃料条件相适应，风机能力大、原料透气性好、燃料可燃性好的燃烧强度可选大些，否则选低值。

（2）炉缸高度。炉缸高度的确定，包括渣口高度、风口高度以及风口安装尺寸的确定。铁口位于炉缸下水平面，铁口数目根据高炉炉容或高炉产量而定，一般1000m³以下高炉设一个铁口，1500~3000m³高炉设2~3个铁口，3000m³以上高炉设3~4个铁口，或以每个铁口日出铁量1500~3000t设铁口数目。原则上出铁口数目取上限，有利于强化高炉冶炼。渣口中心线与铁口中心线间距离称为渣口高度，它取决于原料条件，即渣量的大小。渣口过高，下渣量增加，对铁口的维护不利；渣口过低，易出现渣中带铁事故，从而损坏渣口，大、中型高炉渣口高度多为1.5~1.7m。

c　炉腹

炉腹在炉缸上部，呈倒截圆锥形。炉腹的形状适应了炉料熔化滴落后体积的收缩，稳定下料速度；同时，可使高温煤气流离开炉墙，既不烧坏炉墙又有利于渣皮的稳定；对上部料柱而言，使燃烧带处于炉喉边缘的下方，有利于松动炉料，促进冶炼顺行。燃烧带产生的煤气量为鼓风量的1.4倍左右，理论燃烧温度1800~2000℃，气体体积剧烈膨胀，炉腹的存在适应这一变化。炉腹的结构尺寸是炉腹高度h_2和炉腹角α。炉腹过高，有可能炉料尚未熔融就进入收缩段，易造成难行和悬料；炉腹过低则减弱炉腹的作用。

d　炉身

炉身呈正截圆锥形，其形状适应了炉料受热后体积的膨胀和煤气流冷却后的收缩，有利于减少炉料下降的摩擦阻力，避免形成料拱。炉身角对高炉煤气流的合理分布和炉料顺行影响较大。炉身角小，有利于炉料下降，但易于发展边缘煤气流，但过小时边缘煤气流过分发展；炉身角大，有利于抑制边缘煤气流发展，但不利于炉料下行，对高炉顺行不利。设计炉身角时要考虑原料条件，原料条件好时，可取大些，相反，则取小些。高炉冶炼强度大、喷煤量大，炉身角取小值。同时要适应高炉容积，一般大高炉由于径向尺寸大、径向膨胀量也大，就要求小些，中小型高炉大些。

e　炉腰

炉腹上部的圆柱形空间为炉腰，是高炉炉型中直径最大的部位。炉腰处恰是冶炼的软熔带，透气性变差，炉腰的存在扩大了该部位的横向空间，改善了透气条件。在炉型结构上，炉腰起着承上启下的作用，使炉腹向炉身的过渡变得平缓，减小死角。

炉腰直径与炉缸直径和炉腹角、炉腹高度几何相关，并决定了炉型的下部结构特点。一般炉腰直径与炉缸直径有一定比例关系，大型高炉D/d取值1.09~1.15，中型高炉1.15~1.25，小型高炉1.25~1.5。

f　炉喉

炉喉呈圆柱形，作用是承接炉料，稳定料面，保证炉料合理分布。炉喉直径与炉腰直径、炉身角、炉身高度几何相关，并决定了高炉炉型的上部结构特点。

C　现代高炉的特点——高炉大型化

20世纪高炉容积增长非常快。20世纪初，高炉炉缸直径4~5m，年产铁水约10万吨左右，原料主要是块矿和焦炭。20世纪末，最大高炉的炉缸直径达到14~15m，年产铁水300万~400万吨。目前，特大型高炉的日产量能够达到甚至超过12000t/d。例如，日本新日铁的大分厂2号高炉炉缸直径15.6m，生产能力为13500t/d。蒂森-克虏伯公司施韦尔根2号高炉炉缸直径14.9m，生产能力为12000t/d。20世纪70年代末全世界2000m³以上高炉超过120座，其中日本占1/3，中国有4座。全世界4000m³以上高炉已超过20座，其中日本15座，中国有1座在建设中。

我国高炉大型化的发展模式与国外基本相近，主要是采取新建大型高炉、以多座旧小高炉合并成大型高炉和高炉大修扩容等形式推动高炉的大型化发展。截至2014年，我国4000m³级高炉达到11座。

我国高炉大型化的标准主要是依据高炉容积的大小来划分的，且衡量标准也由过去的1000m³提高到2000m³，甚至更大。虽然大型高炉相对于小高炉存在着生产率高、生产稳定、指标先进和成本低等显著的优点，但是对于我国高炉大型化的发展状况，我们仍然需要科学客观地看待。

（1）高炉大型化的好处：

1）提高劳动生产率。

2）便于生产组织和管理。

3）吨铁热量损失减少，有利于燃料消耗的降低。

4）提高铁水质量，铁水温度高，容易得到低硅低硫铁水。

5）减少污染点，污染易于集中治理，有利于环保。

（2）大高炉对原、燃料质量的要求。随着高炉的容积增大，必须相应改进原、燃料质量。高炉不论大小都需要精料，但精料的程度可以不同。例如 300m³ 级高炉的焦炭 M_{40} 达到 80% 以上，灰分 12% 以下，吨铁渣量接近 300kg/t，具备改建成为大型高炉的条件。

（3）大型化与现代化结合实施。高炉进行扩容改造应按现代化的要求，使用先进、实用、可靠的技术（精料、高风温、高煤比、富氧鼓风、高顶压、长寿命、自动化等技术）。在实现现代化的进程中，我国的科学技术水平已经有了很大的提高，许多技术已进入世界先进行列。在高炉炼铁领域，我国的喷煤技术、高风温技术、长寿技术、冷却设备（铜质、铸铁）和大部分耐火材料、炉顶装料设备（包括无钟炉顶）、各类阀门等都已达到国际先进水平。

（4）全世界共有 9 座 5500m³ 以上特大型炼铁高炉（截止到 2009 年 11 月）：

1）沙钢的 5860m³ 高炉（如图 6-2 所示）。

2）日本新日铁大分厂 1 号、2 号高炉（容积均为 5775m³）。

3）俄罗斯北方钢铁切列波维茨厂 5 号高炉（容积 5580m³）。

4）日本新日铁君津厂 4 号高炉（容积 5555m³）。

5）德国蒂森钢铁施韦尔根厂 2 号高炉（容积 5513m³）。

6）日本 JFE 福山厂 5 号高炉（容积 5500m³）。

7）韩国浦项光阳钢厂 4 号高炉（容积 5500m³）。

8）中国京唐钢铁 1 号高炉（容积 5500m³）。

图 6-2 沙钢 5860m³ 高炉

6.1.1.2　高炉基础

高炉基础是高炉下部的承重结构，它的作用是将高炉全部荷载均匀地传递到地基。高炉基础由埋在地下的基座部分和露出地面的基墩部分组成，如图 6-3 所示。

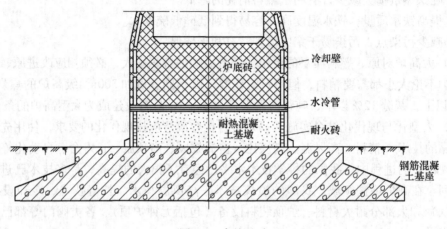

图 6-3　高炉基础

A　炉基的负荷及对炉基的要求

a　炉基的负荷

影响高炉基础强度的负荷有静负荷、动负荷、热应力的作用，其中温度造成的热应力作用影响最大。

高炉基础承受的静负荷约为高炉有效容积的 13 ~ 15 倍。它包括高炉内部的炉料、渣和铁，耐火材料砌体、炉基，金属构筑物，冷却水及冷却设备，附属设备（炉顶装料设备、煤气导出管、热风围管、各层平台、走梯）等，还有炉前建筑物、斜桥、料车卷扬机等，此外还有风、雪造成的活荷重。上述荷重中有的是对称的，有的是不对称的。不对称的荷重是引起力矩的因素，可能产生不均匀下沉。

高炉生产中常有崩料、人工坐料、煤气爆炸等引起的动负荷!

热负荷即高温造成的热应力。由于炉缸内储存着高温渣铁水使炉基的温度里高外低、上高下低，因而产生热应力；另外，炉基材料本身受热时也会损坏。

b　对炉基的要求

（1）高炉基础应能把全部荷载传给地基而不发生过度沉陷，特别是不均匀下沉；

（2）高炉基础本身要有足够的强度和耐热性；

（3）结构简单、造价低。

B　炉基的构造

高炉基础其结构如图 6-3 所示。它由耐热混凝土基墩和钢筋混凝土基座两部分组成。高炉炉底和基座之间为耐热混凝土基墩，起隔热和传力的作用，形状为圆柱体，其直径与炉底相同，都包于炉壳之内，其高度不小于其直径的 1/4。基墩材料一般用硅酸盐水泥耐热混凝土，它采用硅酸盐水泥做胶结料，黏土熟料粉、废耐火砖粉做掺和料，用黏土熟料、废耐火黏土砖粉做骨料，整体浇灌而成。其最高使用温度为 1000 ~ 1200℃。在其周围砌一圈耐火砖，再外层即为炉壳，在炉壳与耐火砖之间留缝隙，内填铬碳质填料。为了防止基墩周围开裂和保证有足够的强度，整体基墩应配以环行钢筋。

基座是炉基的承重部分，其水平截面以圆形最好，可使温度均匀分布，减少热应力。但为了施工方便，常以多边形（如八边形、十六边形）代替。基座上表面的圆面积只能放置下基墩和支柱，而其下表面的面积应保证地基的承载力不超过地层耐压力的定许值。由基座上表面过渡到其下表面，截面逐渐加大，其倾斜角一般为25°左右。

在基墩和基座之间，由于上下处于不同的温度条件，为避免热流力的影响，故二者之间留有膨胀缝，其内填以特殊的填料。在基墩下端与基座相接处有炉壳气封结构，以避免炉内煤气的逸出和炉外冷却水的流入。煤气封板与炉壳之间有一定间隙，内填填料，基座的上表面抹上砂浆泄水坡，以利排水。

6.1.1.3　高炉钢结构

高炉钢结构包括炉壳、炉体框架、炉顶框架、平台和梯子等。高炉钢结构是保证高炉正常生产的重要设施。高炉金属结构主要包括炉缸、炉身和炉顶支柱或框架，炉腰支圈，炉壳，各层平台，走梯，过桥炉顶框架，安装大梁，还有斜桥、热风炉炉壳、各种管道除尘器等。

A　高炉金属结构的设计原则

（1）分离原则。从长期的生产实践中认识到高炉金属结构设计基本的原则是受热（或受蚀）部分不承重，承重部分不受热（或受蚀），即操作部分和结构部分分开。实质是力求将金属结构和砖衬从"力"和"热"的角度分开。

（2）利于操作和维修。避免由于结构布置拥挤而给操作和维修带来不便，延长工作时间。

（3）安全可靠。在各种载荷作用下，保证正常作业，尽量减少腐蚀的影响与避免积灰。

B　高炉金属结构的基本类型

（1）炉缸支柱式，如图6-4所示。因承重和受热最突出的部位在高炉下部，这种结构多用于中小型高炉。载荷传递途径为：1）炉顶负荷、装料设备→炉顶钢圈→上部炉壳→炉腰支圈→炉缸支柱。2）上部砌体、冷却器等→炉缸支柱。

炉腹和炉缸的炉衬只用来维持冶炼，厚度可适当减薄。这种结构节省钢材，但炉身炉壳易受热受力变形，一旦失稳，更换困难，并可导致装料设备偏斜。同时高炉下部净空紧张，不利风口、渣口更换。

（2）炉缸炉身支柱式。随着高炉冶炼的不断强化，承重和受热的矛盾在高炉上部也突出了，所以出现了炉身支柱，即炉缸炉身支柱式，如图6-5所示。此时，炉顶装料设备和煤气导出管部分设备负荷仍由炉顶钢围和炉壳传递至基础。炉顶框架和大小钟等设备及导出管支座放在炉顶平台上，炉身支座通过炉腰支圈传给炉缸支柱以下基础。这种结构减轻了炉身壳的载荷，在炉衬脱落炉壳发红变形时不致使炉顶偏斜，下部净空小。高炉开炉后炉身涨，被抬离炉缸支柱；炉腰支圈与炉缸、炉身支柱连接区形成一个薄弱环节容易损坏。

（3）框架式。针对炉身部分由于炉衬上涨被抬起，炉缸支柱与炉腰文圈分离的现象，

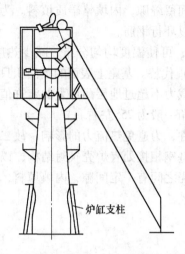

图 6-4　炉缸支柱式结构

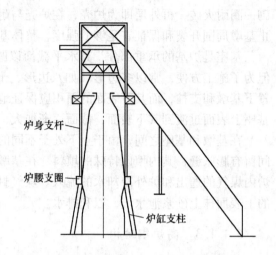

图 6-5　炉缸炉身支柱式结构

加之炉容大型化，炉顶荷载增加，所以出现了大框架支撑炉顶的钢结构。

大框架是一个从炉基到炉顶的四方形（大跨距可用六方形）框架结构；它承担炉顶框架上的负荷和斜桥的部分负荷。装料设施和炉顶煤气导出管的荷载仍由炉壳传到基础。按框架和炉体之间力的关系可分：

1）大框架自立式，如图 6-6 所示。框架与炉体间没有力的关系，故要求炉壳曲线平滑。

2）大框架环梁式，如图 6-7 所示。框架与炉体间有力的联系，用环行梁代替原炉腰支圈，以减少上部炉壳荷载，环行梁则支撑在框架上。也有的将环行梁设在炉身部位，用以支撑炉身中部以上荷载。

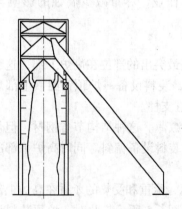

图 6-6　大框架自立式结构

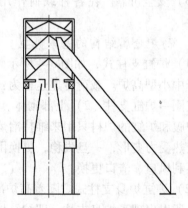

图 6-7　大框架环梁式结构

大框架式的特点：风口平台宽敞，适应多风口、多出铁场的需要，有利于炉前操作和炉底炉缸的维护；大修时易于更换炉壳及其他设备；斜桥支点可以支在框架上，与支在单门框架上相比，稳定性增加。但缺点是钢材消耗较多。

（4）自立式，如图 6-8 所示。其特点是炉顶全部荷载均由炉壳承受，炉体四周平台、走梯也支撑在炉壳上，因而操作区工作空间大，结构简单，钢材消耗量小；但未贯彻分离原则，由此带来诸多麻烦，如炉壳更换困难。

6.1.1.4 炉壳

炉壳是高炉的外壳，里面有冷却设备和炉衬，顶部有装料设备和煤气上升管，下部坐落在高炉基础上，是不等截面的圆筒体。

炉壳的主要作用是固定冷却设备、保证高炉砌砖的牢固性、承受炉内压力和炉体密封，有的还要承受炉顶荷载和起到冷却内衬作用（外部喷水冷却时）。因此，炉壳必须具有一定强度。

6.1.1.5 炉衬

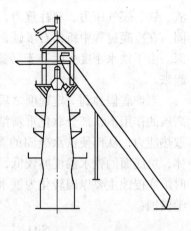

图 6-8　自立式结构

用耐火材料砌筑的实体称为高炉炉衬。高炉炉衬具有以下作用：

（1）构成了高炉的工作空间；

（2）直接抵抗冶炼过程中的机械、热和化学的侵蚀；

（3）减少热损失；

（4）保护炉壳和其他金属结构免受热应力和化学侵蚀的作用。

高炉炉衬的寿命决定高炉一代寿命的长短。高炉内不同部位发生不同的物理化学反应，所以需要具体分析各部位炉衬的破损机理。图 6-9 所示为炉衬及炉衬破损图。

图 6-9　炉衬及炉衬破损图

A　高炉各部位炉衬的破损机理

a　炉底

炉底工作条件极其恶劣，其耐久性是一代高炉寿命的决定性因素。高炉炉底长期处于高温和高压条件下，根据高炉停炉后炉底破损状况和生产中炉底温度检查表明，其破损的主要原因是机械冲刷与化学侵蚀，可分为两个阶段。第一阶段是开炉初期铁水渗入将砖漂浮而成平底锅形深坑，第二阶段是熔融层形成后的化学侵蚀。

在开炉初期，一方面炉底砖砌体存在着砖缝和裂缝；另一方面由于炉底砖承受着液态渣、铁、煤气压力、料柱重力，因此，铁水在高压下渗入砖缝，缓慢冷却，于 1150℃ 凝固。在冷凝过程中析出石墨碳，体积膨胀，又扩大了砖缝，如此互为因果，铁水可渗入很深。由于铁水密度大大高于砖砌体密度，所以，在铁水静压力作用下炉底砖砌体会漂浮起来。

当炉底侵蚀到一定程度之后渣铁水的侵蚀逐渐减弱，炉底下的砖砌体在长期的高温和高压的作用下，部分软化重新结晶，形成一熔结层，渗铁后使砖砌体导热性变好，增强了散热能力，从而使铁水凝固的等温线上移，由于熔结层中砖砌体之间已烧结成为一个整体，坑底面的铁水温度亦较低，所以熔结层能抵抗铁水渗入。砖缝已不再是薄弱环节。此时炉底侵蚀主要原因转化为铁水中的碳将砖中的二氧化硅还原成硅，并被铁水所吸收的化学侵蚀：

$$SiO_{2(砖)} + 2[C] + [Fe] = [FeSi] + 2CO$$

因此熔结层表面的二氧化硅含量降低，而残铁和炉内凝铁中的硅含量增加，这时炉底的侵蚀速度大大减慢。此外，有些高炉的综合炉底周边的炭砖与中心的高铝砖咬砌，而高铝砖的膨胀率比炭砖高，易使炭砖被高铝砖顶起，炭砖上下层之间的缝隙加宽，铁水渗入。高炉炉缸、炉底侵蚀情况如图 6-10 所示。

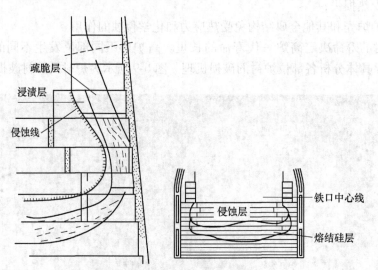

图 6-10　高炉炉缸、炉底侵蚀情况

从上述炉底破损机理看出，影响炉底寿命的因素是：炉底所承受的高压、高温、铁水和渣水在出铁时的流动对炉底的冲刷。炉底的砖衬在加热过程中产生温度应力引起砖层开裂。此外，在高温下渣铁也对砖衬有化学侵蚀作用，特别是渣液的侵蚀更为严重。

b　炉缸

炉缸下部是盛渣铁液的地方，其工作条件与炉底相近。渣铁液周期地进行积聚和排出，所以渣铁的流动、炉内渣铁液面的升降、大量的煤气流等高温流体对炉衬的冲刷是主要的破坏因素，特别是渣口、铁口附近的炉衬是冲刷最厉害的部位。高炉炉渣偏碱性而常用的耐火砖偏酸性，故在高温下产生化学性渣化，是炉缸砖衬一个重要的破坏因素。

整个高炉的最高温度区域是炉缸上部的风口带，此处炉衬内表面温度高达 1800 ~

2000℃，所以砖衬的耐高温性能和相应的冷却措施都是非常重要的。

炉缸部位受的压力虽不是很大，但它是难以应付的侧向压力，故仍然不可忽视。

c　炉腹

此处距风口带近，故高温热应力作用很大；同时还承受上部落入炉缸的渣铁水和高速向上运动的高温煤气流的冲刷、化学侵蚀及氧化作用，及料柱压力和崩料、坐料时冲击力的影响。在实际生产中，往往开炉不久这部分炉衬便被完全侵蚀掉，增加炉衬厚度也无济于事，而是靠冷却壁上的渣皮代替炉衬工作维持生产。

d　炉腰

炉腰紧靠炉腹，与炉腹的侵蚀情况类似；该处含有大量 FeO 和 MnO 的初渣形成，所以炉渣的侵蚀作用更为严重。从炉型上看，炉腰上下部都有折角，所以气流冲刷作用比其他部位更强，当边缘气流过分发展和原料粉末多时，破坏作用更大。

e　炉身

由于炉身高度比较大，炉身上下部炉衬的破坏因素也不相同。炉身上部炉衬主要承受炉料打击和带有棱角的炉料下降时的摩擦作用，以及夹带着大量炉尘的高速煤气流的冲刷作用；炉身下部除了承受炉料和煤气的摩擦和冲刷作用之外，还要承受初渣侵蚀、碳素沉积以及用特种矿石冶炼时产生的特殊的化学侵蚀作用。

碳素沉积是炉身部位炉衬破损的重要因素。碳素沉积反应（$2CO = CO_2 + C\downarrow$）在 400~700℃之间进行最快，而整个炉身炉衬正好都处于这一温度范围。在砖缝中发生碳素沉积，体积膨胀，从而破坏炉身部位的炉衬。游离铁的存在能够加速碳素沉积反应的进行。

在使用特种矿石冶炼时，如含有 Zn、F、K、Na 等元素，还有特殊的化学侵蚀作用。钾盐、钠盐能与耐火材料生成低熔点化合物，碱金属的氯化物能与 Fe、Al、Ca 等作用，使炉衬侵蚀成蜂窝状。

f　炉喉

炉喉主要承受炉料频繁撞击和高温含尘煤气流的冲刷作用。为维持其圆筒形状不被破坏，控制炉料和煤气流合理分布，维持高炉正常生产，所以要用金属做成炉喉保护板，即炉喉钢砖。即使如此，它仍会在高温下失去强度，以及由于温度分布不均匀而产生热变形，炉内煤气流频繁变化时损坏更为严重。

对于大中型高炉来说，炉身部位是整个高炉的薄弱环节，这里的工作条件虽然比下部好，但由于没有渣皮的保护，寿命反而较短。对于小型高炉，炉缸是薄弱环节，常因炉缸冷却不良、堵铁口泥炮能力小而发生炉缸烧穿事故。

B　影响炉衬寿命的因素

炉衬处于不同的温度、压力和气氛环境中，所以不同区域的高炉的破损机理也不相同。耐火材料的破损，主要是由于化学侵蚀、热震和机械磨损等综合因素造成的。化学侵蚀是指氧化、碳的沉积、碱蒸气和碱冷凝液、炉渣及热金属的侵蚀所产生的化学作用。热震是指耐火材料的热面温度高于其材料本身的反应停止温度，或者说达到了临界反应温度后，因炉况变化温度波动所形成的热应力的作用。机械磨损是指炉内煤气流中所带颗粒对炉衬的冲刷、炉料下降对炉墙的磨损和炉墙渣皮脱落对下面炉衬的冲击。化学侵蚀的速度取决于温度，而且目前使用的耐火材料高铝砖和黏土砖只能在耐火材料的内表面温度低于

$600 \sim 700$℃时才能保证不受化学侵蚀，对碳化硅砖而言也只能低于 $800 \sim 900$℃才免受化学侵蚀。如果炉况不稳定使炉衬内表面形成渣皮或结瘤，其内表面温度达到或低于反应停止温度，单靠冷却强度来实现炉衬的内表面温度低于耐火材料的反应停止温度是不经济的。在实际生产中高炉炉况是不可能长期不变的，炉况的波动就会引起温度的波动，对耐火材料就会产生热冲击。热冲击的温度高于耐火材料的反应停止温度，一旦冲击的次数超过了耐火材料能够承受的能力，就必然产生应力裂纹。裂纹的扩大会使冷却壁与耐火材料的热面之间形成间隙，导致热阻增大而阻碍热传递，使热面温度进一步提高，促使耐火材料出现裂缝。当已有裂缝的耐火材料承受不了外力时，原来形成的渣皮必然将黏附在一起的耐火材料破裂层脱落掉，使新的耐火材料暴露在炉内而承受新的热冲击。同时，耐火材料的应力裂缝又促使碱蒸气和冷凝物有机会接触到耐火材料的内表面，更加快了砖内部的化学侵蚀。随着时间的推移，热冲击、化学侵蚀以及渣皮的脱落将使炉衬厚度逐渐减薄，最后全部被侵蚀掉，使冷却壁暴露在高炉内部环境中。当冷却壁受到与耐火材料相同的温度冲击时，铸铁的表面同样也会产生裂纹和散裂，最后导致损坏。由此可见，高炉炉衬只能抵抗化学侵蚀是不够的，还要能够抵抗热冲击。我国目前的耐火材料，在温度大幅度波动情况下都承受不了高炉内部的热冲击，这也是高炉寿命低的原因。

C　提高炉衬寿命的措施

实践表明，炉衬寿命将随冶炼条件而变，但最薄弱的环节仍然在炉底（含炉缸）和炉身，因此，从炉底（含炉缸）和炉身的炉衬工作条件考虑提高炉衬寿命的措施有：

（1）均衡炉衬。均衡炉衬是根据高炉炉衬各部位的工作条件和破损情况不同，在同一座高炉上，采用多种材质和不同尺寸的砖搭配砌筑，不使高炉因局部破损而休风停炉，达到延长炉衬寿命和降低成本的目的。

（2）改进耐火砖质量，不断开发新型耐火材料。减小杂质含量，提高砖的密度，从而提高耐火砖理化性能。

（3）控制炉衬热负荷，改进冷却器结构，强化冷却。改进冷却器结构，建立与炉衬热负荷相匹配的冷却制度，减小热应力。在炉衬侵蚀最严重的部位应提高水压并采用软水冷却。

（4）稳定炉况、控制煤气流分布。努力采用低燃料比技术，控制边缘煤气流发展，并减少热震破坏，减少炉衬破损。

（5）改进砌砖结构，严格按砌筑炉衬的要求砌炉。

（6）完善监测系统。观察炉役期内炉衬侵蚀情况，当炉衬局部破损只需小修补时可用"灌浆法"，泥浆性质应与该处所使用的耐火砖性质相近，以便于黏结；当内衬修补面积较大时，可用热喷补法，喷补料应具有良好的附着性能和可塑性能，以减少回弹力和回弹量。

D　高炉用耐火材料

根据高炉炉衬的工作条件和破损机理，炉衬材料的质量对炉衬寿命有重要影响，故对高炉用耐火材料提出如下要求：

（1）高耐火度和高荷重软化点，以抵抗高温和高温压力下的破坏作用。

（2）低气孔率并没有裂纹，以抵抗煤气的渗入和熔渣的侵蚀作用。

（3）低 Fe_2O_3，以防止 CO 在炉衬内的分解。

（4）高机械强度，以抵抗机械磨损和冲击破坏。

（5）良好的化学稳定性，以提高抗炉渣化学侵蚀的能力。

（6）体积稳定性好，以满足炉内温度波动时能抵抗急冷急热破坏的需要。

（7）外形尺寸准确，以保证施工质量。

高炉常用的耐火材料主要有陶瓷质材料和碳质材料两大类。陶瓷质材料包括黏土砖、高铝砖、刚玉砖和不定形耐火材料等；碳质材料包括炭砖、石墨炭砖、石墨碳化硅砖、氮结合碳化硅砖等。

a 黏土砖和高铝砖

黏土砖是高炉上应用最广泛的耐火砖，它具有良好的物理机械性能，不易和渣起化学反应，有较好的机械性能，成本较低。

高铝砖是 Al_2O_3 含量大于48%的耐火制品，它比黏土砖有更高的耐火度和荷重软化点，由于 Al_2O_3 为中性，故抗渣性较好，但是加工困难，成本较高。高炉用黏土砖和高铝砖的理化指标见表6-2。

表 6-2 高炉用黏土砖和高铝砖的理化指标

指 标		黏土砖			高铝砖	
		XGN-38	GN-41	GN-42	GL-48	GL-55
Al_2O_3 含量/%		≥38	≥41	≥42	48~55	55~65
Fe_2O_3 含量/%		≤2.0	≤1.8	≤1.8	≤2.0	≤2.0
耐火度/℃		≥1700	≥1730	≥1730	≥1750	≥1770
0.2MPa 荷重软化开始温度/℃		≥1370	≥1380	≥1400	≥1450	≥1480
重烧线收缩/%	1400℃×3h	≤0.3	≤0.3	≤0.2		
	1450℃×3h				≤0.3	
	1500℃×3h					≤0.3
显气孔率/%		≤20	≤18	≤18	≤18	≤10
常温耐压强度/MPa		≥30.0	≥55.0	≥40.0	≥50.0	≥50.0

近年来，为延长炉衬寿命，新型耐火材料在高炉上得到广泛应用。在炉身下部到炉腹区使用超高氧化铝耐火材料，表6-3列出了超高氧化铝耐火砖主要特性。纯 Al_2O_3 的熔点大约2030℃，在高温下是稳定的。此特性有利于改善炉衬抗渣和熔融铁水侵蚀的能力，提高抗震能力，并几乎消除了 CO 的破坏作用，但当高温并有碱金属存在时，Al_2O_3 从 α-Al_2O_3 向 β-Al_2O_3 转变，此时伴有体积变化，从而导致砌体破裂。

最早取得进展的是用莫来石结合含 Al_2O_3 87%~92%的高铝砖。莫来石的加入，使 α-Al_2O_3 向 β-Al_2O_3 转变大大减小。后来用 Al_2O_3-Cr_2O_3 作结合物，耐火砖中 SiO_2 降低到小于0.5%，使碱金属蒸气对优质高铝砖的破坏作用降低到最低程度，抗渣冲刷和抗腐蚀性能进一步提高。

表 6-3　超高氧化铝耐火砖主要特性

项　目	莫来石结合的烧成高铝砖	Al_2O_3 结合的烧成高铝砖	Cr_2O_3 结合的烧成高铝砖	熔铸高铝砖
Al_2O_3/%	88	94	99	92	91.8
Fe_2O_3/%	<0.5	<0.5	<0.5	<0.5	<0.5
Cr_2O_3/%				7.5	
熔化物/%	<2.5	<1.5	<0.5	<0.5	
密度/g·cm^{-3}	3.00	3.20	3.15~3.20	3.25	3.34
显气孔率/%	15	13.5	13~16	16~19	6.5
冷压强度/MPa	>100		>100	>100	>100
450℃时，抗 CO 分解度	完全不分解	完全不分解	完全不分解	完全不分解	完全不分解
重烧线收缩(1600℃×2h)/%	稳定	稳定	稳定	稳定	稳定

　　黏土砖和高铝砖的外形质量也非常重要，特别是精细砌筑部位更为严格，有时还需再磨制加工才能合乎质量要求，所以在储运过程中要注意保护边缘棱角，否则会降低级别甚至报废。

　　b　碳质耐火材料

　　近代高炉逐渐大型化，冶炼强度也有所提高，炉衬热负荷加重。碳质耐火材料具有独特的性能，因此逐渐应用到高炉上来，尤其是炉缸炉底部位几乎普遍采用碳质材料，其他部位炉衬的使用量也日趋增加。碳质耐火材料主要特性如下（表 6-4 列出了炭砖理化性能）：

　　(1) 耐火度高，碳是不熔化物质，在 3500℃升华，在高炉冶炼温度下碳质耐火材料不熔化也不软化。

　　(2) 碳质耐火材料具有很好的抗渣性，对酸性与碱性炉渣都有很好的抗蚀能力。

　　(3) 具有高导热性，抵抗震层性好，可以很好地发挥冷却器的作用，有利于延长炉衬寿命。

　　(4) 线膨胀系数小，热稳定性好。

　　(5) 致命弱点是易氧化，对氧化性气氛抵抗能力差。一般碳质耐火材料在 400℃能被气体中 O_2 氧化，500℃时开始和 H_2O 作用，700℃时开始和 CO_2 作用，FeO 高的炉渣也易损坏它，所以使用炭砖时都砌有保护层。碳化硅质耐火材料发生上述反应的温度要高一些。

表 6-4　炭砖理化性能

性能	原料类别	固定碳/%	导热系数/kJ·(m·h·C)$^{-1}$	体积密度/t·m^{-3}	真密度/t·m^{-3}	全气孔率/%	耐压强度/MPa	灰分/%
中国	无烟煤焦炭	≥92		≥1.5		显气孔≤23	≥30	<8
美国	无烟煤	91.5	15.48	1.62	2.02	20.3	21.6	7.1
德国	无烟煤		12.55	1.53	1.88	18.6	35	8
	石墨		355.64	1.56	1.84	29.5	17.5	0.2
日本	无烟煤	≥92	400℃时50.21	≥1.5	≥1.92	<18	≥42	<4

近几年，国内外均在提高炭砖质量上做了大量工作，主要是提高炭砖的导热性能和抗碱、抗 CO_2 性能。研制的主要方向是加入 Si、SiC、Al_2O_3 等添加剂，同时改进生产工艺、制作成微孔炭砖，见表6-5。

表6-5　加不同添加剂的炭砖性能

砖　类	固定碳 /%	灰分 /%	总气孔率 /%	抗压强度 /MPa	气孔径 /μm	导热率 /kJ·(m·h·C)$^{-1}$	抗碱金属 性能	铁渗透 系数
普通碳砖	95.5	3.5	17.8	430	4.0	41.9	侵蚀低	100
加 Al_2O_3	91.0	8.1	17.2	424	3.5	41.9	侵蚀低	80
加 Al_2O_3 和金属硅	82.0	17.0	17.5	450	0.4	41.0	侵蚀低	13
备　注						350℃		

我国生产的高炉用炭砖断面尺寸为 400mm×400mm，长度为 1200~3200mm。

c　不定形耐火材料

不定形耐火材料主要有捣打料、喷涂料、浇注料、泥浆和填料等。按成分可分碳质不定形耐火材料和黏土质不定形耐火材料。不定形耐火材料与成形耐火材料相比，具有成形工艺简单、能耗低、整体性好、抗热震性强、耐剥落等优点，还可以减小炉衬厚度，改善导热性等。主要用于：

（1）高炉内衬修理。近年用于高炉灌浆和喷补技术。

（2）填塞砖缝。以耐火泥浆充填，使高炉内衬砌体固结成一个整体。为此，耐火泥浆配料必须具有合适的胶结性和耐火度，并使其具有与耐火砖相同或类似的理化性能。

（3）填料。高炉内衬砌体与炉壳之间，内衬砌体与周围冷却壁之间，应充填不同性质的填料。如炭素填料、黏土火泥—石棉填料和水渣—石棉填料等。也有采用浇注耐火混凝土或捣打炭质耐火材料，以保持填料不沉淀。

耐火填料一般应具有可塑性和良好的导热性能，以吸收砌体的径向膨胀和密封煤气，并利于冷却和降低损坏速度。

（4）喷涂。在炉壳内表面喷涂一层不定形耐火材料，可以防止炉壳龟裂变形。开炉初期，由于砌体未结成整体，高温煤气可以从砖缝流向炉壳，从而引起炉壳局部发红，造成龟裂变形。炉龄末期，由于砖衬脱落或被侵蚀，同样可引起色裂变形。高炉常用泥浆、填料见表6-6。

表6-6　高炉砌砖所用的泥浆和填料成分

项次	名　称	成分和数量	使用部位	备　注
1	炭素填料	体积比：粒度在 4mm 以下冶金焦 80%~84%，煤焦油（脱水）8%~10%，煤沥青 8%~10%	炉基黏土砖砌体与炉壳之间，以及黏土砖或高铝砖与周围冷却壁之间的缝隙	
2	厚缝糊	质量比：粒度为 0~8mm 的热处理无烟煤或干馏无烟煤 51%~53%，粒度为 0~0.5mm 的冶金焦 33%~35%，油沥青 13%~15%（油沥青成分：煤沥青 69%~71%，蒽油 31%~29%）	炭素砌体的厚缝以及炭砖与周围冷却壁之间的缝隙，炉底平行砌筑炭砖的底层	由制造厂制成

项次	名　称	成分和数量	使用部位	备　注
3	黏土火泥—石棉填料	体积比：NF-28 粗粒黏土火泥 60%，牌号 7-370 的石棉 40%	炉身黏土砖或高铝砖砌体与炉壳之间，炉喉钢砖区域以及热风炉隔热砖与炉墙之间的缝隙	
4	水渣—石棉填料	体积比：干燥的水渣 50%，牌号 7-370 的石棉 50%	炉身黏土砖或高铝砖砌体与炉壳之间，热风炉下部隔热砖与炉墙之间的缝隙	
5	硅藻土填料	粒度为 0~5mm 的硅藻土粉	热风炉隔热砖与炉墙之间的缝隙	
6	黏土火泥—水泥泥料	体积比：NF-28 中粒黏土火泥 50%~70%，400 号硅酸盐水泥或矾土水泥 30%~40%	高炉炉底、炉基、环梁托圈和热风炉炉底铁板平层	
7	黏土火泥—水泥稀泥浆	体积比：NF-28 中粒黏土火泥 60%~65%，水泥 35%~40%	炉壳与周围冷却壁之间的缝隙	
8	黏土火泥泥浆	NF-40，NF-38，NF-34 黏土火泥	高炉炉身冷却箱区域以及其以下各部和热风炉各部位的黏土砖砌体	
9	黏土火泥—水泥半浓泥浆	体积比：NF-38 黏土火泥外加 10% 的水泥	高炉炉身无冷却箱区域的黏土砖砌体和热风管的内衬	
10	黏土熟料—矾土—水玻璃半浓泥浆	质量比：黏土熟料粉 55%，工业用矾土 6%，水玻璃 10%，耐火生黏土（干料）5%，水 24%	高炉炉身砌体和热风管的砖衬	水玻璃为 1.3~1.48g/cm³，模数为 2.6~3.0
11	高铝耐火泥泥浆	高铝耐火泥	各部位高铝砖砌体	
12	高铝耐火泥—水玻璃半浓泥浆	体积比：高铝耐火泥外加 15% 的水玻璃	高炉炉身无冷却箱区域的高铝砌体	
13	炭素油	质量比：粒径为 0~0.5mm 的冶金焦 49%~51%，油沥青 49%~51%（其中煤沥青 45%，蒽油 55%）	炭砖砌体的薄缝以及黏土砖或高铝砖砌体与炭砖砌体的接缝处	由制造厂制成

6.1.1.6　高炉各部位炉衬结构

A　炉底与炉缸

炉底、炉缸工作条件十分恶劣，承受高温、高压、渣铁冲刷侵蚀和渗透作用。较长一段时间炉底炉缸一律采用黏土砖或高铝砖砌筑，现大中型高炉广为采用炭砖砌筑。

（1）黏土砖或高铝砖炉底。炉底厚度大于炉缸直径的 0.6 倍。

（2）综合炉底。综合炉底是在风冷管碳捣层上满铺几层 400mm 炭砖，上面环形炭砖砌至风口中心线，中心部位砌数层 400mm 高铝砖，环砌炭砖与中心部位高铝砖相互错台咬合，如图 6-11 所示。综合炉底的厚度为炉缸直径的 0.3 倍。

（3）全炭砖炉底。大型高炉普遍采用。全炭砖水冷炉底厚度可以进一步减薄。

（4）美国 UCAR 热压小炭砖炉缸——散热型，如图 6-12 所示。提高炉衬的导热性能，又称导热炉衬；但增大了炉缸的热损失。

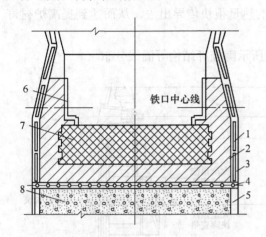

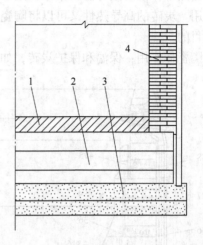

图 6-11 综合炉底结构示意图

1—冷却壁；2—炭砖；3—炭素填料；4—水冷管；
5—黏土砖；6—保护砖；7—高铝砖；8—耐热混凝土

图 6-12 美国 UCAR 热压小炭砖炉缸结构

1—高铝质耐火砖；2—大炭砖；
3—混凝土；4—热压小炭砖

（5）"陶瓷杯"结构。近年来，出现了一种新型复合式炉底，由于其类似一个杯子，故称为"陶瓷杯"。陶瓷杯炉底炉缸结构如图 6-13 所示。指炉底砌砖的下部为垂直或水平砌筑的炭砖，炭砖上部为 1~2 层刚玉莫来石砖。炉缸壁是由通过一厚度灰缝分隔的两个独立的圆环组成，外环为炭砖，内环是刚玉质预制块。

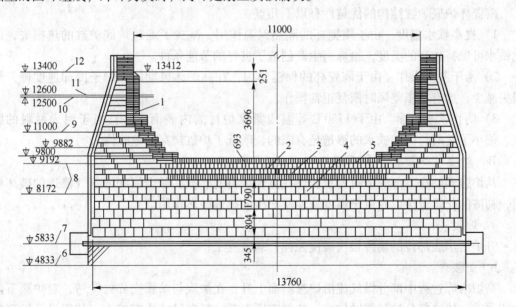

图 6-13 陶瓷杯结构

1—刚玉莫来石砖；2—黄刚玉砖；3—烧成铝炭砖；4—半石墨化自熔
炭砖；5—保护砖；6—炉壳封板；7—水冷管；8—测温电偶；
9—铁口中心线；10，11—东西渣口中心线；12—炉壳拐点

　　陶瓷杯是利用刚玉砖或刚玉莫来石炉衬的高荷重软化温度和较强的抗渣铁侵蚀性能以及低导热性，使高温等温线集中在刚玉或刚玉莫来石砖炉衬内。陶瓷杯起保温和保护炭砖的作用。炭砖的高导热性又可以将陶瓷杯输入的热量很快传导出去，从而达到提高炉衬寿命的目的。

　　陶瓷杯作用：保温和保护炭砖，如图 6-14 所示陶瓷杯结构等温线分布。

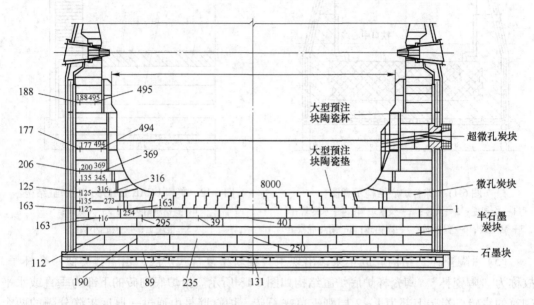

图 6-14　陶瓷杯结构理论等温线分布图

　　陶瓷杯炉底炉缸结构的优越性有以下几点：

　　1）提高铁水温度。由于陶瓷杯的隔热保温作用，减少了通过炉底炉缸的热损失，因此铁水可保持较高的温度，给炼钢生产创造了良好的节能条件。

　　2）易于复风操作。由于陶瓷杯的保温作用，在高炉休风期间，炉子冷却速度慢，热损失减少，这有利于复风时恢复正常操作。

　　3）防止铁水渗漏。由于 1150℃ 等温线紧靠炉衬的内表面，并且由于耐火材料的膨胀，缩小了砖缝，因而铁水的渗透是有限的，降低了炉缸烧穿的危险性。

　　B　炉腹、炉腰和炉身下部

　　从炉腹到炉身下部的炉衬要承受煤气流和炉料的磨损、碱金属和锌蒸气渗透的破坏作用、初渣的化学侵蚀以及由于温度波动所产生的热震破坏作用。

　　a　炉腹

　　开炉后炉腹部位的砌砖很快被侵蚀掉，靠渣皮工作。

　　b　炉腰

　　高炉冶炼过程中部分煤气流沿炉腹斜面上升，在炉腹与炉腰交界处转弯，对炉腰下部冲刷严重，使这部分炉衬侵蚀较快，使炉腹段上升，径向尺寸也有扩大，使得设计炉型向操作炉型转化。

　　炉腰有三种结构形式：厚壁炉腰、薄壁炉腰和过渡式炉腰。

　　厚壁炉腰结构：优点是热损失少，但侵蚀后操作炉型与设计炉型变化大，炉腹向上延长对下料不利。径向尺寸侵蚀过多时会造成边缘煤气流的过分发展。

薄壁炉腰结构：热损失大些，操作炉型与设计炉型近似。

过渡式炉腰结构：处于两者之间。

c 炉身下部

炉腹、炉腰砌砖砖缝应不大于1mm。炉身下部砌砖厚度趋于向薄的方向发展。炉身下部砌砖砖缝不大于1.5mm，上下层砌缝和环缝均应错开，倾斜部分按三层砖错开一次砌筑。

d 炉身上部和炉喉

炉身上部：一般采用高铝砖或黏土砖砌筑。砌砖与炉壳间隙为100~150mm，填以水渣—石棉隔热材料。为防止填料下沉，每隔一段层砖，砌二层带砖，即砖紧靠炉壳砌筑，带砖与炉壳间隙为10~15mm。

e 炉喉

炉喉钢砖或条状保护板为铸铁或铸钢件。炉喉圆周有几十块保护板，板之间留膨胀缝。炉喉高度方向只有一块。

6.1.1.7 冷却设备

高炉各部位的工作条件不同，通过冷却达到的目的也不尽相同，故采用的冷却设备也不同。现代高炉冷却设备按结构分有外部喷水冷却装置、内部通水冷却装置及风口、渣口冷却。内部通水冷却装置又分为冷却壁、冷却水箱。图6-15所示为内部冷却设备在炉体的安装。

6.1.1.8 送风装置

送风装置包括热风围管、支管、直吹管、风口大套、风口二套和风口小套。

热风围管与连接热风炉的热风总管相连，在热风围管上均匀分布着数十套送风支管，直吹管将送风支管和风口小套紧密连接在一起。

6.1.2 高炉冷却

在高炉生产过程中由于炉内反应产生大量的热量，任何耐火材料都难以承受这样的高温作用，必须对其炉体进行合理的冷却，同时对冷却介质进行有效的控制，以便达到有效的冷却，使之既不危及耐火材料的寿命，又不会因为冷却元件的泄漏而影响高炉的操作。

6.1.2.1 高炉冷却目的

(1) 降低炉衬温度，延长高炉寿命和安全生产。在高炉内耐火材料的表面工作温度高达1500℃左右，很短的时间内耐火材料就会被侵蚀或磨损。通过冷却可提高耐火材料的抗侵蚀和抗磨损能力，同时冷却设备还可对高炉内衬起支承作用，增加砌体的稳定性。

(2) 维护合理操作炉型。使耐火材料的侵蚀内型接近操作炉型，对高炉内煤气流的合理分布、炉料的顺行起到良好的作用。

(3) 形成保护性渣皮、铁壳、石墨层，延长炉衬使用寿命。

(4) 保护炉壳、支柱等金属结构，防止在高温区工作的部件损坏。

图 6-15　冷却设备炉体安装

6.1.2.2　冷却介质

根据高炉不同部位的工作条件及冷却的要求，所用的冷却介质也不同，一般常用的冷却介质有水、空气和汽水混合物，即水冷、风冷和汽化冷却。对冷却介质的要求是：有较大的热容量及导热能力；来源广、容易获得、价格低廉；介质本身不会引起冷却设备及高炉的破坏。

高炉冷却用冷却介质主要是水，很少使用空气。因为水热容量大、热导率大、便于输送、成本低廉。水—汽冷却汽化潜热大、用量少，可以节水节电，又可回收低压蒸汽，适于缺水干旱地区。空气热容小，导热性不好，热负荷大时不宜采用，而且排风机消耗动力大，冷却费用高。

冷却系统与冷却介质密切相关，同样的冷却系统采用不同的冷却介质可以得到不同的冷却效果。因此，合理地选定冷却介质是延长高炉寿命的因素之一。现代化的大型高炉除使用普通工业净化水冷却或强制汽化冷却外，也开始使用软水或纯水密闭循环冷却。而且对水的纯度要求越来越严格，根据不同处理方法得到的冷却用水分为普通工业净化水、软水和纯水。

（1）普通工业净化水。工业用水有地表水也有地下水，故又总称天然水。天然水中都含有一定量的钙盐和镁盐。高炉冷却用水如果硬度过高，则在冷却设备中容易结垢，水垢的热导率极低，1mm 厚水垢可产生 $50 \sim 100℃$ 的温差，从而降低冷却设备效率，甚至烧坏冷却设备。

天然水（含有多种杂质，即悬浮物及溶解质）经过沉淀及过滤处理后，去掉了水中大部分悬浮物杂质，而溶解杂质并未发生变化的称为普通工业净化水。高炉用普通工业净化水的要求见表6-7。其特点是成本低；若水质净化不好，在温度的作用下形成水垢，使冷却效果变差，严重时导致冷却设备烧坏。

表 6-7 高炉用普通工业净化水的要求

指 标	小型高炉	大中型高炉
进水温度/℃	<40	<35
悬浮物/mg·L^{-1}	<200	<200
硬度/mol·m^{-3}	<3.57	<3.57

（2）软化水。将钠离子经过离子交换剂与水中的钙、镁离子进行置换，而水中其他的阴离子没有改变，软化后水中碱度未发生改变，水中含盐量比原水略有增加。软化水的一般水质指标见表6-8。

表 6-8 软化水及纯水的水质指标

指 标	软 化 水	纯 水
溶解固体/mg·L^{-1}	5~10	2~3
硬度/mol·m^{-3}	<0.035	0
碱度/mol·m^{-3}	4~20	0.04~0.1
氯根/mg·L^{-1}	<600	0.02~0.08
硅酸根/mg·L^{-1}	<70	0.02~0.1
电导率/S·m^{-1}	<0.05	$10^{-5} \sim 10^{-3}$
电阻率/Ω·m	<20	700~1000

（3）纯水（脱盐水）。将净化水通过氢型阳离子交换器，使交换器中的 H^+ 与水中的 Ca^{2+}、Mg^{2+}、Na^+ 等阳离子进行置换，出交换器的水呈酸性，经脱碳器排除 CO_2，并经过羟型阴离子交换器，使交换器中的 OH^- 置换水中所有阴离子，H^+ 与 OH^- 结合而形成纯水。纯水中阴、阳离子的残余含量极微，基本上无杂质。

纯水的水质指标比软化水好，是理想的冷却介质，它在受热后无沉积物出现，水呈弱碱性，可防止产生苛性脆化的可能性，同时水中除掉了 CO_2，也可避免在冷却系统中对铜及铜合金零部件产生腐蚀。

6.1.2.3　冷却设备

A　外部喷水冷却装置

在炉身和炉腹部位设有环形冷却水管，通过炉壳冷却炉衬。喷水管直径 $\phi50 \sim$ 150mm，距炉壳约 100mm，水管上朝炉壳的斜上方钻有若干 $\phi5 \sim 8$mm 小孔，小孔间距 100mm，喷射方向朝炉壳斜上方倾斜 45°~60°，冷却水经小孔喷射到炉壳上进行冷却。为了防止喷溅，在炉壳上装有防溅板，防溅板与炉壳间留有 8~10mm 缝隙，冷却水沿炉壳流下至集水槽再返回水池。外部喷水冷却装置结构简单，检修方便，造价低廉。

外部喷水冷却装置适用于小型高炉，对于大中型高炉，只有在炉役晚期冷却设备烧坏的情况下使用，作为一种辅助性的冷却手段，防止炉壳变形和烧穿。

B　冷却壁

冷却壁设置于炉壳与炉衬之间，按材质可分为铸铁和铜质两种；按结构形式分为光面冷却壁和镶砖冷却壁两种。

a　铸铁冷却壁

铸铁冷却壁内铸无缝钢管，构成冷却介质通道，铸铁板用螺栓固定在炉壳上，结构有光面冷却壁和镶砖冷却壁两类形式。

光面立式冷却壁用于炉底、炉缸、风口区部位，其结构如图 6-16 所示。在铸铁板内铸有无缝钢管。铸入的无缝钢管为 $\phi34$mm × 5mm 或 $\phi44.5$mm × 6mm，中心距为 100 ~ 200mm 的蛇形管，管外壁距冷却壁外表面为 30mm 左右，所以光面冷却壁厚 80 ~ 120mm，水管进出部分需设保护套焊在炉壳上，以防开炉后冷却壁上涨，将水管切断。

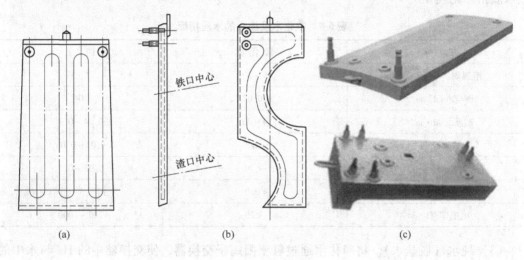

图 6-16　光面冷却壁

(a) 内部结构；(b) 渣铁口区光面冷却壁；(c) 冷却壁

镶砖冷却壁的特点在于保护冷却壁铸件不直接被炉料冲刷，并使渣皮易于附在上面。镶砖冷却壁结构如图 6-17 所示。在冷却壁的内表面（高炉炉体内侧）的铸肋板内铸入或砌入一定量的耐火材料（小于 50%），耐火材料的材质一般为黏土砖、高铝砖、碳质或碳化硅质。从外形看，一般有三种结构形式：普通型、上部带凸台型和中间带凸台型。镶砖冷却壁与光面冷却壁相比，更耐磨、耐冲刷，易黏结炉渣生成渣皮保护层，代替炉衬工作。

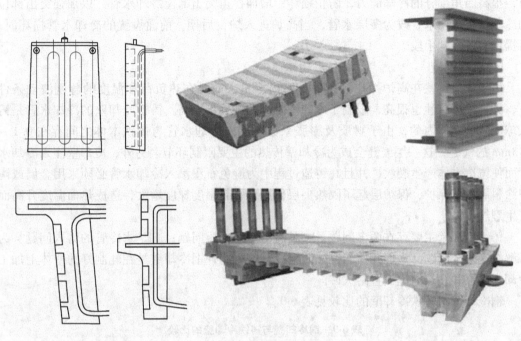

图 6-17 镶砖冷却壁

凸台冷却壁的凸台部分起到支撑上部砌砖的作用，简化了冷却系统结构，减少了炉壳开孔。中间带凸台的冷却壁比上部带凸台的有更大的优越性，当凸台部分被侵蚀后整个冷却系统仍是一个整体，而上部带凸台的冷却壁当凸台被侵蚀后，凸台部分就不起冷却作用了。

镶砖冷却的厚度为 250～350mm，主要用于炉腹、炉腰和炉身下部冷却，炉腹部位用不带凸台的镶砖冷却壁，镶砖冷却壁紧靠炉衬。

每个冷却壁用四个螺栓固定在炉壳上，冷却壁的排列上下排错开，避免四个角集中成十字缝。

冷却壁的优点：冷却壁安装在炉壳内部，冷却面积大、炉壳开孔小、密封性好、不损坏炉壳强度；由于均布于炉衬之外，所以冷却均匀；侵蚀后炉衬内壁光滑；异形或"T"形冷却壁有支撑上部砖衬的作用。缺点是消耗金属多、笨重，冷却壁损坏后不能更换。

为了增强冷却壁的冷却能力，延长其使用寿命，在以下几个方面做了改进：

（1）冷却壁的材质由一般的铸铁改为耐热性能好、抗热震性好、不易产生裂纹的球墨铸铁。

（2）冷却壁结构采用带凸台的冷却壁，具有支撑砖衬和保护形成渣皮的作用。

（3）冷却壁中的无缝钢管在冷却壁铸造前喷涂保护层（如1mm厚陶瓷质耐火材料），防止铸造冷却壁时使钢管渗碳，并用低温铁水铸造，尽量减少铸造应力。

（4）用软化水或纯水循环冷却代替工业水开式冷却。在高热负荷下，使用较小尺寸的冷却壁。

（5）增大的冷却壁水管的直径，相对应采用了适宜的高水速。根据运行特点将蛇形弯管改为竖直排列，将进出水头数由单进单出改为多进多出，把冷却壁四角部分管子弯成直角，提高四角部分的冷却能力，防止损坏；增加拐角突出部位冷却水管，以加强突出部位的冷却。将单层水管改为多层水管，当高炉进入炉役后期，前面设置的冷却水管损坏时，可提供后备冷却手段。

　　b　铜冷却壁

由于球墨铸铁在高炉操作的条件下磨损严重，同时在热负荷和温度的急剧波动条件下，其裂纹敏感性也很高，限制了冷却壁寿命的进一步提高。铸铁冷却壁的冷却水管是铸入球墨铸铁本体内的，由于材质及膨胀系数不同，冷却水管与铸铁本体之间存在 $0.1 \sim 0.3mm$ 的气缝，这一层气缝会成为冷却壁传热的主要限制环节。另外，冷却壁注入冷却水管而使铸造本体产生裂纹，并且在铸造过程中为避免石墨渗入冷却水管必须采用金属或陶瓷涂料层加以保护，保护层起了隔热夹层作用，引起温度梯度增大，造成热面温度升高而产生裂纹。

铸铁冷却壁主要存在两个问题：一是冷却壁的材质问题；二是水冷管的铸入问题。为了解决这两个问题，人们开始研究轧制铜冷却壁。此种铜冷却壁是在轧制好的壁体上加工冷却水通道和在热面上设置耐火砖。

铜冷却壁与铸铁冷却壁的比较见表 6-9。

表 6-9　铜冷却壁与铸铁冷却壁的比较

项　目	铸铁冷却壁	铜冷却壁
冷却效果	由于水管位置距离角部和边缘有要求，冷却效果差，易损坏	钻孔时距壁角和边缘部位的距离可缩短，使两部位的冷却效果好
冷却水管	铸入壁内，有隔热层存在	在壁内钻孔，无隔热层存在
壁间距离	相邻两壁之间有 $30 \sim 40mm$ 宽的缝隙，此部位冷却条件差	相邻两壁之间距离可缩小到 $10mm$
热导率比	1	10

铜冷却壁的特点：

（1）铜冷却壁具有热导率高、热损失低的特点。铜冷却壁大多以轧制纯铜为材质，经钻孔加工而成。这样制作出来的铜冷却壁的冷却通道和壁体是一个有机的整体，消除了铸铁冷却壁因水管与壁体之间存在气缝而形成隔热屏障的弊端，再加上铜本身具有的高导热性，这样就会使铜冷却壁在实际使用过程中能保持非常低的工作温度。

（2）有利于渣皮的形成与重建。较低的冷却壁热面温度是冷却壁表面渣皮形成和脱落后快速重建的必要条件。由于铜冷却壁具有良好的导热性，因而能形成一个相对较冷的表面，从而为渣皮的形成和重建创造条件。由于渣皮的导热性极低，渣皮形成后，就形成了由炉内向铜冷却壁传热的一道热屏障，从而减少了炉内热损失。研究表明，在渣皮脱落后，冷却壁能在 $15min$ 内完成渣皮的重建，而双排水管球墨铸铁冷却壁则至少需要 $4h$。

（3）铜冷却壁的投资成本低。使用铜冷却壁，并不意味着高炉投资成本增加。这主要是基于以下几点考虑：

1）单位重量的铜冷却壁比铸铁冷却壁价格要高，但单位重量的铜冷却壁冷却的炉墙面积要比铸铁壁大 1 倍，这样计算，铜冷却壁的价格就相对便宜一些。

2）铜冷却壁前不必使用昂贵的或很厚的耐火材料。使用铸铁冷却壁时，对其前端砌筑的耐火材料要求较高，在炉腹、炉腰和炉身下部多使用碳化硅砖或氮化硅结合碳化硅砖，这些砖的价格较高，相应地增加了冷却设备的投资。高炉使用铜冷却壁，主要是利用其高导热性形成较低的表面温度，从而形成稳定的渣皮来维持高炉生产，而不是主要靠砌筑在其前端的耐火材料来维持高炉生产，因此，铜冷却壁前端的耐火材料的耐久性和质量就并不十分重要。西班牙两座使用铜冷却壁的高炉的生产实践表明，铜冷却壁前端砌筑的耐火材料在高炉开炉 6 个月后就已侵蚀殆尽。当然铜冷却壁前还是有必要砌一定的耐火材料的，因为在高炉开炉初期，铜冷却壁需要耐火材料的保护。

3）使用铜冷却壁可将高炉寿命延长至 15～20a，因此可缩短高炉休风时间，从而达到增产的效果。

c　冷却板

冷却板是埋置于炉衬内的冷却设备，用于厚壁炉衬，有扁水箱和支梁式水箱两种。其优点是冷却强度大；缺点为点式冷却，炉役后期炉衬工作面凹凸不平，不利于炉料下降；此外在炉壳上开孔多，降低炉壳强度并给炉壳密封带来不利影响。

（1）支梁式水箱。为铸有无缝钢管的楔型冷却器（见图 6-18），它有支撑上部炉衬的作用，并可维持较厚的炉衬；质量轻，便于拆换，安装在炉身中部用以托砖，常为 2～3 层，呈棋盘式布置。上下两层之间距离 600～800mm，同一层相邻两块之间，一般相距 1300～1700mm，其端面距炉衬工作表面 230～345mm。

（2）扁水箱。扁水箱多为铸铁的，内部铸有无缝钢管（见图 6-19）。一般用于炉腰和炉身。呈棋盘式布置，有密排式和一般式，后者上下两层间距离 500～900mm，同一层相邻两块之间不应越过 350～500mm，前端距炉衬设计了作表面一砖距离 230mm 或 345mm，

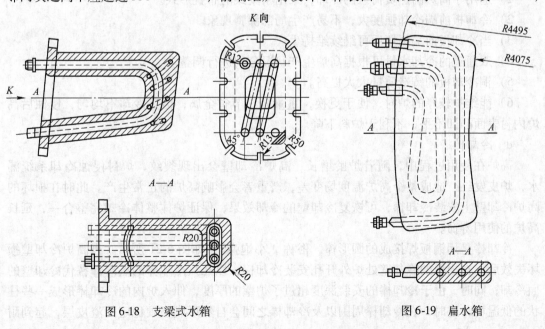

图 6-18　支梁式水箱　　　　　　　　　　　图 6-19　扁水箱

扁水箱的进出水管若与炉壳焊接，砖衬膨胀，进出水管可能被切断或破裂。

冷却板材质有铸铜、铸钢、铸铁和钢板等。冷却板有两种结构形式（见图 6-20），其内部采用隔板将冷却水形成一定的回路。显然，A 型水速较 B 型快，有利于提高冷却强度，更适用于高热负荷的部位。为增大冷却能力，在炉身下部改用"双进四路"和"双进六路"形式的冷却板，如图 6-20 所示，并增加冷却水配入量，冷却板损坏量几乎为零。

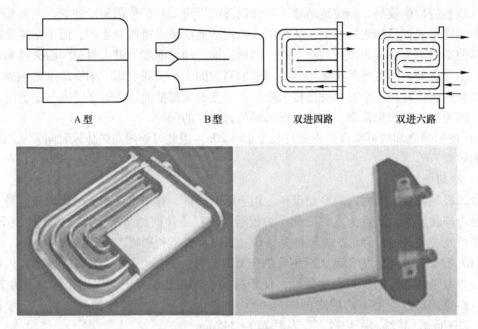

| A 型 | B 型 | 双进四路 | 双进六路 |

图 6-20　冷却板结构形式

铜冷却板结构的特点：

1）适用于高炉高热负荷区的冷却，采用密集式的布置形式。

2）冷却板前端冷却强度大，不易产生局部沸腾现象。

3）当冷却板前端损坏后可继续维持生产。

4）双通道的冷却水量可根据高炉生产状况分别进行调整。

5）铜冷却板的铸造质量大大提高。

6）能维护较厚的炉衬，便于更换，重量轻、节省金属；但是冷却不均匀，侵蚀后高炉内衬表面凹凸不平，不利于炉料下降。

d　冷却棒

高炉在使用过程中，随着炉龄增长，高炉冷却壁会出现裂纹，炉衬侵蚀冷却系统漏水，炉皮发红，造成整个高炉温度场变差，严重者会影响高炉的正常生产。此时在损坏的高炉冷却壁上安装冷却棒，可恢复冷却壁的冷却效果，保证炉体整体冷却完整合一，延长高炉的使用寿命。

冷却棒是用铜板焊接成的圆形棒，俗称"小炮弹"，如图 6-21 所示。当高炉冷却壁损坏失效后，在损坏的冷却壁处炉外开孔安装冷却棒，以几只冷却棒的点冷却替代冷却壁的面冷却；同时，由于冷却棒的安装深度超过了炉壁的厚度，伸入炉内的冷却棒形成一些柱状的低温场，这时，在冷却棒周围以及冷却棒之间会自然形成坚硬稳定的渣皮层，起到耐

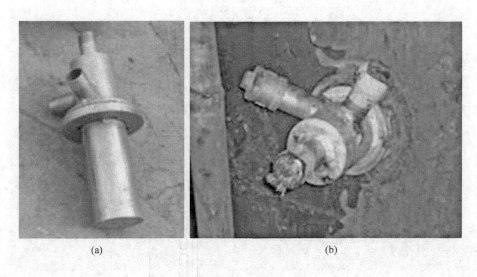

图 6-21 冷却棒

(a) 冷却棒；(b) 安装在炉体上的冷却棒

火炉衬的功效，保护炉壁，免去了炉衬的喷补，从而延长炉龄。

冷却棒的特点是采用冷却水通过进水管进入到棒体底部，回流由棒体中心流出，冷却强度大，阻损低，节约用水。冷却棒前端采用纯铜材料，与冷却壁直接接触，发挥其导热优异的特点，后端采用铜件，能与炉皮铜板良好焊接，提高密封性，确保炉皮强度。

6.1.2.4 高炉炉体冷却

炉体冷却形式有单一式和板、壁结合式。

冷却板的冷却原理是，通过分散的冷却元件（冷却板）伸进炉内的长度（一般700~800mm）来冷却周围的耐火材料，并通过耐火材料的热传导作用来冷却炉壳，从而起到延长耐火材料使用寿命和保护炉壳的作用。冷却壁的冷却原理是通过冷却壁形成一个密闭的围绕高炉炉壳内部的冷却结构，实现对耐火材料的冷却和对炉壳的直接冷却，从而起到延长耐火材料使用寿命和保护炉壳的作用。

对于全部使用冷却板设备冷却的高炉，冷却板设置在风口部位以上一直到炉身中上部；炉身中上部到炉喉钢砖和风口以下采用喷水冷却或光面冷却壁冷却。

全部使用冷却壁设备冷却的高炉，一般在风口以上一直到炉喉钢砖采用镶砖冷却壁，风口以下采用光面冷却壁。在实际使用中，大多数高炉根据冶炼的需要，在不同部位采用各种不同的冷却设备。这种冷却结构形式对整个炉体冷却来说，称为板壁结合冷却结构。随着炼铁技术的发展和耐火材料质量的提高，高炉寿命的薄弱环节由炉底部位的损坏转移到炉身下部的损坏。因此，为了缓解炉身下部耐火材料的损坏和保护炉壳，在国内外一些高炉的炉身部位采用了冷却板和冷却壁交错布置的结构形式，起到了加强耐火材料的冷却和支托作用，又使炉壳得到了全面的保护。

日本川崎制铁厂的千叶6号高炉（4500m³）和水岛4号高炉（4826m³），在炉身部位采用冷却板和冷却壁交错布置的冷却结构，如图6-22所示。

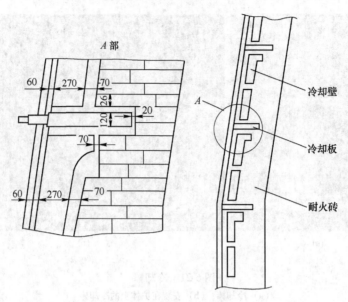

图 6-22　板壁交错布置结构

6.1.2.5　风口冷却装置

A　风口装置

风口装置一般由鹅颈管、带有窥视孔的弯管、拉杆、直吹管和风口水套等构件组成。把经热风炉加热的热风通过热风总管、热风围管，再经风口装置送入高炉。要求接触严密不漏风，耐高温、隔热与热损失小；结构简单、轻便、阻力损失小；耐用、拆卸方便，易于机械化，其构造如图 6-23 所示。

热风围管用钢板焊成，内砌黏土砖，在砖与钢板之间充填绝热材料。为了适应砖衬的膨胀，每隔 10m 留出一个宽约 40mm 的膨胀缝，内外两圈的膨胀缝要错开。热风围管吊挂在炉缸支柱或大框架上。

鹅颈管是上大下小的异径弯管，其形状应保证局部阻力越小越好，大中型高炉用铸钢作成，内砌黏土砖，使之耐高温且热损失小，下端与短管球面接触，两套吊环销子从两侧分别固定。由于它结构复杂且密封不严，在大型高炉上改为两头法兰连接。鹅颈管设有两个膨胀圈，以补偿围管对高炉的相对位移，解决了由于胀缩、错位引起的密封不严的问题。

弯管用插销吊挂在鹅颈管上，为铸钢件，内衬黏土砖，后面装有观察风口的窥视孔，下端有为扣紧固定用的带肋板。

直吹管采用铸钢管，带内衬，其内衬一般用耐热混凝土捣固，能防止直吹管被烧红或烧穿，既减少热量损失又保证安全。为防止烧坏，在直吹管的两端球面接触处采用耐热钢或不锈钢。

为了便于更换并减少备件消耗，风口做成锥台形的三段水套，即风口大套、风口二套、风口。风口大套是铸有蛇形无缝钢管的铸铁冷却器，它有法兰盘装凸缘，用螺钉固定在炉壳上；风口二套和风口一般为青铜（Cu 97.8%，Sn 1.5%，Fe 0.7%）或无氧铜铸

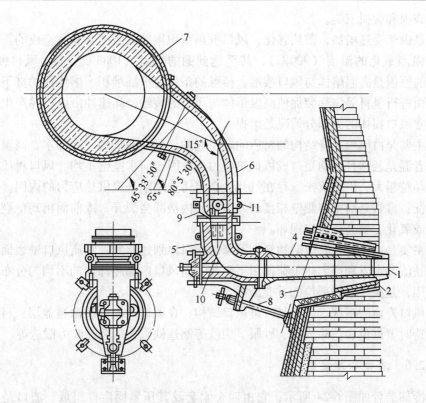

图6-23 风口装置

1—风口；2—风口二套；3—风口大套；4—直吹管；5—弯管；6—鹅颈管；
7—热风围管；8—拉杆；9—吊环；10—销子；11—套环

成，因为这里需要较大的冷却强度，故应选取导热性好的材料。

风口的数目、形状和结构尺寸对高炉的冶炼过程有很大影响。风口形状有空腔锥形风口；有扩张的文杜里式风口（喇叭形），它适用于冶炼强度高、炉内透气性好的高炉，以降低风口前的鼓风动能，减弱过分发展的中心气流；有椭圆形风口，风口通道前做成椭圆形，适用于风口数目少的高炉，使风口区域燃烧带横向发展；斜风口（马蹄形）适用于炉缸高度较高、炉底易结厚、炉缸温度低的高炉，一般向下倾斜10°～15°，既减少风口的烧损，又有利于活跃炉缸，这种风口多用于小高炉。风口直径是根据风量、风速和风口数目来确定的，一般大型高炉风口风速以100～120m/s为宜，中小型高炉以60～90m/s为宜。

B 风口破损

风口是一个热交换极为强烈的冷却元件，风口破损是造成高炉休风率高的重要原因之一，并由此引起炉况的波动，焦比升高，产量下降。

风口损坏的部位几乎总是露在炉缸的风嘴部分，大部分是在外圆柱的上面、下面和端面上。风口处在炉墙、冷却水、高温中心、高温熔体四者温差悬殊且波动的条件下，风口上边受1700～1800℃左右的高温煤气、炽热的焦炭的作用，正面是燃烧焦点的高温中心，下面是1450～1550℃高温熔体渣铁的冲刷，中心是1000℃以上的热风，而风口空腔内是30～40℃的冷却水，风口暴露在炉内的部分都有可能被烧坏。从外观特征看风口损坏可分为熔损、破损和磨损三类。

熔损是由于受热增加，散热恶化，风口壁热量积累导致温度升高所造成的。当温度高于铜开始强烈氧化的温度（900℃），甚至达到铜的熔点（1083℃）时，风口便被烧杯。受热增加的原因是高温熔体与风口接触，接触的条件是炉缸堆积，熔体往炉缸下落，炉缸蓄有渣铁而进行坐料等，都会促使高温熔体与风口的接触，高速冲击风口并产生巨大的热负荷。通常风口损坏的大部分情况是熔损。

破损主要是由风口本身结构的材质问题引起的，风口前炉墙、冷却水、高温中心、高温熔体四者温差悬殊且波动是造成风口热应力的外因，而水室壁不均、风口材质不纯、表面粗糙、晶粒粗大、组织疏松、存在气孔夹杂等铸造缺陷是提供热应力的内因。风口破损的外表特征：常常是前壁与侧壁相接的外接圆和内接圆会裂开，或前面出现龟裂，这样的裂纹扩大或氧化，就会使风口损坏。

磨损主要是由于焦块和熔融物料在下降时从风口划过所致。铜质风口壁表面的氧化皮极易在渣铁流冲击下和巨大热负荷作用下剥落，而风口内部冷却水的不均匀分布，直至汽膜层的作用，是决定磨损部位的重要因素。

提高风口寿命的措施。主要是改进风口结构；在风口外表面喷涂覆盖层；材质纯，杂质小；制造时要避免和消除气孔、砂眼、裂纹等制造缺陷；由铸造改为锻造等。

6.1.2.6　渣口冷却装置

渣口冷却装置如图6-24所示，它由四个水套及其压紧固定件组成。渣口是用青铜或紫铜铸成的空腔式水套，直径为50~60mm，高压操作的高炉则缩小为40~45mm，渣口二套是用青铜铸成的中空水套，渣口三套和渣口大套是铸有螺旋形水管的铸铁水套；渣口大套固定在炉壳的法兰盘上，并用铁屑填料与炉缸内的冷却壁相衔接，保证良好的气密性，渣口和各套的水管都用和炉壳相连的挡板压紧。高压操作的高炉内部有巨大的压力，会将渣口各套抛出，故在各套上加了用楔子固定的挡杆。

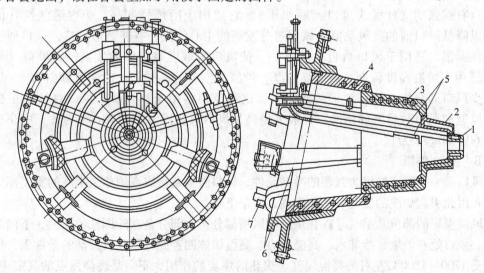

图6-24　渣口冷却装置

1—小套；2—二套；3—三套；4—大套；5—冷却水管；6—压杆；7—楔子

任务6.2 高炉冷却操作

冷却工作制度确定的依据主要是根据工艺、设备以及各部位炉衬的工作情况、各部位所用冷却设备特性等来确定。另需通过水量、水速、进出水温差、水压、水质等参数保证。

6.2.1 冷却制度内容

控制合理的冷却强度和适宜的水温差，确保操作炉型稳定、冷却设备使用寿命长，达到高炉长寿的目标。

6.2.2 冷却水的管理

高炉冷却水是高炉生产至关重要的一部分。

6.2.2.1 备用水源

为防止高炉在正常生产时突然停电、停水造成冷却设备烧损，用于高炉给水泵的电源必须设有保安电源，在突然停电时使用保安电源，使高炉供水正常。也可采用高位蓄水池，高位蓄水装置的高度，最低限度不可低于风渣口的供水的高度，其目的在于短时间停水、停电时确保风渣口各套的安全。

6.2.2.2 水的消耗量

高炉某部位需要由冷却水带走的热量称为热负荷，单位表面积炉衬或炉壳的热负荷称为冷却强度。热负荷可写为

$$Q = cM(t - t_0) \times 10^3$$

式中　Q——热负荷，kJ/h；

　　　M——冷却水消耗量，t/h；

　　　c——水的比热容，kJ/(kg·℃)；

　　　t——冷却水出水温度，℃；

　　　t_0——冷却水进水温度，℃。

由上式可知，冷却水消耗量与热负荷、进出水温度差有关。高炉冶炼过程中在某一段特定时间内（炉龄的初期、中期和晚期等）可以认为热负荷是常数，那么冷却水消耗量与进出水温度差成反比，提高冷却水温度差，可以降低冷却水消耗量。提高冷却水温度差的方法有两种：一是降低流速；二是增加冷却设备串联个数。但冷却设备内水的流速不宜过低，因此经常采用的办法就是增加冷却设备的串联个数。表6-10为不同炉容的冷却水耗量。

表6-10　高炉炉体冷却水耗量

炉容/m³	620	1000	1500	4063
耗水量/m³·(m³·h)⁻¹	1.6	1.41	1.3	1.6

高炉炉衬热负荷随炉衬侵蚀情况而变化，一般是开炉初期低，中期有一段相对稳定时间，末期上升较快。因此，高炉一代寿命中，不同时期冷却水消耗量也有差别。

6.2.2.3　入水温度规定

在一般情况下，用于高炉的冷却水进水温度不高于 32℃（夏季不高于 35℃）。进水温度过高，水在高炉冷却器中会产生局部沸腾现象或产生气阻，使冷却设备烧损；进水温度过高，还会使水中的钙与镁的盐很快沉淀下来，形成导热性极差的水垢，使进水量减少冷却效果变坏，有时甚至导致冷却设备烧坏。

6.2.2.4　悬浮物规定

用于高炉的冷却水，因净化手段不同，净化的程度也不同。对于高炉冷却水，一般以自然沉淀所能达到 200mg/L 考虑，在洪水期间可适当放宽。水中悬浮物对高炉冷却影响极大，当颗粒物进入冷却器中，会使水速减慢，水中悬浮物沉淀黏结于冷却器内壁上，使冷却效果变差，要消除其对冷却效果的影响，一是清洗，二是提高水流速。

6.2.2.5　水压规定

降低冷却水流速，可以提高冷却水温度差，减少冷却水消耗量。但流速过低会使机械混合物沉淀，而且局部冷却水可能沸腾。冷却水流速及水压与冷却设备结构有关。

确定冷却水压力的重要原则是冷却水压力大于炉内静压，防止个别冷却设备烧坏时煤气进入冷却系统。一般高炉风口冷却水压力比热风的压力高 0.1MPa，炉身部位冷却水压力比炉内静压高 0.05MPa。

风口小套是容易烧坏的冷却设备，采用高压大流速冷却。高压冷却设备烧坏时向炉内漏水较多，必须及时发现和处理。一般在每根供水、排水管上装有电磁流量计，监测流量并自动报警。

用于高炉冷却水的供水压力，在一般情况下，风口区以上部位：压力应大于该部位煤气压力 $0.3 \sim 0.5 kg/cm^2$ 为宜；风渣口及各套水压大于该部位煤气压力 $0.8 \sim 1.0 kg/cm^2$ 为宜（可视不同情况和条件加以提高）；炉缸炉底的供水压力应在 $2.5 kg/cm^2$（可视不同情况和条件加以提高）。

6.2.2.6　硬度规定

一般情况下水的硬度用 pH 值表示：即水的侵蚀性，与 pH 值有关，pH 值越小，侵蚀性越大。因此，冷却水的 pH 值在 6.5 ~ 7.5 之间，水的硬度控制在中性为宜。

6.2.3　水温差及热流强度的规定

水沸腾时，水中的钙离子和镁离子以氧化物形式沉淀产生水垢，降低冷却效果。因此，应避免冷却设备内局部冷却水沸腾，采用的方法是控制进水温度和控制进出水温度差。进水温度一般要求应低于 35℃；由于气候的原因，也不应超过 40℃。而出水温度与水质有关，一般情况下工业循环水的稳定温度不超过 50 ~ 60℃，即反复加热时水中碳酸盐沉淀的温度，否则钙、镁的碳酸盐会沉淀，形成水垢，导致冷却设备烧坏。通常所说的出水温度仅代表出水的平均温度，也就是说，在冷却设备内，某局部地区水温有可能大大超过出水温度，这样就会产生局部沸腾现象和硬水沉淀。工作中考虑到热流的波动和侵蚀状况的变化，实际的进出水温差应该比允许的进出水温度适当低些，过低造成浪费大量的冷却水及高炉不能进一步强化；过高易造成冷却壁的烧损，甚至被迫提前大修。

各个部位都要有一个合适的安全系数 φ，其关系式如下：

$$\Delta t_{实际} = \varphi \Delta t_{允许}$$

式中的 φ 值见表 6-11。高炉上部 φ 值较大，对于高炉下部由于是高温熔体，主要是铁水的渗漏，可能局部造成很大热流而烧坏冷却设备，但在整个冷却设备上，却不能明显地反映出来，所以 φ 值要小些。实践证明，炉身部位 Δt 波动 5~10℃ 是常见的变化，而在渣口以下 Δt 波动 1℃ 就是个极危险的信号。

表 6-11 高炉各部位安全系数及进出水温差参考数据

部 位	φ（安全系数）	冬天 $\Delta t_{允许}$：25℃	夏天 $\Delta t_{允许}$：15℃
		$\Delta t_{实际}$/℃	$\Delta t_{实际}$/℃
炉身、炉腹	0.4~0.6	15	8
风口带	0.15~0.3	8	5
风口小套	0.3~0.4	10	6
渣口以下炉缸、炉底	0.08~0.15	4	3

6.2.3.1 水温差的规定

我国部分高炉各部分水温差允许范围见表 6-12。

表 6-12 高炉各部分水温差允许范围 （℃）

炉容/m³	炉身上部	炉身下部	炉腰	炉腹	风口带	炉缸	风渣口大套	风渣口二套
620	10~14	10~14	8~12	8~12	3~5	4	3~5	3~5
>1000	10~15	8~12	7~12	7~10	3~5	<4	5~6	7~8

6.2.3.2 热流强度的规定

高炉各部位的工作条件不同，加上操作因素的影响，高炉内各处温度和热容量不是固定的，是不稳定态传热，炉体各部位的热流强度处于动态平衡。表 6-13 列出部分高炉各部位的热流强度。

表 6-13 高炉各部位的热流强度

部 位	热流强度/kJ·(m²·h)⁻¹		
	经常值	最大值	最小值
炉 底	6279	25116	1674
炉 缸	14651	50232	2511
风口带	14651	144417	7116
炉 腹	83720	209300	20930

部　位		热流强度/kJ·(m²·h)⁻¹		
		经常值	最大值	最小值
炉　腰	薄壁，冷却壁	73255	188370	8372
	厚壁，冷却壁	41860	144417	8372
	厚壁，插入水箱	20930	50232	8372
炉　身	插入冷却壁	25116	58604	
	冷却壁上部	50232	62790	37674
	冷却壁中部	133952	209300	86650
	冷却壁下部	62790	92092	58600
风　口	小套（每个套的）	418600	627900	125584
	二套（总热量）	92092	167440	10465
	大套（总热量）	41860	146510	5023

6.2.4　高炉给排水系统

高炉在生产过程中，任何短时间的断水，都会造成严重的事故，高炉供水系统必须安全可靠。为此，水泵站供电系统须有两路电源，并且两路电源应来自不同的供电点。泵房内应备有足够的备用泵。由泵房向高炉供水的管路应设置两条。串联冷却设备时要由下往上，保证断水时冷却设备内留有一定水量。

大中型高炉设有两条供水主管道及两套供水管网。供水管直径由给水量计算而定，正常条件下供水管内水流速0.7~1.0m/s，供水管上除安装一般阀门外，还安装逆止阀，防止冷却设备烧坏时煤气进入冷却管路系统。高炉排水一般由冷却设备出水头引至集水槽，而后经排水管送至集水池（蒸发2%~5%），由于出水头有水力冲击作用而产生大量气泡，所以排水管直径是给水管直径的1.3~2.0倍。排水管标高应高于冷却设备，以保证冷却设备内充满水。所有管路、阀门布置应方便操作。

一般高炉给排水的工艺流程是：水源→水泵→供水主管→滤水器→各层给水围管→配水器（分配水进各冷却设备）→冷却设备及喷水管→环形排水槽、排水箱→排水管→集水池。

6.2.5　冷却系统

炉冷却系统可分为：汽化冷却系统、开式工业水循环冷却系统、软（纯）水密闭循环冷却系统，目前国内外的很多高炉都采用开式工业水循环冷却系统。高炉采用软（纯）水密闭循环冷却系统，取得了高炉长寿、低耗的显著效果。

6.2.5.1　汽化冷却

汽化冷却是将接近饱和温度的软化水送进冷却件内，水在汽化时吸收大量的热量，从而达到冷却设备的目的。

汽化冷却自然循环原理如图6-25所示，当U形管内充以相同密度和压头的水时，为一个静止系统。若其中一管受热，所装之水吸收热量，密度减小，从而在系统内产生一个推动力，系统开始循环。

借助循环动压头实现汽化冷却，称为自然循环。它在开炉初期热负荷不足时，为了启动，可在上升管内作蒸汽引射。如果靠装在下降管上的水泵推动进行循环冷却，则称为强制循环，一般采用自然循外方式居多。

汽化冷却与水冷相比有如下优点：由于水汽化时吸收大量汽化潜热，所以冷却强度大；耗水量极少，与水冷却相比可节约用水60%～90%，还可节电（水泵动力）75%以上；由于耗水量少，水可以软化处理，防止冷却设备结垢，延长寿命；产生大量蒸汽，可作为二次能源；有利于安全生产，如果采用自然循环方式，当断电时，

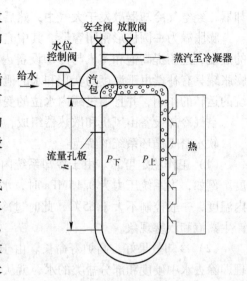

图 6-25 汽化冷却自然循环原理

可利用气包中储备的水维持生产约40～50min，因此提高了冷却设备的安全性。

汽化冷却应用并不广泛，并逐渐被软水闭路强制循环所代替，主要是汽化循环冷却还存在一些具体问题不好解决。例如，热负荷高时汽化循环不稳定，冷却设备易烧坏，并且对于已烧坏的冷却设备，其检测技术不完善，炉衬侵蚀情况反应不敏感。

6.2.5.2 开式工业水循环冷却系统

开式工业水循环冷却系统，是指其降温设施采用冷却塔、喷水池等设备，靠蒸发制冷的系统。这种冷却系统致命的弱点是：在冷却设备的通道壁上容易结垢，水垢是造成冷却设备过热烧坏的重要原因。为了克服冷却设备上结垢带来的危害，一般采用清洗冷却设备内水垢方法和控制进出水温差的办法。但是这样会对生产、经济不利，并会造成环境污染。

6.2.5.3 软水密闭循环冷却系统

高炉软水密闭循环系统工作原理如图6-26所示。它是一个完全密闭的系统，用软水作为冷却介质。软水由循环泵送往冷却设备，冷却设备排出的冷却水经膨胀罐送往空气冷

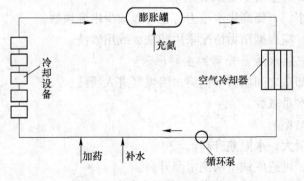

图 6-26 软水密闭循环系统原理

却器，经空气冷却器散发于大气中，然后再经循环泵送往冷却设备，由此循环不已。

膨胀罐为一圆柱形密闭容器，其中充以氮气，用以提高冷却介质压力，提高饱和蒸汽的温度，进而提高饱和蒸汽与冷却设备内冷却水实际温度之差，即提高冷却水的过冷度。膨胀罐具有补偿由于温度的变化和水的泄漏而引起的系统冷却水体积的变化，稳定冷却系统的运转的作用，并且通过罐内水位的变化，可判断系统泄漏情况和合理补充软水。

空气冷却设备由风机和散热器组成，用来散发热量，降低冷却水温度。

软水密闭循环系统的特点：

（1）工作稳定可靠。由于冷却系统内具有一定的压力，所以冷却介质具有较大的过冷度。例如，当系统压力为 0.15MPa 时，水的沸点为 127℃，系统中回水最高温度是膨胀箱内温度，一般控制不大于 65℃，此时过冷为 62℃，通常过冷度等于或小于 50℃ 时不会产生蒸汽和汽塞现象。

（2）冷却效果好，高炉寿命长。由于使用的冷却介质是软（纯）水，是经过化学处理即除去水中硬度和部分盐类的水，就从根本上解决了在冷却水管或冷却设备内壁结垢的问题，保证有效冷却并能延长冷却设备的寿命。

（3）节水。因为整个系统完全处于密闭状态，所以没有水的蒸发损失，而流失也很少。根据国内外高炉的操作经验，正常时软水补充量仅为循环流量的 0.1%。

（4）电能耗量低。闭路系统循环水泵的扬程仅取决于系统的阻力损失，不考虑供水点的位能和剩余水头。因此，软水密闭循环系统的总装机容量为开式循环系统的 2/3 左右。

6.2.6　检查与维护

6.2.6.1　要求

（1）操作人员必须熟悉高炉冷却设备的结构、冷却方式并熟悉高炉配管图，做到能按图找到任意一段和任意一块冷却壁（板）的准确位置，为检查维护打下一个良好的基础。

（2）经常检查炉体各部位炉皮的工作情况，有无变形、裂缝，炉皮局部烧红现象。若有应及时进行休风，焊接裂缝处，变形和局部烧红时应进行外皮浇水冷却。

（3）冷却水管管件严重腐蚀时，应及时更换，或泄漏严重应及时更换。

6.2.6.2　水温差升高的处理

A　水温差升高的主要原因及处理

（1）供水压力小。可提高供水压力，也可以减少串联块数。

（2）结垢严重。应根据结垢情况采用酸洗，或用砂洗。

B　造成炉底炉缸水温差升高的主要原因

（1）炉皮与冷却壁之间填料不饱满，因煤气进入所致。

（2）水压低，水量减少。

（3）冷却壁管结垢。

（4）炉缸存铁量大，水温差升高。

（5）铁口失常，可造成铁口两侧水温升高。

（6）铁口偏离铁口中心线时，造成水温升高。

（7）炉温过低，可建议工长适当提高炉温。

（8）炉缸炉底侵蚀严重造成水温升高。

C　炉缸、炉底水温差升高的处理方法

（1）如因冷却壁与炉皮之间填料不充足，应立即灌浆处理。

（2）提高水压，加强冷却，串联的冷却壁改单联供水，有结水垢的应立即清洗。

（3）加强检测，建议工长出净炉缸积铁。

（4）督促炉前工掌握好铁口深度的规定。

（5）开铁口时找准铁口中心位置。

（6）增加检测水温次数，掌握变化情况，根据具体情况采取妥善有效措施。

D　炉缸冷却壁水温差超过规定值的处理措施

（1）清洗冷却壁，提高导热性能。

（2）冷却壁串联的改单独供水。

（3）改用高压水供水，强制冷却。

（4）炉皮外喷水冷却。

（5）如有漏水要全面检漏、控漏。

（6）如上述措施无效，采取堵风口、降低冶炼强度、护炉等措施。

6.2.6.3　冷却设备的检查

为了实现高炉长寿，在炉体内安装有大量形式各异的冷却装置，并采用不同的冷却介质进行冷却。不论哪种冷却均有漏水的可能，漏水加速冷却壁的损坏，造成耐火材料过早损坏；造成产量低、焦比高，使煤气中 H_2 含量增加，在一定的条件下容易产生煤气爆炸和炉顶着火。容易造成炉墙结垢、炉况不顺、炉缸堆积、炉凉及炉缸冻结等恶性事故。因此，高炉冷却设备检漏工作是一项重要的工作。常用检漏方法与处理如下：

（1）风口检漏方法与处理。高炉风口区供水压力较大，风口漏水对高炉生产的威胁很大，后果严重；风口漏水在风口水套间有少量冷水流出，轻微时有气泡和汽，观察风口有挂渣现象；漏水严重时，除外部来水外，风口暗红，甚至发黑。怀疑风口漏水时，首先确定阀门是否严密，管道连接是否漏水，排除上述症状后，可进行关水检查，即关小风口进水，使进水压力小于该处煤气压力，风口出水管若有明显的白色风线，风口出水管喘气，冒煤气，出水管颤动，各水套间同时伴有来水来汽现象，说明风口确定漏水，软水密闭循环冷却的风口补水量加大，补水周期缩短。风口漏水轻微时关水检查很难判断。不论风口是轻微漏水或是严重烧损，都要做好风口更换准备工作。首先检查风口管丝扣是否完好，准备好备品备件，同时将进出水管的活接打松，等待更换，在更换时应做好安全防范工作。

（2）渣口检漏方法与处理。渣口烧损主要原因是渣中带铁。渣口漏水时，渣口水套间来水、来汽，并伴有红黄火焰出现；有时伴有爆鸣声，并且有水渣流出；堵渣机端部潮湿或带水，为进一步确认，应将水关小检查。如果判断渣口已经漏水，应准备更换；同时应检查各管件是否完好，连接是否牢固，将渣口进出水管的活接打松，待出铁后更换。

（3）内部冷却设备漏水检查与处理。日常检查冷却设备漏水有以下几种方法：

1）关水检查法。关小冷却设备进水压力，使煤气能从冷却设备破损处排除，可根据冷却设备出口水管发白（风线）、喘气等现象来判断冷却设备是否破损，已经破损的可适当关小进水。

2）点燃法。关小或短时间关闭冷却设备进水阀门，在冷却设备破损严重时，排出口有烟气，此时可用火点燃，如能点燃说明冷却设备漏水比较严重，应堵死进出口水管。同时该处外部应大量喷水冷却，防止炉壳烧穿事故发生。

3）打压法。出于冷却壁漏水时间长，而且面积又比较大，在短时间内很难判定哪块冷却壁漏水，应组织使用打压的办法检查冷却设备漏水。将冷却壁出口水管堵死，将压力泵出水管接冷却壁进水管进行打压。试压压力大于冷却介质压力即可。

严禁在高炉长期休风时使用打压的办法检查冷却设备是否漏水，尤其中小高炉，因为中小高炉炉内热储备少，漏水可能导致炉子大凉，炉缸冻结。

4）局部关小法。有时在休风后发现炉内大量漏水，但很难找出漏水冷却壁，此时应根据漏水多少、漏水的方向和部位分析大致漏水的冷却壁，将认为有可能漏水的冷却壁进水阀门关闭，直至外部来水见小、冒火时火焰见小为止。待送风后每次可打开一到两个冷却壁进水阀门，逐步依次打开，直至查明准确的漏水冷却壁，根据破损的程度不同关小进水，关闭进水，堵死出水管。

5）局部控水法。在正常生产中，有时炉壳外部来水、来汽，很难确定是哪一块冷却壁漏水，可根据来水、来汽方向部位、水量大小等情况进行详细分析后，将认为有可能漏水的冷却壁进水关小，小于该处煤气压力，但不能断水，控水时间不宜过长。控水后观察来水情况，如来水见小，可每次打开一块冷却壁进水阀门，再看来水有无变化，如无变化可打开另一块冷却壁进水阀门，直至查找出漏水冷却壁为止。

6.2.6.4　高炉休风时冷却设备的管理

A　短期休风冷却设备的管理

休风时间不超过 4 小时为短期休风。在休风时高炉炉内压力为零。为避免冷却设备往炉内漏水，造成耐火炉衬的损坏，或因漏水造成变风、生产困难，应将漏水冷却设备的进水关闭。在休风时发现漏水的风口、渣口及各套应立即更换。

B　长期休风冷却设备的管理

长期休风大部分是有计划的休风，长期休风少则十几个小时，多则几天、十几天，管理好冷却设备尤为重要。尤其是漏水的冷却设备如不能有效地控制，将对恢复生产造成极大困难。

高炉在长期休风时配管工必须对高炉所有冷却设备的漏水情况进行全面仔细的检查，做到心中有数，并制订出高炉长期休风冷却设备管理计划。计划工作内容如下：

（1）对高炉冷却设备的漏水情况进行全面仔细的检查，必要时可进行打压检查。

（2）在休风低压时全面检查风口有无漏水，发现漏水应立即更换。

（3）为保证炉内有充足的热源，以利于变风生产，可将各部供水压力控制在最小，但以不断流为好。

（4）休风后将认为有漏水可能的冷却设备进水关闭。

（5）休风期间派专人检查高炉炉体各部位有无来水、来汽、冒火现象及堵的风口、渣口有无鼓开现象。将发现上述现象部位的上部、下部，左右两侧的冷却设备进水关小或关死，直至上述现象消失为止。上述现象主要是冷却设备漏水造成的。

（6）送风后冷却设备可按送风风口的方向逐步给水。但由于送风后的高炉不是全风操作，所以漏水的冷却设备暂时不开为好。

（7）送风后可根据炉内的压力适当调剂给水压力。

（8）休风后有的部位冷却水不宜立即关闭进水，如风口及风口区，休风关水或是送风开水，均应掌握一个原则——以不烧坏冷却设备为宜。

6.2.6.5 冷却设备的清洗方法形式

清洗冷却设备可以延长其使用寿命。水垢的导热性很差，易使冷却设备过热而烧坏，故定期清洗掉水垢是很重要的。一般应3个月清洗一次。

（1）高压水冲洗：当高炉冷却水温差有所升高，超过规定上限时，冷却设备内可能有轻微结垢等，此时可用高压水进行冲洗，用于清洗冷却设备的高压水的压力必须大于冷却介质压力的1.5倍。此方法只适用于轻微结垢时使用。

（2）蒸汽冲洗：此方法只适用于轻微结垢时使用。

使用上述两种清洗方法，管件联结一定要牢固，避免在清洗时管件脱扣打伤人。

（3）酸洗：酸洗方法是解决冷却设备结垢行之有效的办法之一。

酸洗方法如下：配备酸洗泵、酸洗槽，浓度为10%～15%盐酸溶液加入1%～2%缓蚀剂，加温65～80℃，即为合格的酸洗溶液。酸泵的出口管和冷却壁的进口管用胶管连接。

酸洗时应注意的事项：

1）清洗人员必须配戴好防酸劳动保护用品。

2）用于清洗冷却设备的盐酸溶液必须严格按照配比要求配制，浓度过低清洗效果变差。

3）清洗前将冷却设备内存水吹扫干净，以利于提高清洗效果。

4）每个水头清洗10～15min。

5）酸洗后的冷却设备立即通水，将残留在冷却壁内的盐酸溶液尽快冲洗掉，防止腐蚀管件。

6）用过后的盐酸溶液不得随意排放，要妥善处理，防止造成环境污染。

（4）砂洗：使米石在空压机的压力作用下，在冷却壁内进行高速滚动，将冷却壁内的水垢冲刷掉，使冷却水管进水面积增大，并使冷却水管传热速率增大而提高冷却效果。

砂洗冷却壁的要点：

1）用于砂洗冷却壁的米石应选择硬度大的石英砂为好，粒度应控制在3～5mm。

2）所用米石应干燥、洁净，不得有异物混入。

3）清洗前用空压机将冷却设备内存水吹扫干净，并利用高炉内的温度烘干冷却壁内的水管后方可进行清洗，正常生产时停水时间不得超过20min。

4）用于砂洗冷却壁的压缩空气，风压必须大于冷却介质的压力，清洗过程中防止停电或其他原因的停风造成冷却设备灌砂，清洗时必须备有风源，在两条空压机的风管道上须有止回阀控制。

5）每个水头清洗10～15min。

6）每个水头用砂量 3～5kg 为宜。

7）给砂后应立即检查冷却壁出口有无米石喷出，如果只进不出，要立即停止给砂，查明原因处理后，方可进行清洗。

8）给砂后用手触摸管内有砂滚动，说明清洗正常，砂洗必须间断给砂，防止造成冷却水管狭小处堵塞。清洗后必须检查管道、管件有无泄漏，清洗后应尽快给水冷却。

6.2.7　配管工的作业程序

（1）设备启动操作：冷却设备安装前应根据设计图纸要求进行检验、验收。

（2）日常操作：

1）出铁前检查风口状况，有漏水应及时向工长汇报，出铁后更换。

2）高炉坐料时，必须检查风口情况，有异常情况应及时向工长汇报。

3）当炉皮烧红、冷却壁损坏时，采取炉皮喷水方式冷却。

4）经常检查冷却设备运行状况，有异常情况应及时处理并向工长汇报。

（3）软水闭路循环系统：

1）系统各部位阀门处于正常状态。

2）膨胀罐水位开关在正常水位之间。

3）系统补水时间在 30h 以上。

4）系统水压、水温，进、回水温度在规定范围内。

5）每班上炉顶（身）检查两次，观察有无外泄、漏水，炉皮发红、开裂，各集水管压力是否正常。

6）随时检查炉台风口工作情况，观察视孔有无发红、发黑，风口有无破损等异常情况。

7）检查风口工业水阀门开关情况，风口未坏时全关，风口损坏时开启倒换工业水。

8）检查直吹软管、接头有无漏水。

9）每日白班检查炉基炉底水冷管一次。

（4）齿轮箱水冷系统：

1）水泵运行正常，信号准确无误。

2）压力、流量、温度在规定范围内，氮气流量、压力、温度在规定范围内。

3）过滤器、换热器运行正常，排污系统在规定时间内正常排污，补水系统正常补水。

4）特殊情况时，如悬料、坐料、崩料、低料线等情况时，应随时检查风口二套、冷却壁、齿轮箱系统等关键设备运行情况，及时发现问题，抢救事故，按上级具体规定实施，以上检查规定，每班应如实记录。

6.2.8　突发性故障处理

（1）高炉长时间休风后，允许降低循环冷却水量至 50%～70%（炉底系统一般不进行调变），休风时间超过两个月，允许继续降低循环水量至 50% 以下。

（2）高炉炉况大凉或冻结时，允许调整冷却水量 50%～70%（冷却壁系统）。

（3）高炉炉腰以上部位炉墙结瘤（炉底炉缸侵蚀状况允许时）可适当降低冷却壁系统循环水量 15%～20%。

6.2.9　冷却设备破损的征兆与处理

6.2.9.1　风口破损的征兆与处理

风口破损的征兆：

（1）系统水位下降迅速，补水频繁（在排除系统外泄的情况下）；

（2）系统水位轨迹曲线图变化异常；

（3）风口套与套之间接触面流水或冒泡；

（4）风口周围冒红色煤气火焰并有臭味；

（5）从风口视孔镜内观察，风口发红、挂渣、涌渣、冒蒸汽或水线；

（6）风口漏水严重时炉顶 H_2 含量增大，铁口潮，"打火箭炮"，渣铁物理热不足等。

风口破损的处理：当风口破损时，应立即倒换成工业水开路冷却，控制风口进水流量，使炉内压力与风口进水压力趋于平衡，尽量减少风口向炉内漏水，使风口逐步恢复明亮，挂渣消失；当风口破损较大或断水时，应采取外部喷水冷却，控制好水量，观察风口变化，勤调节、勤观察，既不能使风口继续烧坏（大），又不能使风口漏水过多产生凝铁，应立即通知高炉值班工长及早出铁休风更换，指派专人看守，防止恶性事故。

6.2.9.2　软水冷却壁破损检漏处理

冷却壁漏水征兆：

（1）冷却系统补水量增加，补水周期缩短，系统水位下降速度增大，N_2 消耗量明显增多；

（2）冷却壁 20 组集水管的冷却水量低于正常流量；

（3）脱气罐集气包取样分析含有 CO 成分；

（4）高炉炉顶煤气取样分析 H_2 含量增大超过正常水平；高炉炉皮、风口、大中小三套间有渗水、冒气，及煤气火焰明显变化；高炉部分风口温度明显不足，有漏水迹象（风口未坏）；高炉渣铁温度降低，物理热明显不足，流动性变坏。

冷却壁破损处理：冷却壁损坏情况如图 6-27 所示。

图 6-27　冷却壁损坏情况

一般处理：卸开破损冷却壁上下端的连管，将损坏的冷却壁管内灌浆，管口封死；将未坏的管段用同等管径的管道相连接，恢复正常供水。

特殊处理：从破损冷却壁的冷却水管进出口处，采用牵引方式穿入特殊金属软管，并在破损冷却水管与金属软管间，灌入高导热和耐火性能良好的耐火材料，然后将进水管按原连接接通，另在该管段重新接通一根大于金属软管直径的旁通管并加球阀，恢复正常供水。

6.2.9.3　炉底水冷系统检查与处理

炉底漏水征兆：冷却系统补水量增加，补水时间周期明显缩短；系统膨胀罐水位降低率增加，消耗量明显增多；炉底缝隙溢出煤气火焰明显变化。

炉底水管破损检漏：按编号顺序检查各蛇形管冷却支管，关闭进出水两端手动碟阀。顺序检查各冷却支路回水端压力表显示，压力值变化则该支路破损。检查该支路的各个水冷管，顺序关闭入口端手动碟阀，开启排气阀，无气体溢出（随即关闭），则该水冷管未坏。按上述方法顺序检查，直至破损的水冷管被查出来，经点火检查予以确定。

破损水冷管的处理：炉底水冷管破（非烧穿原因）应采用特殊方法处理，并做全面安全预防措施，防止事故发生。

思 考 题

(1) 什么叫合理炉型？

(2) 高炉本体结构主要包括哪几部分？

(3) 高炉炉型的发展趋势如何？

(4) 影响高炉寿命的关键部位是什么？

(5) 叙述影响炉衬寿命的因素及提高炉衬寿命的措施。

(6) 陶瓷杯炉底炉缸结构有哪些优越性？

(7) 简述炉腹部位采用镶砖冷却壁的作用。

(8) 冷却壁和冷却箱各有哪些优点？

(9) 铜冷却壁有哪些特点？

(10) 冷却壁损坏的原因有哪些？

(11) 提高冷却壁寿命的措施有哪些？

(12) 清除冷却壁结垢的方法，通常采用哪几种？

(13) 冷却壁漏水的危害有哪些？

(14) 高炉采用软水密闭循环冷却方式冷却有哪些优点？

(15) 叙述冷却设备漏水造成的炉凉征兆。

(16) 冷却设备内，冷却水为什么要有一定压力与流速？

(17) 简述高炉炉缸堆积对冷却设备的影响。

(18) 风口熔损的机理是什么？风口磨损的机理是什么？

(19) 风口破损多在高炉风口下部的主要原因是什么？

(20) 风口套破损后如何判断破损的大小程度？

(21) 风口套破损后如何判断破损的位置？为什么要判断风口破损部位？

(22) 风口漏水后应采取什么措施？

（23）风口小套损坏的原因有哪些？

（24）炉缸、炉腹、炉身下部、风渣口小套允许温差是多少？

（25）造成炉底炉缸水温差升高的主要原因有哪些？

（26）高炉直吹管（风管）烧穿怎么处理？

（27）风口烧穿应怎么处理？

（28）简述铁口冷却壁烧坏的征兆。

（29）高炉配管工在炼铁生产中的作用有哪些？

（30）配管工出铁前后重点检查的工作有哪些要求？

（31）管道安装完毕后应对系统进行哪些试验？

（32）各种管道在投入使用前，必须做哪些工作？

（33）软水密闭循环系统的供回水管道在投入使用前还应做哪些工作？

（34）为了提高冷却设备寿命，合理的冷却制度有哪些？

（35）冷却设备的检漏方法是什么？

喷 煤 操 作

学习任务：

(1) 知道高炉喷吹用煤的性能要求；

(2) 熟悉喷煤工艺的基本流程及喷吹系统的组成；

(3) 能够进行高炉喷吹煤粉制备；

(4) 完成高炉煤粉的输送和喷吹；

(5) 能维护喷煤的主要设备；

(6) 熟知操作过程中应注意事项与安全措施。

任务7.1 高炉喷煤的工艺流程

高炉喷吹燃料是指从风口或其他特设的喷吹口向高炉喷吹煤粉、重油、天然气、裂化气等燃料的操作。喷吹的燃料可分为固体、液体和气体，根据资源条件不同，各国喷吹的燃料有所侧重。美国及俄罗斯主要喷吹天然气，其余国家包括日本、西欧、中国则以喷煤为主。我国主焦煤、肥煤少，气煤、瘦煤多，因此以喷吹气煤、瘦煤为主。喷吹燃料主要是以资源丰富的各种燃料代替资源贫乏、价格昂贵的冶金焦，达到降低焦比和成本的目的。

7.1.1 煤的分类及化学成分

7.1.1.1 煤的成分

煤的化学成分包括碳（C）、氢（H）、氧（O）、氮（N）、硫（S）以及灰分（A）和水分（W），其中，氧、氮、硫与碳和氢一起构成了可燃性化合物，它们称为煤的可燃质；而灰分和水分则称为煤的惰性质。

7.1.1.2 煤的化学成分表示方法

煤的成分通常用各组成物的质量分数来表示。通常有下述几种表示方法：

（1）应用成分。将碳、氢、氧、氮、硫、灰分和水分在应用基中的质量分数定义为煤的应用成分，表示方法为在对应组成的右上角加标 y，即：

$$C^y + H^y + O^y + N^y + S^y + A^y + W^y = 100\%$$

（2）干燥成分。用不含水分的干燥基中的各组分百分含量来表示煤的化学组成，用这种方法表示的成分称为煤的干燥成分，表示方法为在相应组成的右上角加标 g，即：

$$C^g + H^g + O^g + N^g + S^g + A^g = 100\%$$

（3）可燃成分。用 C、H、O、N、S 在可燃基中的百分含量来表示，称为可燃成分，表示方法为在对应组成的右上角加标 r，即：

$$C^r + H^r + O^r + N^r + S^r = 100\%$$

上述各种方法表示的成分之间是可以进行换算的。

（4）煤的工业分析成分。将一定重量的煤加热到110℃，使其水分蒸发以测出水分的百分含量 W，再在隔绝空气的条件下，将煤样加热到850℃，并测出挥发分的百分含量 V，然后再将煤样通以空气，使固定碳全部燃烧，以便测出灰分的百分含量 A，最后可确定出煤的固定碳百分含量为：

$$C^y = \left[100 - (W^y + A^y + V^y)\right] \times 100\%$$

7.1.1.3 煤的分类

煤的分类主要是按使用上的要求、煤的质量特性、煤的变质特性等划分。

A 按挥发分固定碳含量分

按挥发分固定碳含量要求分类见表7-1。

表7-1 按挥发分固定碳（C）含量要求分类

煤的名称	挥发分/%	C/%	用 途
无烟煤	6～10	90～93	化工原料、发生炉煤气、碳素材料、民用
瘦煤	10～13	86～91	动力
蒸汽结焦煤	13～20	79～86	动力、炼焦
结焦煤	20～26	72～79	炼焦
蒸汽肥煤	26～37	63～70	动力、炼焦
煤气烟煤	37～46	52～63	发生煤气炉、工业炉
长焰煤	40～45	47～55	工业生产、动力
褐煤	38～60	45～55	人造液体燃料、锅炉

B 按煤的挥发分、胶质厚度分

按煤的挥发分、胶质厚度分类见表7-2。

表7-2 按煤的挥发分（V^r）、胶质层厚度（Y）分类

名 称		挥发分（V^r）/%	胶质层厚度（Y）/mm
瘦煤	1号瘦煤	>14～20	0～8
	2号瘦煤	>14～20	>8～12
焦煤	瘦焦煤	>14～18	>12～25
	土焦煤	>18～26	>12～25
	焦瘦煤	>20～26	>8～12
	1号肥焦煤	>26～30	>9～14
	2号肥焦煤	>26～30	>14～25

续表 7-2

名　称		挥发分(V^r)/%	胶质层厚度(Y)/mm
肥　煤	1 号肥煤	>26~37	>25~30
	2 号肥煤	>26~37	>30
	1 号焦肥煤	≤26	>30
	2 号焦肥煤	≤26	>25~30
	气肥煤	>37	>25
气　煤	1 号肥气煤	>30~37	>9~14
	2 号肥气煤	>30~37	>14~25
	1 号气煤	>37	>5~9
	2 号气煤	>37	>9~14
	3 号气煤	>37	>14~25
弱黏煤	1 号弱黏煤	>20~26	>0(成块)~8
	2 号弱黏煤	>26~27	>0(成块)~9

C　按煤的质量特性分类

按煤中灰分 (A) 含量分类：$A \leqslant 15\%$，为低灰分煤；$A = 15\% \sim 25\%$，为中灰分煤；$A = 25\% \sim 40\%$，为高灰分煤。

按煤中硫 (S) 含量分类：$S \leqslant 1\%$，为低硫煤；$S = 1\% \sim 1.5\%$，为中硫煤；$S > 1.5\%$，为高硫煤。

D　按煤的发热量来分类

发热量有高发热量和低发热量两种表示方法：

高发热量 Q_G，是指煤完全燃烧，并且燃烧产物冷却到使其中的水蒸气凝结成 0℃ 的水时所放出的热量。

低发热量 Q_D，是指煤完全燃烧，并且燃烧产物中水蒸气冷却到 20℃ 的蒸汽时所放出的热量。

7.1.2　煤的物理性质

7.1.2.1　孔隙率

孔隙率反映了煤的反应性和强度性质。孔隙率大的煤表面积大、反应性好，但强度较小。

7.1.2.2　煤的可磨性

煤的可磨性是指煤研磨成粉的难易程度，与煤的变质程度有关。一般来说，焦煤、肥煤易磨，无烟煤、褐煤难磨。此外，煤的可磨性还随煤中的水分和灰分的增加而降低。

工业上常根据煤的可磨性来设计磨煤机，估算磨煤机的产率和能耗，或根据煤的可磨性来选择适合某种特定型号磨煤机中的煤和煤源。

煤的可磨性指数国标采用哈氏可磨性指数 K_H（HGI）。

7.1.2.3　煤的比表面积

单位重量的煤粒的表面积的总和，称为这种煤在该粒度范围内的比表面积，单位为 mm^2/g。煤的比表面积是煤的重要性质，对研究煤的破碎、着火、燃烧反应等性能均有重要意义。煤粉比表面积的测定是用透气式比表面积测定仪测定的，测定原理是根据气流通过一定厚度的煤粉层受到阻力而产生压力降来测定的。

7.1.3　煤的工艺性能

7.1.3.1　煤的着火温度

煤的着火温度是指在氧化剂（空气、氧气）和煤共存的条件下，把煤加热到开始燃烧的温度，也叫煤的燃点。

自燃是指煤中的碳、氧等元素在常温下与氧反应，生成可燃物 CO、CH_4 及其他物质。煤被空气中的氧气氧化是煤自燃的根本原因。煤的着火点越低，就越易自燃。煤的自燃是造成煤粉制备、输送、喷吹过程中爆炸等事故的主要原因。

7.1.3.2　煤灰熔融性

煤灰熔融性是指在规定条件下，随加热温度的变化，煤的灰分的变形、软化和流动特征的物理状态。

煤的灰分没有固定的熔点，加热时逐渐熔化，煤灰试样发生变形、软化和流动，以这三种状态相应的温度来表征煤的熔融性。煤灰熔融性是动力用煤和气化用煤的重要质量指标。

7.1.3.3　煤粉的流动性

煤粉具有较好的流动性，是因为新磨碎的煤粉能够吸附气体，使气体在煤粒表面形成气膜，使煤粉颗粒之间的摩擦阻力变小；另外煤粒均为带电体，且都带有电荷，同性电荷具有相斥作用，所以煤粉具有流动性。在一定速度的载体中，煤粉能够随载体一起流动，这就是煤粉能被气力输送的原理。但随煤粉存放时间的延长，流动性变差，所以要求煤粉的储存时间应小于 8h。

7.1.3.4　煤粉的粒度

煤粉的粒度是煤粉颗粒群粗细程度的反映，它对磨煤制粉的能耗和喷吹煤粉的燃烧速度以及不完全燃烧的热损失都具有决定性的意义。

7.1.3.5　煤粉的爆炸性

煤粉的爆炸性决定着喷煤系统安全措施的采用。可燃粉尘爆炸的必要条件有：
（1）可燃粉尘浓度处于爆炸上下限的爆炸空间。
（2）有足够的氧化剂支持。
（3）有足够能量的点火源点燃粉尘。

（4）分散悬浮的粉尘处于定容的空间。

随挥发分含量增加，爆炸性增大。一般认为：可燃基挥发分小于 10% 为基本无爆炸性煤；大于 10% 为有爆炸性煤；大于 25% 为强爆炸性煤。而且，煤粉越细，越易于爆炸。

控制系统内部适宜的含氧浓度是防止煤粉着火爆炸的关键，若系统含氧量低于一定浓度（小于 14%）就可以避免着火爆炸。

7.1.3.6　煤对 CO_2 的反应性

煤对 CO_2 的反应性是指在一定温度下，煤中的碳与 CO_2 进行还原反应的反应能力。反应式为：$C + CO_2 = 2CO$。或者说，煤将 CO_2 还原成 CO 的能力，以被还原成 CO 的 CO_2 量占参加反应的 CO_2 总量的百分数来表示。在一定温度下，该反应速度越大，表明煤粉的可燃性越好。

高炉喷吹反应性强的煤，不仅可以提高煤粉的燃烧率，扩大喷煤量，而且，风口区未燃烧的煤粉在高炉其他部位参加了与 CO_2 的气化反应，减少了焦炭的气化反应，这就在某种程度上对焦炭的强度起到了保护作用，有利于提高炉料的透气性。

煤的反应性与煤的挥发分含量有关，挥发分含量高的煤反应性强。

7.1.4　高炉喷吹用煤的性能要求

高炉喷煤对煤的性能要求：

（1）煤的灰分越低越好，一般要求小于 15%。

（2）硫的质量分数越低越好，一般要求小于 1.0%。

（3）胶质层越薄越好，Y 值应小于 10mm，以免在喷吹过程中结焦堵塞喷枪和风口。

（4）煤的可磨性要好，HGI 值应大于 50。

（5）燃烧性和反应性要好。燃烧性和反应性好的煤允许大量喷吹，并允许适当放粗煤粉粒度，降低制粉能耗。

（6）发热值越高越好。

7.1.5　喷煤工艺的基本流程

7.1.5.1　喷煤系统的组成

A　原煤储运系统

该系统应包括综合煤场、煤棚、储运方式。

综合煤场的设计一般要充分考虑能分别堆放两种或两种以上原煤及其他喷吹物，并方便存取，或按工艺需要进行配煤作业。

煤棚主要用于原煤的风干，以便于制粉，其设置应尽可能靠近制粉车间。煤场与煤棚间的运输方式可以采用火车、汽车或皮带，而煤棚至制粉间通常采用皮带运输。

为控制原煤粒度和除去原煤中的杂物，在原煤储运过程中还须设置筛分破碎装置和除铁器。

B　干燥气系统

干燥气系统是为磨煤机提供干燥剂和输送介质的加热装置，作用是向磨煤设施提供

300℃左右的热烟气。

要求：

（1）给制粉系统提供足够的热量用于降低煤粉中的水分。

（2）具备一定的运动速度以携带煤粉进行转运和分离。

（3）能降低煤粉制备系统的含氧浓度。

制粉干燥气分为燃烧炉干燥气、热风炉烟气和混合干燥气三种。

（1）燃烧炉干燥气。将燃料（一般为高炉煤气）引入燃烧炉内燃烧，再兑入一定量的冷空气，经磨煤机入口的负压，抽入磨煤机中干燥煤粉。特点是温度和流量易于控制，但含氧量高，适合于无烟煤制粉系统。

（2）热风炉烟气干燥气。高炉热风炉烧炉时的烟气，可利用余热并惰化制粉系统的气氛，实现烟煤制粉系统安全；缺点是温度偏低、波动大，较少单独使用。

（3）混合干燥气。将热风炉烟气由引风机抽到燃烧炉中，与燃烧炉高温烟气混合。是制粉系统常用的干燥气，适合于磨制各种煤，特别是烟煤。

C　制粉系统

煤粉制备是通过磨煤机将原煤加工成粒度和含水量均符合高炉喷吹需要的煤粉。制粉系统主要由给料、干燥与研磨、收粉与除尘几部分组成。在烟煤制粉中，还必须设置相应的惰化、防爆、抑爆及监测控制装置。

D　煤粉的输送

煤粉的输送有两种方式可供选择，即采用煤粉罐装专用卡车或采用管道气力输送。依据粉气比的不同，管道气力输送又分为浓相输送（$\mu > 50kg/kg$）和稀相输送（$\mu = 10 \sim 30kg/kg$）。

E　喷吹系统

喷吹系统由不同形式的喷吹罐组和相应的钟阀、流化装置等组成。

煤粉喷吹通常是在喷吹罐组内充以压缩空气，再自混合器引入二次压缩空气将煤粉经管道和喷枪喷入高炉风口。

喷吹罐组可以采用并列式布置或重叠式布置，底罐只做喷煤罐。

F　供气系统

高炉喷煤工艺系统中主要涉及压缩空气、氮气、氧气和少量的蒸汽。压缩空气主要用于煤的输送和喷吹，同时也为一些气动设备提供动力。氮气和蒸汽主要用于维持系统的安全正常运行。氧气则用于富氧鼓风或氧煤喷吹。

G　煤粉计量

目前煤粉计量主要有喷吹罐计量和单支管计量两大类。

喷吹罐计量，尤其是重叠罐的计量，是高炉实现喷煤自动化的前提。

单支管计量技术则是实现风口均匀喷吹或根据炉况变化实施自动调节的重要保证。

H　控制系统

高炉喷煤系统广泛采用了计算机控制和自动化操作。

控制系统可以将制粉与喷吹分开，形成两个相对独立的控制站，再经高炉中央控制中心用计算机加以分类控制；也可以将制粉和喷吹设计为一个操作控制站，集中在高炉中央控制中心，与高炉采用同一方式控制。

7.1.5.2　喷煤工艺基本流程

原煤经中速磨干燥细磨后，通过气力输送到煤粉仓，再导入喷吹罐，然后经过混合器将煤粉输送到高炉炉前的煤粉分配器。高炉喷煤系统工艺流程如图 7-1 所示。

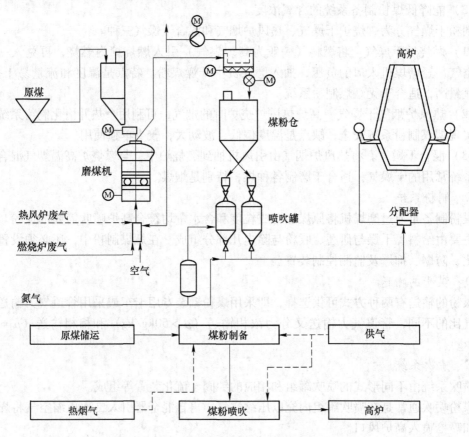

图 7-1　高炉喷煤系统工艺流程

任务 7.2　煤 粉 制 备

煤粉制备是通过磨煤机将原煤加工成粒度和含水量均符合高炉喷吹需要的煤粉。制粉系统主要由给料、干燥与研磨、收粉等几个部分组成。在烟煤制粉中，设有相应的惰化、防爆、抑爆及监测控制装置。

7.2.1　制粉工艺流程

7.2.1.1　球磨机制粉工艺流程

原煤仓中的原煤由给煤机送入球磨机内进行研磨。干燥气经切断阀和调节阀送入球磨机，干燥气温度通过冷风调节阀调节混入的冷风量来实现，干燥气的用量通过调节阀进行调节。

干燥气和煤粉混合物中的木屑及其他大块杂物被木屑分离器捕捉后由人工清理。煤粉随干燥气垂直上升，经粗粉分离器分离，分离后不合格的粗粉返回球磨机再次碾磨，合格的细粉再经一级旋风分离器和二级旋风分离器进行气粉分离，分离出来的煤粉经锁气器落入煤粉仓中，尾气经布袋收粉器过滤后由二次风机排入大气，其工艺流程如图7-2所示。

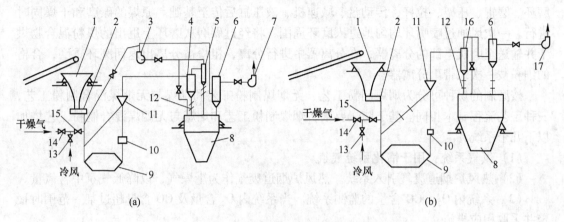

图 7-2　球磨机制粉工艺流程图

(a) 传统式；(b) 改进式

1—原煤仓；2—给煤机；3——次风机；4——级旋风分离器；5—二级旋风分离器；

6—布袋收粉器；7—二次风机；8—煤粉仓；9—球磨机；10—木屑分离器；

11—粗粉分离器；12—锁气器；13—冷风调节阀；14—切断阀；

15—调节阀；16—旋风分离器；17—排粉风机

7.2.1.2　中速磨制粉工艺

原煤仓中的原煤经给料机送入中速磨煤机中进行碾磨，干燥气与冷风混合后对磨煤机内的原煤进行干燥，当磨制烟煤时，干燥气应采用高炉热风炉废气。中速磨粉机自身带有粗粉分离器，从磨煤机出来的气粉混合体进入细粉分离器或直接进入布袋收集器，被捕捉的煤粉落入煤粉仓，净气由抽风机抽入大气。中速磨煤机不能磨碎的粗硬煤粒或杂物从主机下部的清渣孔排出。中速磨制粉工艺流程如图7-3所示。

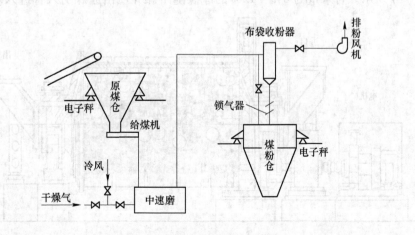

图 7-3　中速磨制粉工艺流程图

　　中速磨煤机的工作原理是其碾磨部分是由转动的磨环和三个沿磨环滚动的固定且可自转的磨辊组成，需粉磨的原煤从中央落煤管落到磨环上，旋转磨环借助于离心力将原煤运送至磨环滚道上，通过磨辊进行碾磨。三个磨辊沿圆周方向均布于磨环滚道上，碾磨力则由液压系统产生，通过静定的三点系统，碾磨力均匀分布作用在三个磨辊上，这个力是经磨环、磨辊、压架、拉杆、传动盘、减速机、液压缸后传至基础。原煤的碾磨和干燥同时进行。一次风通过喷嘴环均匀地进入磨环周围，将经过碾磨从磨环上甩出的煤粉混合物烘干并输送至磨机上部的分离器，在分离器中进行分离，粗粉被分离出返回磨环重磨，合格的细粉被一次风带出分离器。

　　按磨制的煤种可分为烟煤制粉工艺、无烟煤制粉工艺和烟煤与无烟煤混合制粉工艺，三种工艺流程基本相同。基于防爆要求，烟煤制粉工艺和烟煤与无烟煤混合制粉工艺增加以下几个系统：

　　（1）氮气系统：用于惰化系统气氛。

　　（2）热风炉烟道废气引入系统。热风炉烟道废气作为干燥气，以降低气氛中含氧量。

　　（3）系统内 O_2、CO 含量的监测系统。当系统内 O_2 含量及 CO 含量超过某一范围时报警并采取相应措施。

　　烟煤和无烟煤混合制粉工艺增加配煤设施，以调节烟煤和无烟煤的混合比例。

7.2.2　主要设备

7.2.2.1　磨煤机

　　磨煤机有低速、中速、高速之分。低速磨煤机又称球磨机，其转速为 $16 \sim 25 \mathrm{r/min}$；中速磨煤机转速为 $20 \sim 50 \mathrm{r/min}$；高速磨煤机转速为 $500 \sim 1500 \mathrm{r/min}$。

　　A　球磨机

　　球磨机主体是一个直径 $2 \sim 4 \mathrm{m}$，长 $3 \sim 8 \mathrm{m}$ 的卧式圆筒，筒内镶有波纹形锰钢钢瓦，钢瓦与筒体间夹有隔热石棉板，筒外包有隔音毛毡，毛毡外面是用薄钢板制作的外壳。圆筒内装有直径为 $30 \sim 60 \mathrm{mm}$ 的钢球，钢球体积占圆筒总体积的 $15\% \sim 25\%$，筒体两端有空心轴颈，它由大瓦支持。两端空心轴颈分别与不活动的原煤引入管和煤粉引出管相连接。其结构如图 7-4 所示。含水量为 $6\% \sim 12\%$ 的原煤随干燥介质由原煤引入管进入球磨机磨碎

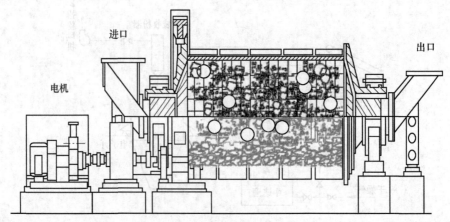

图 7-4　球磨机结构示意图

和干燥，水分达 1% 左右的细煤粉随干燥介质从另一端的煤粉引出管被抽出。为防止煤块和煤粉堵塞，原煤引入管和煤粉引出管与水平面形成 45°~60°倾斜角。球磨机的工作原理是转动的筒体将钢球带到一定高度后，钢球沿抛物线落下，把在衬板表面的原煤砸碎，而处在钢球与衬板之间的底层钢球，钢球与钢球之间也由于筒体的移动发生相对运动，把其间的煤粒碾磨成细粉。圆筒应控制一定的转速，转速过快会因离心力过大而使钢球紧贴内壁不能落下，从而无法磨煤；转速过小则会因煤球提升高度不够而减弱粉碎作用。

球磨机的驱动是电动机通过减速器与主动齿轮连接，主动齿轮带动筒体上的被动大齿轮使磨球机旋转。

球磨机的特点是设备简单易维护，对煤质要求不高，且能长时间地连续运转；但是占地面积大、投资大、噪声大、电耗高、设备笨重、金属消耗多。

B　中速磨煤机

中速磨煤机（简称中速磨）是近年来用于高炉喷煤制粉的一种新的磨煤设备。主要结构形式有三种——平盘磨、碗式磨及 MPS 磨。

中速磨具有结构紧凑、占地面积小、基建投资低、噪声小、耗水量小、金属消耗少和磨煤电耗低等优点。中速磨在低负荷运行时电耗明显下降，单位煤粉耗电量增加不多，当配用回转式粗粉分离器时，煤粉均匀性好，均匀指数高。中速磨的缺点是磨煤元件易磨损，尤其是平盘磨和碗式磨的磨煤能力随零件的磨损明显下降。由于磨煤机干燥气的温度不能太高，磨制含水分高的原煤较为困难。另外，中速磨不能磨硬质煤，原煤中的铁件和其他杂物必须全部去除。

中速磨转速过低时磨煤能力低，转速过高时煤粉粒度过粗，因此转速要适宜，以获得最佳效果。

a　平盘磨

图 7-5 所示为平盘磨的结构示意图，转盘与辊子是平盘磨的主要部件。电动机通过减速箱带动转盘转动，转盘又带动辊子旋转，煤在转子与辊子之间得到研磨。平盘磨是依靠碾压作用将煤磨碎的，碾压力来自辊子的自重和弹簧的拉紧力（有的来自液压力）。

其工作原理是原煤经落煤管送到转盘的中部，转盘转动所产生的离心力使煤连续不断地向边缘推移，煤在辊子下面被碾碎。转盘边缘上装有一圈挡环，可以防止煤从转盘上直接滑落出去，挡环还能保持转盘上有一定厚度的煤层，以提高磨煤效率。干燥气从风道引入风室后，以大于 35m/s 的速度通过转盘周围的环形风道进入转盘上部。由于气流的卷吸作用，将煤粉带入磨煤机上部的粗粉分离器，过粗的煤粉被分离后又直接回到转盘上重新磨制。在转盘的周围还装有一圈随转盘一起转动的叶片，叶片的作用是扰动气流，使合格煤粉进入磨煤机上部的粗粉分离器，进细粉收粉器或袋式收粉器。

此种磨煤机装有 2~3 个锥形辊子，辊子轴线与水平盘面的倾斜角一般为 15°，辊子上套有用耐磨钢制成的辊套，转盘上装有用耐磨钢制成的衬板。辊子和转盘磨损到一定程度时就应更换辊套和衬板，弹簧拉紧力要根据煤的软硬程度进行适当的调整。

为了保证转动部件的润滑，此种磨煤机的进风温度一般小于 300~350℃。干燥气通过环形风道时应保持稍高的风速，以便托住从转盘边缘落下的煤粒。

b　碗式磨

此种磨煤机以辊子和碗形磨盘组成，故称碗式磨，沿钢碗圆周布置 3 个辊子。钢碗由电机经蜗轮蜗杆减速装置驱动，做圆周运动。弹簧压力压在辊子上，原煤在辊子与钢碗壁之间被磨碎，煤粉从钢碗边溢出后即被干燥气带入上部的煤粉分离器，合格煤粉被带出磨煤机，粒度较粗的煤粉再次落入碾磨区进行碾磨，原煤在被碾磨的同时被干燥气干燥。难以磨碎的异物落入磨煤机底部，由随同钢碗一起旋转的刮板扫至杂物排放口，并定时排出磨煤机体外。磨煤机结构如图7-6所示。

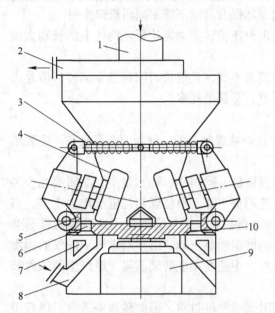

图 7-5　平盘磨结构示意图

1—原煤入口；2—气粉出口；3—弹簧；4—辊子；
5—挡环；6—干燥气通道；7—气室；
8—干燥气入口；9—减速箱；10—转盘

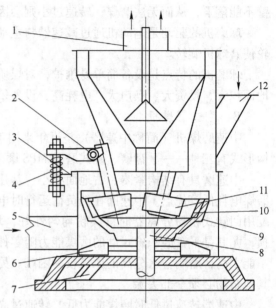

图 7-6　碗式磨结构示意图

1—气粉出口；2—耳轴；3—调整螺丝；4—弹簧；
5—干燥气入口；6—刮板；7—杂物排放口；
8—转动轴；9—钢碗；10—衬圈；
11—辊子；12—原煤入口

c　MPS 磨煤机

MPS 型辊式磨煤机结构如图7-7所示。该机属于辊与环结构，与其他形式的中速磨煤机相比，有出力大和碾磨件使用寿命长、磨煤电耗低、设备可靠以及运行平稳等特点。它配置3个大磨辊，磨辊的位置固定，互成120°角，与垂直线的倾角为12°~15°，在主动旋转着的磨盘上随着转动，在转动时还有一定程度的摆动。磨碎煤粉的碾磨力可以通过液压弹簧系统调节。原煤的磨碎和干燥借助干燥气的流动来完成，干燥气通过喷嘴环以70~90m/s的速度进入磨盘周围，用于干燥原煤，并且提供将煤粉输送到粗粉分离器的能量。合格的细颗粒煤粉经过粗粉分离器被送出磨煤机，粗颗粒煤粉则再次跌落到磨盘上重新碾磨。原煤中较大颗粒的杂质可通过喷嘴口落到机壳底座上经刮板机构刮落到排渣箱中；煤粉粒度可以通过粗粉分离器挡板的开度进行调节，煤粉越细，能耗越高。在低负荷运行时，同样的煤粉粒度，单位煤粉的能耗会提高。

7.2.2.2　给煤机

给煤机位于原煤仓下面，用于向磨煤机提供原煤，目前常用埋刮板给煤机。图7-8所

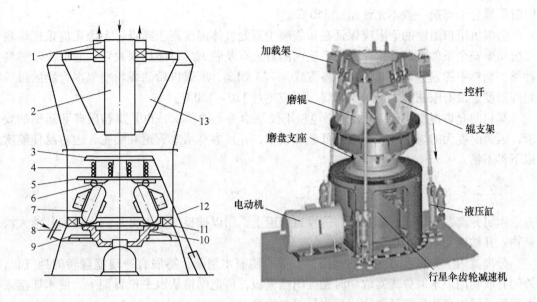

图 7-7 MPS 磨煤机结构示意图

1—煤粉出口；2—原煤入口；3—压紧环；4—弹簧；5—压环；6—滚子；7—磨辊；
8—干燥气入口；9—刮板；10—磨盘；11—磨环；12—拉紧钢丝绳；13—粗粉分离器

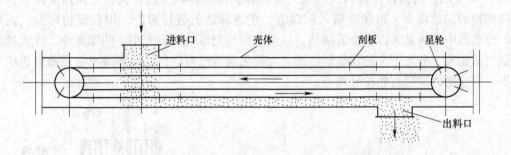

图 7-8 埋刮板给煤机结构示意图

示为埋刮板给煤机结构示意图。此种给煤机便于密封，可多点受料和多点出料，并能调节刮板运行速度和输料厚度，能够发送断煤信号。

埋刮板给煤机由链轮、链条和壳体组成。壳体内有上下两组支承链条滑移的轨道和控制料层厚度的调节板，刮板装在链条上，壳体上下设有一个或数个进出料口和一台链条松紧器。链条由电动机通过减速器驱动。原煤经进料口穿过上刮板落入底部后由下部的刮板带走。埋刮板给煤机对原煤的要求较严，不允许有铁件和其他大块夹杂物，因此在原煤储运过程中要增设除铁器，去除其中的金属器件。

7.2.2.3 煤的干燥

原煤经过给料机按需要均匀地进入磨煤机，利用热风炉的废气和燃烧炉的烟气混合物作为原煤的干燥剂，由制粉系统中一次风机形成的负压吸入磨煤机中。煤在磨碎的过程中同时干燥。干燥剂一般不允许超过 350℃ 。

　　磨煤机出口温度的下限应保证在布袋吸尘器处气体温度高于露点。上限则应根据煤粉系统防爆安全条件，即煤粉在制粉系统内的着火点及着火的可能性来决定，它取决于燃料种类、燃料中挥发分含量和煤粉制备方式。对无烟煤，磨煤机后的煤粉空气混合物的最后允许温度是没有限制的，而对于烟煤，不应超过 120 ~ 130℃ 。

　　煤粉的允许湿度小于 2% 。干燥煤粉不仅是冶炼上的要求，也是煤粉破碎和运输的要求，因为湿度大的煤黏性大，会降低破碎效率，并且容易堵塞管道和喷枪，也容易使喷吹罐下料不畅。

7.2.2.4　木屑分离器

　　木屑分离器安装在磨煤机出口的垂直管道上，用以捕捉气流中夹带的木屑和其他大块杂物。其结构简单，如图 7-9 所示。

　　分离器内上方设有可翻转的网格，下部内侧有木屑篓，篓底有一扇能翻转的挡气板，外侧有取物门。木屑分离器取物时先关闭挡气板，再把网格从水平位置翻下，使木屑落入木屑篓，网格复位后打开取物门把木屑等杂物取出。

7.2.2.5　粗粉分离器

　　粗粉分离器的任务是把从磨煤机出来的过粗煤粉分离出来，送回磨煤机再磨，其结构如图 7-10 所示。当携带煤粉的气流进入分离器，由于体积突然扩大，气流速度降低，加上碰撞钟的能量损失，粗颗粒落入回煤管，重返球磨机进行粉碎，细粒煤粉则由气流带走。分离器中的钟是可以自由升降的，以调节钟与壳体的间隙大小。间隙越小，气流的旋转强度就越大，分离下来的煤粉就越细。为避免煤粉过粗，在低速磨煤机的后面设粗粉分离器。中速磨内部带有粗粉分离器。

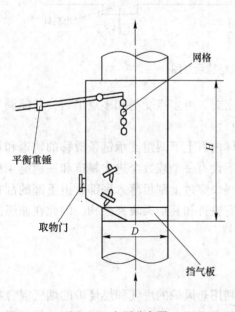

图 7-9　木屑分离器

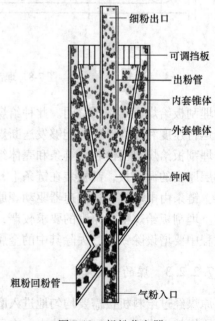

图 7-10　粗粉分离器

目前采用的粗粉分离器形式很多，按工作原理大致有以下四种：

（1）重力分离。气流在垂直上升的过程中，当流入截面较大的空间时，气流速度降低，减小对煤粉的浮力，大颗粒的煤粉随即分离沉降。

（2）惯性分离。在气流拐弯时，利用煤粉的惯性力把粗粉分离出来，即惯性分离。

（3）离心分离。粗颗粒煤粉在旋转运动中依靠其离心力从气流中分离出来，称为离心分离。气流沿圆形容器的圆周运动时，由于大颗粒煤粉具有较大的离心力而首先被分离出来。

（4）撞击分离。利用撞击使粗颗粒煤粉从气流中分离出来，称为撞击分离。当气流中的煤粉颗粒受撞击时，由于粗颗粒煤粉首先失去继续前进的动能而被分离出来，细颗粒煤粉随气流方向继续前进。

7.2.2.6 旋风收粉器

旋风收粉器的任务是将由粗粉分离器过来的合格煤粉从气流中分离出来，然后送入煤粉仓。一般采用两级收粉，一级为旋风收粉，二级为多管收粉。由外筒、内筒及进气管组成。其结构示意图如图7-11所示。

粉气混合物经进气管进入筒内作旋转运动。由于离心力的作用，多数煤粉分离后沿外筒内壁下落，部分小颗粒煤粉随气流经内筒进入排气管。多管收粉器实际上是由若干个小的旋风管组成，由于筒体半径减小，所以能收集到较细的煤粉。旋风收粉器结构简单，能有效地收集0.01mm以上的煤粉。部分细粉由于得不到足够大的离心力而无法分离，这部分煤粉必须由袋式收粉器来捕集。

7.2.2.7 锁气器

锁气器是装在旋风分离器下部的卸粉装置。其任务是只让煤粉通过而不允许气体通过。常用的锁气器有锥式和斜板式两种，由杠杆、平衡锤、壳体和灰门等组成。灰门呈平板状的锁气器为斜板式锁气器，灰门呈圆锥状的锁气器为锥式锁气器，其结构如图7-12所示。

斜板式锁气器可在垂直通道上使用，也可在垂直偏斜度不大于20°的管道上使用。锥

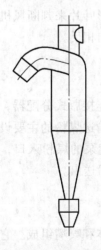

图7-11 旋风收粉器结构示意图

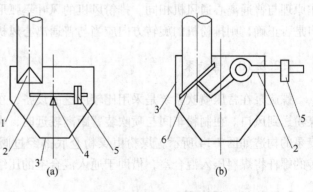

图7-12 锁气器结构示意图
（a）锥式；（b）斜板式
1—圆锥状灰门；2—杠杆；3—壳体；4—刀架；
5—平衡锤；6—平板状灰门

式锁气器只能安装在垂直通道上，重锤质量可以调节，当煤粉积到一定量后，灰门自动开启卸煤。当煤粉减少到一定程度后，在平衡锥的作用下灰门复位。为保证锁气可靠，一般安装有两台串联锁气器。双锁气器始终处于一开一关或双闭状态，以保证密封性，防止漏气。

7.2.2.8　布袋收粉器

布袋收粉器由灰斗、排灰装置、脉冲清灰系统等组成。箱体由多个室组成，每个室配有两个脉冲阀和一个带气缸的提升阀。进气口与灰斗相通，出风口通过提升阀与清洁气体室相通，脉冲阀通过管道与储气罐相连，其结构如图7-13所示。

当气体和煤粉的混合物由进风口进入灰斗后，一部分凝结的煤粉和较粗颗粒的煤粉由于惯性碰撞，自然沉积到灰斗上，细颗粒煤粉随气流上升进入袋室，经滤袋过滤后，煤粉被阻留在滤袋外侧，净化后的气体由滤袋内部进入箱体，再经阀板孔、出口排出，达到收集煤粉的作用。随着过滤的不断进行，滤袋外侧的煤粉逐渐增多，阻力逐渐提高，当达到设定阻力值或一定时间间隔时，清灰程序控制器发出清灰指令。首先关闭提升阀，切断气源，停止该室过滤，再打开电磁脉冲阀，向滤袋内喷入高压气体——氮气或压缩空气，以清除滤袋外表面捕集的煤粉。清灰完毕，再次打开提升阀，进入工作状态。

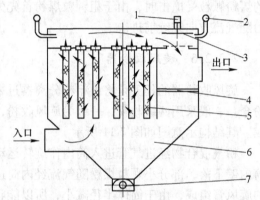

图7-13　气箱式脉冲布袋收粉器结构示意图
1—提升阀；2—脉冲阀；3—阀板；4—隔板；
5—滤袋及袋笼；6—灰斗；7—叶轮给煤机
或螺旋输送机

7.2.2.9　排粉风机

排粉风机是制粉系统的主要设备，它是整个制粉系统中气固两相流动的动力来源，工作原理与普通离心通风机相同。排粉风机的风叶呈弧形，若以弧形叶片来判断风机旋转方向是否正确，则排粉机的旋转方向应当与普通离心风机的旋转方向相反。

7.2.2.10　螺旋泵

螺旋泵在常压喷吹系统是采用比较广泛的设备，在它的后边连接瓶式分配器，直接将煤粉送到风口。在制粉车间与喷吹装置距离较远时，也是用管道输送煤粉的主要设备。螺旋泵的构造如图7-14所示。煤粉由煤粉仓底部经过阀门进入螺旋泵的煤粉入口，再由旋转的螺杆将煤料压入混合室，借助于通入混合室的压缩空气将煤粉送出。

7.2.2.11　混合器

混合器是将压缩空气与煤粉混合并使煤粉启动的设备，由壳体和喷嘴组成。它是利用从喷嘴喷射出的高速气流所产生的相对负压将煤粉吸附、混匀和启动的。

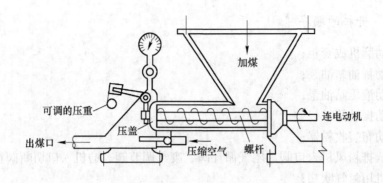

图 7-14 螺旋泵构造示意图

7.2.2.12 分配器

单管路喷吹必须设置分配器。分配器结构如图 7-15 所示。

煤粉由设在喷吹罐下部的混合器供给，经喷吹总管送入分配器，在分配器四周均匀布置了若干个喷吹支管，喷吹支管数目与高炉风口数相同，煤粉经喷吹支管和喷枪喷入高炉。

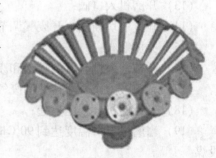

7.2.2.13 喷煤枪

喷煤枪由耐热无缝钢管制成，直径 15 ~ 25mm。根据喷枪插入方式可分为三种形式：

（1）斜插式。从直吹管插入，喷枪中心与风口

图 7-15 煤粉分配器

中心线有一夹角，一般为 12° ~ 14°。斜插式喷枪的操作较为方便，直接受热段较短，不易变形，但是煤粉流冲刷直吹管壁。

（2）直插式。喷枪从窥视孔插入，喷枪中心与直吹管的中心线平行，喷吹的煤粉流不易冲刷风口，但是妨碍高炉操作者观察风口，并且喷枪受热段较长，喷枪容易变形。

（3）风口固定式。喷枪由风口小套水冷腔插入，无直接受热段，停喷时不需拔枪，操作方便，但是制造复杂、成品率低，并且不能调节喷枪伸入长度。

7.2.3 磨机的操作过程

7.2.3.1 开机前准备

（1）首先检查磨机和各转动部件是否正常，各润滑点是否注入适量的润滑油；

（2）调整磨辊上升、下降速度，要求同步；

（3）调整蓄能器的压力大小；

（4）确认各阀门开关正常；

（5）确认烟气炉常明火保持。

7.2.3.2　开机的顺序

（1）启动磨机成套柜；
（2）启动稀油站油泵；
（3）启动液压站油泵；
（4）启动振动筛；
（5）启动布袋收粉器；
（6）确认排粉风机入口阀、尾气循环阀、废气调节阀、磨机入口切断阀在关闭状态；
（7）磨机用氮气吹扫；
（8）调节助燃空气量（增大），开高炉煤气阀门烧炉；
（9）启动排粉风机后，调节液力耦合器；
（10）启动密封风机；
（11）启动废气引风机；
（12）开排粉风机入口阀；
（13）开磨机入口阀；
（14）开废气切断阀，开废气调节阀；
（15）关放散阀；
（16）调节液力耦合器的转速和废气调节阀的开度，保证烟气炉炉膛有微负压；
（17）调节液力耦合器转速和废气调节阀开度至定值；
（18）确认磨机磨辊已抬起；
（19）当磨机出口温度达到90℃时启动磨机，待磨机运行正常后温度低于95℃时开始投煤。

7.2.3.3　停机顺序

（1）调节高炉煤气量和助燃空气的大小；
（2）逐步减少投煤量，同时调节液力耦合器的转速和废气调节阀的开度；
（3）降低磨辊的加载力；
（4）升辊；
（5）停止供煤；
（6）待磨机出口温度低于90℃时停磨机；
（7）开放散阀；
（8）关闭废气阀；
（9）关磨机入口阀；
（10）停废气引风机；
（11）关排粉风机入口阀；
（12）停排粉风机；
（13）停密封风机；
（14）停液压站；
（15）待磨机停止运转一定时间后停润滑站；

（16）停磨机成套柜。

7.2.3.4 磨机操作

（1）磨机按开车顺序启动、物料的设定值输入后，调整液压系统的压力，使系统达到平衡。

（2）应时刻注意磨机电流、轴承及推力轴承油槽等温度的变化，在磨机正常运转时，推动油槽温度应低于70℃，磨辊轴承温度应低于100℃。

（3）磨机的入口温度：250~280℃，最高不超过300℃；磨机出口温度：烟煤不应超过80℃；无烟煤不应超过90℃。

（4）磨辊的加载压力小于11MPa。

（5）磨机入口含氧量：无烟煤小于12%，烟煤小于8%。

（6）稀油站供油压力控制在0.135MPa以上，油温须达到28℃以上。

7.2.3.5 异常或紧急状态操作

（1）发现机械设备损坏或其他异常情况，应立即按紧急事故开关停机，待查明原因后方可再启动，如遇重大事故应保护现场，严禁启动，并及时上报。

（2）发现部分电器设备损坏造成其他设备联锁，则应按停机顺序停机，待查明原因后方可再启动。

7.2.3.6 遇到下列情况，应立即停机

（1）制粉过程中发生爆炸和着火时。

（2）热风炉工通知所有热风炉停烧时。

（3）各监测点温度到达报警数且仍急剧上升。

（4）各监测点 O_2 浓度含量超标时。

（5）机械电器设施发生异常，可能危害人身、设备安全时。

（6）焦炉煤气2000Pa，高炉煤气压力低于3500Pa。

（7）其他事态危害人身、设备安全时。

7.2.4 制粉主要设备的点检项目、内容

7.2.4.1 中速辊式磨煤机

（1）磨煤机振动是否过大，噪声是否超过规定值。

（2）磨煤机运行时有无异响。

（3）机座、拉杆密封处是否漏风。

（4）传动盘刮板有无异响，磨损程度，刮板轴是否断裂。

（5）辊套磨损程度，辊套是否有裂纹，磨辊转动是否灵活，磨辊是否漏油，辊架防磨板是否损坏，磨损程度，磨煤机本体护板磨损程度。

（6）液压拉杆运行是否正常，拉杆是否磨损，有无裂纹、断裂。

（7）磨机密封风管是否磨漏，导向板间隙是否磨损过大。

（8）磨煤机中央落煤管是否磨漏，分离器折向门磨损程度。

（9）磨盘衬板磨损程度。

7.2.4.2　主排烟风机

（1）电机、风机、轴承箱地脚螺栓是否松动。

（2）风机运行时有无异响。

（3）风压、流量有无异常。

（4）风机传动组轴承有无异响，油位、油温是否正常，油质劣化程度，端盖密封是否漏油。

（5）液力耦合器油位、油温是否过高，地脚螺栓是否松动。

（6）地脚螺栓是否松动，运行时是否振动。

（7）风机调节风门叶片是否开焊，运行时有无异响。

7.2.4.3　布袋收粉器

（1）布袋箱体有无变形，有无漏风现象。

（2）进出口补偿器有无磨漏现象。

（3）紧急充氮球阀是否开关正常，反吹脉冲阀是否损坏。

（4）反吹气缸、电磁换向阀工作是否正常，反吹气缸盖板是否变形，损坏。

（5）给料机电机、减速机有无异响、漏油现象。

7.2.4.4　螺旋输送机

（1）摆线减速机地脚螺栓有无松动，减速机是否漏油、缺油。

（2）卷笼两端轴承及中间连接轴承有无异响，是否缺油。

（3）卷笼上盖密封是否完好，有无漏粉现象。

（4）卷笼运行时有无异响。

7.2.4.5　煤粉振动筛

（1）进出口软连接是否损坏，有无漏粉现象。

（2）筛网是否损坏，上盖密封是否完好。

（3）振动电机连接螺栓是否松动，振动电机有无异响。

7.2.4.6　封闭式给煤机

（1）裙边输送带是否跑偏，裙边磨损程度，皮带是否有划痕。

（2）给煤机箱体是否有漏风现象。

（3）滚筒轴承及刮板轴承是否有异响，轴承润滑是否良好，是否缺油。

（4）皮带托辊是否转动灵活，轴承有无异响。

（5）下煤口是否堵塞，出粉管道、补偿器是否磨漏等。

7.2.5 故障及处理方法

7.2.5.1 球磨机常见故障及处理

（1）满煤。球磨机筒体内充满原煤，作为干燥煤粉的气体无法通过或很少通过，这种现象称为球磨机满煤。满煤的征兆是：入口吸力减小，出口吸力增大，出口温度下降，球磨机运行电流稍有减弱，声响沉闷无钢球撞击声。上述现象越明显，说明满煤越严重。在发现满煤时要停止给煤，关闭返风管上的圆风门，减少热风量，磨机继续运转。经一段时间运转仍不见效时，应当放煤。

放煤就是在不停机的情况下，打开出口检查孔的盖板，让堵在出口的原煤自动放出，然后把短管内的原煤挖空。如仍不见效，可打开人孔检查口，通入压缩空气，使原煤体积膨胀，强制振垮堵煤。

满煤时，球磨机筒体内的气流不畅通，原煤的水分、挥发分、煤粒间的空气受筒体和钢球的加热而蒸发、挥发和膨胀，这就有可能使结煤突然振垮并经检查孔冲出筒外，这是满煤消除的先兆。

球磨机满煤时，筒体的气流通道被堵死，排粉机入口的吸力增大，球磨机入口的热风可能会经返风管直接抽出并送入袋式收尘器，烧滤袋的可能性增大。因此，满煤时必须关闭返风管上的圆风门，这是排除满煤故障不可忽视的问题。

（2）断煤。磨煤机出现断煤的征兆是：出口温度自然上升，入口与出口之间的压差减少，制粉系统的吸力下降，球磨机的电流稍有减少，钢球撞击声音尖而大。发现断煤时，应立即减少热风量和加大冷风量，以解决给煤不畅问题。如属于原煤仓拱料引起的断煤，应打开消拱的压缩空气或启动仓壁振动器；有双原煤仓结构的应立即换仓供煤。如处理无效则立即停车，以防衬板损坏。

（3）球磨机烧瓦。球磨机检修质量差、润滑油油质不好、油量不足或断油、冷却水量小或断水、大瓦内有异物、装球量过大、球磨机出口温度过高等均可能导致烧瓦。烧瓦的征兆是：空心轴表面烫手且有拉痕或有钨金堆积物，主电机电流波动大，冷却水温度稍有升高。发现烧瓦应立即停车，加大润滑油油量和冷却水水量。

球磨机大瓦设有测温装置，但由于大瓦有冷却水通过，测温装置所显示的数值与大瓦的实际温度不一致，单凭温度指示来判断是否烧瓦往往有误。因此，操作人员需要用手摸的方法对大瓦做经常性的检查。

7.2.5.2 中速磨煤机常见故障及处理

（1）堵煤。堵煤是一种常见故障，多发生于碾磨区。其征兆是：主机电流增大，磨后温度下降，压差增大，出力减少，石子煤增多，磨煤机运转声沉闷。中速磨碾磨区吞吐煤粉的空间很小，对给煤失调敏感性较强，碾磨区越小，敏感性越强。同容量的中速磨，以平盘磨的碾磨区为最小，E 型磨次之，碗式磨最大。发现堵煤现象后，要立即停止给煤，并升压运行。

（2）石子煤箱充满。排放门损坏或风环间隙变大以及煤中杂物多都会使石子煤箱充满。石子煤箱充满将阻碍磨煤机运转，导致磨机出力下降。其征兆是：主机电流上升且波动大；磨机压差增大；抽风机电流提高。发现石子煤箱充满时应立即停机清除，并处理设备出现的问题。

（3）碗式磨主轴及辊轴过热。采用滑动轴承的碗式磨，铜衬过热是常见的故障。其征兆是：循环油量减少，油起泡沫，油温升高甚至有挥发性气体外逸；磨机电流突然增大、跳闸，以及停机后传动部分难以盘动等。早期发现过热可及时采取降温措施，若出现严重过热则应停机处理。

磨机故障及处理方法见表 7-3。

表 7-3　磨机故障及处理方法

序号	故障/信号	原　因	处理方法
1	磨机一次风和密封风间压差减小	（1）密封风机入口过滤器堵塞； （2）密封风管道挡板位置不正确； （3）密封风管道漏气或损坏； （4）磨辊、分离器密封件失效； （5）密封风机故障	停磨、清洗过滤器 将挡板调至正确位置 修理或更换 修理或更换 清除故障
2	运行期间分离器温度太低或太高	一次风温度控制装置故障	将一次风温度控制转换成人工控制，然后消除控制装置故障
3	分离器温度提高很快	（1）一次风控制失灵； （2）磨内着火； （3）分离器温度高于 110℃	同上 磨机应紧急停机，打开惰气通入阀门直至温度降低
4	磨辊油位低	密封件失效	停机、修理或更换密封件，注油达规定油位
5	磨辊油温度高	（1）油位低； （2）轴承损坏； （3）磨辊密封风管道故障或磨穿	见第 4 项 停机，更换磨辊轴承，修理或更换
6	磨机运转不正常（有异常噪声）	（1）碾磨件间有异物； （2）碾磨件磨损； （3）导向板磨损或间隙太大； （4）液压缸蓄能器中氮气过少或气囊损坏； （5）磨盘上无煤	停机，消除异物，检查部件是否损坏。注意：当磨机进入如铁块等高硬度异物时，如不及时消除会损坏碾磨件 更换 更换或调整间隙 停机和液压站，充气检查蓄能器 落煤管堵塞
7	煤粉过粗	（1）一次风量过大； （2）碾磨压力过小； （3）分离器叶片磨损； （4）分离器内锥管磨穿； （5）液压油过热； （6）分离器驱动装置故障	调整到合适值 调整到合适值 更换 更新 加大冷却水量 检查
8	润滑油站双过滤器压差超过极限	过滤器堵塞	清洗

序号	故障/信号	原　因	处理方法
9	油分配器前油压过低	(1) 油泵工作不正常； (2) 油泵前阀门半开； (3) 双油过滤器堵塞； (4) 油泵后阀门半开； (5) 供油管堵塞	按油泵说明书检查处理 完全打开 清洗 完全打开 疏通管道
10	滑动止推轴承处油分配器无油或油量很小	减速机机内管路堵塞	疏通管道
11	润滑油温过低	磨机启动监测装置处于"停"位置	检查加热器，必要时进行修理，但不能关闭冷却器
12	润滑油温过高	(1) 油冷却器未开； (2) 冷却水量不足	打开冷却器 检查冷水管路
13	减速机出现噪声	(1) 减速机内有异物； (2) 轴承损坏； (3) 齿轮损坏； (4) 减速机联轴器损坏； (5) 联轴器安装不正确	通知制造厂派员处理 通知制造厂派员处理 通知制造厂派员处理 更换联轴器 更新联轴器
14	漏油	(1) 法兰密封件损坏； (2) 连接螺栓松动	更换新密封件 拧紧松动螺栓
15	分离器传动装置油温大于最大值	(1) 温度传感器故障； (2) 传动装置损坏——轴承或齿轮传动装置（注意噪声及不稳定运行）	确定故障并排除（比较测量必须关机） 进行维修/更换
16	SLS 型旋转分离器运行不稳定	(1) 不平衡或板条磨损； (2) 输入或输出小齿轮或轴承故障； (3) 电动机运行不规则； (4) 四点轴承故障	静止时确定故障并排除 更换小齿轮或轴承 检查变频器 更换轴承
17	液压装置故障		见制造厂家的使用与维修说明书
18	旋转分离器电机传动装置能耗过高	(1) 磨机内物料过多； (2) 由于生产量过高，碾磨力差； (3) 研磨过细——分离器频率过高	借助变频器降低旋转分离器转速

任务 7.3　煤粉输送与喷吹

7.3.1　煤粉的输送

7.3.1.1　煤粉输送方式

煤粉输送直接影响高炉喷吹煤粉的经济性、安全可靠性及环境保护。生产实际中，煤粉的输送通常可采用煤粉罐车输送和气力输送两种方式。

罐车输送的特点是输煤设备简单，运输距离不受限制，但输粉能力小，作业不连续、不经济，易造成环境污染。

气力输送虽然工艺设备复杂，但具有输粉能力大、能耗低、作业连续性好、运行安全可靠、便于进行煤粉的连续检测与控制等优点。由于气力输送具有许多独特的优点，因而已成为高炉喷煤中应用最广泛的煤粉输送方式。

借助管道将煤粉送入气流中，并使其呈悬浮状态而输送的方法称为煤粉的气力输送。若往输煤管道内送入高压空气，使输煤管道内压力高于大气压力，则此时的气力输送称为压送式气力输送；当输送管内的压力低于大气压力时，气力输送称为（真空）吸入式气力输送。

压送式气力输送要求输煤系统密封性可靠，否则易造成管道冒粉，从而污染环境。这种方式的优点在于输煤的安全性好，特别是在系统密封效果欠佳时用于输送烟煤，可以避免空气的吸入造成系统氧浓度超限而引起安全事故发生。吸入式气力输送可以保证煤粉不向外泄漏，但其漏风系数大，输送的安全性相对差些。

7.3.1.2　高炉喷吹对煤粉的输送要求

高炉喷吹对煤粉输送的要求：

（1）系统中运输量、管道风速和运输风压三个参数大小要合适，以便将规定粒度和数量的煤粉输送到要求的距离；

（2）合适的初始风速，应保证煤粉在输送过程中不沉积下来；

（3）管道运输应少用阀门和减少弯道，弯道应平缓，以便减少阻力损失和磨损；

（4）输送烟煤时，要控制输送系统的含氧量、温度和火源，要有相应的安全措施。

7.3.1.3　工艺流程

煤粉仓的煤粉装入仓式泵后，用压缩空气或氮气流化（喷吹高挥发分烟煤）后进入混合器，再用压缩空气输送，经输煤阀送煤粉管网到喷吹系统的收粉罐。当收粉罐充满后，停止送煤并用压缩空气将管道内集存煤粉吹扫干净等待下一次输送煤粉。煤粉输送如图7-16所示。

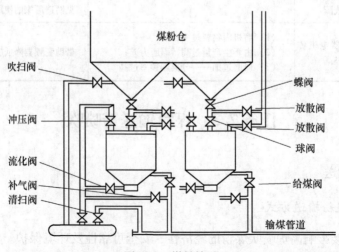

图 7-16　煤粉输送

输送风在输送管道内应具有一定速度，煤粉输送应使煤粉颗粒在管道内处于悬浮状态。因为煤粉颗粒受重力作用而沉降，当输送介质在输送管道内流动时，产生推力而使其前进，而且输送介质速度越高，煤粉颗粒越易悬浮，反之则易沉降。当输送介质速度达到一定值时，煤粒就不会沉降而处于悬浮状态，此时的流速称为悬浮速度或叫沉降速度。煤粉悬浮速度与煤粉直径、真密度和输送介质有关，一般输送介质的流速应控制在 5m/s 以上。

7.3.1.4　煤粉的输送特性

煤粉气力输送的本质是气体与固体煤粉混合的两相流动。煤粉气力输送技术常涉及煤粉固有的某些输运特性参数，如煤粉输运的物理特性、几何特性和流动特性。

（1）煤粉的密度：煤粉在密实状态下单位体积所具有的质量。

（2）颗粒大小：粒径是表示颗粒大小的物理量，它不仅直接代表颗粒的粗细程度，而且还与气固两相流动状态有密切关系。

（3）颗粒形状：煤粉颗粒的形状千差万别，因而在输运过程中所具有的特性也各不相同。

（4）平均粒径：如算术平均值、几何平均值等。

（5）粒度分布：常采用标准筛筛分分析，用各筛间煤粉质量在总质量中所占的份额表示。

7.3.1.5　煤粉在管道内的运动

A　运动状态

煤粉在管道流体中的运动状态，通常用煤粉运动的惯性力与黏性力的比值，即雷诺数来描述。

$$Re = ud/\nu$$

式中　u——颗粒的运动速度；

　　　d——颗粒的特征直径；

　　　ν——流体的运动黏度。

一般当 $Re < 1$ 时，流体处于层流状态；$Re > 500$ 时，流体处于紊流状态，$1 < Re < 500$ 时，流体所处的状态可以认为是过渡状态。

B　状态参数

煤粉在管道中的运动状态与煤粉的输送状态密不可分。煤粉的运动状态通常会因煤粉与空气混合比例的不同而呈显著变化。

混合比例可用单位时间内的输送质量比（或容积比）来表示，也可以采用输送管内的单位管长的输送质量比表示。一般将单位时间内煤粉与空气的输送质量比定义为混合比，而将单位时间内输送的煤粉质量与空气体积流量之比称为输送浓度，并以此作为表征煤粉输送状态的特征参数。

混合比是气力输送过程的重要参数之一，它的选择将直接影响工艺参数选择的合理性及设备运行的经济性。混合比越大，则通过输送管道的空气量就越小，因而所需的输煤管径也就越小。所以采用高混合比可以节约投资、节省能源；但另一方面，混合比增大不合适有可能使气力输送系统中的能量损失增加，严重时还可能造成管道堵塞，降低设备工作的可靠性。

C　煤粉颗粒的沉降与悬浮

在自由沉降过程中，颗粒同时受两种力的作用：一种是颗粒在流体中的有效重力，它是颗粒的重力与浮力的差值，只取决于颗粒的密度与流体的重力，而与颗粒的运动速度无关；另一种是因煤粒在空气中沉降而产生的阻力。

球形颗粒的悬浮过程：球形颗粒在气体中自由下降到一定程度时，将呈现出颗粒在气流中的重力与其阻力平衡的状态，颗粒将以等速沉降。

悬浮速度在数值上与颗粒的沉降末速相同，所以，只有当输送管道中气流速度大于颗粒的沉降速度时，颗粒才会为气流所带动。

颗粒的沉降末速或悬浮速度还受颗粒形态、管壁形貌、颗粒粒径与管道内径的比值以及混合比等诸多因素的影响，选取输送气流速度时均需大于沉降速度。

7.3.1.6　煤粉输送的最佳气流速度

在煤粉输送过程中，理想的气流速度应该是在保证煤粉稳定输送的同时，既不能因速度过低而导致煤粉在管底沉积从而造成管道堵塞，又不能因速度过大而过分增加能量消耗和管道磨损。因此，最佳的煤粉输送气流速度是高炉喷煤的一个重要工艺参数。

从理论上讲，当气粉混合比一定时，使输料管阻力损失最小的输送气流速度即可满足上述对最佳气流速度的要求。这是因为在此条件下，管道的摩擦阻力与气流速度平方成正比，而颗粒的悬浮阻力与气流速度成反比，对应最小阻力损失的气流速度增加或降低，都会造成输料管阻力的增大。这一气流速度称为临界气流速度。

在选取输送系统的最佳气流速度时，应根据实验结果，结合理论研究以及在生产实际中所获得的经验数据等综合考虑来选取。一般来说，实际所需的输送气流速度要比颗粒的悬浮速度或临界气流速度高得多。

7.3.1.7　煤粉的流态化

煤粉的流态化是一种借助气体使煤粉微粒转变成类似流体状态的操作。整个流态化过程涉及固定床、流化床、颗粒自由悬浮三个基本阶段（或称状态）。煤粉进入粉仓或喷吹罐后，由于没有气流或流经的气流速度很小，煤粉颗粒之间保持相互接触状态，此状态便称为固定床状态。随着输送或喷吹气体的引入，气流速度加大，床层开始膨胀和变松，并开始增高，每一单个颗粒因流体的作用而浮起，因而离开原来的位置而作一定程度的移动，这时便进入流化床阶段。此时，床层中的粉气比最大。当流体速度继续增大到一定极限后，流化床状态便转变为悬浮状态。

流态化技术是现代高炉喷煤工艺中一种不可缺少的技术，为了保证快速均匀地输送和喷吹，在制粉车间的粉仓和喷吹站的喷吹罐下锥体或下粉管处绝大多数都装有流化装置。流化装置一般采用流化喷嘴和流化板两种形式。流化喷嘴结构简单，但流化均匀性差；而流化板结构复杂，但流化效果较好。

在煤粉流化过程中，流化速度与流化床层的压力损失对出料的均匀性与稳定性至关重要，是流态化装置设计与操作的两个重要工艺参数。

实际的流态化操作速度往往以临界流化速度为依据，并且合适的流化操作条件要在大于流化速度和小于悬浮速度的范围内确定。

实验发现，煤粉经流化后可以获得较理想的气固混合状态，控制和调节流化速度可以达到稳定出料、调节混合比的目的。为了方便操作，流化速度的调节一般都是通过调节流化风量（调节流化气路阀门开度）来实现。

7.3.1.8　煤粉的浓相输送

高炉喷煤采用气力输送，按单位气体运载煤粉量的多少，可以分为稀相输送和浓相输送。气力输送过程中，一般稀相输送的速度在 20m/s 以上，煤粉浓度在 $5 \sim 30 kg/m^3$ 范围内。而浓相输送的速度则小于 10m/s，煤粉浓度大于 $40 kg/m^3$。

浓相输送一般是指固气比超过 50kg/kg 的气力输送。

从系统配制形式上看，浓相输送与常规的稀相输送相差无几，但由于二者气力输送参数的调节与控制方式不同，浓相输送就有了许多稀相输送技术所不具备的特点。浓相输送的工艺特点：

（1）浓相输送所需的载气量小，煤粉输送的速度低，因此它既节省能源，又减少了输粉管道设备的磨损。

（2）浓相输送的物气比高，通常可维持在稀相输送时的 2 倍以上，所以在喷吹量相同的情况下，采用浓相输送既可减少鼓入高炉的冷空气量，又可显著提高系统的喷吹能力。

（3）由于浓相输送主要是在煤粉流态化后进行的，所以煤粉料流顺畅，输送稳定均匀，脉动现象明显减弱，这有助于煤粉的完全燃烧和高炉的喷吹效果的改善。

7.3.2　喷煤工艺流程的分类及特点

7.3.2.1　煤粉喷吹装置的主要功能

煤粉喷吹装置包括集煤罐、储煤罐、喷吹罐、输送管道、煤粉分配器和喷枪。根据高炉生产需要的不同，高炉喷吹大体上可分为常压喷吹和高压喷吹。

煤粉喷吹装置应具备的主要功能：

（1）安全、可靠、连续不断地把符合高炉要求的煤粉喷入高炉内。

（2）具有完备的煤粉计量手段，并能按照高炉要求随时调节喷入高炉的煤粉量。

（3）能实现高炉圆周均匀喷吹和使煤粉在风口区域内充分燃烧。

7.3.2.2　按喷吹方式分

直接喷吹方式是将喷吹罐设置在制粉系统的煤仓下面，直接将煤粉喷入高炉风口，高炉附近无须喷吹站。直接喷吹工艺的制粉系统与高炉喷吹站共建在一个厂房内，磨煤机制备的煤粉通过煤粉仓下的喷吹罐组直接喷入高炉。这种模式也叫集中制粉，集中喷吹工艺如图 7-17 所示。其特点是取消了煤粉输送系统，流程简化；新建高炉大都采用这种工艺。

间接喷吹工艺的制粉系统和高炉旁喷吹站分开，通过罐车或仓式泵气力输送，将煤粉

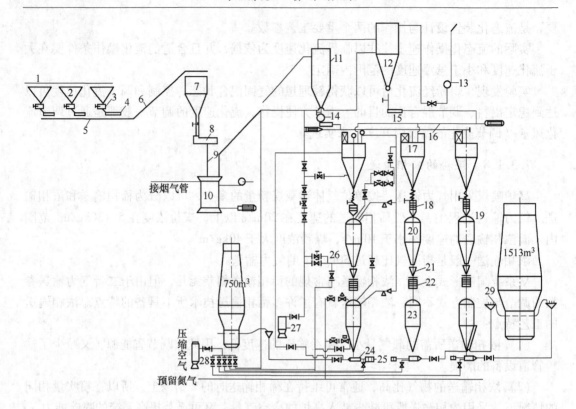

图 7-17　直接喷煤工艺流程图

1—PM1 皮带机；2—配煤槽；3—可调式给料机；4—称量皮带；5—PM2 皮带；6—PM3 皮带；7—原煤仓；
8—圆盘给料机；9—落煤管；10—中速磨煤机；11—旋风分离器；12—布袋收粉器；13—排烟风机；
14—螺旋给料机；15，16—螺旋输送机；17—收粉罐；18，22—波纹管；19，21—钟阀；
20—储煤罐；23—喷煤罐；24—混合器；25—给料调节装置；26—快速切断阀；
27—氮气罐；28—压缩气罐；29—分配器

送至高炉喷吹站，再向高炉喷吹煤粉。这种模式又称集中制粉、分散喷吹工艺，如图 7-18 所示。其主要特点：

（1）可充分发挥磨煤机生产能力，任一磨煤机均可向任一喷吹站供粉。临时故障也能保证高炉连续喷吹。

（2）喷吹站距高炉很近，可最大限度地提高喷煤能力。

（3）不易堵塞，适应性较强，可向多座高炉供粉，特别适于老厂改造新增制粉站远，高炉座数又多的冶金企业。

（4）缺点是投资较高，动力消耗较大。这种喷吹工艺在国内外高炉都有使用的。

间接喷吹是将制备好的煤粉，经专用输煤管道或罐车送入高炉附近的喷吹站，再由喷吹站将煤粉喷入高炉。其特点是投资较大、设备配置复杂，除喷吹罐组外，还必须配置相应的收粉、除尘装置。

7.3.2.3　按喷吹罐布置形式分

煤粉的喷吹方法大体上分为常压喷吹和高压喷吹两类。现在高炉喷吹煤粉基本上采用高压喷吹。所谓高压喷吹，是将煤粉罐冲压，靠罐内压力使煤粉从仓下面的漏斗排出，并

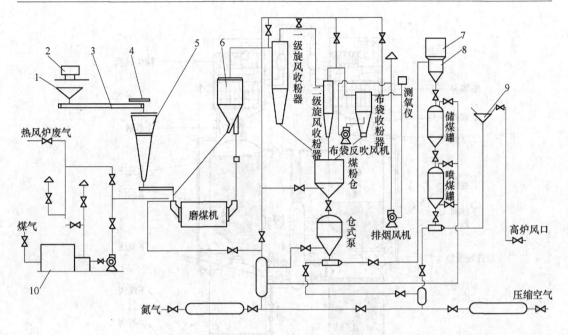

图 7-18 间接喷煤工艺流程图

1—原煤槽；2—卸煤机；3—皮带运输机；4—电磁分离器；5—原煤仓；
6—粗粉分离器；7—布袋除尘器；8—收煤罐；9—分配器；10—燃烧炉

可用罐内压力高低调节总的下煤量。高压喷吹罐组布置上有并列罐和串联罐两种方式，如图 7-19、图 7-20 所示。

并列罐即两个喷煤罐在同一水平上并列布置，一个罐喷煤，另一个罐备煤，相互转换。为便于处理喷吹事故，通常并列罐数最好为 3 个。并列式喷吹若采用顺序倒罐，则对喷吹的稳定性会产生一定的影响；而采用交叉倒罐则可改善喷吹的稳定性，但必须配备精确的测量和控制手段。另外，并列式喷吹占地面积大，但喷吹罐称量简单，投资较重叠式的要小。因此，常用于小高炉直接喷吹流程系统。

串罐式喷吹是指将两个主体罐重叠设置而形成的喷吹系统。其中，下罐也称为喷吹罐，它总是处于向高炉喷煤的高压工作状态；而上罐也称为加料罐，它仅当向下罐装粉时才处于与下罐相连通的高压状态，而其本身在装粉称量时，则处于常压状态。装卸煤粉的倒罐操作须通过连接上下罐的均排压装置来实现。根据实际需要，串罐可以采用单系列，也可采用多系列，以满足大型高炉多风口喷煤的需要。串罐式喷吹装置占地小，喷吹距离短，喷吹稳定性好，但称量复杂，投资也较大。这种喷吹装置是目前国内外大型高炉采用较多的一种喷吹装置。两种布置方式比较见表 7-4。

表 7-4 两种喷煤罐组布置方式比较

布置方式	并列罐组	串列罐组	布置方式	并列罐组	串列罐组
煤粉计量	较准确	难度较大	建筑高度	低	高
设备维护	方便	不方便	建设投资	较低	较高
占地面积	较大	较小			

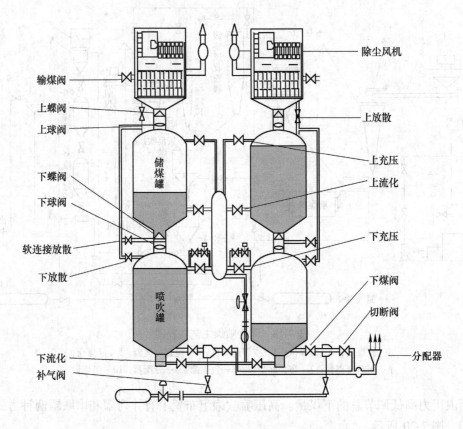

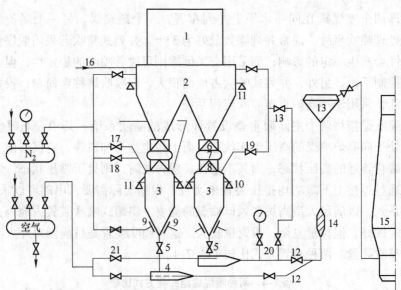

图 7-19   并列罐喷吹煤粉工艺流程示意图

1—布袋收煤装置；2—煤粉仓；3—喷煤罐；4—混合器；5—下煤阀；6—回转式钟阀；7—软连接；
8—升降式钟阀；9—流化装置；10，11—电子秤压头；12—快速切断阀；13—分配器；14—过滤器；
15—高炉；16—输煤管道；17—补压阀；18—充压阀；19—放散阀；20—吹扫阀；21—喷吹阀

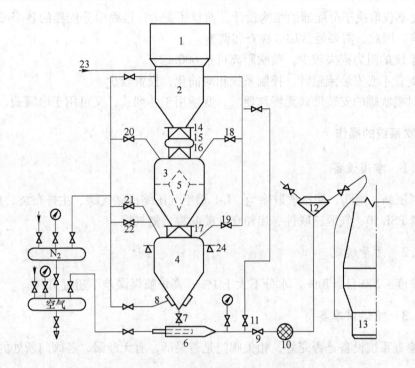

图 7-20 串联罐喷煤工艺流程示意图

1—布袋收煤装置；2—集煤罐；3—储煤罐；4—喷煤罐；5—导料器；6—混合器；7—下煤阀；8—流化装置；
9—快速切断阀；10—过滤器；11—吹扫阀；12—分配器；13—高炉；14—摆动钟阀；15—软连接；
16—升降式钟阀；17—摆动钟阀；18—储煤罐放散阀；19—喷煤罐放散阀；20—储煤罐冲压阀；
21—喷煤罐冲压阀；22—补压阀；23—输煤阀；24—电子秤压头

7.3.2.4 按喷吹管路形式分

煤粉喷吹按喷吹管路形式可分为多管路直接喷吹和单管路加分配器方式。

多管路直接喷吹，是指喷吹罐直接与同风口数目相等的支管相连接而形成的喷吹系统。一般一根支管连接一个风口。其主要特点有：

（1）每根支管均可装煤粉流量计，用以自动测量和调节每个风口的喷煤量。其调节手段灵活、误差小，有利于实现高炉均匀喷吹和大喷煤量的操作调节。

（2）喷吹距离受到限制，一般要求不超过 200～300m。这是因为在喷吹距离相同的条件下，多管方式的管道管径小、阻力损失大，过长的喷吹距离将导致系统压力的增加，从而使压力超过喷吹罐的允许罐压极限。

（3）单支管流量计数目多，仪表和控制系统复杂，因此投资也较大。

（4）支管数目多，需要转向的阀门太多，因此多管喷吹仅适用于串罐方式，不适用于并列式。

单管路加分配器方式，是指每个喷吹罐内接出一根总管，总管经设在高炉附近的煤粉分配器分成若干根支管，每根支管分别接到每个风口上。其主要特点有：

（1）一般在分配器后的支管上不装流量计，通过各风口的煤粉分配关系在安装试车时一次调整完毕，因此不能进行生产过程中的自动调节。此外，通过分配器对各支管煤粉量的控制精度不仅取决于分配器的结构设计，而且还受运行过程中分配器的各个喷嘴不等量磨损的影响。因此，需要经常加以检查和调整。

（2）系统的阻力损失较少，喷吹距离可达 600m。

（3）支管不必安装流量计，控制系统相对简化，投资较少。

（4）对喷吹罐的安装形式无特殊要求，既适用于并列式，又可用于串罐式。

7.3.3　喷吹系统的操作

7.3.3.1　常用设备

氮气调压站、闸阀、卸压放散除尘、L-1 型空气压缩机储气罐、主排布袋、放散布袋、分水滤气器 PSL-50、气源三联件、煤粉仓、喷吹罐、氮气罐。

7.3.3.2　质量规定

煤粉粒度 –200 目≥70%，水分不大于 1%；高炉喷煤误差不超过 10%。

7.3.3.3　喷煤前准备

（1）检查系统设备是否完好，相关阀门是否灵活，有无泄漏，各阀门所处的位置是否正确。

（2）检查喷吹用气（氮气）低压、中压气源是否供给正常，压力是否满足要求。

（3）检查各电气控制系统、仪表计量、监测系统及安全装置是否正常。

（4）检查煤粉仓的贮煤情况是否在合理范围。

（5）检查系统管道是否畅通和有无泄漏。

（6）检查完毕后，确认可以喷吹后与高炉值班室联系要求喷煤。

7.3.3.4　装煤（手动）

（1）关卸压阀（$P=0$），延时 15s。

（2）开下球阀，延时 15s。

（3）开上球阀。

（4）开粉仓流化，装煤至定值。

（5）关上球阀，延时 15s。

（6）关下球阀。

7.3.3.5　喷吹

（1）开二次补气阀。

（2）开分配器入口阀。

（3）开分配器各支管阀。

（4）开充压阀。

（5）开补气阀。

（6）开流化阀。

（7）至罐压达定值后关充压阀。

（8）调节流化阀的气源至大小合适。

（9）补压阀打到自动，定压补压，根据喷煤量调节。

7.3.3.6　停煤停风操作

（1）关下煤阀。

（2）关补压阀。

（3）关流化阀。

（4）关二次补气阀。

7.3.3.7　在喷吹操作中应注意的问题

A　罐压控制

喷吹罐罐顶充气或补气，刚倒完罐需要较高的罐压。

随着喷吹的不断进行，罐内料面不断下移，料层减薄，这时的罐压应当低些，补气时当料层进一步减薄时将破坏自然料面，补充气与喷吹气相通，这就要加大补气量，提高罐内压力。

罐压应随罐内粉位的变化而改变。

罐顶补气容易将罐内的煤粉压结。停喷时应把罐内压缩空气放掉，把罐压卸到零。

利用喷吹罐锥体部位的流态化装置进行补气，可起到松动煤粉和增强煤粉流动性的作用，实现恒定罐压操作。

B　混合器调节

混合器的喷嘴位置除在试车时进行调节外，在正常生产时，还要根据不同煤种和不同喷吹量做适当的改变。

在喷吹气源压力提高时，应适当缩小喷嘴直径，以提高混合比，增大输粉量。

使用带流化床的混合器，进入流化床气室的空气流量与喷吹流量的比例需要精心调节。

在喷吹系统使用的压缩空气中所夹带的水和油要经常排放，喷吹罐内的煤粉不宜长时间积存，否则将会导致混合器的排粉和混合器失常或者出现粉气不能混合的现象。

煤粉中的夹杂物可能会沉积在混合器内，应经常清理。

如果混合器带有给粉量控制装置，则应根据输粉量的变化及时调节给粉量的控制装置。

7.3.3.8　喷吹系统运行操作

A　喷煤正常工作状态的标志

（1）喷吹介质高于高炉热风压力 0.15MPa。

（2）罐内煤粉温度烟煤小于 70℃，无烟煤小于 80℃。

（3）罐内氧浓度烟煤小于 8%，无烟煤小于 12%。

（4）煤粉喷吹均匀，无脉动现象。

（5）全系统无漏煤、漏风现象。

（6）煤粉喷出在风口中心，不磨风口。

（7）电气极限信号反应正确。

（8）安全自动连锁装置良好、可靠。

（9）计量仪表信号指示正确。

B　收煤罐向储煤罐装煤程序

（1）确认储煤罐内煤粉已倒净。

（2）开放散阀，确认储煤罐内压力为零。

（3）开储煤罐上部的下钟阀（硬连接系统）。

（4）开储煤管路上部的上钟阀。

（5）煤粉全部装入储煤罐。

（6）关上钟阀。

（7）关储煤管路上部的下钟阀。

（8）关放散阀。

C　储煤罐向喷煤罐装煤程序

（1）确认喷煤罐内煤粉已快到规定低料位。

（2）关放散阀；关上钟阀。

（3）开储煤罐下充压阀；开储煤罐上充压阀。

（4）关储煤罐上下充压阀，开均压阀。

（5）开下钟阀。

（6）煤粉全部装入喷煤罐。

（7）关下钟阀；关均压阀。

（8）开储煤罐放散阀。

（9）当下钟阀关不严时，开喷煤罐充压阀，待下钟阀关严后，关喷煤罐充压阀。

D　喷煤罐向高炉喷煤程序

（1）联系高炉，确认喷煤量及喷煤风口，插好喷枪。

（2）开喷吹风阀。

（3）开喷煤管路上各阀门。

（4）开自动切断阀并投入自动。

（5）开喷煤罐充压阀，使罐压力达到一定的数值后，关喷煤罐充压阀。

（6）开喷枪上的阀门并关严倒吹阀。

（7）开下煤阀。

（8）开补压阀并调整到一定位置。

（9）检查各喷煤风口、喷枪不漏煤，并且煤流在风口中心线。

（10）通知高炉已喷上煤粉。

E　喷射型混合器调节喷煤量的方法

（1）喷枪数量。喷枪数量越多，喷煤量越大。

（2）喷煤罐罐压。喷煤罐内压力越高，则喷煤量越大；而且罐内煤量越少，在相同罐压下喷煤量越大。

（3）混合器内喷嘴位置及喷嘴大小。喷嘴位置稍前或稍后均会出现引射能力不足，煤量减少。喷嘴直径适当缩小，可提高气（空气）煤混合比，增加喷吹量。

F 流化床混合器调节喷煤量的方法

（1）调节流化床气室流化风量。风量过大将使气（空气）煤混合比减少，喷吹量降低；但是风量过小，不起流化作用，影响喷吹量。

（2）调节煤量开度。通过手动或自动调节下煤阀开度大小来调节喷煤量。

（3）调节罐压。通过喷煤罐的压力来调节煤量。

对于流化罐混合器通常调节喷吹煤量的方法是向喷吹管路补气。

对于喷吹罐上出料多管路流化法，多采用向喷吹管路补气调节喷吹煤粉量。

G 倒罐操作步骤

开备用罐充压阀，充压至一定值再关充压阀；关生产罐下煤阀；开备用罐喷吹阀、气路阀；关生产罐气路阀、喷吹阀；开备用罐下煤阀，用罐压调节到正常喷吹，开空罐的卸压阀，卸压至零位后再关上。再对空罐进行装煤作业。

H 停喷操作

停止喷吹的条件：

（1）高炉休风。

（2）高炉出现事故。

（3）炉况不顺，风温过低，高炉工长指令时。

（4）高炉大量减风，不能满足煤粉喷吹操作时。

（5）喷煤设备出现故障不能短期内恢复或压缩空气压力过低（正常值 0.4 ~ 0.6MPa），接喷煤高压罐操作室停喷通知时。

停煤操作程序：

（1）高炉值班工长通知喷煤高压罐操作室（关下煤阀）停送煤粉或接到喷煤高压罐操作室通知已停止送煤后，方可进行停喷操作，继续送压缩空气 10min 左右。

（2）待喷吹风口煤股消失后，停风开始拔枪。拔枪时应首先关闭支管切断阀，迅速松开活接头，再拔出喷枪。

（3）喷煤高压罐罐内煤粉极少时，开泄压阀至常压，罐内煤粉多时，可不进行泄压操作。

在下列情况下可停煤不停风（但连续停风不允许超过 2h）：

（1）高炉慢风操作。

（2）放风坐料。

（3）喷煤设备发生短期故障。

（4）喷吹压缩空气压力低于正常压力停止送煤时。

喷煤罐短期（小于 8h）停喷操作程序：

（1）关下煤阀。

（2）根据高炉要求，拔出对应风口喷枪。

（3）根据高炉要求，停对应风口的喷吹风。

7.3.3.9 喷吹系统的故障及处理

（1）如突发性的断气、断电、防爆孔炸裂、泄漏严重、气缸电磁阀严重故障等，应立即切断下煤阀，根据情况通知高炉拔枪或向高炉送压缩空气。

（2）过滤器堵塞时，关下煤阀进行吹粉排污，至压力正常时再开下煤阀送煤。若吹扫无效时，需打开过滤器检查清理污物。在处理过滤器堵塞时，应保持向高炉送压缩空气。

（3）当喷吹管道堵塞时，关下煤阀，沿喷吹管路分段用压缩空气吹扫，并用小锤敲击，直至管道畅通为止。处理喷吹管堵塞要通知高炉拔枪。当罐压低于正常值（0.4 ~ 0.6MPa）时，应检查原因，是气源问题，还是局部泄漏造成，进行对症处理。

（4）喷吹过程中出现脉动喷吹、空吹、分配器分配不均现象。

出现脉动喷吹的原因：煤粉过潮结块，粉中杂物多，混合器工作失常；给粉量不均以及分配器出口受阻等。处理方法：加强下罐体的流态；清除混合器流化床上面的杂物，调整流态化的空气量；检查并清除分配器内的杂物。

喷吹罐内只跑风不带煤，始端压力下降，载气量为正常喷吹的 2 倍至数倍，在悬空管道上敲击管壁时声音尖而响亮，手摸管壁特别是橡胶接管振感减弱。空吹是脉动喷吹的加剧。其原因与脉动喷吹相同，由于粉潮或粉中杂物多而引起的空吹较为普遍。更换喷嘴时，因喷嘴安装位置不妥引起喷吹故障比较少见，常被人忽视，且不能及时排除。

分配器分配不均的征兆：各喷枪喷粉出现明显偏析，甚至出现空枪和脉动喷吹。其原因是粉中有杂物，煤粉结块或调节板的分配器调节不当，分配器已严重磨损；设备本身缺陷或喷吹管架设不合理及风机工况变化等。因设备缺陷的应拆除改造，操作者则应首先清理杂物，吹通喷吹管道及分配器；改变调节板角度，加强载气脱水。

（5）事故处理：

1）当喷吹系统发生故障，不能正常向高炉喷煤时，应先向高炉发送停喷信号或停风信号，再按《短时间计划停喷》程序操作。

2）实施停电：关下煤阀→关充压阀→关流化阀→电话联系高炉→关二次气。

3）停风操作：关下煤阀→关充压阀→关流化阀→电话联系高炉→关二次气阀。

4）罐内煤粉着火，立即停喷，迅速切断所有阀，火灭冷却后排尽罐内残粉。

5）当罐内煤粉温度无烟煤高于 80℃，烟煤高于 70℃，应立即通氮气降温到正常水平。

6）检查喷吹系统时，应使用防爆照明灯具。

7）喷吹煤粉时，分配器压力至少大于高炉热风压力 0.050MPa，否则禁止喷吹。

7.3.4　喷吹烟煤的操作

7.3.4.1　系统气氛的控制

煤粉制备的干燥剂一般都是采用高炉热风炉废气或者是烟气炉废气的混合气等。布袋的脉冲气源一般是采用氮气，氮气用量应根据需要进行控制。在制粉系统启动前，各部位的气体含氧量几乎都与大气相同，需先通入惰性气体或先透入热风炉废气，经数分钟后转入正常生产。喷吹罐补气风源，流态化风源一般为氮气，喷吹载气一般为压缩空气。操作者必须十分重视混合器、喷吹管、分配器以及喷枪的畅通。在条件具备的情况下，可用氮气作为载气进行浓相喷吹。处理煤粉堵塞和球磨机满煤应使用氮气，严禁使用压缩空气。

7.3.4.2　煤粉温度的控制

（1）控制好各点的温度。

（2）磨煤机出口干燥剂温度和煤粉温度不得超过规定值，且无升温趋势。

（3）煤粉升温严重时应采取"灭火"或排放煤粉的措施。

（4）防止静电火花。

7.3.4.3　喷吹烟煤操作要点

（1）炉前喷吹的设施主要是分配器、喷枪和管路，要严防跑冒及堵塞煤粉。

（2）经常与喷煤车间高压罐保持联系，做好送煤或停煤操作，及时处理喷吹故障。

（3）至少每30min检查风口一次，注意插枪位置、煤粉流股大小和煤粉燃烧状况，发现问题及时汇报工长并立即处理。

7.3.5　煤粉喷吹设备的点检项目及点检内容

7.3.5.1　喷吹罐

（1）温度是否在正常范围内，流化床是否漏粉，流化装置各阀门工作是否正常，球阀开关是否到位，密封是否严密。

（2）上下装料球阀开关是否到位，密封是否严密，密封口是否磨损。

（3）均压放散球阀是否开关到位，密封口密封是否严密。

（4）输煤切断阀是否开关灵活，有无泄漏现象。

（5）补气器是否磨漏，补气球阀开关是否到位，有无漏气现象。

（6）输煤管道是否磨漏，清扫反吹管道的球阀是否开关灵活。

（7）各阀气动装置是否正常，气源管有无泄漏、损坏，气动换向阀动作是否正常，管路有无损坏、泄漏。

7.3.5.2　压缩空气系统

（1）压缩空气储罐压力是否正常，安全阀工作是否正常，是否到效验周期，罐体有无泄漏，进出阀门是否转动灵活，排污阀开管是否灵活。

（2）管路有无开焊、跑气，减压阀压力是否稳定。

7.3.5.3　高压氮气系统

（1）氮气储罐压力是否正常，安全阀工作是否正常，是否到效验周期，罐体有无泄漏，进出阀门是否转动灵活，排污阀开关是否灵活。

（2）管路有无开焊、跑气，减压阀压力是否稳定。

7.3.6　高炉喷煤的防火防爆安全措施

7.3.6.1　煤粉爆炸的条件

与无烟煤相比，喷吹烟煤的最大优点是煤中挥发分含量比无烟煤的高，在高炉风口区内燃烧的效率高，但烟煤喷吹的安全性却比无烟煤差。

喷吹烟煤的关键是防止煤粉爆炸。产生爆炸必须同时具备以下三个条件，缺一不可。

（1）必须具有一定的气氛含氧量。煤粉在容器内燃烧后，体积膨胀，压力升高，其压力超过容器的抗压能力时容器爆炸。容器内的含氧量越高，越有利于煤粉燃烧，爆炸力越大。控制含氧量即可控制助燃条件，即控制煤粉爆炸的条件。因此，喷吹烟煤时，必须尽力控制容器内气氛的氧量。

（2）需处于爆炸浓度的范围之内。试验证明，煤粉在气体中的悬浮浓度达到一个适宜值时才具备爆炸条件，高于或低于此值时均无爆炸可能。爆炸的适宜浓度值是随着烟煤成分、煤粉粒度以及气体含氧量的不同而改变的。由于现场的生产情况错综复杂，煤粉的悬浮浓度一般无法控制，因此要消除这一爆炸条件也是极为困难的。

（3）煤粉温度达到着火点。烟煤粉沉积后逐步氧化、升温，直到着火，以及外来火源都是引爆条件，彻底消除火源即可排除爆炸的可能性。煤粉着火在任何情况下都是不允许的。防止煤粉着火又是力所能及的，所以必须千方百计防止烟煤粉沉积、着火。

以上三个条件必须同时具备，否则煤粉就不会爆炸。

若煤粉存放时间过长，则有可能出现氧化自燃现象。因此，采用定期清仓、清罐和停产的办法将煤粉用完是很有效的。停产后，应将现场煤粉清除干净以杜绝产生悬浮粉尘的可能。

为了防止产生静电火花，所有设备必须接地。为防止高炉热风倒灌，必须从操作、设备及自动控制诸方面加以注意。要严格按规定的顺序进行操作。在喷吹管上应设置安全切断阀。下煤阀应能自动关闭。在操作程序上应有安全连锁等措施。

7.3.6.2　高炉喷吹烟煤的安全措施

（1）控制制粉系统气氛。煤粉制备的干燥剂一般都是采用高炉热风炉废气或者是烟气炉废气的混合气等。为了严格控制干燥剂的含氧量，必须及时调节废气量和烘干炉的燃烧状况，减少兑入冷风，防止制粉系统漏风。

布袋的脉冲气源一般都是采用氮气，氮气用量应根据需要进行控制。在布袋箱体密封不严的情况下，若氮气量不足或压力过低，空气被吸入箱内会提高氧的含量，反之氮气外溢又有可能使人窒息。

在制粉系统启动前，各部位的气体含氧量几乎都与大气相同，需先通入惰性气体或先送入热风炉废气，经数分钟后再转入正常生产。

喷吹罐补气风源、流态化风源一般使用氮气，喷吹载气一般使用压缩空气。操作者必须十分重视混合器、喷吹管、分配器以及喷枪的畅通，否则喷吹风会经喷嘴倒灌入罐内，使罐内的氧含量增加。为了杜绝由此引起的事故，在条件具备的情况下，可用氮气作为载气进行浓相喷吹。处理煤粉堵塞和磨煤机满煤应使用氮气，严禁使用压缩空气。

（2）控制煤粉温度。控制各点的温度：磨煤机出口干燥剂温度和煤粉温度不得超过规定值，且无升温趋势，否则要引入冷废气、氮气或尽快将煤粉喷空。煤粉升温严重时应采取"灭火"或掺放煤粉的措施。

防止静电火花：在检修管道、阀门、软连接时，启动火种前必须用惰性气体吹扫。若更换部件，要恢复各部件间的导电连接线和接地线，喷吹罐下面的混合器应全部投入运行，在高炉不允许全部运行的情况下应轮换使用，以防积粉自燃。对设备表面和厂房支梁等所有能积粉的死角要每天清除一次。厂房的门窗不应全部关闭，排气扇必须运转。

7.3.7 喷煤系统的安全检测及控制

7.3.7.1 喷煤系统监测装置的配置及要求

高炉喷煤系统主要由原煤储运、煤粉制备、煤粉喷吹气和供气等几部分组成。

在整个煤粉制备及喷吹过程中，监测装置起着准确控制工艺过程、保障安全及提高效率的重要作用，因而是必不可少的。监测计量水平的高低在很大程度上反映了喷煤系统的先进程度。

喷煤系统的监测计量装置主要有：

（1）单支管计量装置，用于测量气固内相流体中固体物料的流量，为准确控制喷煤流量提供依据。这类计量装置主要有差压式流量计、噪声流量计、超声流量计、微波流量计、电容式流量计等。

（2）压力测量装置，用于测量喷煤系统中各相关部位的压力，为计量、超压报警和防止爆炸提供压力数据。

（3）温度测量装置，测量喷吹系统中各部位的温度。

（4）含氧量测定装置，用于测定喷吹系统相应气氛中的氧含量，该装置对喷吹高挥发分煤种的防爆控制尤为重要。

（5）CO 浓度测定装置，用于测量 CO 浓度。

（6）煤粉计量装置，用于测量煤粉罐等容器中煤粉的重量。

对喷煤系统监测装置的要求是：

（1）准确。即以较小的误差给出测量数值。

（2）可靠。在不同环境下都能稳定可靠地长时间工作，有较强的抗干扰能力，特别是对于高挥发分煤粉喷吹时采用的防爆装置，这一点非常重要。

（3）有适用的外围接口。可以与计算机或其他外围设备较方便地连接，并可给出通用的标准信号。

（4）经济可行，价格不能太高。

（5）便于操作。

7.3.7.2 喷煤系统的工艺参数测量

喷煤系统的工艺过程参数测量与其他系统的基本相同，比较特殊且复杂的是气固两相流流量的测量。

（1）喷煤系统的温度监测。温度监测靠测温元件及相关仪表完成。测温元件主要有热电偶、热电阻、半导体热敏器件等。

（2）喷煤系统的压力监测。压力监测对保证系统的安全是非常重要的。完善的喷煤系统在其各个相关部位几乎都有压力测控装置。喷吹罐的压力对喷煤量来说是一个重要参数。罐压应随罐内粉位的变化而改变，以保证喷煤量稳定。罐内压力控制是由补压管充入补充气完成的。

（3）喷煤系统的气氛监测。喷煤系统的气氛监测主要是指 CO 及氧的浓度监测。

煤粉仓等部位的 CO 浓度代表了煤粉自燃或爆炸的可能性。一旦发现 CO 浓度升高，则表明系统处于危险之中。所测量的是系统中 CO 的气相成分，气相中 CO 浓度比温度更能敏感地反映系统是否有自燃现象产生。制粉系统的气相氧浓度也是一个必须严格控制的工艺参数，因为煤粉爆炸的重要条件之一就是气相含氧量达到一定水平。一般来说，应将气相含氧量控制在 12% 以下。故此，必须严格监测含氧量，含氧量一旦超限，即打开氮气或其他低含氧气体的充气阀门，冲淡氧气，从而防止爆炸发生。

气相氧浓度的监测可用各种定氧仪完成。

（4）喷吹系统的气体流量监测。喷吹系统的气体主要有压缩空气、氮气、蒸汽、氧气（富氧喷吹）、热烟气等。

流量测量可用一般的气体流量计，如差压式流量计（流量孔板、流量喷管、流量管等）。

7.3.8　喷煤生产安全注意事项

（1）上班时劳保用品必须穿戴齐全。

（2）严格执行岗位责任制及技术操作规程。

（3）插拔喷枪操作时，应站在安全位置，不得正面对着风口。

（4）喷枪插入后，迅速将喷枪固定好，以防喷枪退出伤人。

（5）上班时不准在风口下面取暖或休息，预防煤气中毒。

（6）处理喷煤管道时，上下梯子脚要踩稳，防止滑跌。

（7）拔喷枪时应把枪口向上，严禁带煤粉和带风插拔喷枪。

（8）经常查看风口喷吹煤粉是否正常，保证煤粉能喷在风口中心，防止风口磨损。发现断煤、结焦、吹管发红、跑风等情况时，立即报告工长并及时处理。

思 考 题

（1）喷吹燃料对高炉冶炼有何影响？

（2）喷吹燃料作为高炉日常调剂有何特点？

（3）高炉喷吹用的煤粉，对其质量有何要求？

（4）用图表示高炉喷煤的工艺流程。

（5）干燥气在制煤粉过程中起哪些作用？

（6）制粉工艺有哪几大系统？

（7）叙述中速磨制粉工艺。

（8）简述中速磨的结构组成及工作原理。

（9）高炉喷吹粒煤工艺上应具备哪些相应条件？

（10）球磨机满煤的征兆有哪些？如何处理？

（11）中速磨煤机出现堵煤时有何征兆及应如何处理？

（12）煤粉爆炸的必备条件是什么？

（13）简述煤粉输送方式及特点。

（14）高炉喷吹对煤粉输送的要求有哪些？

（15）简述浓相输送的工艺特点。

（16）在喷吹操作中应注意什么问题？

（17）高炉喷煤正常工作状态的标志有哪些？

（18）叙述高炉喷吹烟煤的安全措施。

参 考 文 献

[1] 由文泉. 实用高炉炼铁技术[M]. 北京：冶金工业出版社，2002.

[2] 贾艳，李文兴. 高炉炼铁基础知识[M]. 北京：冶金工业出版社，2010.

[3] 任贵义. 炼铁学[M]. 北京：冶金工业出版社，1996.

[4] 周传典. 高炉炼铁生产技术手册[M]. 北京：冶金工业出版社，1995.

[5] 夏中庆. 高炉操作与实践[M]. 辽宁：辽宁人民出版社，1988.

[6] 成兰伯. 高炉炼铁工艺及计算[M]. 北京：冶金工业出版社，1991.

[7] 王筱留. 钢铁冶金学：炼铁部分[M]. 2版. 北京：冶金工业出版社，2000.

[8] 范广权. 高炉炼铁操作[M]. 北京：冶金工业出版社，1996.

[9] 王明海. 高炉炼铁原理与工艺[M]. 北京：冶金工业出版社，2006.

[10] 李红霞. 耐火材料手册[M]. 北京：冶金工业出版社，2007.

[11] 高炉炼铁作业指导（钢铁企业内部资料）.